信息交换与网络

王　斌　林海涛 ◎ 主编

窦高奇 ◎ 主审

电子工业出版社.

Publishing House of Electronics Industry

北京·BEIJING

内 容 简 介

本书对信息交换的原理、设备和通信组网技术进行了详细介绍。全书共12章，从通信网的基本概念和军事通信网发展入手，依次介绍了信息交换技术、通信系统体系结构、话音通信网、程控交换机、数据通信网、网络交换机、路由器、网络规划与设计、网络应用与管理、网络安全与防护、网络技术发展等内容。

本书内容丰富、知识面广、理论联系实际，能够让读者对通信网的互联原理、关键技术、典型设备和常见应用有一个较为全面的认识，可作为信息与通信工程专业学生的教材或自学参考书，也可作为高等院校、训练基地学习信息交换与网络设备人员的参考书。

图书在版编目（CIP）数据

信息交换与网络 / 王斌，林海涛主编. —北京：电子工业出版社，2024.1

ISBN 978-7-121-47172-8

Ⅰ. ①信… Ⅱ. ①王… ②林… Ⅲ. ①信息交换－高等学校－教材②通信网－高等学校－教材 Ⅳ. ①TN91

中国国家版本馆 CIP 数据核字（2024）第 019056 号

责任编辑：李筱雅　　　　特约编辑：田学清
印　　刷：三河市龙林印务有限公司
装　　订：三河市龙林印务有限公司
出版发行：电子工业出版社
　　　　　北京市海淀区万寿路 173 信箱　　　　邮编：100036
开　　本：787×1092　　1/16　　印张：21　　　字数：538 千字
版　　次：2024 年 1 月第 1 版
印　　次：2024 年 1 月第 1 次印刷
定　　价：99.00 元

凡所购买电子工业出版社图书有缺损问题，请向购买书店调换。若书店售缺，请与本社发行部联系，联系及邮购电话：（010）88254888，88258888。

质量投诉请发邮件至 zlts@phei.com.cn，盗版侵权举报请发邮件至 dbqq@phei.com.cn。

本书咨询联系方式：lixy@phei.com.cn，（010）88254134。

前　言

随着信息化技术在各行各业中被广泛应用，网络通信技术飞速发展，话音、报文、数据和视频等业务基于网络实现互联互通，为信息交互、远程管理提供服务。在话音通信网中，程控交换机是实现信令接续、路由转接的重要设备；在数据通信网中，网络交换机、路由器是基于 TCP/IP 协议，实现局域网内部、局域网与广域网之间互联互通的重要设备。各类交换与网络设备，在通信网中十分重要，发挥着信息立交桥的作用。因此，熟练掌握信息交换与网络设备的组网原理、操作使用和日常维护方法，对于话音通信网和数据通信网的使用人员与运维人员具有重要意义。

本书以很好地帮助读者开展信息交换与网络设备学习为目标，依据信息交换与网络设备在通信网中的部署和应用情况，内容围绕话音通信网及其程控交换机、数据通信网及其网络交换机，以及路由器的组网原理、配置管理和维护方法展开，并涉及网络规划与设计、网络应用与管理，以及网络安全与防护等内容。本书每章开头都配备了内容导图，便于读者概要了解本章内容，每章结尾都配备了本章小结、思考与练习题，便于读者对本章内容进行总结、思考。

本书共 12 章，第 1 章概要介绍通信网和军事通信网发展；第 2 章介绍信息交换技术；第 3 章介绍通信系统体系结构，包括 OSI 参考模型、TCP/IP 模型、IEEE 802 模型；第 4 章主要介绍话音通信网，包括基本概念、路由选择、编号计划、信令系统和电话通信网运行指标；第 5 章主要介绍程控交换机，包括基本概念、硬件系统、软件系统和程控交换机应用；第 6 章主要介绍数据通信网，包括数据通信基础、计算机通信网及其他网络技术；第 7 章主要介绍网络交换机，包括网络交换机原理、VLAN 技术、STP；第 8 章主要介绍路由器，包括路由器原理、静态路由和动态路由；第 9 章主要介绍网络规划与设计，包括网络工程、物理网络设计和逻辑网络设计；第 10 章主要介绍网络应用与管理，包括操作系统及管理命令、网络应用、网络管理和网络故障处理；第 11 章主要介绍网络安全与防护，包括网络安全概述、防火墙、入侵检测设备和 VPN 技术；第 12 章主要介绍网络技术发展，包括 IP 多媒体子系统、SDN 与 NFV、弹性通信网技术、智能网络技术。本书的第 1、4、5 章由林海涛编写，第 2、3 章由樊诚编写，第 6~9 章由王斌编写，第 10 章由杨凯新编写，第 11 章由沈钊编写，第 12 章由樊诚、陈津、林海涛和王斌共同编写。统稿工作由王斌负责，杨凯新、戚玉华参与了全书的绘图和排版等工作。

本书内容丰富，知识面广，各部分内容由浅入深，覆盖了话音通信网、数据通信网的交换与网络设备、安全防护设备和高层应用，既强调知识性，又突出实用性。本书可作为信息与通信工程专业学生的教材或自学参考书，也可作为高等院校、训练基地学习信息交换与网络设备人员的参考书。由于本书涉及领域广、内容多，加之编者水平有限，书中难免有不足之处，恳请广大读者提出宝贵意见，以便今后修订完善。

编　者

2023 年 6 月

目 录

第 1 章

概　述

寻址技术的出现使通信的应用进入了网络时代。通信网基于各类有线传输技术、无线传输技术，为用户提供电话、传真、数据、报文、视频等通信业务。随着信息寻址技术和网络技术的快速发展，通信网逐渐向标准化、宽带化、综合化、软件定义方向发展。军事通信网的发展不仅依赖技术的发展，还与军事需求密切相关。以基于网络信息体系的联合作战、全域作战为典型特征的现代信息化战争形态，深刻影响了军事通信网的发展方向。概述内容导图如图 1-1 所示。

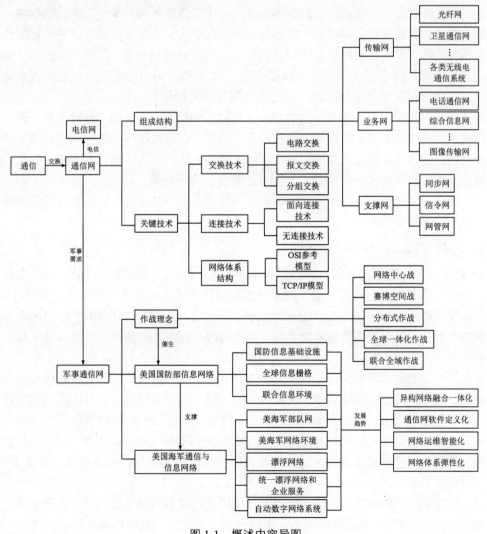

图 1-1　概述内容导图

1.1 通信网概述

1.1.1 基本概念

人类需要通过信息交互实现群体协作，从而拥有更强的能力来捕获猎物、躲避危险，以及进行复杂的生产活动。传统上人类通过声音和肢体动作传递信息，由于话音在空气中传播存在衰耗，同时人类自身的视力、听力存在局限，因此在距离方面具有很强的限制。通信技术是为了解决人类传统信息交互方式中无法突破远距离实时交互的问题而出现的。通信技术的快速发展，使人类之间的信息交互有效突破了时空限制，生产能力得到了极大提升，形成了独特的人类文明。如今通信技术已经渗透人类生产生活的方方面面。

为更好地理解通信网的相关知识，需要先对几个常用概念进行辨析。

1. 通信（Communication）

通信是指按照一致同意的协定传递消息。通信的目的是传递信息，传递信息的目的是消除不确定性，信息必须承载在一定的媒体形式上，才能进行传递和处理。在通信领域，常将信息的载体称为消息。消息可以是一段话音、一段文字、一个符号，也可以是一张图片或一段视频图像。通信需要将承载信息的消息按照一定的方式传递出去，从信息发送方（消息输出方）传递到信息接收方（消息输入方）。信息接收方通过阅读消息获得信息发送方传递的信息。通常将信息发送方称为信源，将信息接收方称为信宿。

消息在传递过程中需要遵循一定的规则，如消息的语法、语义等。只有按照一致同意的协定传递消息，通信双方才能理解和处理消息。例如，书籍通过印刷发行到了读者手中，书籍只有使用符合语法、语义规范的文字，读者才能领会作者要表达的思想观点；朋友之间只有通过双方都可以理解的语言交流，才能互通信息、交流感情。

综上所述，通信的目的是在信源和信宿之间传递信息，但通信要解决的问题是如何按照协定在通信双方间传递消息。

2. 电信（Telecommunication）

19 世纪以来，随着电磁理论的诞生和不断完善，通信技术发生了改变。利用电磁信号传递消息的技术称为电信技术。电信技术极大地延长了通信的距离，提高了通信的时效性。

国际电信联盟（International Telecommunication Union，ITU）曾给出了电信的定义：电信是利用有线、无线、光或其他电磁系统，传递符号、文字、影像、声音或其他承载信息的媒体的信号。

电信的概念较为清晰地明确了消息和信息的关系，同时强调了基于电磁系统传递电磁信号的特点。信号是消息的传输载体，或者说信号是消息的传输形式。消息在发送端附着在电信号的某个参量（电压、电流、电磁波等）上，传递到对端后，接收端将消息从电信号中还原出来。消息与电信号之间的转换通常是通过各种传感器来实现的。例如，话筒（声音传感器）把声音转换成音频电信号；录像机把图像转换成视频电信号；热敏电阻（温度传感器）把温度转换成电信号等。

综上所述，电信要解决的问题是如何通过电磁系统有效传递电磁信号（携带信息的消息的传输形式）。与传统的通信技术相比，电信技术自诞生之日起就体现了巨大的优势，成为目前最主要的通信技术。在现代通信领域，"通信"的概念实际上就是指"电信"。为避免概念混淆，在后续章节中尽量避免使用"电信"概念，尽量使用"通信"概念，除非有特别的说明。

3．基本通信系统

基本通信系统通常由用户终端设备和传输系统组成，如图 1-2 所示。

图 1-2　基本通信系统组成示意图

用户终端设备包括电话机、计算机、传真机、摄像机、显示器等，用来实现消息的输出和输入。用户终端设备将消息转化为电信号，传递到发信设备；或者从收信设备接收电信号，并将其转化为消息。

传输系统包括收信设备、发信设备和信道。信道是一种物理媒介，用来将来自发信设备的电信号传送到收信设备。信道可以是空气、海水等自由空间（称为无线信道）；也可以是电缆、光缆等有形介质（称为有线信道）。信道既为信号提供通路，也会对信号产生各种干扰和噪声。信道的固有特性及引入的干扰与噪声直接影响通信质量。发信设备和收信设备相互配合，克服噪声影响，完成信号在信道上的有效传递。发信设备通常需要完成模数转换、信号调制、信源编码、信道编码等处理，而收信设备通常需要完成相应的反变换。

基本通信系统是实现通信的基本形式，它预示着每个用户必须通过一个终端设备接入通信系统，而用户终端设备之间必须通过发信设备、收信设备和信道连接。在电话发明之初，贝尔实现的电话通信系统就是一个典型的基本通信系统。

随着用户数量的增多，基本通信系统的实现模式遇到了很大问题。假设用户数量为 N，那么用户之间的信道数量是 $N(N-1)$，而信道的最大可能利用率约为 $1/N^2$。也就是当通信用户数量扩大时，用户之间的信道数量将按平方增加；信道最大可能利用率将按平方降低。显然，通信成本将会增加。我们称这种现象为基本通信系统的 N^2 问题。

如前所述，随着通信技术的快速发展，用户的快速增长是必然的。同时用户的增长也增加了网络的价值。一部电话没有价值，几部电话的价值也非常有限，成千上万部电话组成的通信网才能把电话的价值极大化。

4．通信网

通信网是在基本通信系统的基础上演化而来的概念。通信网是这样一类特殊的通信系统——它提供互联互通的基础，完成传送信息的功能，拥有处理信息的辅助功能，具备对多任务的支持。

对于上述定义，需要注意以下几点。

（1）通信网提供信息交互和传递的硬件基础，这也是通信系统的基本要求。

（2）通信网能够完成信息传送功能。这主要是指提供了软件支持。通信网硬件的基础设施与软件提供的协议控制功能紧密耦合，具备为用户提供通信服务的能力。通信网的能力越来越依赖大量软件的支持，通常可以视之为复杂系统。

（3）由于有计算机和交换机对信息进行处理，因此通信网拥有信息处理能力。这也表明网络通常具有智能性，如通信网中的动态路由能根据网络状态选择最佳路由传递信息。

（4）通信网具备为不同用户提供各种服务的能力。这意味着网络必须具备支持多任务的能力。例如，2021 年中国电话通信网用户达 16.43 亿户，这意味着电话通信网需要具备为所有用户提供正常通信服务的能力。另外，网络能够支持的服务或业务也处于不断变化阶段，如随着 5G 技术的出现，围绕 5G 的网络业务不断涌现。通信网必须具备开发新业务的能力，同时快速开发新业务已经成为网络运营商竞争的焦点。

与基本通信系统相比，除了基本的通信技术，通信网主要引入了复用技术和寻址技术。为解决通信系统信道资源利用率低的问题，一个基本思路就是让多用户信息能够共享信道资源。复用技术就是解决如何实现多用户信息在同一个信道上传输问题的技术，寻址技术就是解决如何为不同用户寻找一条可利用的信道资源问题的技术。如果将信息传送理解为用户回家，那么基本通信系统的实现机制就是单人走路、直接到家；通信网的实现机制就是群众同路而行、个人寻找归宿。通信网原理示意图如图 1-3 所示。

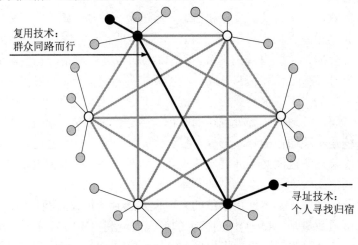

图 1-3　通信网原理示意图

复用技术包括时分复用技术、频分复用技术、波分复用技术、码分复用技术、空分复用技术等。寻址技术，也称为交换技术，包括电路交换技术、报文交换技术、分组交换技术、IP 交换技术、ATM 交换技术等。

根据运营业务不同，通信网可分为电话通信网（提供以电话为主的电信业务）、计算机网络（提供以数据为主的多媒体业务）、有线电视网（提供以电视业务为主的广播电视业务）。目前通信网的发展趋势是异构网络融合，提供综合业务。

5. 军事通信网

军事通信网是由各种通信设备、设施和相关网络管理、控制设备组成，具有一定组织结构和联结方式，用于保障军事信息传递任务的网络体系。军事通信网不仅为部队日常管理、训练演习、作战行动等提供电话、传真、报文、数据和视频等通信业务，还为侦察预警、指挥控制、武器控制等各类军事信息系统提供基础支撑。

某军事通信网示意图如图 1-4 所示。

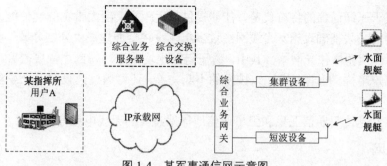

图1-4 某军事通信网示意图

从图1-4可以看出如下内容。

（1）军事通信网的功能和建设规模需要满足军事信息传输需求。图1-4所示的军事通信网实现了指挥所与水面舰艇之间的话音和数据通信功能。

（2）军事通信网是由若干不同功能的通信设备组成的，包括传输设备、交换设备、网关和服务器等。

（3）通常军事通信网包含的设备数量众多、类型各异，且分布于不同地域，需要专门的网络管理和控制设备来监视网络设备的运行状态。

军事通信网不仅需要解决战场上人、机、物之间的信息交互问题，还需要解决网络资源的优化调度、自主协同和能力聚合等问题，以实现保障能力的最大化输出。与过去传统的军事信息系统相比，军事通信网的内涵发生了根本改变：一是从过去网络服务于系统变为系统基于网络，即基于网络的作战；二是网络形态从固定专网变为泛在网络，网络将无处不在；三是装备形态从机械化、信息化装备变为网络化装备，所有装备将具备网络化接入能力。

1.1.2 组成结构

通信网包含的设备数量众多、类型各异，提供的通信业务不尽相同。从功能上来看，通信网通常由传输网、业务网和支撑网三部分组成，如图1-5所示。

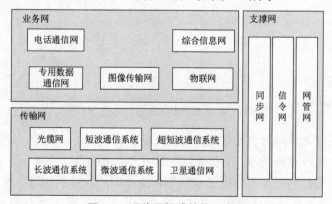

图1-5 通信网组成结构示意图

1. 传输网

传输网是实现信息传输功能的基础，可为业务信息提供光缆、长波、短波、超短波、微波、卫星等多种传输手段，包括光缆网、各类无线电通信网和卫星通信网等。

光缆网基于光纤通信的特有优势，能够提供超远距离、超大带宽的通信能力，是陆地信息传输最重要的公共基础设施。光缆网经过多年建设将全面建成"分层分域、广域覆盖、宽带抗毁"的新一代栅格化光网络。其中，骨干链路平均带宽均得到大幅度提升，本地接入末端覆盖各类用户单位。随着海底光缆技术的不断完善，还可通过建设海底光缆将光缆网延伸到远海岛礁。

卫星通信网是使用通信卫星和卫星通信地球站建立的无线电通信传输网。

2. 业务网

业务网是指利用传输网建立的用于提供通信业务的网络，面向用户可提供电话、传真、数据、报文、图像等多项业务，包括电话通信网、综合信息网、专用数据通信网、图像传输网、物联网等。

电话通信网是指主要提供话音通信的业务网，按照保障范围，可分为本地网和长途网；按照转接方式，可分为人工电话通信网和自动电话通信网；按照保障对象，可分为保密电话通信网和普通电话通信网。电话终端经历了磁石电话、程控电话、IP电话等阶段的发展，由最初的以模拟话机为主模式发展为模拟话机、数字话机、网络话机混合使用的模式。相应地，交换方式也由最初的人工（拔插）方式、纵横方式逐渐发展为程控交换方式、IP路由交换方式。我国五级电话通信网结构示意图如图1-6所示。

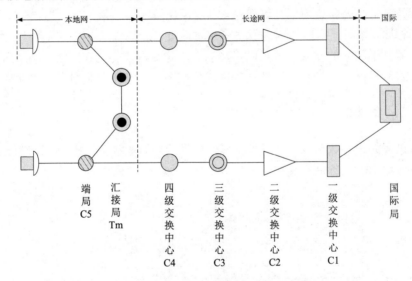

图1-6　我国五级电话通信网结构示意图

综合信息网是以光缆网为主要依托，以网络互联协议为主要标准，传输处理日常办公信息和业务信息的公共计算机网络，主要承载各级用户单位的日常业务信息系统及提供公共信息服务保障。综合信息网和专用数据通信网等都是典型的计算机网络，通常由网络交换机、路由器、各类服务器等网络设备组成。其中，网络交换机可实现局域网（Local Area Network，LAN）内的计算机等设备的综合接入和互联，路由器可实现异构网络之间的互联，完成协议转换、网络寻址。从网络功能上区分，计算机网络由通信子网和资源子网两部分组成，如图1-7所示。其中，通信子网由网络交换机、路由器和相应传输介质组成，用于实现数据通信功能；资源子网由计算机和服务器组成，主要用于实现资源共享。

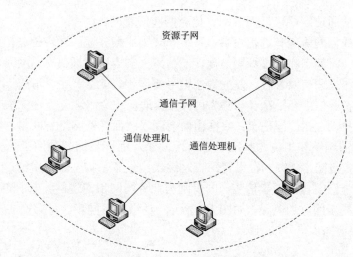

图 1-7　计算机网络结构示意图

图像传输网是用于传输和交换图像信息的业务网，包括视频监视系统、视频会议系统和视频点播系统等。典型的视频监控系统结构示意图如图 1-8 所示。

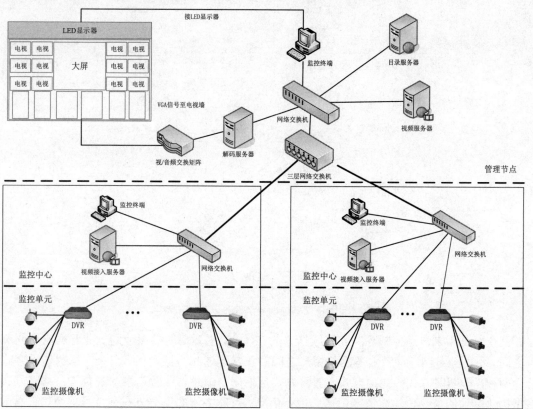

VGA——Video Graphics Array，视频图形阵列；DVR——Digital Video Recorder，硬盘录像机。

图 1-8　典型的视频监控系统结构示意图

3．支撑网

支撑网是用于传递控制信号、监测信号及信令信号，保障传输网、业务网正常运行，提高网络服务质量的通信网，包括同步网、信令网和网管网。

　　同步网是为通信网内所有通信设备、系统的时钟或载波提供同步控制信号，使通信设备以相同频率在同一时间工作的支撑网。现代通信网大多为数字通信网，网络内传输、交换的均是数字信号。如果通信双方收、发的数字信号不同步，就会产生"滑码"。"滑码"会影响通信质量，如话音通信中会混杂"咔嗒"声；传真通信中会出现垂直图文失真现象；视频通信中出现画面抖动、扭曲等现象；数据通信会因误码而降低网络吞吐量。数字同步是指将传输的数字信号的频率和相位与基准时钟实现同步，而同步网就是用来传输基准时钟信号的。同步网属于多级网络，每一级设置综合时钟供给设备来实施时钟供给，一般包括本地的基准时钟信号和上级下送的同步信号。同步网与业务网同步构建，以电话通信网为例，我国电话通信网中的同步网分为三级，如图1-9所示，逐级向下同步，并配置主/备同步链路和主/备时钟，用来保证同步信号的可靠性。

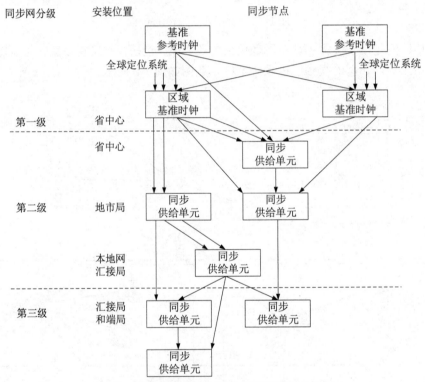

图1-9　我国电话通信网中的同步网结构示意图

　　信令网是用来传递控制呼叫和接续指令的支撑网，主要功能是保障同一业务网内不同节点之间、不同业务网之间及业务网与用户之间的正常沟通和协调运行。信令信息的传送方式分为两种，即随路方式和共路方式。随路方式是指信令信息与业务信息一起传送；共路方式是指构建单独的信令传输通道专门传送信令信息。目前主流的信令方式是7号信令，它属于共路信令。共路信令无须占用业务通道，即可实现快速传输，内容和格式支持扩展。信令网一般与业务网同步建设。7号信令网结构示意图如图1-10所示。7号信令网由信令点（Signaling Point，SP）、低级信令转接点（Low Signaling Transfer Point，LSTP）和高级信令转接点（High Signaling Transfer Point，HSTP）组成。

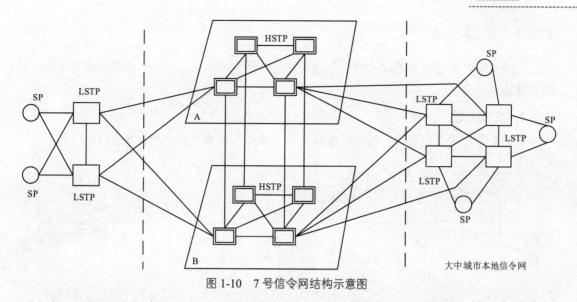

图 1-10　7 号信令网结构示意图

网管网是网络管理网的简称，用于实现对通信网的监测、控制和资源配置，一般与业务网分开单独进行设置，如图 1-11 所示。网络管理功能主要包括网络配置管理、网络性能管理、网络故障管理、网络资费管理、网络安全管理五大功能域。管理信息在网管网中传输。网管网中一般包含综合网管系统和专业网管系统。专业网管系统用于实现对各类业务系统或网络（如卫星通信网、数据通信网或电话通信网）的管理。专业网管系统一般与被管系统、网络紧密相关，采用标准或私用协议管理。专业网管系统与业务系统之间可配置代理设备，实现管理信息的适配。专业网管系统可分级配置也可单点配置。综合网管系统一般采用多级配置，用于实现多种业务系统的综合管理，采用标准网络管理协议，基于 IP 网与专业网管系统实现互联。

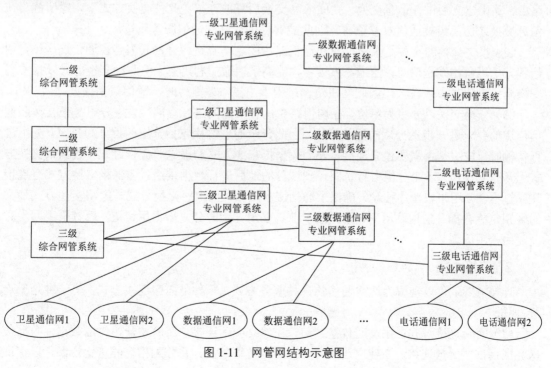

图 1-11　网管网结构示意图

1.1.3　关键技术

不同类型的电信网在承载不同业务应用时具有不同特点，主要由"交换"和"连接"两项关键技术决定。

1. 交换方式

基本交换方式主要包含三种，即电路交换、报文交换和分组交换，如图 1-12 所示。

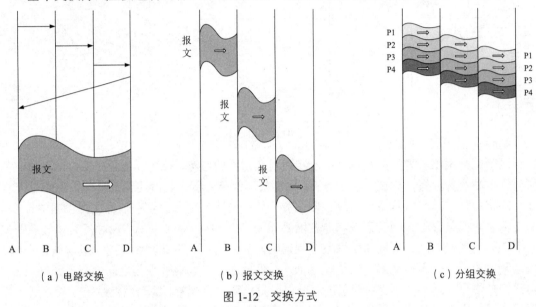

（a）电路交换　　　　　（b）报文交换　　　　　（c）分组交换

图 1-12　交换方式

（1）电路交换主要包含三个过程，建立连接、传输数据和释放连接。交换之前必须确定路由，路由建立后进行信息交换，完成信息交换后释放连接。此种交换方式下，通信链路在信息交换之初已经被通信双方独占，因此能够提供很好的通信服务质量。

（2）报文交换的实质是报文信息在通信路由的各节点进行存储转发。在通信过程中，通信各方均可自由发送信息，信道不被独占，提高了信道的利用率。但此种交换方式以报文为交换单位，信息单体较大，因此当在传输过程中出错需要重传时，通信效率很低。

（3）分组交换以分组为单位，在通信路由的各节点间进行存储转发。分组是报文按照通信信道的要求进一步拆分后的通信单位，因此分组通信过程包括分组的拆分和重组。分组进行传输时，按照是否需要建立连接，分为数据报交换方式和虚电路交换方式。数据报交换方式无须建立连接，各个分组自行选路，到达目的地后进行数据重组。虚电路交换方式有连接建立过程，分组采取顺序传输，确保了通信服务质量。虚电路交换方式与电路交换方式最大的区别是能够提升信道利用率，原因在于前者采用异步时分复用占用信道，后者采用同步时分复用占用信道。

2. 连接方式

连接方式，可以理解为达成通信的一种服务方式，一种是面向连接方式，另一种是无连接方式。

（1）面向连接方式：在发送数据之前，先建立会话连接，然后才开始传送数据，数据传送完成后需要释放连接。在建立连接时，会确定传输路由，并分配相应的传输资源，以保证通信正常进行。这种方法通常称为"可靠"的网络业务。它可以保证数据以相同的顺序可靠到达，适用于传送对实时性要求高的报文。

（2）无连接方式：不要求发送方和接收方之间建立会话连接，发送方只是简单地向目的地发送数据分组。无连接方式的优点是通信比较迅速、使用灵活方便、连接开销小，但缺点是可靠性低，不能防止报文丢失、重复或失序，适用于传送对突发性要求高的报文。

3．网络体系结构

网络体系结构是构建网络系统的规范和标准簇，它定义了网络系统的功能及其实现方式，一般采用分层方式进行构建。TCP/IP 模型和 OSI 参考模型结构示意图如图 1-13 所示。网络体系结构中包含了协议与服务。协议是指控制两个对等实体进行通信的规则的集合，协议是"水平的"。任意一层实体均需要使用下层服务，需要遵循本层协议，实现本层功能，并向上层提供服务，因此服务是"垂直的"。模块化的分层结构具有结构清晰的特点，易于系统更新、维护，有利于识别复杂系统的部件及关系。

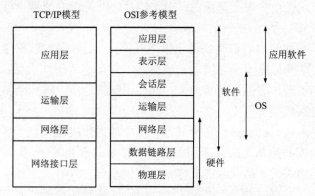

图 1-13　TCP/IP 模型和 OSI 参考模型结构示意图

1.2　军事通信网发展

1.2.1　外军通信网技术发展

1．作战理念

各个国家的海军通信技术装备的发展都有自身特点，这是由国家的利益范围、海军作战环境、战略战术和作战任务决定的，同时与国家的发展思路、技术基础和经费投入密切相关。

20 世纪 90 年代兴起的新军事变革推动了战争形态向信息化战争演变。近三十年的理论研究和多场现代化战争实践证明，作战信息体系是支撑信息化作战的物质基础，而通信网与信息系统是构建作战信息体系的纽带和关键环节。没有比较完善和强壮的通信网与信息系统，是无法构建作战信息体系的。

美军作为新军事变革的领跑者，对信息化作战理论进行了长期研究，对构建支撑信息化作战的作战信息体系进行了不断探索，先后组织实施了全球信息栅格、部队网、漂浮网、星座网、陆战网等一系列发展计划，并取得一定成效。相对于海湾战争，美军在伊拉克、科索沃等战争中，战场态势更新周期缩短至几秒钟，从发现目标到武器打击缩短至几分钟，体系作战能力获得大幅提升。

1）网络中心战

约 1980 年，以太网的发明者梅特卡夫率先提出了如下理论：全连通设备构成的系统的价值随着设备数量平方的增长而增长。该理论就是"梅特卡夫定律"的雏形。

1993 年，记者乔治·吉尔德对该理论进行了修订与改良，将其描述为"一个通信网的价值与网络中用户数量的平方成正比"，这一定律为美军网络中心战奠定了理论与指导原则基础。

1998 年，美国海军中将亚瑟·塞布劳斯基率先提出网络中心战理念。

2001 年，美国国防部向国会递交了《网络中心战》报告及其附件。该报告系统地阐述了网络中心战概念、美军已经开展的相关工作、经验与教训、未来发展思路、各军种/国防部机构在网络中心战方面的具体项目等，是网络中心战理念发展历程中里程碑式的成果。

自此，网络中心战理念在美军战术、理论、技术、装备发展过程中起到了非常好的指导作用，美军能力也借此机会实现了快速的跃升。此后，网络中心战理念逐步为更多国家的军方所接纳，影响力持续至今。

美军认为网络中心战的制胜机制来源于以下几点：一是稳健的联网增进了部队信息共享和协作；二是信息共享既提高了信息质量，也提高了共享态势感知质量；三是共享态势感知使协作和自同步得以实现，增强了支持能力，提高了指挥速度。这三个基本要点的相互结合最终导致作战效果得到极大提升。

通过充分的网络连接，信息得以充分共享，从而最大限度地实现了信息的价值。在时间和空间上实现最大限度的共享是信息区别于物质与能量的重要特征。美军认为信息共享是取得联合作战信息优势的关键，是联合作战体系运行的基础，只有实现各类作战数据信息在信息系统间的有效交换和共享，才能有效支撑联合作战体系整体效能的实时动态聚合和精确有序释放。

2）赛博空间战

赛博空间是全球信息环境领域五个相互依赖的领域之一（陆、海、空、天、网）。就像在空中作战依靠空军基地或在海上作战依靠舰船一样，在赛博空间作战依靠的是一个相互依存的信息技术（Information Technology，IT）基础设施网络，包括互联网、电信网、计算机系统、嵌入式处理器和控制器，以及跨越和通过这些组件的内容。2014 年，美国陆军第一次发布了赛博空间军事作战官方条令——《战场手册 3-38：赛博电磁作战》。

3）分布式作战

分布式作战概念最先是由美国海军陆战队提出的。2004 年，罗伯特·E. 施密德尔少将在海军陆战队协同官网上发表了文章《分布式作战：由海上》。2005 年，美国海军陆战队司令 M. W. 哈吉上将在《分布式作战概念》一文中将"分布式作战"描述为一种作战途径，即通过有意识地分散、协同和相互支持来创造对敌优势；通过增加获取有用的支援，增强小单位层级的作战能力实现战术使能。2006 年，美国海军研究咨询委员会进一步将概念具体化为"在空间上分散小单元使之能够影响大的作战区域，能够使用召唤的或直接的火力，并能接收和使用实时的、直接的情报、监视与侦察信息"。

2015 年，美国海军正式提出了"分布式杀伤"概念并将其作为战略推行，把以平台为中心的集中式舰艇编队在空间中散开，使得作战舰艇由编队作战时的各司其职转变为独立实现整个打击链闭环，即水面上每艘舰艇均对敌方构成威胁。同期，美国空军也开展了分布式作战概念的研究，其目的是改变二战以来形成的"集中式控制、分散式执行"的空中作战模式，通过探索"集中式指挥、分散式控制、分散式执行"模型，重新获得不对称作战优势。

美国海军的"分布式杀伤"与美国空军的"分布式作战"都具有以下特点。

（1）分散部署的作战单元根据上级意图协同完成作战任务。

（2）强调前沿作战单元具备独立自主作战能力。

（3）突出网络的中心地位，利用网络互联让所有作战力量实现信息共享。

4）全球一体化作战

2012 年 9 月 28 日，美军参谋长联席会议签发了《联合作战顶层概念：2020 年联合部队》文件。该文件针对未来的联合部队如何能够有效地应对不断发展的安全挑战提出了一个构想。这一构想的核心是全球一体化作战思想，它能够提高联合部队应对不确定性、复杂性和快变性的整体能力。

联合信息网络将推动联合信息环境发展，将改变组合、配置及使用新的和传统的 IT 的方式。它将由网络化的作战中心、一套经过整合的数据中心和一个全球身份管理系统组成，而且将拥有基于云的应用和服务。

5）联合全域作战

联合全域指挥与控制（JADC2）是美国国防部提出的新概念，它希望能将来自所有军事部门——空军、陆军、海军陆战队、海军和太空部队的传感器连接到一个单一的网络中。传统上，每个军种都发展了自己的战术网络，与其他军种的战术网络不兼容（如陆军网络无法与海军或空军网络连接）。通过 JADC2，美国国防部设想创建一个物联网，将众多传感器与武器系统连接起来，并使用人工智能算法来帮助改进决策。

JADC2 设想为联合部队提供云环境，共享情报、监视和侦察数据，通过许多通信网传输，实现更快做出决策。JADC2 旨在使用人工智能算法处理从众多传感器收集的数据，以识别目标，并推荐打击目标的最佳武器（如网络或电子武器），从而帮助指挥官做出更好的决策。

JADC2 可以与优步的应用场景相类比。优步结合了两款不同的应用——一款供乘客使用，另一款供司机使用。优步算法利用各自用户的位置，根据距离、旅行时间、乘客（及其他变量）确定最优匹配，随后，为司机提供指示，让他们按照指示将乘客送到目的地。优步依靠移动网络和 Wi-Fi 传输数据，匹配乘客并提供驾驶指导。

2．美国国防部信息网络

美国国防部信息网络是为适应其作战样式需求而构建的信息环境，在不同发展时期，使用了不同的概念名称。这些概念名称体现了各自发展时期的作战需求牵引和新技术发展驱动下的信息网络建设实践（包含建设目标、建设原则、建设方法等）。

1）国防信息基础设施

1992 年 12 月，美国国防部提出了国防信息基础设施（Defense Information Infrastructure，DII）理念，该理念是响应美军"武士"C4I 系统提出的，是国防部建设的所有移动和固定信息系统的全球集合体，用以收集、处理、存储、分发和显示信息。

1995 年，美军提出一体化 C4I 概念，启动国防信息基础设施公共操作环境建设。

1996 年，美军提出 C4ISR 概念，将侦察、监视传感器与 C4I 系统集成，打破"烟囱"屏障，实现"从传感器到射手"的作战能力。

1998 年 3 月 13 日，《DII 主计划（第 7 版）》发布，该文件明确指出：DII 不是单一的计划项目，而是由美国国防部各自独立管理的信息计划项目综合而成的能力。

2）全球信息栅格

1991 年的海湾战争暴露了美军传统通信系统缺乏灵活性，信息传输能力不足，指挥控制、态势感知与战术协调能力差等弱点。美军开始反思传统作战模式、通信手段与信息网络的不足，思考并提出基于网络化或信息化作战概念，发展通信网与信息网络的初步构想。随后，在作战演习和实战中多次出现信息化或网络化部队轻易击败传统部队的战例，这强化了美军推进信息化作战模式，发展通信与信息网络系统的决心。

1997 年，美国海军率先提出网络中心战概念，并迅速得到美国国防部的认同和支持。美国海军时任作战部部长认为，从平台中心战到网络中心战是一个根本性的转变，通过一体化通信与信息网络可使具有不同性质、肩负不同作战任务和地域上分散部署的各个部队，在指挥中心的统一协调和指挥下，利用更好的信息共享能力、更强的态势感知能力，实现战场态势和武器的共享，通过强大的网络形成统一的战斗力。

根据网络中心战的概念，美军将支持作战的通信与信息网络体系统一规划为三个栅格系统，即传感器栅格、信息栅格和交战栅格，其中信息栅格是完整栅格系统的基础性设施和纽带。三个栅格系统完全网络化并相互交链，对应的信息网络分别为协同传感器/情报网络（以大容量为主要特征）、协同指控网络（以高安全性为主要特征）和火力控制网络（以确定时延为主要特征），它们共同构成完整的指控信息链、情报信息链、打击信息链和保障信息链，实现公共作战图像（Common Operational Picture，COP）、公共战术图像（Common Tactical Picture，CTP）和火力控制图像（Fire Control Picture，FCP）等信息的传输和共享。栅格概念系统顶层结构如图 1-14 所示。

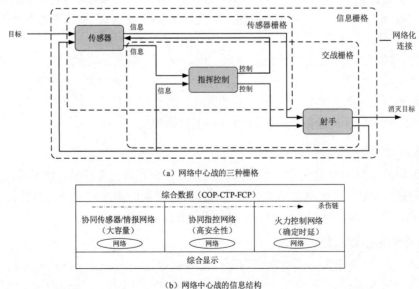

（a）网络中心战的三种栅格

（b）网络中心战的信息结构

图 1-14　栅格概念系统顶层结构

在网络中心战栅格概念系统结构的指引下，美军于 2000 年左右着手发展全球信息栅格（Global Information Grid，GIG）体系。2003 年，GIG 体系结构 1.0 版发布；2008 年，GIG 体系结构 2.0 版发布；2010 年，GIG 体系结构 3.0 版发布，该版本的 GIG 体系结构是美军各个军兵种发展信息网络和通信网的强制性指导文件。从体系结构上看，美军 GIG 体系由栅格化核心网（Core）和各军兵种的边缘网/接入网（Edge）构成，包括美国海军的部队网，海军陆战队的内联网、自动数字网，美国陆军的陆战网，美国空军的星座网等，各边缘网/接入网通过接入节点接入核心网。GIG 体系的栅格化核心网实现统一建设、统一管理和资源共享，各军兵种的边缘网/接入网在遵循 GIG 体系统一结构体制的条件下，由各个军兵种组织建设，支持实现全域互联互通互操作，自治系统实现自治性管理和服从统一管理。

2006 年和 2011 年，美国国防信息系统局 DISA 根据 GIG 体系建设规划分别进行了两次组成部分和关键技术的集成。

2007 年 6 月，美国国防部发布《GIG 体系结构构想》，着力打造"以网络为中心、面向服务的国防部企业体系结构"。该文件认为目标 GIG 体系不同于以往信息系统，是一个动态的、不断演进的系统，不可能一次建成。

2012 年，DISA 发布《GIG 集成主计划（3.0 版）》，提出要建立基于云计算的 GIG 技术框架，将普通服务层、平台服务层、基础设施服务层、任务保障服务及企业服务管理等都纳入框架。

2013 年 6 月出版的美国军语词典《JP1-02》中列出了一系列常见误用词汇，其中包括 GIG。也就是说，自此 GIG 这一词正式废止，取而代之的是 DoDIN（国防部信息网）。

DoDIN 的定义是用于采集、处理、存储、分发和管理信息的全球互联的信息能力的集合，包含大量通信与计算机系统、各种软件和数据、安全设备，以及实现信息优势的其他相关技术。DoDIN 是由各个时期实现的多个网络汇聚在一起形成的，DISA 希望将其转换到一种能够对赛博威胁做出反应的动态环境中。

3）联合信息环境

随着 GIG 体系建设的成型，其实施过程中也出现了一些新的问题，如军兵种之间兼容对联合作战的影响、带宽不足、国防预算压缩对可持续建设的影响等。另外，新的 IT 和应用服务理念也在发生巨大变化，特别是云计算、移动终端等革命性技术。因此美军又提出了对现有 IT 进行现代化升级的需求，即联合信息环境（Joint Information Environment，JIE）建设，如图 1-15 所示。GIG 体系是美军为网络中心战建设的重要基础设施，而 JIE 是美军基于安全性考虑，对整个 GIG 体系及后续国防部信息网重新设计提出的概念。在图 1-15 中，能力 1、能力 2 和能力 3 指的是 GIG 体系/JIE 通过任务应用服务和作战成员接入设备为上层作战平台和作战力量提供的各类网络支撑能力，主要是泛指。

美国国防部信息企业体系结构 DoD IEA 对美国国防部企业信息环境转型具有总体指导性，是传统信息环境向 JIE 转型的理论与制度依据。DoD IEA 中的关键要素（通信网、运算能力、数据服务、网络安全等）都可以在 JIE 中找到对应之处。

3. 美国海军通信与信息网络

美国海军的主要通信与信息网络包括四大类，即海军/海军陆战队内联网（NMCI），海军陆战队企业网（MCEN）、境外美国海军企业网络（ONE-NET）和漂浮网络（Afloat Network）。

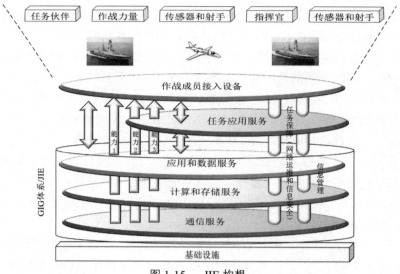

图 1-15　JIE 构想

1）美海军部队网

为尽快实现美海军作战向网络中心战转型，2003 年，在 21 世纪信息技术（IT-21）和 NMCI 的基础上，美海军提出了发展部队网 FORCEnet 的构想。FORCEnet 是信息时代美海军的作战结构和体系框架，旨在将作战人员、传感器、网络、指挥控制、平台和武器综合成一种网络化的分布式战斗部队，这种部队的规模大小可变，可适应从海底到空间、从海洋到陆地的所有层次的冲突。

2）美海军网络环境

为了实现各通信手段的互联，美海军提出了"海军网络环境 2016"（NNE2016）战略，试图将各种烟囱式结构网络转换为能够支撑共享服务、应用、计算环境、通信的一体化网络，实现真正的信息共享和互操作性（各层次的"水平融合"），完成网络化到信息化、栅格化的转变。

NNE2016 的目标是建设全综合的、海军范围的网络环境，海军用户可以随时随地获得数据和服务，确保所有海军网络基础设施，包括未来的漂浮网络基础设施，是完全可操作的。

NNE2016 的体系结构如图 1-16 所示。

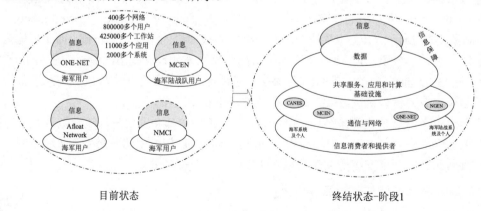

目前状态　　　　　　　　　　　　　　终结状态-阶段1

CANES——统一漂浮网络和企业服务；NGEN——下一代企业网络。

图 1-16　NNE2016 的体系结构

NNE2016 愿景为减少网络、减少系统、减少应用、降低成本、优化提供的共享服务、改善信息保障、用户可以在任何地方接入网络。

在 NNE2016 中，无论是岸基网络（NGEN、ONE-NET、MCEN）还是漂浮网络（Afloat Network、CANES）都向 FORCEnet 结构演进。具体来说，作战系统、通信系统、指挥控制系统及情报监视、侦察、支持系统等信息系统都需要分阶段逐步演进到统一的 FORCEnet 结构，实现海军各作战单元间信息共享和互操作，进而实现海军作战向网络中心战转型。

3）漂浮网络

作为海军信息系统的重要组成部分，漂浮网络包括舰内局域网（如 ISNS），联结舰与舰、舰与岸、舰与飞机等外部作战平台或作战指挥单元的战术广域网（如自动数字网络系统），业务网络（如海上型全球指挥控制系统 GCCS-M），卫星通信，支持全球作战的岸基基础设施（如战术交换）。

美海军军舰上的信息网络系统主要分为四大类：一是作战网络（C4ISR 网络），主要是与通信、计算机、指挥、控制及情报监视、侦察相关的功能网络；二是武器系统网络，主要联结传感器、导航和武器控制系统等对实时性要求高的网络；三是与平台自身相关推进、机械控制等相关的控制与监视网络，又称 HM&E 网络；四是航空系统网络，主要应用在航母上，为飞机起飞和着舰提供网络基础设施。

与海军网络环境中的四大烟囱式结构类型一样，海军作战网络也存在大量烟囱式网络，包括 ISNS、SCI（绝密信息网）、CENTRIXS（联合企业区域信息交换系统）和视频、话音等网络。这些网络的信息共享能力和互操作能力差，无法满足海军向网络中心战转型的需求。

4）CANES

为彻底改变作战网络现状，根据 FORCEnet 结构和标准，海军提出了开放式体系结构的作战网络体系结构，如图 1-17 所示。

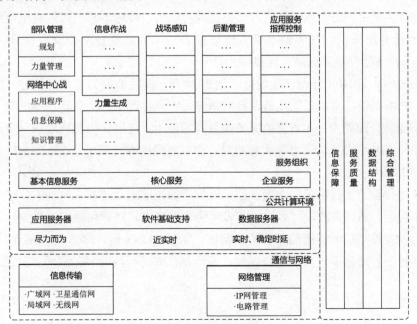

图 1-17　海军作战网络体系结构视图

2006年，CANES概念被提出；2008年11月，CANES重大开发计划MDD被确定。CANES是采用开放式体系结构的（战术）网络基础设施，主要由三个核心部件组成，即公共计算环境、基于SOA的漂浮核心服务和跨域解决方案。公共计算环境用于统一所有网络硬件（网络交换机和路由器）、机架、服务器和通信媒介，用单个、顽存的公共硬件支持广泛的近实时作战支持应用。基于SOA的漂浮核心服务通过开发一套统一的服务将GIG体系中的9种核心企业服务应用到作战人员，以支持海军作战人员在中断、时断时续和有限制通信场景中的作战应用。跨域解决方案用于实现异构域之间的互联互通能力。

5）自动数字网络系统

自动数字网络系统（Automated Digital Network System，ADNS）是美海军的海上战术广域网，也是GIG网络中心战联合作战概念的重要组成部分。ADNS将舰船上的多种无线通信系统综合起来，汇聚到IP体制，再与部署在不同安全等级的局域网中的各种指挥控制系统交链，实现对各种数据业务的综合接入。需要向外发送的数据由ADNS负责选择最合适的无线链路发送。ADNS作为连接GIG体系的战术广域网网关，可为海军用户和盟军用户提供访问国防信息系统网（Defense Information System Network，DISN）内的非密业务、秘密业务、绝密业务的能力。

ADNS项目始于1997年，可分为3个增量阶段。

增量 I——从1997年到2004年，建立了ADNS的基线，其主要能力包括：①实现将各种无线通信系统汇聚到IP体制；②IP数据包只能由单条无线链路（卫星）承载；③支持多级安全域的电子邮件、Web浏览、文件传输；④业务承载、加密及网络管理都基于固定带宽；⑤最大吞吐量为1.5Mbit/s。

增量 II——从2005年到2009年，其主要能力包括：①实现负载分担，IP数据包可由两条无线链路（卫星）同时承载；②引入优先级处理机制，针对不同应用可提供分级服务；③采用静态流量分配机制，具有最小带宽保证能力；④吞吐量分两个阶段提升，最终达到16Mbit/s；⑤具备链路故障切换、恢复能力。

增量III——从2010年开始，计划持续到2024年，其主要能力包括：①进一步优化负载分担能力，IP数据包可由多条无线链路同时承载，且扩展到非卫星手段，如短波、超短波等；②具有动态流量分配能力；③增强的服务质量管理能力，应用优先级粒度进一步细化；④支持IPv4、IPv6双协议栈；⑤吞吐量大幅提升，小型舰船的吞吐量可达25Mbit/s，大型舰船的吞吐量为50Mbit/s。

ADNS为传输节点提供了一个舰到舰、舰到岸的无缝通信连接，可动态、自组织、自适应选择频率组网，通过多波段、多模式和多网络实现话音、视频和数据信号的传输，提高信息互通能力，并提供信息传送的服务质量保证。加装ADNS后，岸节点、舰节点、空节点、天节点间通过各种通信手段实现无缝连接。基于ADNS的异构网络互联互通视图如图1-18所示。

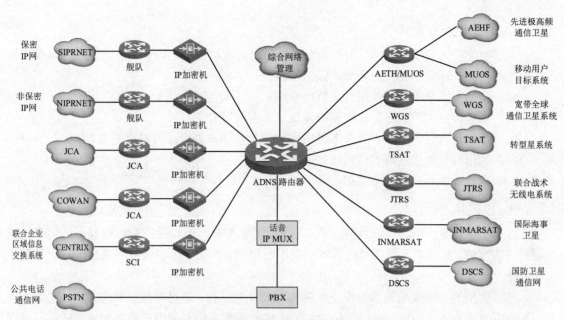

图 1-18 基于 ADNS 的异构网络互联互通视图

1.2.2 军事通信网的发展趋势

1. 异构网络融合一体化

当前，各传统作战网络本质上仍是"花园围墙"式网络，每座"花园"均有专属的数据格式和应用程序，网络间存在严重的信息隔阂和互用性问题。未来海战具备多域化、无人化、智能化等特点，传统作战网络难以满足全域互联互通、有人/无人协同、高效数据处理等需求。未来军事通信网的发展必须打破各作战网络间的信息壁垒，构建一个全新的"网络之网络"体系，并通过持续的网络集成试验，逐步将不同作战网络整合至该体系中。

只有整合当前大量的"花园围墙"式网络，构建一体化网络体系，才能逐步实现有人/无人平台、传感器、武器等系统的互联互通互操作。

2. 通信网软件定义化

随着军队信息化建设的不断推进，越来越多的网络设备、传感器和移动终端接入军事通信网，网络规模扩张迅速，数据流量呈爆炸式增长，这给军事通信网的安全稳定运行带来了巨大压力。面对复杂多变的现代信息化战争，军事通信网还具有集中管控流量、快速调配网络资源、精细化服务质量保障能力及快速部署网络特性等特殊需求。

软件定义网络（Software Defined Network，SDN）是一种新型的网络结构，通过构建网络管控和数据转发分离机制，可有效解决基于 IP 的传统网络结构中存在的问题。SDN 在构建军事数据中心、舰艇通信网等专用局域网方面具有显著优势，成为未来军事通信网结构的有力竞争者。SDN 通过可编程软件实现对网络的管控，减少了硬件需求，成为绕过传统网络能力对大型硬件升级的有效方法。

3．网络运维智能化

人工智能技术发展迅猛，可为复杂军事通信网的运维提供助力。军事通信网的运维者和其他作战人员一样需要在高压环境下做出决策。

至少在以下场景中需要使用人工智能算法。

（1）在规模巨大的网络运行数据中发现隐患并及时处置。

（2）在强对抗背景下，为复杂多变的军事信息传递规划合适的网络资源。

（3）为指挥员提供军事通信网运行态势。

（4）在危险区域执行网络维护任务。

4．网络体系弹性化

近年来，随着大数据、云计算、人工智能、5G 等技术的迅猛发展，以及军队信息化建设的快速推进，作战单元对信息的依赖程度不断增加，人们对军事通信网能力的需求也在不断变化。

当前传统通信网采用的以数据交换为核心的体系结构，通过专用资源绑定的或"尽力而为"的服务模型承载所有业务，这导致它无法高效地满足多变的用户业务需求。这种不灵活的体系结构造成了通信网效率低下，无法从根本上保证满足泛在、互联、融合、异构、可信、可管、可扩展等更高等级的需求。弹性通信网的概念应运而生。

网络弹性是在传统网络可靠性和网络安全防护的基础上延伸出来的概念。网络弹性是指网络具有预测、承受、恢复、适应不断变化的条件以维持任务有效能力所需要的功能的能力。

弹性通信网是指基于 SDN、网络虚拟化（Network Functions Virtualization，NFV）等技术实现的具备环境可感知、属性可变化、能力可调整、万物可互联的基本特征，具有自感知、自配置、自优化、自保护、自修复的能力，可实现网络环境透彻感知、网络拓扑主动适变、核心功能动态重组、网络资源自主适配等功能的新型信息通信网。

弹性通信网的研究热点是应对愈演愈烈的网络攻击的主动防御技术。现代作战行动对信息网络具有强依赖性，关键基础设施的网络具有众多薄弱点，显然针对对手的信息网络进行攻击和破坏会带来更大的作战效益。弹性通信网能够借助环境感知、自主决策和网络重构等技术提升自身的适变能力，能使网络从静态防御模式发展为动态自适应防御模式。

1.3　本章小结

通信网的核心是交换设备及交换技术。厘清各类通信网提供业务服务差异的关键是，弄清楚通信网采用的交换方式和连接方式。明白通信网中的实体如何实现通信和网络互联的关键是，从其网络体系结构的每一层去理解交换设备完成的功能。军事通信网的发展方向是在传输层面基于光通信，在网络层面基于 TCP/IP 协议，在业务层面实现各类业务的综合通信并向上提供标准的应用接口。本章定义了通信网，明确了军事通信网的发展方向，后期读者需要根据具体交换设备和协议不断加深理解。

思考与练习题

1-1 简述通信网、军事通信网的概念。

1-2 简述通信网的结构和组成。

1-3 简述交换方式、连接方式的分类。

1-4 简述美军的作战理念和信息网络的发展情况。

1-5 简述军事通信网的发展趋势。

第 2 章

信息交换技术

信息交换技术是数字信息交换的基本理论，被传递的信息通过编码后，基于面向连接或无连接的交换方式进行交换。由于采用的信息交换方式不同，因此形成了多种多样的网络。交换单元是实现信息交换的基本单元，通过组合构建交换网络完成更大容量、更高速率的交换。信息交换技术内容导图如图 2-1 所示。

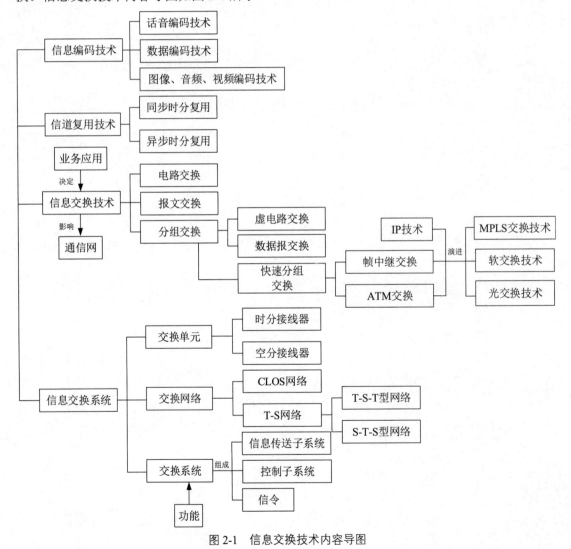

图 2-1　信息交换技术内容导图

2.1　信息编码技术与信道复用技术

2.1.1　信息编码技术

1．话音编码技术

话音是人与人之间进行交流的最直接、最方便、最常用的一种形式，如图 2-2 所示。人的话音主要频率集中在 300～3400Hz。为简化处理，通常把话音定义为 0～4000Hz 的模拟信号。话音通信的主要特点是对实时性要求高；在通话过程中，通话者对某个音、字的丢失不敏感；话音具有连续性，一般通话需要持续一段时间；人的话音带宽有限，且通信速率恒定、单一。

图 2-2　话音通信示意图

电话机的主要任务是完成声—电、电—声转换。除此之外，电话机还具有必要的用户控制功能，如摘/挂机、转动拨号盘等。1876 年，贝尔发明了电话机，首次将话音通过模拟信号传递到远端，实现了人与人直接的远程话音通信。随着电子技术的发展，模拟信号开始实现数字化，人们开始利用数字信号进行通信。数字化包括以下两方面：一方面是信息承载的信号可以用高精确度的二进制比特流来表示；另一方面是电子技术的发展使数字电路比模拟电路更成熟、更便宜。与模拟信号相比，数字信号的存储、处理和传输更方便。因此，目前绝大多数的通信系统采用的是数字技术。

话音信号数字化的理论基础是由美国电信工程师奈奎斯特在 1928 年提出的香农采样定理。在数字信号处理领域，香农采样定理是连续时间信号（模拟信号）和离散时间信号（数字信号）之间转换的基本桥梁。香农采样定理明确：如果一个系统以不小于通信信号最高频率两倍的频率对模拟信号进行采样，那么采样后获得的样本不会丢失信息。香农采样定理说明了一个事实，即信号变化得越快，它需要的带宽越宽，同时需要越频繁地采集它的变化。

话音信号的数字化包括采样、量化和编码三个步骤。

第一步——采样：将时间上连续的模拟信号变为时间上离散的抽样值。话音信号的频段为 0～4000Hz，基于香农采样定律，采样频率取值为 8000Hz，即采样周期为 125μs。采样过程示意图如图 2-3 所示。

第二步——量化：用固化的二进制数表示抽样后的信号幅度值。为了对样本进行量化，数字化设备将样本值可能出现的范围划分为有限间隔（将这些间隔称为量化级），并为每个量化级规定一个唯一对应的二进制数。随后，数字化设备用样本所在的量化级的二进制数来表示该样本（若存在 2^n 个量化级，则每个量化级用 n 位二进制数来表示）。经过量化后，模拟信号就用与量化级有关的二进制比特流来表示了。

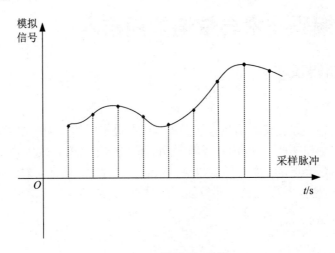

图 2-3 采样过程示意图

第三步——编码：PCM 30/32 系统采用 8 位码表示一个样值，最高位是极性码，剩下的 7 位对应 128 个量化级。因此话音信号经脉冲编码调制（Pulse-Code Modulation，PCM）编码后的传输速率为 8000Hz/s×8=64kbit/s，这就是一个数字话路的传输带宽。

PCM 30/32 系统的几个主要参数：每秒传送 8000 帧，每帧 32 个时隙，每个时隙有 8bit 串行码，16 帧构成一个复帧，其时长为 125μs×16=2ms。传送码率为 8bit/时隙×32 时隙/帧×8000 帧/s=2048kbit/s，而每一路信号的传输速率为 64kbit/s。复帧和帧中除了传输话音信息，还传输同步信息、信令信息等。PCM 帧结构如图 2-4 所示。

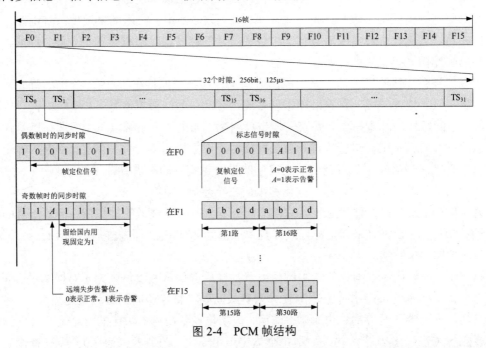

图 2-4 PCM 帧结构

PCM 30/32 系统采用时分复用机制把一条物理通道按不同时刻分成若干条信道（如话路），各信道按一定周期和次序轮流使用物理通道。从宏观上看，一条物理通道可以同时传送多条信道信息。PCM 30/32 系统结构示意图如图 2-5 所示。

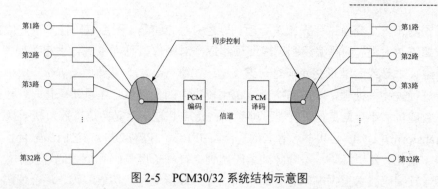

图 2-5　PCM30/32 系统结构示意图

2. 数据编码技术

数据编码是指采用二进制数 "0" 和 "1" 实现对信息的表述，并通过编码实现信息通信，包括字符编码、协议编码、信道编码等。

（1）字符编码，是指用二进制数来对应字符集的字符，目前应用较为广泛的有 ANSI 码、GB 码、GBK 码、BIG 5 码、Unicode 码及一些压缩编码。

ANSI 码——单一字节的编码集，只能表示 256 个字符。

GB 码——又称国标码，是 1980 年国家公布的简体汉字编码技术，涵盖 6763 个汉字。

GBK 码——GB 码的扩展集，能覆盖 2 万多个简/繁体汉字。

BIG 5 码——针对繁体汉字的编码。

Unicode 码——一种国际标准编码，采用 2 个字节编码。

压缩编码——包括有损失编码和无损失编码，依据压缩算法，可分为 PCM、预测编码、变换编码、统计编码和混合编码等。

（2）协议编码，是指根据承载的通信协议进行编码，以完成其通信的功能。例如，采用高级数据链路控制（High-level Data Link Control，HDLC）协议通信，传输数据需要按照 HDLC 协议的要求进行信息装配，并配置相应的帧头和帧尾，信息内容按照 "零比特填充" 原则进行填充。又如，采用 TCP/IP 协议和以太网协议通信，传输数据需要先后安装 TCP 报头、IP 报头和以太网帧的首部和尾部。

（3）信道编码，是指根据处理数据的方式和信道的特点，对传输的数据进行编码，常用的编码技术有单极性码、极性码、双极性码、归零码、双相码、不归零码、曼彻斯特码、差分曼彻斯特码、多电平编码、4B/5B 编码。

例如，极性码采用高电平和低电平表示二进制数 "0" 和 "1"；归零码用码元中信号回归到低电平来表示，如从高电平到低电平的转换表示码元 "0"，而从低电平到高电平的转换表示码元 "1"；曼彻斯特码中，高电平到低电平的转换边表示 "0"，低电平到高电平的转换边表示 "1"，位于中间的电平转换边既表示数据代码，也作为定时信号使用。曼彻斯特码主要应用在以太网中。

3. 图像、音频、视频编码技术

（1）图像编码技术，也称图像压缩，是指在满足一定质量（信噪比或主观评价得分）的条件下，以较少比特数表示图像或图像中包含的信息的技术。图像编码系统的发信端基本上由两部分组成。首先，对经过高精度模/数变换的原始数字图像进行去相关处理，降低信息冗余度。其次，根据一定的允许失真要求，对经去相关处理后的信号编码，即重新码化。一般用线性预测和正交变换进行去相关处理。与之相对应的是，图像编码技术也分成预测编码和变换域编码两大类。预测编码利用线性预测逐个对图像信息样本进行去相关处理。变换域编码用一维、二维或三维正交变换对一维（n）、二维（$n×n$）、三维（$n×n×n$）块中的图像样本的集合进行去相关处理，以得到能量分布比较集中的变换域。在重新码化时，根据变换域中变换系数能量大小分配数码，就能压缩频带，最常用的正交变换是离散余弦变换（Discrete Cosine Transform，DCT）。其中，著名的算法有 JPEG、JPEG 2000，它们都融合了正向离散余弦变换、量化、Z 型编码、差分脉冲编码调制、行程长度编码和熵编码等技术。

（2）音频编码技术根据编码方式的不同，分为波形编码、参数编码、混合编码。波形编码，是指不利用生成音频信号的任何参数，直接将时域信号变换成数字代码，使重构的话音波形尽可能地与原始话音信号的波形保持一致，典型编码标准有采用 PCM 算法的 G.711、采用 ADPCM 算法的 G.721、采用 SB-ADPCM 算法的 G.722 等。参数编码，是指从话音波形信号中提取生成话音的参数，使用这些参数通过话音生成模型重构话音，使重构的话音信号尽可能保持原始话音信号的语义。混合编码，是指同时使用两种或两种以上的编码方法进行编码，典型编码标准有采用 RPE-LTP 算法的 GSM、采用 LD-CELP 算法的 G.728 和 MPE 算法等。

（3）视频编码技术，是指通过特定的压缩技术，将某个视频格式的文件转换成另一个视频格式的文件的方式。视频数据有极强的相关性，也就是说有大量的冗余信息。其中，冗余信息可分为空域冗余信息和时域冗余信息，压缩技术就是将数据中的冗余信息去掉（去除数据间的相关性）。压缩技术包含帧内图像数据压缩技术、帧间图像数据压缩技术和熵编码压缩技术。目前，视频流传输中的主要编/解码标准有 ITU-T 颁布的 H.261、H.263、H.264，运动静止图像专家组颁布的 M-JPEG 和国际标准化组织运动图像专家组颁布的 MPEG 系列标准。此外，在互联网上被广泛应用的编/解码标准还有 Real-Networks 的 RealVideo、微软公司的 WMV、苹果公司的 QuickTime，以及中国制定的新一代编码标准 AVS 等。

2.1.2　信道复用技术

1．同步时分复用

时分复用就是采用时间分割法，把一条高速信道分成若干条低速信道，构成同时传输多个低速信号的信道。

同步时分复用，是指将时间划分为基本时间单位，一帧的时长是固定的（常见的为 125μs）。每帧分成若干个时隙，并按顺序编号，所有帧中编号相同的时隙组成一个子信道，该信道的速率是恒定的，具有周期出现的特点。一个子信道传递一路信息。这种信道也称为位置化信道，因为根据信道在时间轴上的位置，就可以知道该信道是第几路信道。同步时分复用信号的交换实际上交换的是信息所在位置，即时隙的内容在时间轴上的移动，这种交换方式叫作同步时分交换。

同步时分复用的优点是连接一旦建立，该连接的服务质量就不会受网络中其他用户的影响。但是，为了保证连接所需带宽，必须按信息最大速率分配信道资源。这对恒定比特率业务没有影响，但对可变比特率业务而言，信道利用率会降低。

2. 异步时分复用

异步时分复用把需要传送的信息分成很多小段，称为分组。每个分组前附加标志码，以说明分组要去哪个输出端。来自同一用户的信息划分得到的分组的标志码相同。各个分组在复接时可以使用任何时隙（子信道）。这样，把一个信道划分成若干子信道，用标志码标识的信道称为标志化信道。这时，一个信道中的信息与它在时间轴上的位置（时隙）没有必然联系。将这样的子信道合成一个信道的技术称为异步时分复用。异步时分复用信号的交换实际上就是按照每个分组信息前的地址标志码，将其分发到出线，这种交换方式叫作统计时分交换（又称存储转发交换）。

异步时分复用的优点是能够统计地、动态地占用信道资源。异步时分复用连接建立并给连接分配带宽与输入业务流速率无关，可以不按最大信息速率分配带宽。在信道资源相等的前提下，异步时分复用比同步时分复用接纳的连接数更多。

图2-6对两种信道时分复用技术进行了简单的比较。

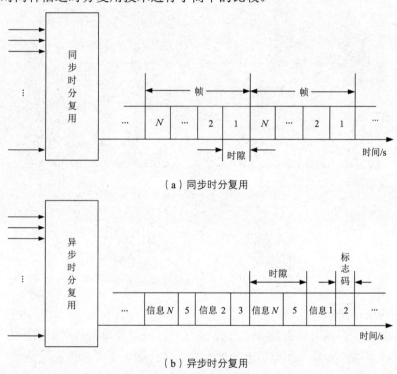

（a）同步时分复用

（b）异步时分复用

图2-6 两种信道时分复用技术比较

2.2 信息交换技术产生、分类和演进

2.2.1 交换技术产生

1. 交换引入

通信的目的是实现信息的传递。在通信系统中，信息是以电信号或光信号的形式传输的。一个通信系统至少应由终端和传输系统组成。终端将含有信息的消息（如话音、图像、计算

机数据等）转换成可以被传输系统接收的信号形式，同时将来自传输系统的信号还原成原始消息；传输系统把信号从一个地点传送至另一个地点。这种仅涉及两个终端的单向或交互通信方式称为点对点通信，示意图如图 2-7 所示。

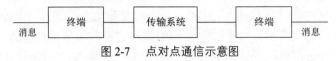

图 2-7　点对点通信示意图

当存在多个终端，且希望它们中的任何两个都可以进行点对点通信时，最直接的方法是把所有终端两两相连，这种连接方式称为全互连式。多用户全互连式连接示意图如图 2-8 所示。

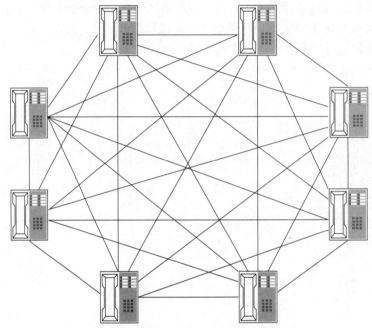

图 2-8　多用户全互连式连接示意图

全互连式连接存在如下缺点。

（1）当存在 N 个终端时，需用 N(N-1)/2 条线对，线对数量按终端数的平方增加。

（2）当这些终端分别位于相距很远的地方时，各地间需要大量的长线路。

（3）每个终端都有 N-1 对线与其他终端相接，因此每个终端需要 N-1 个线路接口。

（4）当增加第 N+1 个终端时，必须增设 N 对线路。当 N 较大时，无法实用化。

（5）由于每个用户处的出线过多，因此维护难度较高。

如果在用户分布密集的中心安装一个设备——交换机，每个用户的终端设备经各自的专用线路（也称用户线）连接到交换机上，如图 2-9 所示，就可以解决全互连式连接存在的问题。当任意两个用户之间交换信息时，交换机将两个用户的通信线路连通。一旦用户通信完毕，两个用户间的连线就断开。有了交换设备，N 个用户只需要 N 对线就可以满足要求，线路的投资费用大大降低，用户线的维护也变得容易。这样尽管增加了交换机的费用，但它的利用率很高，相比之下，总投资费用将减少。

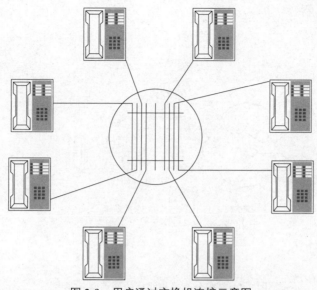

图 2-9　用户通过交换机连接示意图

2．通信网

最简单的通信网仅由一台交换机和若干台终端组成，如图 2-10 所示。每台通信终端通过一条专门的用户线与交换机中的相应接口连接。交换机能在任意选定的两条用户线之间建立和释放通信链路。

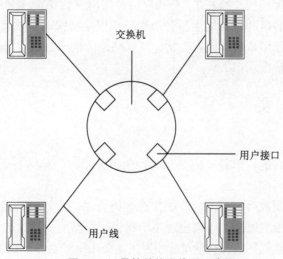

图 2-10　最简单的通信网示意图

当用户数量很多且分布区域较广时，一台交换机不能覆盖所有用户，这时就需要设置多台交换机。多台交换机组成的通信网示意图如图 2-11 所示。通信网中直接连接电话机或终端的交换机称为本地交换机或市话交换机。相应的交换局称为端局或市话局；仅与各交换机连接的交换机称为汇接交换机。当通信距离很远，通信网覆盖多个省市乃至全国范围时，常称汇接交换机为长途交换机。交换机之间的线路称为中继线。显然，长途交换机仅涉及交换机之间的通信；市内交换机既涉及交换机之间的通信，又涉及交换机与终端之间的通信。

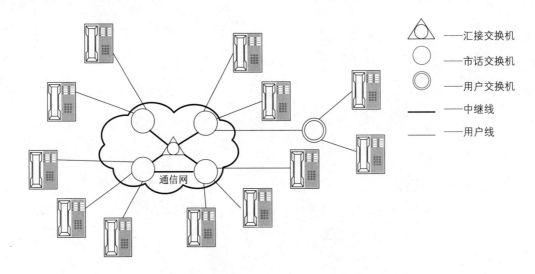

图 2-11　多台交换机组成的通信网示意图

用户交换机（Private Branch Exchange，PBX）常用于企事业单位内部。在一般情况下，用户交换机与市话交换机之间的中继线数目远比用户交换机连接的用户线数少。因此，当电话机主要用于内部通信时，采用用户交换机要比将所有电话机连到市话交换机上更经济。当用户交换机具有自动交换能力时，其又称为专用自动交换机（Private Automatic Branch Exchange，PABX）（俗称程控交换机）。公共电话通信网只负责接续到用户交换机，进一步从用户交换机到电话机的接续常需要由话务员转接或采用特殊的直接接入设备。交换机在通信网中起着非常重要的作用，它就像立交桥，可以使路上的车辆（信息）安全、快速地通往任何一个道口（交换机输出端口）。

2.2.2　交换技术分类

1．业务特点

通信以传送信息为目的，但是不同信息间存在很大差异，具体表现在如下几方面。

（1）信息相关程度不同。

数字信号用由二进制数"0"和"1"的组合编码表示。在话音码组传输过程中，如果 1个比特发生错误，不会影响语义；如果出现多个错误，根据前后语义的相关性，也可以推断出其含义。如果 1000 个数据码组在传输过程中发生 1 个比特错误，在接收端就可能会被理解成完全不同的含义。特别对于银行、军事、医学等关键事务处理，发生毫厘之差就会造成巨大损失。一般而言，数据通信的比特差错率必须控制在 10^{-8} 以下，而话音通信的比特差错率可达 10^{-3}。

（2）时延要求不同。

有些业务要求比特流以很小的时延和时延抖动（抖动是指信息的不同部分在到达目的地时具有不同的时延）到达对端，这类业务叫作实时业务。典型的例子是话音业务和视频业务。话音业务端到端的时延不能大于 25ms，否则需要加上回波抵消器。即使在有回波抵消器的情况下，时延也不能大于 500ms，否则交互式会话将变得十分困难。与话音业务相比，大多数数据业务对时延并不敏感。

（3）信息突发率不同。

突发率是业务峰值比特率与平均比特率的比值。突发率越大，表明业务速率变化越大。不同的业务在平均比特率和突发率方面有不同的特征，如表 2-1 所示。话音的突发性主要来自突发的讲话和寂静，在典型情况下二者各占 50%的时间，平均比特率大约为 32kbit/s，一般不会出现长时间信道中没有信息传输的情况。如果计算机通信双方处于不同工作状态，那么数据传输速率将大不相同。例如，批量数据传送的突发性很高，因为在读出磁盘的一些连续扇区后，必须移动磁头才能读下一组连续扇区。

表 2-1　几种业务的平均比特率和突发率

业务	平均比特率	突发率
话音业务	32kbit/s	2
交互式数据传送业务	1～100kbit/s	10
批量数据传送业务	1～10kbit/s	1～10
标准质量图像传送业务	1.5～15Mbit/s	2～3
高清晰度电视业务	15～150Mbit/s	1～2
高质量可视电话业务	0.2～2Mbit/s	5

综上所述，不同通信业务具有不同的特点，在网络发展过程中形成了不同的交换技术，已出现的多种交换技术如图 2-12 所示。图 2-12 按电信网交换技术和计算机交换技术两条线对交换技术进行了总结。

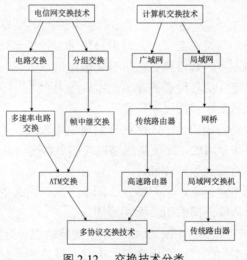

图 2-12　交换技术分类

2. 电路交换

电路交换是最早出现的一种交换方式，也是电话通信中使用的交换方式。电话通信要求为用户提供双向连接，以便进行对话式通信，它对时延和时延抖动敏感，但对差错不敏感。因此当用户需要通信时，交换机就在接收端和发送端之间建立一条临时电路连接，该连接在通信期间始终保持接通，直至通信结束才被释放。通信期间交换机不需要对信息进行差错检验和纠正，但交换机处理时延要小。交换机要做的就是将入线和指定出线的开关闭合或断开。在通信期间交换机提供一条专用电路，而不进行差错检验和纠正。电路交换适用于实时业务。

1）电路交换的过程

电路交换属于面向连接的技术。图 2-13 描述了电路交换过程，它包括呼叫/连接建立、信息传送（通话）和呼叫/连接释放。

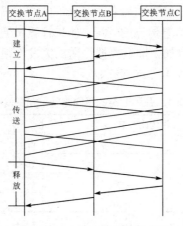

图 2-13   电路交换过程示意图

2）电路交换的特点

电路交换采用同步时分复用和同步时分交换技术，其特点如下。

（1）整个通信连接期间始终有一条电路被占用，即使在寂静期也是如此，信息传输时延小。

（2）电路是"透明"的，即发送端用户送出的信息通过交换节点连接，毫无限制地被传送到接收端。所谓"透明"是指交换节点未对用户信息进行任何修正或解释。

（3）对于一个固定的连接，其信息传输时延是固定的。

（4）分配带宽资源固定且信息传送的速率恒定。

采用电路交换方式传送数据存在以下缺点。

（1）由于分配的带宽是固定的，因此网络资源利用率较低，不适用于突发业务。

（2）通信的传输通路是专用的，即使某通路没有信息传送，其他业务也不能利用，因此采用电路交换方式的数据通信的效率较低。

（3）通信双方在信息传输速率、编码格式、同步方式、通信规程等方面需要完全兼容，因此不同速率和不同通信协议之间的用户无法接通。

（4）存在呼叫损失（下面简称呼损）。由于通信线路的固定分配与占用方式会影响其他用户的再呼入，因此电路交换的线路利用率低。电路交换适用于话音业务、文件传送业务、高速传真业务，但它不适用于突发业务和对差错敏感的数据业务。

3）多速率电路交换

电路交换方式建立的连接一般只有一种传送速率，常见的为 64kbit/s。为了满足不同业务的带宽需求，出现了多速率电路交换（Multi-Rate Circuit Switching，MRCS）。

多速率电路交换采用的也是固定分配带宽资源的方式。与电路交换不同的是，这种交换资源的分配不是一个等级的，而是多个等级的。因此，实现多速率电路交换的一个关键问题是确定基本速率（基本带宽资源）。若基本速率定得低，则不能满足高带宽业务的需求；若基本速率定得高，则会对低带宽业务造成浪费。另外，可支持的速率分级也不能太多，否则控制将变得复杂，难以实现。多速率电路交换是窄带综合业务数字网（Narrowband Integrated Services Digital Network，N-ISDN）使用的交换技术。

3．报文交换

报文交换是根据电报的特点提出来的。电报的交换传输基本上只要求单向连接，一般允许有一定的时延，如果传输中有差错，就必须改正，以确保信息正确。因此报文的交换不需要提供通信双方的实时连接，但每个交换节点要有纠错、检错功能。

1）报文交换的工作原理

报文交换工作原理示意图如图 2-14 所示。报文交换机把来自发送端的报文先暂存在交换节点内排队等候，待交换节点出口线路空闲时，就转发至下一报文交换机，报文存储在下一报文交换机，直至到达目的节点，这种交换方式叫作异步时分交换。在该方式中，信息以报文为单位进行传输。为了保证报文的正确传送，交换节点必须具有信息处理、存储和路由选择等功能。

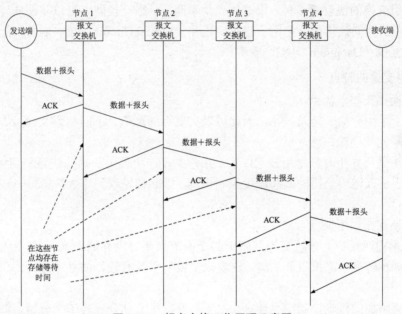

图 2-14　报文交换工作原理示意图

2）报文交换的特点

报文交换的优点如下。

（1）报文交换不需要事先建立连接，并且可采用多路复用，因此不独占信道，可以大大提高线路利用率。

（2）用户不需要叫通对方就可以发送报文，无呼损。

（3）容易实现不同类型终端之间的通信，I/O 电路速率及报文格式可以不同。

报文交换的主要缺点如下。

（1）当长报文通过报文交换机存储并等待发送时，会在报文交换机中产生较大时延，不利于实时通信。

（2）要求报文交换机有高速处理能力和极大的存储容量，增加了设备费用。

报文交换适用于公共电报及电子信箱业务。

4．分组交换

报文交换传输时延大，不能满足实时性要求，因此人们提出了分组交换。

1）分组交换原理

分组交换（Packet Switching，PS），是先把一份要发送的数据报文分成若干个较短的、按一定格式组成的分组（Packet），然后采用异步时分复用将这些分组传送到一个交换节点。交换节点采用存储—转发技术实现数据交换。分组具有统一格式且长度比报文短得多，便于在交换节点中存储及处理。分组在交换节点的主存储器中停留时间很短，一旦确定了新的路由，很快就会被转发到下一个交换节点。分组通过一个交换节点的平均时延比报文小得多。

分组交换是在早期低速、高出错率的物理传输线的基础上发展起来的，为了确保数据可靠传送，交换节点要运行复杂的协议，以实现差错控制和流量控制等主要功能。因为链路传输质量太差，所以逐段链路的差错控制是必要的。

支持分组交换的协议有多种，根据协议的不同，分组交换网络可以是面向连接的，也可以是无连接的。面向连接的分组网络提供虚电路（Virtual Circuit，VC）服务，无连接的分组网络提供数据报（Datagram，DG）服务。

2）分组交换的特点

分组交换存在如下优点。

（1）由于采用存储—转发技术，因此可以实现不同速率、不同编码及同步方式、不同通信规程的终端间的通信。

（2）由于采用异步时分复用技术，多个用户共享一个信道，通信线路利用率高。

（3）由于引入逐段差错控制和流量控制机制，因此传输误码率大大降低，网络可靠性得到提高。

分组交换存在如下缺点。

（1）技术实现复杂。分组交换网络中的交换节点要提供存储/转发、路由选择、流量控制、速率及规程转换状态报告等功能，这要求交换节点具有较好的处理能力，因此软件较为复杂。

（2）网络附加的传输控制信息较多。由于需要把报文划分成若干个分组，每个分组头又要加地址及控制信息，因此降低了网络的有效性。

（3）信息被从一端传送到另一端穿越的网络越长，分组时延越大。

这种传统的分组交换主要应用于数据通信，很难应用于实时多媒体业务。

3）分组交换的分类

按照面向连接和无连接应用的方式，分组交换可以分为虚电路交换和数据报交换。所谓虚电路交换，就是在传输用户数据之前通过发送呼叫请求分组，建立端到端间的虚电路，虚电路被建立后属于同一呼叫的数据分组均沿着这一虚电路传送，最后通过呼叫释放分组来释放虚电路。虚电路交换具有连接建立、数据传送和连接释放三个阶段。虚电路交换又分为交换虚电路和永久虚电路。其中，交换虚电路是指用呼叫请求分组建立虚电路（通过信令方式建立连接）。永久虚电路是指网络运营者根据用户预约为之建立固定的虚电路，直接进入数据传送阶段，不需要在呼叫时临时建立虚电路。数据报交换是指根据每个分组的目的地址信息，为每个分组独立进行选路。

虚电路交换和数据报交换在分组头、选路原则、分组顺序、故障敏感性、支持应用等方面存在差异，比较结果如表 2-2 所示。

表 2-2　虚电路交换和数据报交换比较

项目	虚电路交换	数据报交换
分组头	只有虚电路逻辑信道号	有详细的地址信息
选路原则	预先建立虚电路，每个分组需要查映像表	对每个分组独立进行选路
分组顺序	分组不会失序	分组可能会失序
故障敏感性	较敏感	敏感性低
支持应用	较连续的数据流传送	面向事务的询问/响应型数据业务

虚电路交换是一种分组交换技术，而且是一种面向连接的分组交换技术。虚电路中传输的分组包括头部和数据体两部分。其中，头部内容比较简单，只包括逻辑信道号。与之相比，数据报的分组头比较复杂，需要携带详细的选路信息。这是因为虚电路交换已经事先建立好了虚电路，在传送分组时，只要让分组和连接对应上就可以了；而数据报交换中的数据包在每次经过路由器都要独立选路，所以选路信息要详细。

由于虚电路交换是一种面向连接的传输技术，其在传输分组时分组顺序抵达，在目的端不会出现分组失序的现象。例如，一个文件被分成 100 个数据包，从源点发送到目的点，序号分别为 1、2、3、4……接收端顺序接收到序号分别为 1、2、3、4……的数据包，不会失序，因为是沿着同一个路径先后到达的。与之相比，数据报交换每次都是独立选路，每个数据包抵达的顺序可能会乱序，因为后面发的数据包可能会选择不同的路径，可能会先到。

虚电路实现时，需要在交换节点中对连接表进行配置。如图 2-15 所示，为了实现呼叫 1（DTE1—DTE3 的连接）及呼叫 2（DTE2—DTE4 的连接），需要在交换节点 A 处和交换节点 B 处分别设置路由表。DTE1 发出的分组将会从交换节点 A 的 3 号端口进入，并被赋予逻辑信道号 10 的分组头，然后从交换节点 A 的 2 号端口发出，并将分组头替换为逻辑信道号 62。当分组进入交换节点 B 的端口 3 时，交换节点 B 根据逻辑信道号 62 识别出该分组属于呼叫 1，因此将它送往端口 1 发出，并替换分组头为逻辑信道号 22，最后分组抵达 DTE3。

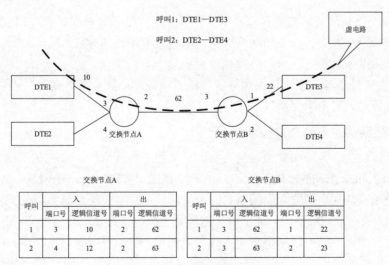

图 2-15　虚电路连接示意图

5．帧中继交换

帧中继（Frame Relay，FR）交换是以分组交换技术为基础的高速分组交换技术，它对目前分组交换中广泛使用的 X.25 协议进行了简化和改进，在网络内取消了差错控制和流量控制，将逐段的差错控制和流量控制处理移到网络外端系统中实现，从而缩短了交换节点的处理时间。由于帧中继交换方式主要用于光网络数据传输，而光纤通信具有低误码率的特性，因此不需要在链路上进行差错控制，而采用端到端的检错和重发控制方式。

帧中继交换具有很多优点：可灵活设置信号的传输速率；充分利用网络资源，从而提高了传输效率；可对分组呼叫的带宽进行动态分配，因此可获得低时延、高吞吐率的网络特性；速率可在 64kbit/s～45Mbit/s 调整。

帧中继交换适用于处理突发性信息和可变长度帧信息，常作为计算机广域网协议。

6．ATM 交换

异步传输模式（Asynchronous Transfer Mode，ATM）交换是由 ITU-T 确定的用作宽带综合业务数字网（Broadband Integrated Services Digital Network，B-ISDN）的复用、传输和交换模式。信元是 ATM 特有的分组单元（话音、数据、视频等不同类型的数字信息均可被分割成一定长度的信元），长度为 53B，分成两部分：5B 的信元头含有用于表征信元去向的逻辑地址、优先级等控制信息，48B 的信息段用来装载不同用户的业务信息。任何业务信息在发送前都必须先分割再封装成统一格式的信元，在接收端完成相反操作以将业务数据恢复至原来的形式。

ATM 交换具有以下特点。

（1）ATM 交换是一种异步时分复用技术。它将一条物理信道划分成多个具有不同传输特性的逻辑信道，实现了网络资源的按需分配。

（2）ATM 交换利用硬件实现固定长度分组的快速交换，具有时延小、实时性好的特点，能够满足多媒体数据传输要求。

（3）ATM 交换是支持多种业务的传递平台，并提供服务质量 （Quality of Service，QoS）保证。ATM 交换通过定义不同 ATM 适配层 （ATM Adaptation Layer，AAL）来满足不同业务传送性能的要求。

（4）ATM 交换是面向连接的传输技术，在传输用户数据之前必须建立端到端的虚电路。所有信息（包括用户数据、信令和网管数据）都通过虚电路传输。

（5）信元头比分组头更简单，处理时延更小。

ATM 交换支持话音、数据、图像等各种低速业务和高速业务，是一种不同于其他交换技术的、与业务无关的全新交换技术。

7．计算机网络使用的交换技术

计算机网络以共享资源和交换信息为目的。从服务范围来看，计算机网络分为局域网、城域网（Metropolitan Area Network，MAN）和广域网（Wide Area Network，WAN）。

早期的局域网是共享传输介质的以太网或令牌网，网络中使用总线型交换网络、半双工方式进行通信。当用户数增多时，每个用户的带宽变窄，极易导致网络冲突，引起网络阻塞。解决这一问题的传统方法是在网络中加入两端口网桥，即采用网络分段技术。在一个较大的网络中，为保证响应速度，往往要分割出数十个甚至数百个网段，这使得整个网络成本增加，网络结构和管理变得更复杂。

　　局域网交换机是在多端口网桥的基础上，于 20 世纪 90 年代初发展起来的。它是一种改进了的局域网网桥。与传统网桥相比，它能提供更多端口，端口之间通过空分交换网络直连或采用存储—转发技术连接。局域网交换机的引入简化了大型局域网的拓扑结构，缓解了网络冲突和带宽变窄问题。共享型局域网和交换型局域网示意图如图 2-16 所示。

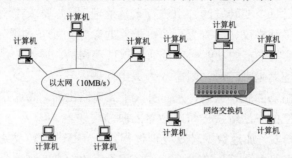

（a）共享型局域网示意图　　　　（b）交换型局域网示意图

图 2-16　共享型局域网和交换型局域网示意图

　　局域网交换机采用的仍是广播式分组通信方式，当网络出现环路时会导致广播风暴，因此引入了路由器。路由器将不同局域网互联，从而隔离广播风暴。路由器具有路由选择功能，可以为跨越不同局域网的流量选择最适宜的路径；可以绕过失效的网段进行连接；还可以进行不同类型网络协议间的转换，实现异种网络互联。

　　路由器可以将很多个分布在各地的计算机局域网互联，进而构成广域网，从而实现更大范围的资源共享，如图 2-17 所示。如今最大的广域网是互联网（Internet），它使用的是 TCP/IP 协议。

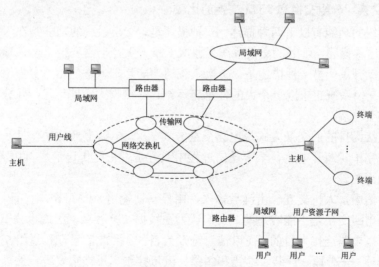

图 2-17　广域网的组成

　　路由器的连接是借助公共传输网络（如电信网）实现的。公共传输网络基本可以分成三类：①电路交换网络，主要是公用电话交换网（Public Switched Telephone Network，PSTN）和综合业务数字网（Integrated Service Digital Network，ISDN）；②分组交换网络，主要是 X.25 分组交换网和帧中继网等；③数字数据网（Digital Data Network，DDN）和光纤传送网。

路由器使用的是无连接的分组交换技术。它的工作是检查进入的数据包，将其目的地址与路由表中的项目进行比较，如果是直连子网的站点，路由器就将它转发到目的地；否则，查询相应的路由表，选择合适的路由，通过物理网络将它送到邻接路由器。

传统路由器需要对每个要转发的分组进行大量处理，因此要求传统路由器具有丰富的功能，如能够同时支持多种协议、具有上百个可配置的参数、能够实现复杂的分组过滤机制、增强对网络的控制。这些丰富的功能通常是通过软件获得的。遗憾的是，随着网络中通信量的增加，软件处理的速度越来越慢，阻塞成为突出问题。

为了解决传统路由器的瓶颈问题，人们引入了高速路由器。高速路由器采用多层交换技术，通过如下两种独立的方法解决传统路由器的瓶颈问题。

（1）基于硬件的转发，加速数据转发处理过程。提高路由器转发处理数据速度的方法是改变路由器的结构，将路由计算、控制等非实时任务用软件来实现，分组转发等实时任务用硬件实现，从而使转发数据分组的速率达到每秒数千万个。

（2）基于数据流或标签的转发，根据通信的目的地址优化路由，使用较短的固定长度的标签对数据流进行转发，避免分组的重复性选路。

这两种方法互相补充，可以配合使用，从而改善网络性能，增强网络可扩展性。已经出现的多层交换技术有：第二层交换、第三层交换、第四层交换、ATM 上的多协议（Multi-Protocol Over ATM，MPOA）、标签交换（Tag Switch，TAG）、多协议标记交换（Multi-Protocol Label Switching，MPLS）等。

8．交换技术比较

1）电路交换、分组交换和 ATM 交换的比较

对交换系统的功能有以下两种描述。一种描述是，交换系统的功能是在入端和出端之间建立连接。按这种描述，可以把交换系统想象成一堆开关，当需要把一个入端和一个出端连接起来时就拨动开关。另一种描述是，交换系统的功能是把入端的信息分发到出端。按这种描述，可以把交换系统想象成一个大的信息转运站，它接收入端的信息，并分门别类将地将信息分发到各个出端。

以电路连接为目的的交换方式是电路交换方式。因此电路交换的动作就是在通信时建立电路，在通信完毕时断开电路。至于通信过程中双方是否相互传送信息，传送了什么信息，都与交换系统无关。

计算机通信中，人机交互（由键盘输入，由显示器输出）时间长，空闲时间超过 90%，如果仍然采用电路交换是不能容忍的。人们认为在数据交换领域，应使用分组交换方式。分组交换方式不以电路连接为目的，而以信息分发为目的。因此信息在传送给交换机时要先经过一番加工处理——分段、封装、检错和纠错、流量控制、反馈重发等，然后根据分组头中的地址域和控制域，把一个个分组分发到各个出端。

可以这样说，电路交换是一种"粗放"的和"宏观"的交换方式，它只管电路，不管在电路上传送的信息。相比之下，分组交换比较"精细"和"微观"，它对传送的信息进行管理。

ATM 交换是一种改进的快速分组交换技术。它对信息的管理不像分组交换那样"精细"

和"微观"。因为连接 ATM 交换机的是光纤,其传输错误微乎其微,所以采用 ATM 交换的网络中取消了逐段差错控制和流量控制,自然也简化了 ATM 交换机的控制。为了满足实时业务要求,ATM 交换也使用了一些电路交换中的方法。所以,ATM 交换不仅仅是简化了控制,而是结合了电路交换和分组交换的优点产生的一种新的交换技术。

综上所述,可以得出结论:电路交换只闭合网络开关,不处理信息,时延小,最适用于实时业务,典型应用是话音业务;分组交换处理每一个信息,差错小,最适用于数据业务;ATM 交换用于 B-ISDN,适用于所有业务。

2)OSI 参考模型与交换技术

OSI 参考模型将一个物理实体完成的功能分成多个逻辑功能层,每层具有不同功能,多层功能的组合可实现整体功能。利用这种技术,可以将交换机复杂而庞大的设计问题简化成一些"单层"设计问题。OSI 参考模型与各种交换技术之间的关系概述如下。

电路交换可实现 OSI 参考模型第一层的功能,在物理层交换,无须使用协议。

使用 X.25 协议的传统分组交换可实现 OSI 参考模型中下三层的功能,即物理层、数据链路层、网络(分组)层的功能。数据链路层采用完全差错控制(包括对传送信息的帧定位、差错检验、差错恢复),交换在第三层实现。采用 X.25 协议的网络节点处理复杂,因此转发信息的速率最低。

帧中继交换可实现 OSI 参考模型中下二层的功能,即物理层和数据链路层的功能,并对数据链路层进行简化,只完成数据链路层的核心功能(对传送信息的帧定位和差错检验),交换在第二层实现。采用帧中继交换协议的网络节点的处理复杂度比采用 X.25 协议的网络节点的处理复杂度低,因此帧中继网的转发速率高于采用 X.25 网。

ATM 协议可实现 OSI 参考模型中的下二层功能,网络中的交换机不再支持对用户信息的任何差错控制,交换在第二层实现。采用 ATM 协议的网络节点的处理复杂度最低,因此 ATM 网转发速率最高。

局域网交换也可实现 OSI 参考模型中的下二层的功能,但它的数据链路层比较复杂,交换在第二层实现。

传统路由器可实现 OSI 参考模型中下三层的功能,交换在第三层实现。

交换技术特点的比较如表 2-3 所示。

表 2-3　交换技术特点的比较

特性	技术				
	电路交换	分组交换 (面向连接)	帧中继交换	ATM 交换	分组交换 (无连接)
复用方式	同步复用	统计复用	统计复用	统计复用	统计复用
带宽分配	固定带宽	动态带宽	动态带宽	动态带宽	动态带宽
时延	最小	较大	小	小	不定
连接方式	面向连接	面向连接	面向连接	面向连接	无连接
差错控制	无	有	有	有限	有
信息单元长度	固定	可变	可变	可变	可变
最佳应用	话音	批量数据	局域网互联	多媒体	短数据

2.2.3　交换技术演进

1．电路交换技术的演进

在贝尔于 1876 年发明电话后的很短时间内，人们意识到应该把电话线集中到一个中心节点上，这些中心点可以把电话线连接起来，这就诞生了最早的电话交换技术——人工磁石电话交换机。这种交换机的交换网络就是一个接线台，结构非常简单，接线由人工控制。人工接续方式的固有缺点，如接续速度慢、接线员需要日夜服务等，迫使人们寻求自动接续方式。

1889 年，Strowger A. B. 发明了第一个由两步动作完成的上升旋转式自动交换机。此后这种交换机逐步演变为被广泛应用的步进制自动交换机。这种交换机的交换网络由步进接线器组成，主叫用户的拨号脉冲直接控制交换网络中步进接线器的动作，从而完成电话的接续，属于直接控制（Direct Control，DC），又叫作分散控制。步进接线器的动作范围大，带来的直接后果是接续速度慢、噪声大。分散控制导致步进接线器的组网和扩容非常不灵活。

第一台纵横交换机于 1932 年投入使用。纵横交换机的交换网络由纵横接线器组成。与步进接线器相比，纵横接线器的器件动作范围减小很多，接续速度明显提高。它采用一种称为"记发器"的特殊电路实现收号控制和呼叫接续，属于间接控制（Indirect Control，IC），又叫作集中控制。集中控制下的组网和容量扩充很灵活。

第二次世界大战后，当整个长距离网络实现自动化时，自动电话占据了统治地位。晶体管的发明刺激了交换系统的电子化，促进了 20 世纪 50 年代后期第一个电子交换机的出现。

随着计算机技术的出现，从 20 世纪 60 年代开始有了软件控制的交换系统。例如，1965 年，美国开通了世界上第一个用计算机存储程序控制的程控交换机。由于采用了计算机软件控制，用户服务得到了很大发展，如增加了呼叫等待、呼叫转移、三方通话等功能。

模拟信号转换为数字信号的原理随着 PCM 的推出被人们熟知。话音数字化后出现了能够实现数字话音交换的程控交换机。由于当时作为程控交换机核心部件的计算机价格比较昂贵，因此程控交换机应用的是集中控制方式。

在发展初期，程控交换机有些设备由于成本和技术限制，曾采用部分数字化（选组级数字化）、用户级仍为模拟型的形式，编/译码器也曾采用集中的共用方式，而非单路编/译码器形式。随着集成电路技术的发展，很快数字程控交换机就采用了单路编/译码器和全数字化的用户级。微处理机技术的迅速发展和普及，使程控交换机普遍采用多机分散控制，具有灵活性高、处理能力强、系统扩充方便且经济的特点。软件方面，除去部分软件因需要注重实时效率或与硬件关系密切而用汇编语言编写外，大多软件采用的是高级语言，包括 C 语言、CHILL 语言和其他电信交换专用语言。程控交换机对软件的主要要求不再是节省空间开销，而是可靠性、可维护性、可移植性和可再用性，它使用了结构化分析与设计、模块化设计等软件设计技术，并建立和不断完善了用于程控交换软件开发、测试、生产、维护的支持系统。程控交换机的信令系统也从随路信令走向 7 号信令。

20 世纪 80 年代中期，电话通信网已实现了从模拟到数字，控制系统从单级控制到分级控制，信令系统从随路信令到 7 号信令的转变。

经过一百多年的发展，电路交换技术已非常完善和成熟，目前是网络中的一种主要交换技术。传统电话通信网中的交换局、移动通信系统中的移动交换局、N-ISDN 中的交换局、智能网（Intelligent Network，IN）中的业务交换点（Service-Switching Point，SSP）使用的均是电路交换技术。

2．分组交换技术的演进

20 世纪 60 年代初期，欧洲 RAND 公司的成员 Paul Baran 和他的助手们为北大西洋公约组织制定了一个基于话音打包传输与交换的空军通信网体制。这个网络的工作原理是把送话人的话音信号分割成一些数字化的"小片"，各个"小片"被封装成"包"，并在网络内的不同通路上独立地传输到目的端，最后从包中卸下"小片"装配成原来的话音信号并送给受话人。这样，在除目的地之外的任何其他终点，只能窃听到只言片语，不可能窃听到一个完整语句。另外，由于每个"小片"可以有多条通路到达目的站，因此网络具有抗破坏和抗故障能力。

第一篇论述这种分组交换通信网体制的论文发表于 1964 年。可惜当时由于技术限制，尤其是数字技术水平限制，以及对话音信号实现复杂处理的器件及大型网络的分组交换、路由选择和流量控制等功能要求的计算机十分缺乏、昂贵，因此这种网络体制未能实现。

第一个利用这个研究成果的是美国国防部的高级研究计划局（Defense Advanced Research Project Agency，DARPA）。当时 DARPA（原 ARPA）在全国范围内的许多大学和实验室安装了许多计算机，以进行大量基础和应用科学研究工作。由于时区、计算中心负荷、专用软件/硬件等因素存在差别，其觉得需要一种能交换数据和共享资源的有效办法。当时世界上还没有任何能实现资源共享的网络，因此 DARPA 决定开发一个网络，把分组交换技术应用于网络的数据通信。这就是 1969 年开始组建、1971 年投入运营的 ARPANET——世界上第一个采用分组交换技术的计算机通信网。

第一代分组交换系统由主机和接口信息处理机（Interface Message Processor，IMP）组成，结构示意图如图 2-18 所示。主机先将发送的报文分成多个分组，加上分组头，并为每个分组独立选路；然后将某个输入队列中的分组转移到某个输出队列中并发往目的地。接收端进行相反处理。IMP 执行较低级别的规程，如链路差错控制，以减轻主机负荷。系统中的软件也是 ARPANET 专用的。受计算机速度的限制，第一代分组交换系统每秒只能处理几百个分组。

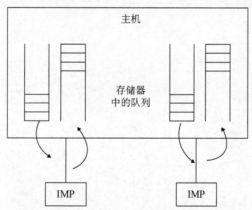

图 2-18　第一代分组交换系统的结构示意图

到 1969 年 12 月，已经有由 4 个节点组成的实验性网络被启动。当更多的 IMP 被安装时，网络覆盖范围增长得非常快，很快就覆盖了全美国。

后来，IMP 软件被修改，允许终端直接连接到特殊的 IMP，即终端接口处理机（Terminal Interface Processor，TIP）上，每台 IMP 可以有多台主机，每台主机可以与多台 IMP 对话（保护主机不受 IMP 故障影响），主机还可以与 IMP 进行远距离连接（适用于主机远离网络的情况）。这就是第二代分组交换系统的雏形，其结构示意图如图 2-19 所示。这一时期不同研究机构使用各自的协议控制分组交换系统的工作。

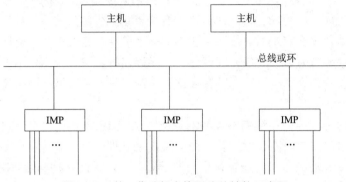

图 2-19　第二代分组交换系统的结构示意图

第二代分组交换系统的特征是采用共享媒体将 IMP 互联，计算机主要用于虚电路的建立，通信协议各自独立。

1974—1975 年，有多个独立的公用分组网在建设之中。在英国的 NPL、美国的 TELENET、加拿大的 DATAPAC、法国的 PTT 及其他一些国家的组织与公司的努力下，分组交换技术逐步完善，形成了多层次结构的网络体系。1976 年 3 月，ITU-T 制定了著名的 X.25 协议，实现了用户—网络接口的标准化，使得数据终端可以通过分组数据通信网传送信息。此后，其又陆续制定了其他有关协议，如 X.28 协议、X.75 协议、X.29 协议等，这些协议对不同终端接入分组交换网、分组交换网间的互联、分组交换网与电话交换网的互联起到了重要作用。

第三代分组交换系统使用标准化协议，用交换网络取代了共享媒体网络，解决了分组交换系统的瓶颈问题，增强了交换机的并行处理功能，大大提高了网络的吞吐量。第三代分组交换系统的结构示意图如图 2-20 所示。

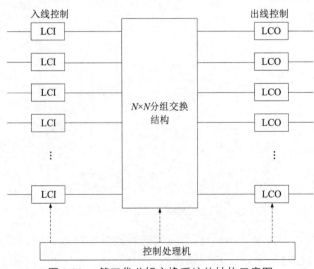

图 2-20　第三代分组交换系统的结构示意图

3．宽带交换技术的演进

未来网络的发展不会是多个网络，而是用一个统一的宽带网络提供多种业务。这个网络中的关键设备就是交换机，它必须能实现多种速率、多种服务要求及多种业务的交换。使宽带网络成为可能的技术包含以下几种。

1）ATM 交换技术与 IP 技术

ATM 交换技术是电信界为实现 B-ISDN 提出的面向连接的技术。它集中了电路交换和分组交换的优点，具有可信的服务质量，可保证话音、数据、图像和多媒体信息的传输。它还具有无级带宽分配、安全和自愈能力强等特点。

以 IP 协议为基础的互联网的迅猛发展，使 IP 协议成为当前计算机网络应用环境中的"既成事实"标准和开放式系统平台。基于 IP 协议实现网络互联的优点在于：①易于实现异种网络互联；②对时延、带宽、服务质量等要求不高，适用于非实时信息通信；③具有统一的寻址体系，易于管理。

ATM 交换技术和 IP 技术都是发展前景良好的技术，但它们在发展过程中都遇到了问题。

从技术角度看，ATM 交换技术是最佳的，但是 ATM 交换技术过于完善，其协议体系的复杂性提高了 ATM 系统研制、配置、管理、故障定位的难度；ATM 交换技术没有机会将现有设施推倒重来，构建一个纯 ATM 网。相反，ATM 交换技术必须支持主流的 IP 协议才能够生存。

传统的 IP 网只能提供尽力而为（Best Effort）的服务，没有任何有效的业务质量保证机制。IP 技术在发展过程中遇到了路由器瓶颈等问题。

把 ATM 交换技术和 IP 技术结合起来，既可以利用 ATM 网络资源为 IP 用户提供高速直达数据链路，发展 ATM 网上的 IP 用户业务，又可以解决互联网发展中的瓶颈问题，推动互联网业务进一步发展。

在支持 IP 协议时，ATM 处于第二层，IP 协议处于第三层，这是业界普遍认可的一种网络模型。当网络中的交换机接收到一个 IP 分组时，它先根据 IP 分组中的 IP 地址通过某种机制进行路由地址处理，按路由转发；然后按已计算的路由在 ATM 网上建立虚电路。以后的 IP 分组在此虚电路上以直通方式传输，从而有效地解决了传统路由器的瓶颈问题，并提高了 IP 分组转发的速度。

随着吉比特高速路由器的出现及 IP 服务质量、MPLS 等概念的提出，ATM 交换技术的优势也发生了变化，目前被看好的是支持 ATM 交换技术和 IP 技术结合的 MPLS 技术，它的大部分标准均已制定。

2）光交换技术

光纤传输技术在不断地进步，波分复用系统在一根光纤中每秒已经能够传输几百吉比特到太比特的数字信息。传输系统容量的快速增长为交换系统的发展带来了压力和动力。通信网中交换系统的规模越来越大，运行速率也越来越高，未来的大型交换系统每秒将需要处理总量达几百比特，甚至上千太比特的信息。但是，目前的电子交换和信息处理网络的发展已接近电子速率的极限，其固有的 RC 参数大、响应速度慢，以及存在钟偏、漂移、串话等缺点限制了交换速率的提高。为了解决电子瓶颈限制问题，研究人员开始在交换系统中引入光子技术，以实现光交换。

光交换技术的优点在于，光信号在通过光交换单元时，无须经过光-电或电-光转换，因此它不受检测器、调制器等光电器件响应速度的限制，比特速率和调制方式透明，可以大大提高交换单元的吞吐量。光交换技术将是未来宽带网络使用的另一种宽带交换技术。

3）软交换技术

近年来，以互联网为代表的新技术革命正在深刻地影响着传统的电信观念和体系结构。同时随着信息社会的到来，人们的日常生活、学习工作已经离不开网络，人类社会对网络业务需求急剧增长，并对网络提出了更高要求：网络不仅要提供话音业务、数据业务、视频业务，也要支持实时多媒体流的传送，还要具有更高的安全性、可靠性和性能。无论是网络运营商、业务提供商还是网络用户，都要求网络能够在现有的高度异构通信基础设施上提供开放、稳定、高性能、可重用、可灵活编程的服务，原有的相对封闭和专有的网络服务平台和业务环境已无法适应新的要求。下一代网络（Next-Generation Network，NGN）应是一个能够屏蔽底层通信基础设施多样性，并能提供一个统一的、开放的、可伸缩的、安全稳定的、高性能的融合服务平台，能够支持快速灵活地开发、集成、定制和部署新的网络业务。

随着技术条件的成熟，网络的融合正成为电信发展的大趋势。下一代网络应有能力支持新型业务的创建。这些新型业务覆盖传统的话音业务、数据业务和多媒体业务，如互联网呼叫等待、IP 虚拟专用网、电子商务、个人信息管理器、移动业务和视频会议等。从总体趋势上看，下一代网络的核心层功能结构将趋向扁平化的两层结构，即业务层上具有统一的 IP 协议，传输层上具有巨大的传输容量。核心网的发展趋势将倾向于传输层和业务层相互独立发展，并分别优化，在网络边缘则倾向于多业务、多体系的融合，允许多协议业务接入，能以最低的成本和灵活、可靠的方式持续地支持一切已有的和将要有的业务和信号。

软交换是下一代网络的控制功能实体，它独立于传送网络，主要完成呼叫控制、资源分配、协议处理、路由、认证、计费等功能，同时可以向用户提供现有交换机能提供的所有业务，并向第三方提供可编程能力，是下一代网络呼叫与控制的核心。

软交换的特点：应用层和控制层与核心网络完全分开，以利于快速方便地引进新业务；传统交换机的功能模块被分离为独立的网络部件，各部件功能可独立发展；部件间的协议接口标准化，使自由组合各部分功能产品以组建网络成为可能，使异构网络的互通方便灵活；具有标准的全开放应用平台，可为客户定制各种新业务和综合业务，最大限度地满足用户需求。

下一代网络将是一个以软交换为核心，以光网络为基础，采用分组型传送技术的开放式网络。下一代网络应具有以下特点。

（1）采用开放式体系结构和标准接口。

（2）呼叫控制与媒体层和业务层分离。

（3）具有高速的物理层、数据链路层和网络层。

（4）网络层采用统一的 IP 协议实现业务融合。

（5）数据链路层采用分组化节点，以分组传送和交换为基础。

（6）传输层实现光域互联，可提供巨大的网络带宽和低廉的网络成本，具有可持续发展的网络结构，透明支持任何业务和信号。

（7）接入层采用多元化宽带无缝接入技术，融合固定与移动业务。

软交换是一个体系结构，不是一个单独的设备，是一系列分布于 IP 网中的设备总称。软交换位于下一代网络的中央，负责呼叫控制、承载控制、地址翻译、路由、网关控制、计费、数据收集等功能，是下一代网络的控制中心。

从功能上看，下一代网络的功能组织结构从上往下是由网络业务层、控制层、传输层、边缘接入层四层组成的，如图 2-21 所示。

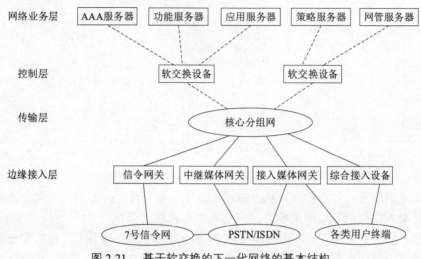

图 2-21　基于软交换的下一代网络的基本结构

（1）网络业务层由业务认证授权记账（AAA）服务器、功能服务器、应用服务器、策略服务器和网管服务器组成，提供业务支撑环境，执行并存放业务逻辑和业务数据，向用户提供各种增值业务，通过应用编程接口为用户提供新业务创建平台。

（2）控制层主要由软交换设备构成，用于完成各种呼叫流程的控制，并负责传送相应业务处理信息。

（3）传输层是基于 IP 协议实现的全光化的核心分组网，为业务媒体流和控制信息流提供统一的、保证服务质量的高速分组传送平台。

（4）边缘接入层主要向用户提供各种接入手段和实现媒体格式转换，主要设备包括信令网关、中继媒体网关、接入媒体网关、综合接入设备（Integrated Access Device，IAD）。

信令网关用于实现软交换设备与 7 号信令网的互通，负责信令信息在传输层的转换。媒体网关用于实现信息的不同媒体表达格式的转换。中继媒体网关相当于 C4 以上的交换局，负责中继线传送媒体格式的转换和互通。接入媒体网关相当于 C5 端局，负责模拟用户接入、ISDN 用户接入、V5 接入的媒体格式转换。综合接入设备是靠近用户侧的终端接入设备，负责终端用户的话音、数据、图像等业务的综合接入。

2.3　信息交换系统

2.3.1　交换单元

1．基本概念

交换单元是信息交换系统的最小单元，由入线、出线、控制端和状态端组成，如图 2-22 所示。

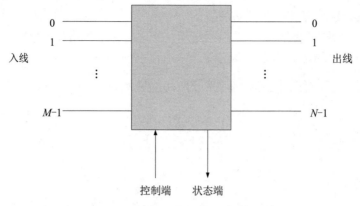

图 2-22　交换单元的组成

按入线、出线的信息传送方向，可以将交换单元分为有向交换单元和无向交换单元。有向交换单元是指信息从入线输入，从出线输出，具有唯一确定的方向；无向交换单元是指每条线既可以输入信息也可以输出信息，没有入线和出线之分。

按入线、出线的数量关系，可以将交换单元分为集中型交换单元、连接型交换单元、扩散型交换单元。当交换单元的入线数大于出线数时，称为集中型交换单元；当交换单元的入线数等于出线数时，称为连接型交换单元；当交换单元的入线数小于出线数时，称为扩散型交换单元。

按入线、出线是否共享单一通路，可以将交换单元分为空分交换单元和时分交换单元。空分交换单元的典型代表有开关阵列、S 接线器等；时分交换单元的典型代表有共享存储器型时分交换单元、共享总线型时分交换单元。

交换单元的主要功能有实现同一条 PCM 线上不同时隙的交换，以及同一时隙内不同 PCM 线间的交换。

一般通过容量、接口、功能、质量等指标来描述交换单元的特性。S1240 的数字交换单元（Digital Switching Element，DSE）如图 2-23 所示，有 16 个双向端口，每个端口接一条双向的 32 路 PCM 线，容量为 512×512[①]，传输的信号为双向的 PCM 数字信号。

图 2-23　S1240 的数字交换单元

2. 时分接线器

时分接线器（Time Switch）简称 T 接线器，属于共享存储器型时分交换单元，用来完

---

① 单位为时隙，一般可省略。

成时隙交换。T 接线器采用缓存存储、控制读出或写入的方式来进行时隙交换，主要由话音存储器（Speech Memory，SM）和控制存储器（Control Memory，CM）组成。T 接线器中的话音存储器和控制存储器可以是高速的随机存取存储器（RAM）。T 接线器的工作原理图如图 2-24 所示。

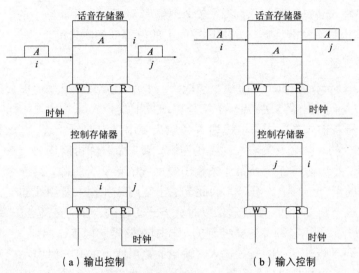

（a）输出控制　　　　　　　　　（b）输入控制

图 2-24　T 接线器的工作原理图

　　话音存储器用来暂存编码的话音信息。每个时隙有 8bit 编码，考虑要进行奇偶校验等，话音存储器的每个单元的字长应超过 8bit。话音存储器的容量，即所包含的存储单元总数应等于输入复用线（母线）上的复用度。如果有 512 个时隙，话音存储器就要有 512 个存储单元。

　　T 接线器有两种工作方式。第一种是顺序写入、控制读出，简称输出控制，如图 2-24（a）所示。第二种是控制写入、顺序读出，简称输入控制，如图 2-24（b）所示。用这两种工作方式进行时隙交换的工作原理是相同的。顺序写入或读出是由时钟控制的，控制读出或写入是由控制存储器完成的。

　　控制存储器的作用是控制同步交换，其容量一般等于话音存储器的容量，它的每个单元所存的内容是由处理机控制写入的，用来控制话音存储器读出或写入的地址。因此，控制存储器中每个单元的位数取决于话音存储器的地址码的位数。若话音存储器有 512 个存储单元，需要用 9 位地址码进行选择，则控制存储器的每个单元应有 9 位。

　　T 接线器以输出控制方式进行时隙交换的工作原理：输入时隙的信息在时钟控制下，依次写入话音存储器。显然，写时钟必须与输入时隙同步。若读出也是顺序方式，则 T 接线器仅起缓存作用，不能进行时隙交换。读出必须依照控制存储器中存入的读出地址进行。

　　图 2-24（a）表示了话音编码信息 A 按顺序存入话音存储器的第 i 个单元，当第 j 个时隙到来时，以控制存储器第 j 个单元中的内容 i 为地址，读出话音存储器第 i 个单元中的话音编码信息 A。这样，第 i 个时隙输入的话音编码信息 A 就在第 j 个时隙送出去，实现了时隙交换。在整个交换过程中，控制存储器就是控制信息交换的转发表。转发表由处理机构造。处理机为输入时隙选定一个输出时隙后，控制信息就被写入控制存储器。只要没有新的信息写入，控制存储器中的内容就不变。于是，每一帧都重复以上读写过程，输入的第 i 个时隙的话音信息在每一帧都被交换到第 j 个输出时隙中去。

T 接线器的输入控制的工作原理与输出控制的工作原理相似，不同的是控制存储器内写入的是话音存储器的写入地址，即话音存储器第 j 个单元写入的是第 i 个输入时隙的话音信息，图 2-24（b）所示。由于顺序读出，因此在第 j 个时隙读出话音存储器第 j 个单元中的内容，同样完成了第 i 个输入时隙与第 j 个输出时隙的交换。

不论是顺序写入还是控制写入，每个输入时隙都对应话音存储器中的一个存储单元，所以 T 接线器实际上具有空分性质，是通过空间上的位置变换实现的。

3．空分接线器

空分接线器（Space Switch）简称 S 接线器，属于空分交换单元，由交叉点矩阵和控制存储器组成。$N×N$ 的电子交叉点矩阵有 N 条输入复用线和 N 条输出复用线，每条复用线上有若干个时隙。每条输入复用线可以选通 N 条输出复用线中的任一条，但这种选择是建立在一定的时隙基础上的。以第 1 条输入复用线为例，第 1 个时隙可能选通第 2 条输出复用线的第 1 个时隙，第 2 个时隙可能选通第 3 条输出复用线的第 2 个时隙，第 3 个时隙可能选通第 1 条输出复用线的第 3 个时隙，等等。因此，输出复用线和输入复用线的交叉点按照一定时隙高速开合。从这个角度看，S 接线器是以时分方式工作的。各个交叉点在哪些时隙应闭合、在哪些时隙应断开，是由控制存储器控制的，控制存储器起同步作用。

显然，对于点到点通信，同一条输入（输出）复用线上的某一时隙不能同时选通几条输出（输入）复用线，也就是说，位于同一条输入复用线或同一条输出复用线上的任何两个交叉点不能在同一时隙闭合。当然，任何一条输入复用线的不同时隙是可以选通到同一条输出复用线的。交叉矩阵可由选择器组成。例如，16 选 1 选择器可用来使 16 条输入复用线选通1 条输出复用线，16×16 的交叉矩阵可由 16 个 16 选 1 选择器以一定的复接方式组成。

如图 2-25 所示，每条输入复用线都配有一个控制存储器。由于这个控制存储器要控制输入复用线上每个时隙接通到哪条输出复用线，因此控制存储器的容量等于每条复用线上的时隙数，而每个单元的位数取决于选择输出复用线的地址码位数。例如，每条复用线上有512 个时隙，交叉点矩阵是 32×32，则需要配 32 个控制存储器，每个控制存储器有 512 个存储单元，每个存储单元有 5 位，可选择 32 条输出复用线。图 2-25 中，第 1 个控制存储器的第 7 个存储单元中由处理机控制写入了 2，表示第 1 条输入复用线与第 2 条输出复用线的交叉点在第 7 个时隙接通。在每一帧期间，处理机依次读出控制存储器各存储单元中的内容，并依据该内容控制矩阵中对应交叉点的启闭，以实现输入复用线与指定输出复用线的连接。

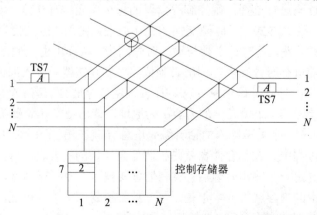

图 2-25　控制存储器按输入复用线配置的 S 接线器

控制存储器也可以按输出复用线设置，即每一条输出复用线用一个控制存储器控制该输出复用线上各时隙依次与哪些输入复用线接通。显然，在图 2-26 中的控制存储器中，写入的内容是输入复用线的号码。

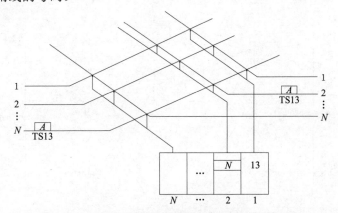

图 2-26　控制存储器按输出复用线配置的 S 接线器

综上所述，用于完成同一 PCM 线上不同时隙交换的 T 接线器，是通过存储在不同存储单元实现的；而用于完成不同 PCM 线上同一时隙交换的 S 接线器，是通过在不同时间点控制矩阵连接实现的。因此，时隙在时间和空间上的控制交换是实现时隙交换的基本方法。

2.3.2　交换网络

1．基本概念

多个交换单元经排列组合后便形成了交换网络。交换网络包括入线和出线，根据其内部结构层级不同，交换网络又可以分为单级交换网络和多级交换网络，如图 2-27 所示。

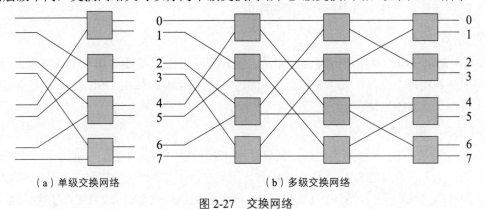

（a）单级交换网络　　　　　　（b）多级交换网络

图 2-27　交换网络

交换网络会产生阻塞，其原因是存在对内部资源的同抢问题。解决阻塞问题是交换网络中的一个重要问题。

2．CLOS 网络

多级交换网络又称 CLOS 网络，示意图如图 2-28 所示，其特点是无阻塞的网络结构。

CLOS 网络为三级网络，第一级入线为 n 条，出线为 m 条，共有 r 个交换单元；第二级入线、出线均为 r 条，共有 m 个交换单元；第三级入线为 m 条，出线为 n 条，共有 r 个交换单元。

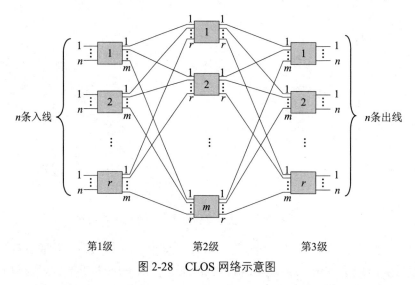

第1级   第2级   第3级

图 2-28　CLOS 网络示意图

通过配置不同的 m 和 n，CLOS 网络可处于三种状态，即严格无阻塞网络、可重排无阻塞网络和广义无阻塞网络。其中，严格无阻塞网络是指无论网络处于何种状态，只要连接的起点和终点空闲，任何时刻都可以在网络中建立一个连接，且不影响网络中已建立的其他连接，此时 m 与 n 的关系是 $m \geqslant 2n-1$。可重排无阻塞网络是指无论网络处于何种状态，只要连接的起点和终点空闲，任何时刻都可通过在网络中直接建立一个连接，或者重新选择已有连接路由来建立一个连接，此时 m 与 n 的关系是 $2n-1 > m \geqslant n$。广义无阻塞网络是指一种给定的网络存在固有阻塞的可能，但也有可能存在一种精巧的选路方法，使得所有阻塞均可避免，而不必重新选择网络中已有连接的路由。

3．T-S 网络

T-S 网络包括组合型网络和结合型网络。组合型网络由 T 接线器和 S 接线器组合而成；结合型网络是指每个交换单元本身就有时间和空间交换功能，如由 DSE 构成的交换网络。本节主要介绍组合型网络。

1）T-S-T 型网络

T-S-T 型网络属于 3 级交换网络，两侧采用 T 接线器，称为 T 级，中间采用 S 接线器，称为 S 级。由于组合了 T 接线器和 S 接线器，因此 T-S-T 型网络能够同时实现同一 PCM 线上的不同时隙交换和同一时隙内的不同 PCM 线间的交换。也就是说，T-S-T 型网络能够实现任意一条入线与任意一条出线在任何时隙上的交换。许多数字程控交换系统采用的就是 T-S-T 型网络，如 AXE10、FETEX-150、E10B、5ESS 等。

T-S-T 型网络示意图如图 2-29 所示。T-S-T 型网络两侧的 T 级分别包含 32 个 T 接线器，中间的 S 级只包含一个 S 接线器。交换网络包含 32 条入线和 32 条出线，每条 PCM 线的复用度为 512，也就是说以 512 个时隙为一帧（或一组）循环发送信息。

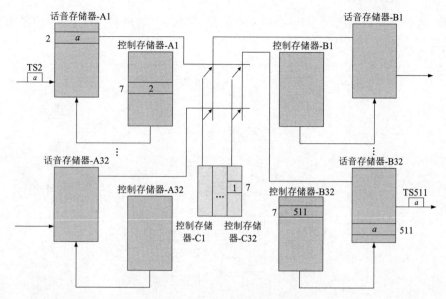

图 2-29 T-S-T 型网络示意图

举一个例子来说明 T-S-T 型网络的工作原理。输入 T1 单元的 TS2 时隙中的内容通过 T-S-T 型网络交换后，输出到 T32 单元的 TS511 时隙。其中，交换过程中选择的内部时隙为 TS7。根据输入 T 接线器的结构不难看出，该 T 接线器的类型为输出控制。因此输入 T1 单元中的 TS2 按顺序输入话音存储器，再根据控制存储器的内容，交换到 TS7 时隙内。这时，数据来到了 S 接线器。根据 S 接线器的结构，可知其是为出线选择入线，因此为输入控制。根据控制器配置，当 TS7 时隙到来时，入线 1 与出线 32 连通，这样，内容就交换到了第 32 条 PCM 线的 TS7 时隙。接下来就来到了输出级的 T 接线器。根据结构不难看出，输出级的 T 接线器为输入控制，根据控制存储器的配置要求，TS7 时隙内容存到了输出 TS511 时隙对应的存储单元，当 TS511 时隙到来时，按顺序输出。这样通过 T-S-T 型网络就完成了将输入 T1 单元的 TS2 时隙中的内容，交换到输出 T32 单元的 TS511 时隙中。

在上面的例子中，TS7 被用作内部时隙。内部时隙是交换网络为达成交换功能，在交换单元间使用的公共时隙资源。内部时隙存在争用的可能，如果内部时隙安排不科学，就会导致虽然交换网络有空余时隙，但因不同用户都选择同一内部时隙进行交换而产生呼损的现象。这种情况最容易发生在来自交换网络不同方向的交换业务中。

内部时隙有不同的选择方法。一种方法是反相法，一个方向选用 TSi，另一个方向选用 TS（$i+F/2$）。也就是说，若 PCM 线的复用度为 F，则有 F 个时隙可供选择，一个方向的时隙选择为前 $F/2$ 个时隙，另一个方向的时隙选择为后 $F/2$ 个时隙。另一种方法是奇偶法，一个方向选用偶数时隙 $2j$，另一个方向选用奇数时隙 $2j+1$。

2）S-T-S 型网络

S-T-S 型网络示意图如图 2-30 所示。两侧的 S 级各分布 1 个 S 接线器，中间级 T 接线器的数量依据入线和出线的数量确定为 n。前后两个 S 接线器的开关阵列由同一个控制存储器控制。输入级 S 接线器按照出线进行配置，来自用户 A、B 的入线 1 上的 TSi 时隙和入线 n 上的 TSj 时隙被交换到同一出线 n，中间级 Tn 交换单元采用输出控制方式工作，实现 TSi 时隙和 TSj 时隙中内容的交换。输出级 S 接线器按照入线进行配置，来自入线 n 的 TSi 时隙和 TSj 时隙被分别交换到出线 1 和 n，分别交给用户 A、B。用户 A、B 的业务信息通过 S-T-S 型网络实现了交换。

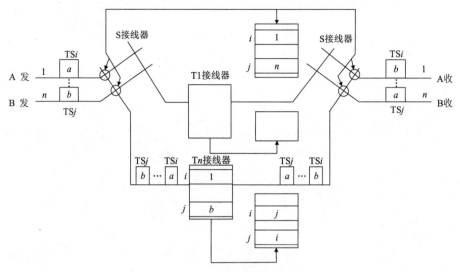

图 2-30　S-T-S 型网络示意图

2.3.3　交换系统

1. 交换系统的组成

交换系统是实现信息交换的物理实体（如程控交换机）的原理模型，一般由信息传送子系统、控制子系统和信令组成，如图 2-31 所示。

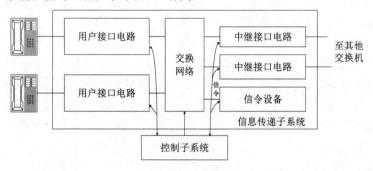

图 2-31　交换系统的组成

1）信息传送子系统

信息传送子系统主要包括交换网络和各种电路。

交换网络用于实现任意入线和任意出线之间的互连，是交换系统的核心部件。交换网络的拓扑结构是决定交换系统性能的重要因素。

交换网络的拓扑结构按照交换对象的形式，可分为时分结构和空分结构。时分结构中两两交换的对象是在时间上划分的一个个时隙，主要包括共享媒体和共享存储器方式；在空分结构中两两交换的对象是不同分支线路送来的信号，主要包括单级或多级的拓扑结构。

交换网络的选路策略主要针对的是多级空分拓扑结构。这里所说的选路，不是电信网中各个交换机之间的选路，而是交换机互联网络内部的选路。根据不同的分类依据，选路策略可分为条件选路和逐级选路、自由选路和指定选路、面向连接选路和无连接选路。交换网络还支持多播方式或组播方式，是指某一入端的信息同时传送到需要的多个出端。交换网络根据选路时是否因互联网络的阻塞而遭受损失可分为有阻塞交换网络和无阻塞交换网络，阻塞特性可分为连接阻塞和传送阻塞。交换网络一旦发生故障就会影响众多呼叫连接，甚至导致全系统中断。因此，交换网络必须具备有效的故障防卫能力。除提高硬件的可靠性外，交换系统通常会配置两套冗余交换网络，交换网络也可采取多平面结构。交换网络的冗余工作方式包括热备用方式和双工分担方式。

各种交换系统都有用户线和中继线。用户线是用户与交换系统间连接的线路，中继线是交换系统之间连接的线路。用户线、中继线分别连接交换网络中对应的用户接口、中继接口。

不同类型的交换系统有不同的接口技术，如数字程控电话交换系统要有适配模拟用户线、模拟中继线和数字中继线的接口电路；ISDN 交换系统要有适配 2B+D 的基本速率接口或 30B+D 的基群速率接口；移动通信交换系统要有通往基站的无线接口；ATM 交换系统要有适配不同码率、不同业务和各种物理媒体的接口。接口技术主要由硬件实现，有些功能也可由软件或固件实现。

2）控制子系统

控制子系统是交换系统的指挥中心，它通过信令设备接收和处理各个话路设备发来的状态、连接建立请求等信息，确定各个设备应执行的动作，发出控制命令，协调各设备共同完成通信连接过程中的呼叫处理和交换系统的维护管理任务。交换系统要自动完成大量的交换接续，并保证良好的服务质量，必须具有有效的、合乎逻辑的控制功能。控制技术主要由软件实现，有些功能也可由硬件实现。

按照各处理机的布局，控制子系统主要有两种方式，即集中控制和分散控制。现代电信交换大多采用分散控制。分散控制就意味着多处理机结构，为此就要确定处理机之间的最佳结构，包括数量、分级、分担方式、冗余结构等。控制子系统按照各处理机间分担业务的方式可分为功能分担和容量分担两种类型。在功能分担控制子系统中，组成模型只执行一项或几项功能，但面向全系统；在容量分担控制子系统中，每个组成模块要执行全部功能，但只面向系统的一部分容量。控制子系统中的多处理机之间的通信通常采用的是消息传送或时隙交换方式。

3）信令

交换系统离不开信令。在电信网中，要实现任意用户间的呼叫连接，完成交换功能，必须在信令的控制下有条不紊地进行。信令根据作用区域可分为用户信令和局间信令。用户信令主要在用户线上传递，局间信令在中继线上传递。

用户信令通常采用直流回路信号反映用户状态（称之为监视信令）；采用脉冲或双音多频（Dual Tone Multi Frequency，DTMF）信号传递主叫用户发出的被叫号码（称之为地址信令）。局间信令根据信令是否与传递的消息采用同一信道发送可分为随路信令和共路信令（又称公共信道信令）。

2．交换系统的功能

交换系统的功能主要包括能正确接收和分析从用户线或中继线发来的呼叫信号、能正确接收和分析从用户线或中继线发来的地址信号、能按目的地址正确地进行选路并在中继线上转发信号、能控制连接的建立、能按照收到的释放信号释放连接。

实现信息的交换和接续是交换系统的核心功能。接续的主要方式包括本局接续，即本局用户之间的接续；出局接续，即用户线和出中继线之间的接续；入局接续，即入中继线和用户线之间的接续；转接接续，即入中继线和出中继线之间的接续。

2.4　本章小结

信息经过编码和复用后成为信道上传输的数字信号，信息交换技术基于不同的业务服务目的，采用不同信息交换技术实现多线路、多时隙的信息交换，而交换系统和交换网络是实现各类信息交换技术的基本单位。读者通过学习本章要掌握主要信息交换技术的原理，以及时分交换单元、空分交换单元、交换网络的原理，这部分原理将通过第5章介绍的程控交换机来实现。

思考与练习题

2-1　简述几种典型信息交换技术的原理及业务特点。

2-2　比较虚电路交换与电路交换、数据报交换与报文交换的实现原理。

2-3　比较分组交换网络和帧中继交换网络。

2-4　简述时分交换单元中输入控制和输出控制的实现过程。

2-5　简述空分交换单元中输入控制和输出控制的实现过程。

2-6　简述 CLOS 网络无阻塞的条件。

2-7　简述 T-S-T 型交换网络或 S-T-S 型交换网络中的时隙交换过程。

2-8　简述交换系统的组成与功能。

第 3 章

通信系统体系结构

体系结构分析是研究通信网、通信系统的重要手段。最著名的两个模型分别是 OSI 参考模型和 TCP/IP 模型。读者在了解模型基本概念的基础上，重点掌握模型的分层结构，每层的功能及对应信息单元的结构，在后期学习中，也要结合通信系统体系结构来理解各类网络及其设备的工作层次。通信系统体系结构内容导图如图 3-1 所示。

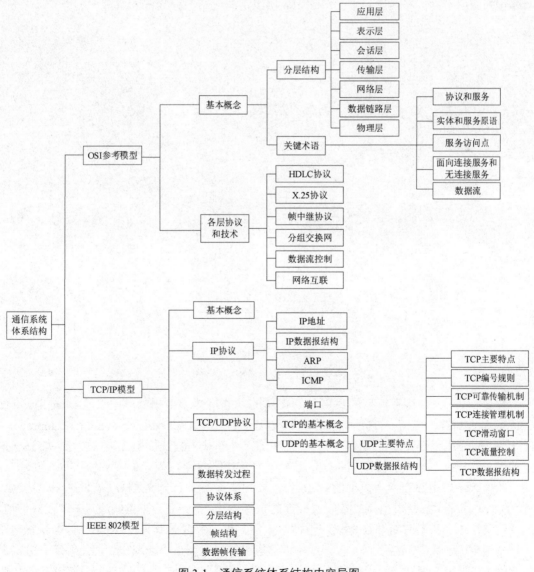

图 3-1　通信系统体系结构内容导图

3.1 OSI 参考模型

3.1.1 基本概念

数据通信网是将多种计算机和各类终端通过通信线路连接起来的一个复杂系统。要实现资源共享、负载均衡、分布处理等网络功能，必须找到它们之间互联且协调一致的规约，即网络协议。同等功能层间的通信规约称为协议；不同功能层间的通信规约称为服务。

1. 分层结构

OSI 参考模型称为开放系统互联参考模型，它将网络中的通信系统划分为七层，如图 3-2 所示。负责数据通信的第一层到第三层称为低层组，基于这三层对应的子网内部协议构建的网络称为通信子网；第四层到第七层称为高层组，与应用进程紧密联系。

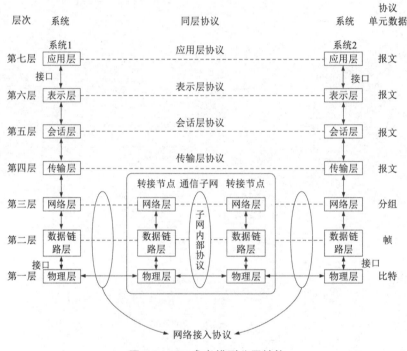

图 3-2 OSI 参考模型分层结构

物理层是 OSI 参考模型的底层。物理层的功能是提供数据终端设备（Data Terminal Equipment，DTE）之间、DTE 与数据电路终接设备（Data Circuit-terminating Equipment，DCE）之间的机械连接设备插头的型号、插座的尺寸和端头数及排列等接口规范，如 ISO 规定的连接器标准、电气的接口电路（信号电平与负载能力等）。

数据链路层是 OSI 参考模型的第二层，主要功能是保证上层数据帧在信道上无差错地传输。数据链路是数据从发出点到接收点经过的全部途径，是一条点—点式或点—多点式信道，由通信实体中实现数据链路层协议的硬件、软件、调制解调器或其他 DCE、数据传输电路与设备等构成。数据链路层为了保证通信双方有效、可靠、正确地工作，把比特流划分成码组或帧，并规定了识别码组或帧的开始标志与结束标志，以便检测传输差错及提高传输控制功能。常用的数据链路层协议有两类：一类是面向字符的传输控制协议，如基本型传输控制协议；另一类是面向比特的传输控制协议，如 HDLC 协议。

网络层是 OSI 参考模型的第三层，有时也称为通信子网层，用于控制通信子网的运行。第四层传来的报文在此转换为分组进行传送，在收信节点再装配成报文转给第四层。报文分组在发信节点与收信节点间建立起的网络连接上传送。在 X.25 协议中这种连接的信道称为虚电路。网络层（在 X.25 协议中称为分组层）需完成网络的寻址，建立虚电路，并在通信完毕后释放虚电路。当两个数据终端的速率不同时，还需要实施流量控制；经数据链路层差错控制后剩余的差错由网络层改正，并保证分组按正确顺序传递。

传输层是 OSI 参考模型的第四层，有时也称为计算机—计算机层或端—端层。OSI 参考模型的前三层可组成公共网络（分组交换网中的节点机只有前三层），它可被很多个设备共享，并且数据在计算机—节点机、节点机—节点机间是按"接力"方式传送的，为了防止传送途中报文丢失，计算机之间可实行端—端控制。传输层的主要功能是建立、释放和管理传送连接。它是在网络连接的基础上工作的，一条传送连接通道可以建立在一条或多条网络连接通道上，以提高传送报文的能力；几条传送连接通道可以合用一条网络连接通道，以降低通信费用，使用户进程之间交换的数据能可靠且经济地传送。

会话层是 OSI 参考模型的第五层。用户与用户逻辑上的联系（两个表示层进程的逻辑上的联系）通常称为会话。如果忽略执行一定数据转换功能的表示层，那么会话层就是用户（应用进程）进网的接口。它与前面几层一起提供可靠的分布式进程通信环境。会话层的主要功能是，在建立会话时，核实对方身份是否有权参加会话；确定何方支付通信费用；在各种选择功能方面（如是全双工通信还是半双工通信）取得一致；在会话建立以后，对进程间的会话进行管理与控制。例如，在会话过程中如果某个环节出现故障，会话层在可能的条件下必须存储这个会话的数据，以免数据丢失；如果无法存储会话数据，就终止这个会话，并重新开始。

表示层是 OSI 参考模型的第六层，它管理所用的字符集与数据码，如数据在屏幕上的显示或打印方式、颜色的使用、所用的格式等。该层的主要功能有字符集转换，对有剩余的字符流进行压缩与恢复，数据的加密与解密，实终端与虚终端之间的转换，其目的是使字符、格式等有差异的设备间可以相互通信，以及提高通信效能、增强系统保密性等。

应用层是 OSI 参考模型的第七层，它为应用进程访问网络环境提供工具。应用层的内容直接取决于各个用户，在特定的应用场合需要制定相应的标准，如智能用户电报、电子邮件系统等都已制定了属于应用层的标准。

网络设备各层功能实现的一般方法是较低层协议，特别是第一层协议、第二层协议，主要由硬件实现；较高层协议主要由软件实现。随着大规模集成电路技术的发展，协议用硬件实现的比重相应地增加。

2．关键术语

1）协议和服务

ISO、国际电报电话咨询委员会（Consultative Committee of International Telegraph and Telephone，CCITT；现为 ITU-T）、电气与电子工程师学会（Institute of Electrical and Electronics Engineers，IEEE）等标准化组织制定的，用于实现 OSI 参考模型各层功能的标准分为"协议"和"服务"两部分，协议定义了对等层之间（水平通信）的通信规则和过程，服务定义了相邻上、下层之间（垂直通信）接口的方法。

2）实体和服务原语

在 OSI 参考模型中用"Entity"（实体）一词表示任何可以发送或接收信息的硬件或软件进程。在许多情况下，实体就是一个特定的软件模块，每一层可以看作是由若干实体组成的。相同层次内相互交互的实体称为对等实体。

在同一开放系统中，当 N+1 层实体向 N 层实体请求服务时，服务用户和服务提供者之间要进行交互，交互的信息称为服务原语。服务原语用于指出需要本地或远端的对等实体做哪些事情。为此，OSI 参考模型规定每一层均可使用 4 类服务原语。一个完整的服务原语由原语名字、原语类型、原语参数 3 部分组成。原语名字和原语类型都用英文写出，两者之间用圆点或空格隔开，原语参数用括号与前面两部分隔开，可以用中文表示。

3）服务访问点

在同一系统中相邻两层的实体交换信息的地方称为服务访问点（Service Access Point，SAP）。SAP 示意图如图 3-3 所示，它是相邻两层实体的逻辑接口，或者说 N 层 SAP 就是 N+1 层可以访问 N 层的地方。在一个系统的两层之间允许有多个 SAP，每个 SAP 都有一个唯一的地址码，以供服务用户间建立连接。在一般情况下，两个服务用户之间有一条位于 N 层的连接。但在多点连接和广播通信情况下，一条连接可以连接超过两个服务用户。在这种情况下，信息从一个源服务访问点（Source Service Access Point，SSAP）出发可到达多个目的服务访问点（Direction Service Access Point，DSAP）。还有一种情况——在两个 SAP 之间建立多条连接，为此，引入连接端点（Connection End Point，CEP）的概念。一个 SAP 中可以有多个连接端点，以便每条连接的两端使用不同的连接端点。

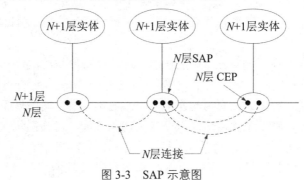

图 3-3　SAP 示意图

4）面向连接服务和无连接服务

下层能够向上层提供面向连接和无连接两种形式的服务。这里的"连接"是指两个对等实体为进行通信而进行的一种结合。面向连接服务在数据交换前必须先建立连接，保留下层的有关资源；在数据交换结束后应终止这个连接，释放保留的资源。面向连接服务具有连接建立、数据传输、连接释放三个阶段。利用面向连接服务数据是按序传送的，这和电路交换的许多特性相似，因此面向连接服务在网络层中又称为虚电路服务。这里的"虚"表示两个对等实体在通信过程中虽然没有占用一条端到端的物理电路，但好像占用了一条这样的电路。采用无连接服务的两个对等实体之间的通信不需要先建立一个连接，因此，其下层的有关资源不需要预先保留，这些资源是在数据传输时动态地分配的。无连接服务的优点是灵活、方便、迅速，但无连接服务不能防止报文丢失、重复或失序。在采用无连接服务时，由于每个报文都必须提供完整的目的站地址，因此开销较大。

5）数据流

OSI 参考模型每层的功能主要体现在增加的报头上。每层的功能通过报头解封装实现。水平层之间有逻辑通信，逻辑通信的对象是有相同报头的数据报。

3.1.2 各层协议和技术

OSI 参考模型是计算机互连体系结构发展的产物，目标是为异种计算机互连提供一个共同的基础和标准框架。它的基本内容是通信功能连接的分层结构。OSI 参考模型与几种典型的数据通信网在功能上的对应关系如表 3-1 所示。

表 3-1 OSI参考模型与几种典型的数据通信网在功能上的对应关系

网络名称	与 OSI 参考模型的对应关系
分组交换公用数据网（Packet Switched Public Data Network，PSPDN）	物理层、数据链路层、网络层
DDN	物理层
帧中继网	物理层、数据链路层
Internet	物理层、数据链路层、网络层、传输层
ISDN	原则上是所有层
ATM 网	物理层、数据链路层

1．HDLC 协议

HDLC 协议是 OSI 参考模型第二层协议，又称高级数据链路控制协议，其通信特点如下。

（1）支持透明传输：对要传输的信息文本的编码结构无任何限制，也就是说信息文本可以是任意字符码集或任意比特串。

（2）通信可靠性高：在所有帧中都采用循环冗余校验，并且将信息帧按顺序编号，以防信息码组漏收和重收。

（3）通信灵活性大：传输控制功能与处理功能分离，应用范围比较广。

（4）通信传输效率高：在通信中不需要等到对方应答就可以传送下一帧，可以连续传送，也可以进行双向同时通信。

HDLC 帧是信息传输的基本单元具有统一结构，由 F、A、C、I、FCS、F 六个字段组成，如图 3-4 所示。无论是信息报文还是控制报文都必须按照 HDLC 帧结构进行同步传输。

8bit	8×nbit	8bit	任意长	16bit	8bit
F（01111110）	A	C	I	FCS	F（01111110）
开始标志	地址字段	控制字段	信息字段	帧校验字段	结束标志

图 3-4 HDLC 帧结构

（1）标志字段（F）：HDLC 协议面向的是比特传输系统，信息传输形式是比特流，因此必须确定所传输信息的起止位置，以及比特同步问题。F 字段用唯一固定的比特流"01111110"作为一帧的开始标志和结束标志，同时用作帧同步。当连续发送数据时，同一标志既是前一帧的结束标志，又是下一帧的开始标志。

（2）地址字段（A）：地址字段用于标识从站的地址。虽然在点对点链路中不需要地址，但是为了帧结构的统一，保留了地址字段。地址通常长为 8 位，经过协商后，也可以采用更长的地址。

（3）控制字段（C）：HDLC 协议定义了 3 种帧，可根据控制字段的格式区分。信息帧（I 帧）装载着要传送的数据，此外还捎带着流量控制信息和差错控制信息。监控帧（S 帧）用于提供实现自动重传请求（Automatic Repeat Request，ARQ）的控制信息，在不使用捎带机制时用于控制传输过程。无编号帧（U 帧）提供各种链路控制功能。

（4）信息字段（I）：可填入要传送的任意长数据、报文等信息。

（5）帧校验字段（FCS）：用于进行差错控制。FCS 校验通过生成多项式 $G(X)=X^{16}+X^{12}+X^{5}+1$ 来进行循环冗余校验。但是，在进行循环冗余校验时，应先将"011111"后插入的"0"去掉，以保证标志序列的唯一性，随后处理开始标志字段的后一位到帧校验序列的前一位之间的信息。

2．X.25 协议

公用数据通信网用于实现计算机之间的通信，以及为远程终端接入计算机提供一种公共通道。公用数据通信网由若干有交换作用的节点机组成，节点机的任务是把分组数据送到目的地。CCITT 制定了 X 系列建议。

X.25 协议是分组交换网中的重要协议，分组交换网有时也称为 X.25 网。

X.25 协议规定了 DTE 与 DCE 之间的接口。DTE 是用户设备，相当于发往网络的数据分组信源或接收网络送来的数据分组信宿，一般是计算机或智能终端。DCE 通常是将 DTE 定义的信号转换成适合在信道中传送的形式的设备，但在 X.25 协议中，DCE 被看作与 DTE 连接的入口节点机或交换节点机，包括安装在用户室内的调制解调器，用来与远程入口节点机相连。

X.25 协议主要包括物理层协议、数据链路层协议和分组层协议，对应于 OSI 参考模型中的 DTE 与 DCE 间的下三层协议，如图 3-5 所示。它规定了 DTE 与 DCE 间相应层交换信息的规程，每一层接收上一层的信息，加上标志后通过下一层提供的接口传送出去。X.25 协议将分组以上的实体统称为用户级，未进行具体规定。从第一层到第三层数据传送的单位分别是 bit、帧和分组。公用数据通信网内部的 DCE 和 DSE 间的协议，以及 DSE 和 DSE 间的协议不由 X.25 协议定义，由各个公用数据通信网自定义。

图 3-5　X.25 协议分层结构

X.25 协议第一层，即物理层，规定了界面接口处的电气和物理等特性。

X.25 协议第二层，即数据链路层，又称帧级，采用平衡型链路接入规程（Link Access

Procedure Balance，LAPB）为 DTE/DCE 链路定义帧结构。第三层的分组作为信息数据字段被封装在 LAPB 帧中经物理层传送。为了提高 DTE 和 DCE 之间的传输能力、可靠性和可扩容性，X.25 协议增加了多链路规程——MLP。MLP 能把要传送的分组分散到多个 LAPB 帧中。

X.25 协议第三层，即分组层，为 DTE 与 DCE 之间的单一物理链路提供了复用多条逻辑链路的方法。其复用是异步时分方式的，因此一个 DTE 和一个或多个远程 DTE 之间能建立一条或多条虚电路，实现点对点或点对多点的全双工通信。DTE 与 DCE 之间最多可有 4096 条逻辑信道。虚电路是 DTE 与远程 DTE 之间建立的一条逻辑信道。DTE 与 DCE 之间的逻辑电路只是虚电路的一部分，中间每经过一个交换机就形成一段逻辑电路，所有逻辑电路相接就构成了一条虚电路。

3．帧中继协议

为了进一步提高分组交换网的分组吞吐能力和传输速率，一方面要提高信道的传输能力，另一方面要发展新的分组交换技术。

光纤通信技术的发展为分组交换技术的发展开辟了新道路。光纤通信具有容量大（高速）、质量高（低误码率）的特点。光纤数字传输误码率小于 10^{-9}，光纤数字传输系统可提供 8～10Gbit/s 的速率，通常提供 2Mbit/s 和 34Mbit/s 的信道。在这种通信信道条件下，快速分组交换技术迅速发展起来。

快速分组交换技术实现了在接收一个帧的同时转发此帧，其特点是简化了通信协议，能提供最大限度的并行处理能力，这使得分组交换系统的处理能力可以达到每秒数百万个分组以上。由于快速分组交换能提供很高的分组吞吐量和很小的分组传输时延，因此它不仅能满足数据型通信业务的要求，而且能满足对时延十分敏感的话音和图像业务的要求，既支持窄带通信业务，也支持宽带综合业务，用户可以应用从零到极限速率的任一有效码速，也可以根据需要灵活地配置网络接口需要的带宽。

快速分组交换根据网络中传送的帧长是可变的还是固定的，可划分为两类。当帧长可变时称为帧中继，主要考虑如何接入一个网络，即考虑网络边界问题。当帧长固定时称为 ATM 或信元中继（Cell Relay），使用的是网络中间的核心部分，考虑的问题是如何用一个综合交换设备对各种不同类型的信息进行交换。

帧中继协议是 X.25 协议在光纤传输条件下的发展，是在 ISDN 标准化过程中在 I.112 协议中提出来的。它保存了 X.25 协议中数据链路层的 HDLC 帧结构，但没有采用 LAPB，而是按照 ISDN 标准使用 LAPD 协议。LAPD 协议是 OSI 参考模型的第二层协议，用于 ISDN 的 D 通信（LAPD 协议名称的由来），是帧中继协议的基础。帧中继协议能够在数据链路层实现链路的复用和转接，而 X.25 协议是在网络层实现复用和转接的。因此，帧中继协议可以不用网络层只用数据链路层实现复用和转接。

帧中继协议是共享网络资源（传输与交换）的统计时分多路复用技术，它适合在智能端点（如局域网）之间使用，是由高速传输设备和交换机实现的。为了说明帧中继协议的工作过程，将它与 X.25 网进行比较。图 3-6 所示为 X.25 网与帧中继网两种方式的端到端传输层的对比。由图 3-6 可以看出，帧中继网中没有网络层，并且数据链路层只有分组交换网的一部分。帧中继网中端对端的确认是由第二层进行的，不是由第四层进行的。

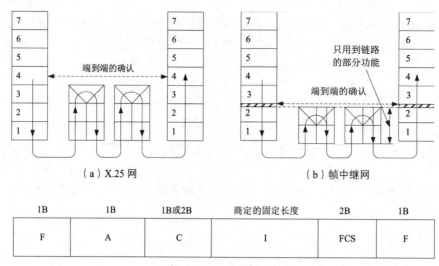

（a）X.25 网　　　　　　　　　　（b）帧中继网

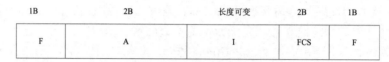

（c）X.25 协议中数据链路层的 LAPB 帧结构

1B	2B	长度可变	2B	1B
F	A	I	FCS	F

（d）帧中继协议中数据链路层的 LAPD 帧结构

图 3-6　X.25 网与帧中继网两种方式的端到端传输层的对比

（LAPB 帧有 1B 或 2B 可选用的控制字段，LAPD 帧中没有）

4．分组交换网

分组交换网采用网状结构，由分组交换机、网络集中器、数据终端和网络控制中心组成。

1）分组交换机

分组交换机是分组交换网的枢纽，根据分组交换机在网络中所处地位的不同，可分为中转交换机、本地交换机。前者通信容量大，每秒能处理的分组数多，所有线路端口都是用于交换机之间相互连接的中继端口，因此其路由选择功能强，能支持的线路速率高；后者通信容量小，每秒能处理的分组数少，绝大部分线路端口为用户端口，主要接至用户数据终端，只允许一个或几个线路端口作为中继端口接至中转交换机或中转与本地合一交换机。

分组交换机的主要功能如下。

（1）为网络的基本业务（虚呼叫）、永久虚电路及可选补充业务，如闭合用户群、快速选择、网络用户识别等提供支持。

（2）进行路由选择，以便在两个 DTE 间选择一条较合适的路由；进行流量控制，以便实现不同速率的终端间的通信。

（3）实现 X.25、X.75 等多种协议。

（4）实现局部维护、运行管理，故障报告与诊断，计费与网络统计等功能。

2）网络集中器

网络集中器的主要功能是将多路异步低速数据终端送来的数据集中后通过一条中速电路送到交换节点，这样可以节省大量电路资源，提高电路利用率。网络集中器还可以完成分组装/拆功能，提供与各种低速数据终端相连的接口，其速率一般是 50～300bit/s。

3）数据终端

数据终端是经用户线接入网络的，大多数是经电话通信网接入分组交换网，少数是根据具体条件及需要直接接入分组交换网。多数市话电缆的线径为 0.4～0.5mm，长度不超过 5km。

（1）数据终端包括分组终端和非分组终端两种类型。

分组终端在与交换机连接时，具有分组处理能力。带 X.25 协议的计算机、微机、专用终端、规程转换器等设备可以看作分组终端。分组终端可以直接接入分组交换网或经 PSTN 接入分组交换网。

非分组终端不具有分组数据处理能力，不能直接进行分组交换，必须经过分组装拆设备转换，不管分组装拆设备是放在网内，还是放在网外。非分组终端的种类很多，如带有异步通信接口的计算机、微机、键盘打印机、键盘显示器、可视图文终端等。非分组终端可以直接接分组装拆设备进入分组交换网，或者通过电话通信网进入分组交换网，或者经用户电报网进入分组交换网。

（2）数据终端与网络的连接方式包括经专用线和经电话通信网两种方式。

经专用线：分组终端直接连数据通信网，其租用专线可以是本地（或市内）专线，也可以是长途专线，连接方式有二线制和四线制。若采用二线制，则发、收合用一对线，可实现全双工基带传输，此时应采用时间压缩法（乒乓法）或回波抵消法实现双向时间复用。

经电话通信网：分组终端经电话通信网和分组交换机相连，采用 X.32 协议；异步终端通过电话通信网和分组交换机相连，采用 X.25 协议。虽然二者采用的协议不同，但物理连接方式类似，均采用带有自动应答的调制解调器。但分组终端采用的是同步调制解调器，异步终端采用的是异步调制解调器。这种调制解调器的操作可选取人工呼叫、自动应答方式，或者自动呼叫、自动应答方式。

4）网络控制中心

网络控制中心又称网络管理中心，是管理分组交换网的工具，用以保证网络的连续工作及网络的有效性。网络控制中心通常是由两个以上的小型计算机组成的，一个主用、一个备用，以保证其安全性。网络控制中心的基本功能如下。

（1）网络配置管理与用户管理。

（2）运行数据的收集与统计。

（3）路由选择管理。

（4）网络监控、故障告警与网络状态显示。

（5）遥装及维修各分组交换机软件。

（6）计费管理。

5．数据流控制

1）阻塞与流量控制

在分组交换网中，由于用户终端发送数据的时间和数量具有随机性，而网络中各个节点的存储器容量和各条线路的传输容量（速率）总是有限的，如果不对数据流采取任何控制措施，就可能造成网内数据流严重不均，使有些节点和链路上的数据流超过节点的存储和处理能力，或者超过链路的传输能力，进而导致网络阻塞，严重时数据会停止流动——既不能输出，也不能输入，这种现象称为死锁。当输入的数据流量超过输出的数据流量时，网络很快就会出现阻塞和死锁现象。

阻塞会导致网络吞吐量迅速下降、网络时延迅速增加，并且会严重影响网络的性能。图 3-7 所示为网络吞吐量（单位时间内流经网络的业务量）与输入负荷（进入网络的业务量）的关系。

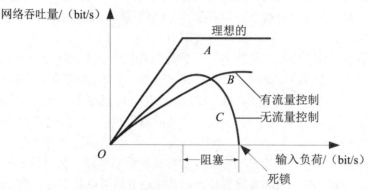

图 3-7　网络吞吐量与输入负荷的关系

由图 3-7 中的曲线 C（无流量控制）可知，在轻负荷条件下，网络远离阻塞状态，网络吞吐量随负荷近似线性增加。随着输入负荷不断加大，网络开始进入阻塞状态，网络吞吐量达到最大值。此时进一步增大输入负荷，由于出现阻塞现象，网络吞吐量将开始下降。当输入负荷增大到某一值时，网络出现死锁现象。此时，信息流被完全阻塞，不能流动。因此，网络吞吐量下降到零。显然，我们不希望网络工作在吞吐量下降区域。在图 3-7 中，曲线 B 表示有流量控制的情况，由于流量控制信息的额外开销，网络吞吐量在轻负荷下有所下降，但是在重负荷下无阻塞。

阻塞的发生和通信子网内传送的分组总量有关。减少通信子网中的分组总量是防止阻塞出现的基础。减少通信子网中的分组总量可以从控制每条源节点—目的节点线路的通信量入手。端—端流量控制是防止阻塞的基本方法。

流量控制是指对一条通信路径上的通信量进行控制，解决的是"线"或"局部"问题，阻塞控制解决的是子网的"面"或"全局"问题。即使每条通信线路流量控制有效，也不能完全避免阻塞的发生。当信息量分布不均或某些故障发生时，仍会引发通信子网阻塞。流量控制是基于平均值的控制，而阻塞是在某处峰值（瞬时）流量过高时发生的现象。各条线路上流量的平均值小，发生阻塞的概率就低；反之，各条线路上流量的平均值大，发生阻塞的概率就高。因此，为了保证网络高效运行，除进行流量控制外，还要有防止阻塞的有效方法。

2）流量控制的分级

分组交换网中的各种流量控制技术可以按层次实施。流量控制的分级示意图如图 3-8 所示。主机—主机之间（端—端级）的流量控制一般由传输层协议来实现。在通信子网内，源节点和目的节点之间（源—目的级）的流量控制由网络层协议实现，而相邻节点间（段级）的流量控制由数据链路层协议实现。主机和源节点间（网—端级）的接口既是物理上的界面，也是传输层和网络层的接口，其间的流量控制又称网络访问流量控制，可由数据链路层协议或网络层协议实现。

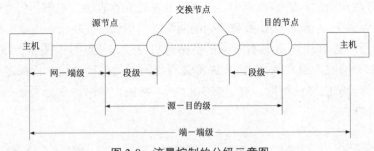

图 3-8　流量控制的分级示意图

6. 网络互联

网络互联需解决 4 方面问题，具体如下。

（1）网络设备（业务的种类和定义）。由 ITU-T 提供的 X.25 协议规定了分组交换网应提供的基本业务，包括交换虚电路（Switched Virtual Circuit，SVC）和永久虚电路（Permanent Virtual Circuit，PVC）。

（2）DTE/DCE 接口（网间规程）。由 ITU-T 提供的 X.25 协议提供了分组终端的接口，X.28 协议提供了非分组终端的接口。

（3）网间接续接口（网间信令方式）。ITU-T 提供的 X.75 协议规定了公用分组交换网的国际互联规程。

（4）国际数据通信网编号计划。ITU-T 为分组交换网的 X.121 协议和电话通信网中的 E.163 协议做了明确规定。

为了实现网络互联，可以采用两种方法。如果两个网络具有公共的标准化的接口协议（如 X.75 协议），就可以将它们直接连接；如果两个网络没有统一的接口协议，就需要采用网关。网关也就是网络协议转换器。

两个网络接口协议差异程度的不同将影响网关的构成和复杂度。执行数据链路层及其以下协议转换的设备常被称为桥接器（Bridge）。桥接器主要用于实现局域网间的互联。能够执行各层协议转换的设备被统称为网关。具体的网关可能存在差异，它可以分散在交换节点中，也可以是一个独立的设备，连接在两个网络之间。

为了实现具有不同接口协议的网络之间的互联，需要通过网关进行协议转换，每个网关只对相邻网络之间的协议进行转换，多种网络互联可能需要使用多种网关，这给互联设备的研究开发和网络互联的实现带来了困难。因此，在网络层协议之上人们又研究开发了一种网间互联协议，即 IP 协议。IP 协议已成为事实上的国际标准，它提供了无连接数据报传输和国际网路由服务。在传输时，高层协议将数据报传给 IP 协议，IP 协议将数据封装为 IP 数据报后通过网络接口发送出去。所以使用 IP 协议可以简化接口协议不同的网络之间的网关的设计。

根据以上分析，可以把网络互联分为 4 种类型。

（1）相同网络接口协议之间的互联（如 X.75 协议）。

（2）内部协议相同的网络之间的互联。

（3）不同网络接口协议之间的互联（协议转换）。

（4）通过统一的 IP 协议实现的不同网络接口协议之间的互联（网间 IP 协议）。

图 3-9 展示了这 4 种类型的网络互联体系结构。在图 3-9 中网关被画成一个单一的系统，实际上它可能分散在两边网络的节点中，在逻辑上是独立存在的。由图 3-9 可知，图 3-9（a）和图 3-9（b）中的用户 A 和用户 B 具有相同的网络接口协议，互联比较简单；对于图 3-9（c）和图 3-9（d），用户 A 和用户 B 具有不同的网络接口协议，但是对于图 3-9（a）、图 3-9（b）和图 3-9（d）3 种情况，用户 A 和用户 B 都具有相同的传输层协议，而图 3-9（c）中的用户 A 和用户 B 的传输层协议不同。对于图 3-9（c），网关 1 和网关 2 分别要执行不同的中继功能（R12 和 R23）。

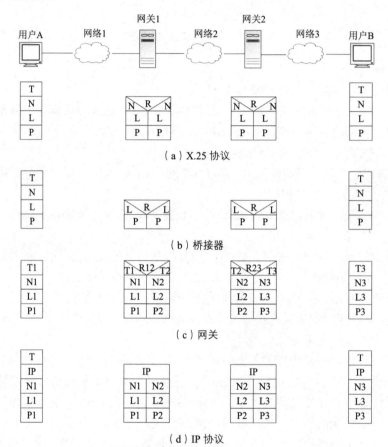

（a）X.25 协议

（b）桥接器

（c）网关

（d）IP 协议

T—传输层；N—网络层；L—链路层；IP—网间协议层；R—中继功能；P—物理层。

图 3-9　网络互联体系结构

3.2　TCP/IP 模型

3.2.1　基本概念

在 TCP/IP 协议产生的时代存在多种类似的协议模型，但 TCP/IP 模型因其具有如下特点，最后成了业界的规范。

（1）具有开放的协议标准，可以免费使用，并且独立于特定的计算机硬件与操作系统。

（2）独立于特定的网络硬件，可以独立运行于特定的计算机硬件与操作系统。

（3）具有统一的网络地址分配方式，使得所有 TCP/IP 设备在网中都具有唯一地址。

（4）具有标准化的高层协议，可以提供多种可靠的用户服务。

1．分层结构

TCP/IP 模型将网络中的通信系统分为四层，如图 3-10 所示，主要是应用层代替了 OSI 参考模型中的会话层、表示层和应用层。TCP/IP 协议簇定义的主要内容只是 TCP、UDP 和 IP 协议，其他层的协议能够灵活地接入以 TCP、UDP 和 IP 协议为核心的 TCP/IP 协议体系结构中，整个 TCP/IP 协议体系结构形成一个中间紧、上下开放的漏斗形。

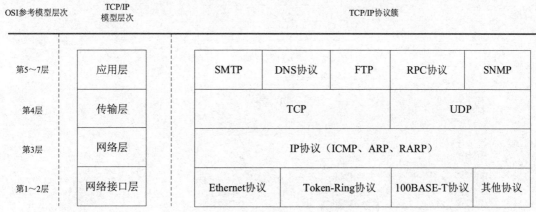

图 3-10　TCP/IP 模型分层结构

（1）网络接口层代表了 TCP/IP 模型的物理基础，如以太网、令牌网、X.25 网等。网络接口层涉及各种逻辑链路控制和媒体访问协议。网络接口层的作用是接收 IP 数据报并通过特定的网络进行传输，或者从网络中接收物理帧，抽出 IP 数据交给网络层。网络接口有两种：一种是局域网的网络接口，是设备驱动程序；另一种是 X.25 网中的网络接口，是含数据链路协议的复杂子系统。

（2）网络层由多种协议组成，IP 协议是最重要的。网络层接收传输层送来的数据，将其封装成 IP 数据包，再把它们送入网络；同时接收网络接口层送来的数据，去掉 IP 首部，重新创建数据，再送到目的应用上。

（3）传输层提供端到端（应用进程间）的通信服务。传输层的主要功能有格式化信息流、提供可靠传输、解决不同应用进程的识别问题。传输层协议包括 TCP 和 UDP。

（4）应用层协议不是解决用户各种具体应用问题的协议，而是解决某一类应用问题的协议。应用问题往往是通过位于不同主机中的多个解决具体应用问题进程间的通信和协同工作来解决的。应用层协议的具体内容就是规定应用进程在通信时遵循的协议。

2．网络层协议

IP 协议配套使用的 3 个协议为地址解析协议（Address Resolution Protocol，ARP）、逆地址解析协议（Reverse Address Resolution Protocol，RARP）、因特网控制报文协议（Internet Control Message Protocol，ICMP），如图 3-11 所示。IP 网是虚拟的。在 IP 网上传送的是 IP 数据报（IP 分组）。实际上在网络链路上传送的是帧数据，使用的是帧数据的 MAC 地址（Media Access Control Address）（又称物理地址或硬件地址）。ARP 用来把 IP 地址（虚拟地址）转换为 MAC 地址。IP 虚拟通信示意图如图 3-12 所示。

图 3-11　IP 协议分层结构

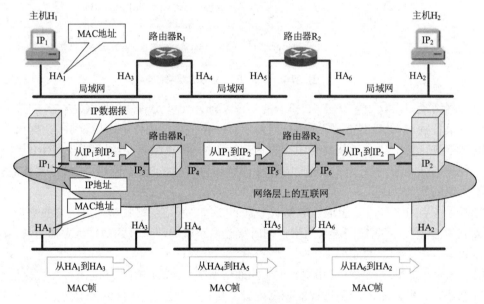

图 3-12　IP 虚拟通信示意图

3.传输层协议

传输层介于应用层和网络层之间，主要负责传递应用进程间的信息（不同于网络层负责的 IP 数据包的传递），需要将网络层送来的 IP 数据包重新组合，形成各个通信进程需要的数据。

传输层的核心功能是提供端到端（应用进程间）的通信服务，如图 3-13 所示。网络层负责将 IP 数据包从源节点传递到目的节点；而传输层负责将应用进程间传送的报文从源端口传递到目的端口。传输层协议包括 TCP、UDP。其中，TCP 为用户进程提供可靠的全双工面向流的连接，并进行传输正确性检查；UDP 为用户进程提供无连接的协议，保证数据的传输但不进行正确性检查。

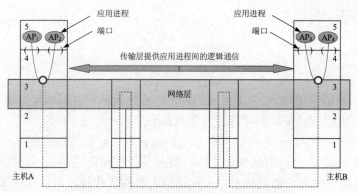

图 3-13 传输层提供的应用进程间的逻辑通信

4．应用层协议

应用层协议主要是为某一类应用而制定的规范，如简单邮件传输协议（Simple Mail Transfer Protocol，SMTP）、FTP、超文本传输协议（Hypertext Transfer Protocol，HTTP）等。应用层协议中的进程间的通信采用的是客户与服务器方式，如图 3-14 所示，一般是由客户进程发起连接建立请求，服务器进程在接受连接建立请求后，先建立连接，再进行数据传输。

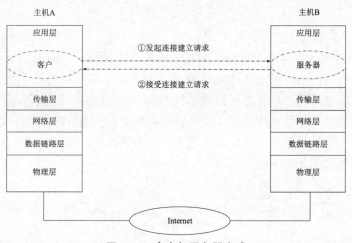

图 3-14 客户与服务器方式

5．OSI 参考模型与 TCP/IP 模型的比较

OSI 参考模型与 TCP/IP 模型的主要区别如下。

（1）在对待层次间关系方面：OSI 参考模型严格按"层次"关系处理，两个实体通信必须通过下一层的实体，不能越层；而 TCP/IP 模型允许越层直接使用更低层次提供的服务。

（2）在对待异构网络互联方面：TCP/IP 模型将 IP 协议单独设一层；而 OSI 参考模型只考虑用一个标准的公用数据通信网连接不同系统。

（3）在对待无连接服务方面：OSI 参考模型开始只提供面向连接服务；TCP/IP 模型同时考虑面向连接服务和无连接服务。

（4）在对待网络管理方面：TCP/IP 模型有较好的网络管理功能；OSI 参考模型后来才考虑这个问题。

3.2.2　IP 协议

1．IP 地址

1）定义

IP 协议是在 1982 年由 RFC 791 建立的。IP 地址是为每个主机和路由器端口提供的一个 32 位的二进制逻辑地址，包括网络部分与主机部分。

IP 地址通常采用 0～255 之内的 4 个十进制数表示，4 个十进制数之间用句点分隔。每个十进制数都代表 32 位地址中的 8 位，即所谓的 8 位位组，这种表示法称为点分表示法。IP 地址用于唯一定位网络中的通信节点，支撑路由器构建传输路由，如图 3-15 所示。

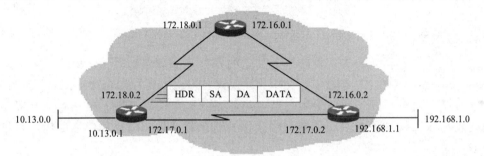

图 3-15　IP 地址

2）IP 地址分类

IP 地址按照应用的网络类型可分为服务于数量有限的特大型网络的 A 类地址、服务于数量较多的中等网络的 B 类地址和服务于数量非常多的小型网络的 C 类地址。另外，IP 地址还定义了特殊的地址类，包括用于组播通信的 D 类地址和试验或研究类的 E 类地址。IP 地址的类别可以通过查看地址中的第 1 个 8 位位组确定。最高位的数值决定了地址分类。位格式定义了和每个地址类相关的 8 位位组的十进制数的范围。A 类地址、B 类地址、C 类地址、D 类地址结构如图 3-16 所示。

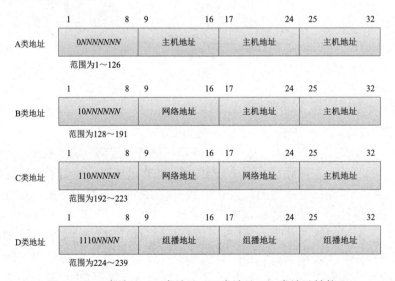

图 3-16　A 类地址、B 类地址、C 类地址、D 类地址结构

A 类地址：8 位分配给网络地址，24 位分配给主机地址。如果第 1 个 8 位位组中的最高位是 0，该地址就是 A 类地址，对应的十进制数范围为 0～127。在这些地址中，0 和 127 具有保留功能，所以实际的范围是 1～126。A 类地址中只有 126 个网络可以使用。因为仅仅为网络地址保留了 8 位，所以第 1 位必须是 0。然而，主机地址可以有 24 位，所以每个网络包含 16777214 个主机。

B 类地址：为网络地址分配了 16 位，为主机地址分配了 16 位。B 类地址可以依据第 1 个 8 位位组的前 2 位是否为 10 来识别，对应的十进制数范围为 128～191。由于前 2 位已经预先定义，因此实际上为网络地址留下了 14 位，所以可能的组合产生了 16384 个网络，而每个网络包含 65534 个主机。

C 类地址：为网络地址分配了 24 位，为主机地址分配了 8 位。C 类地址的第 1 个 8 位位组的前 3 位为 110，对应的十进制数范围为 192～223。在 C 类地址中，只有最后的 8 位位组用作主机地址，这限制了每个网络最多只能包含 254 个主机。因为网络编号有 21 位可以使用（前 3 位已经预先设置为 110），所以共有 2097152 个可能的网络。

D 类地址：以 1110 开始，这代表第 1 个 8 位位组对应的十进制数范围为 224～239。这些地址并不用于标准的 IP 地址。相反，D 类地址一般指代一组主机。这组主机是作为多点传送小组的成员而注册的。多点传送小组和电子邮件分配列表类似。可以通过多点传送地址将数据发送给一些主机。多点传送需要特殊的路由配置，在默认情况下，不会转发。

E 类地址：第 1 个 8 位位组的前 4 位被设置为 1111，对应的十进制数范围为 240～254。E 类地址有时候用于实验室或研究，并不用作传统的 IP 地址。

IP 地址用于唯一地标识一台网络设备，但并不是每一个 IP 地址都是可用的。一些 IP 地址有着特殊用途，不能用于标识网络设备。

主机部分全为"0"的 IP 地址称为网络地址。网络地址用来标识一个网段。例如，A 类地址 1.0.0.0，私有地址 10.0.0.0、192.168.1.0 等。

主机部分全为"1"的 IP 地址称为广播地址。广播地址用于标识一个网络中的所有主机。例如，10.255.255.255、192.168.1.255 等，路由器可以在 10.0.0.0 或 192.168.1.0 等网段转发广播包。广播地址用于向本网段中的所有节点发送数据包。

网络部分为 127 的 IP 地址，如 127.0.0.1，往往用于环路测试目的。

全"0"的 IP 地址 0.0.0.0 代表所有主机，在路由器上用地址 0.0.0.0 指定默认路由。

全"1"的 IP 地址 255.255.255.255 是广播地址，用于向网络中的所有节点发送数据包。这样的广播不能被路由器转发。

如上所述，每一个网段都有一些 IP 地址不能用作主机地址。下面一起计算可用的 IP 地址。

例如，B 类网段 172.16.0.0，有 16 个主机位，因此有 2^{16} 个 IP 地址。由于网络地址 172.16.0.0 和广播地址 172.16.255.255 不能用来标识主机，因此共有 $2^{16}-2$ 个 IP 地址可用，如图 3-17 所示。C 类网段 192.168.1.0，有 8 个主机位，共有 $2^8=256$ 个 IP 地址，去掉网络地址 192.168.1.0 和广播地址 192.168.1.255，共有 254 个 IP 地址可用。现在，计算每一个网段中的可用主机地址，假定这个网段中的主机部分的位数为 N，那么可用的 IP 地址数为 2^N-2 个。

网络部分		主机部分	
172	16	0	0

		16 15 14 13 12 11 10 9	8 7 6 5 4 3 2 1	N
10101100	00010000	00000000	00000000	1
		00000000	00000001	2
		00000000	00000011	3
		⋮	⋮	⋮
		11111111	11111101	65534
		11111111	11111110	65535
		11111111	11111111	65536
				− 2
		$2^N-2=2^{16}-2=65534$		65534

图 3-17　可用 IP 地址数量计算

网络层设备（如路由器等）使用网络地址代表本网段内的主机，大大减少了路由器的路由表条目。外部将没有子网的 IP 地址组织看作单一网络，不需要知道内部结构。例如，所有到地址 172.16.X.X 的路由被认为是同一方向的，不考虑地址的第 3 个 8 位位组和第 4 个 8 位位组，如图 3-18 所示。

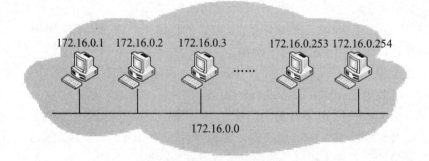

图 3-18　没有子网的编址

但这种方案无法区分一个大的网络内不同的子网网段，因此网络内的所有主机都能收到在该大的网络内的广播，这会降低网络的性能，同时不利于管理。

例如，一个 B 类网可容纳 65000 个主机，但是没有任何一个单位能够同时管理这么多主机。因此，需要一种将这种网络分为不同网段的方法，以按照网段进行管理。原有的主机位被细分为子网号与新的主机号，如图 3-19 所示，子网位占用了第 3 个 8 位位组，在 B 类网基础上，又划分了 256 个子网，每个子网可容纳的主机数量减少为 254。

划分出不同的子网，相当于分出不同的逻辑网络。这些不同网络之间的通信通过路由器完成，也就是说一个大广播域被划分成多个小广播域。

网络设备使用子网掩码确定哪部分为网络号，哪部分为子网号，哪部分为主机号。网络设备根据自身配置的 IP 地址与子网掩码，可以识别出一个 IP 数据包的目的地址与自身是否处于同一子网，或者处于同一主类网络但处于不同子网，或者处于不同主类网络。

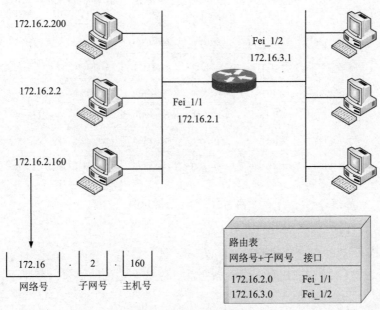

图 3-19　带子网的编址

3）子网掩码

子网掩码定义了构成 IP 地址的 32 位中的多少位用于网络位，或者网络位及其相关子网位，如图 3-20 所示。

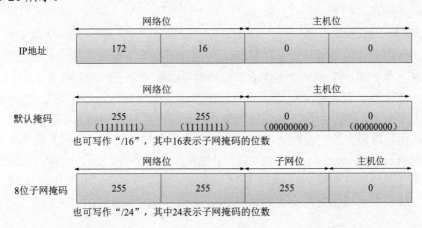

图 3-20　子网掩码

子网掩码中的二进制位构成了一个过滤器，通过标识来表示 IP 地址中的哪一部分为网络地址。完成这个任务的过程称为按位求与。按位求与是一个逻辑运算，对地址中的每一位和相应的子网掩码位进行计算。划分子网其实就是向原来地址中的主机位借位作为子网位，目前规定借位必须从左向右连续借位，即子网掩码中的 1 和 0 必须是连续的。

4）地址计算

图 3-21 给出了地址计算示例，对给定 IP 地址和子网掩码要求计算该 IP 地址的子网网络地址、子网的广播地址、可用 IP 地址范围。

172	16	2	160

172.16.2.160	10101100	00010000	00000010	10100000	主机地址
255.255.255.192	11111111	11111111	11111111	11000000	子网掩码
172.16.2.128	10101100	00010000	00000010	10000000	子网地址
172.16.2.191	10101100	00010000	00000010	10111111	广播地址
172.16.2.129	10101100	00010000	00000010	10000001	第一个地址
172.16.2.190	10101100	00010000	00000010	10111110	最后一个地址

图 3-21　地址计算示例

（1）将 IP 地址转换成二进制数。

（2）将子网掩码转换成二进制数。

（3）在子网掩码的 1 与 0 之间画一条竖线，竖线左边为网络位（包括子网位），竖线右边为主机位。

（4）将主机位全部置 0，网络位照写就是子网的网络地址。

（5）将主机位全部置 1，网络位照写就是子网的广播地址。

（6）介于子网的网络地址与子网的广播地址之间的是子网内可用 IP 地址范围。

（7）将前 3 段网络地址写全。

（8）转换成十进制数。

5）可变长子网掩码

若整个网络一致使用同一个子网掩码，在大多情况下会导致很多主机地址浪费。

假设有 1 个子网，通过串口连接了 2 台路由器。在这个子网中只有 2 个主机，虽然每个端口连接 1 个主机，但是已经将整个子网分配给这 2 个端口。这将浪费很多 IP 地址。如果使用其中 1 个子网，并进一步将其划分为第 2 级子网，将有效地建立子网的子网，并保留其他子网，从而可以最大限度地利用 IP 地址。"建立子网的子网"的想法是构成可变长子网掩码（Variable Length Subnet Mask，VLSM）的基础。为使用 VLSM，通常先定义一个基本子网掩码，用于划分第 1 级子网；然后用第 2 级掩码来划分一个或多个 1 级子网，如图 3-22 所示。VLSM 仅仅可以由新的动态路由选择协议（如 BGP、OSPF、RIPv2）识别。

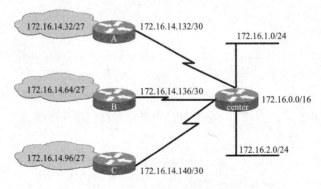

图 3-22　VLSM 示例

6）无类别域间路由选择

无类别域间路由选择（Classless Inter-Domain Routing，CIDR）由 RFC 1817 定义。CIDR 突破了传统 IP 地址的分类边界，将路由表中的若干条路由汇聚为一条路由，减少了路由表的规模，提高了路由器的可扩展性。如图 3-23 所示，一个企事业单位分配到了一段 A 类地址 10.24.0.0/22。该企事业单位准备把这些 A 类网络地址分配给各个用户群，目前已经给用户分配了 4 个网段。如果不采用 CIDR，企业路由器的路由表中会有 4 条下连网段的路由条目，并且会把它通告给其他路由器。通过采用 CIDR，可以在路由器上把 10.24.0.0/24、10.24.1.0/24、10.24.2.0/24、10.24.3.0/24 这 4 条路由汇聚成 1 条路由 10.24.0.0/22。企业路由器只需通告 10.24.0.0/22 这一条路由，大大缩小了路由表的规模。

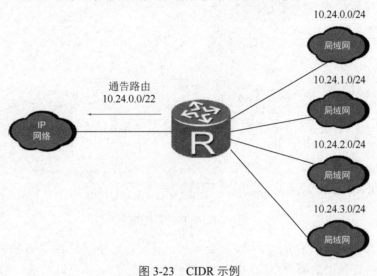

图 3-23　CIDR 示例

7）网关

在报文转发过程中，需要先确定转发路径和通往目的网段的接口，然后将报文封装在以太网帧中通过指定的物理接口转发出去。如果目的主机与源主机不在同一网段，那么报文需要先转发到网关，然后通过网关转发到目的网段。网关是接收并处理本地网段主机发送的报文并将其转发到目的网段的设备。为实现此功能，网关必须知道目的网段的 IP 地址。网关上连接本地网段的接口地址就是该网段的网关地址。

8）IP 地址与 MAC 地址

IP 地址是一种分级地址，包括网络号和主机号，通过网络号可以定位该设备在哪个网络，通过主机号可以在该网络中定位该设备。MAC 地址是一种平面地址。在网络层抽象的互联网上只能看到 IP 数据报。在具体的物理网络的数据链路层看到的是 MAC 地址。

9）广播地址和回送地址

两个 A 类地址没有被分配，即第一个 8 位位组为 0 和 127 的 IP 地址。广播地址和回送地址如表 3-2 所示。回送地址以 127 打头，用于网络软件测试及本地主机进程间的通信。当网络地址全为"0"时，指向本网络，如果主机试图在本网络内通信但不知道网络号，那么可以利用全"0"地址。回送地址可以在任何时候使用，而全"0"地址只能在初始状态使用。

表 3-2　广播地址和回送地址

网络地址	本地地址	说明
127	任意值	回送地址，用于测试目的及本地主机进程间的通信，不在网络中传输
全 "0"	全 "0"	在系统启动时，指定本地主机
全 "0"	指定的主机	在系统启动时，用来指定当前网络上的目的主机
网络 ID	全 "1"	向指定网络上的所有节点广播
全 "1"	全 "1"	向当前本地网络上的所有节点广播

2．IP 数据报结构

IP 数据报结构如图 3-24 所示。

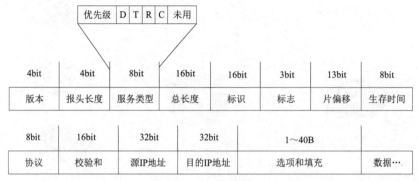

图 3-24　IP 数据报结构

（1）版本（占 4bit）：指明 IP 协议的版本号。通信双方使用的 IP 协议的版本必须一致，以便对数据报内容做出的解释相同。IPv4 协议的版本号为 4。

（2）报头长度（占 4bit）：表示数据报首部的长度。因首部长度可表示的最大数值为 15 个单位（每个单位 4B），所以 IP 数据报的首部的最大值为 60B。当首部长度不足 4B 的整数倍时，可利用填充字段予以补充。

（3）服务类型（占 8bit）：表示对数据报的服务要求，分为 6 个子字段。

① 优先级子字段（占 3bit）——表示本数据报优先权的高低，取值范围为 0（一般优先权）到 7（网络控制优先权）。

② D 子字段（占 1bit）——表示要求有更低的时延服务。

③ T 子字段（占 1bit）——表示要求有更高的吞吐率服务。

④ R 子字段（占 1bit）——表示要求有更高的可靠性服务。

⑤ C 子字段（占 1bit）——表示要求选择开销更低的路由服务。

⑥ 最后 1bit 留待后用。

（4）总长度（占 16bit）：表示整个 IP 数据报（包括首部和数据）的长度，以 B 为单位。由于总长度为 16bit，所以 IP 数据报的最大长度为 65535B。实际使用的数据报长度一般不超过 1500B。

（5）标识（占 16bit）、标志（占 3bit）、片偏移（占 13bit），用于实现 IP 分片。

网络中转发的 IP 数据报的长度可以不同，但如果报文长度超过了数据链路支持的最大长度，那么就需要将报文分割成若干个较小的片段才能在链路上传输。将报文分割成多个片段的过程叫作分片。接收端根据分片中的标识字段、标志字段及片偏移字段对分片进行重组。标识字段用于识别属于同一个数据报的分片，以区别于同一主机或其他主机发送的其他数据报的分片，保证分片被正确地重新组合。标志字段用于判断是否已经收到最后一个分片。最后一个分片的标志字段设置为 0，其他分片的标志字段设置为 1，目的端在收到标志字段为 0 的分片后，开始重组报文。片偏移字段表示每个分片在原始报文中的位置。第一个分片的片偏移字段值为 0，第二个分片的片偏移字段值为紧跟第一个分片后的第一个比特的位置。如果首片报文包含 1259 个比特，那么第二个分片的片偏移字段值应该为 1260。

（6）生存时间（占 8bit）：表示本数据报在网络中存在的最长寿命，记作 TTL（Time To Live）。

报文在网段间转发时，如果网络设备上的路由规划不合理，就可能出现环路，导致报文在网络中无限循环，无法到达目的端。在环路发生后，所有发往这个目的地的报文都会被循环转发，随着这种报文逐渐增多，网络将发生阻塞。为避免环路导致的网络阻塞发生，报文每经过一台三层设备，TTL 值就减 1。初始 TTL 值由源端设备设置。当报文中的 TTL 值降为 0 时，报文就会被丢弃。同时，丢弃报文的设备会根据报文头部的源 IP 地址字段向源端发送 ICMP 错误消息。

（7）协议（占 8bit）：表示此数据报携带的数据使用的协议编号。

目的端的网络层在接收并处理报文后，需要决定下一步对报文做什么处理。IP 数据报中的协议字段标识了将会继续处理报文的协议。与以太网帧头中的 Type 字段类似，协议字段可以标识网络层协议，也可以标识上层协议。IP 数据报支持的常用协议对应协议字段值如表 3-3 所示。

表 3-3　IP数据报支持的常用协议对应协议字段值

协议名称	ICMP	IGMP	TCP	EGP	IGP	UDP	IPv4	IPv6	ESP	OSPF
协议字段值	1	2	6	8	9	17	29	41	50	89

（8）校验和（占 16bit）：该字段只用于校验数据报的首部，但不包括数据部分。将首部和数据区的校验分开处理能够缩短每台路由器处理数据报的时间。

（9）源 IP 地址（占 32bit）、目的 IP 地址（占 32bit）：分别表示该数据报的源主机和目的主机的网络地址。

（10）选项和填充：选项字段的长度取决于选取的选项个数，用于支持网络测试、排错及安全等措施。选项字段并不是每个数据报必需的。填充字段是可变的，这是为了确保 IP 数据报首部长度为 4B 的整数倍。

3. ARP

1）工作原理

当一个网络设备要发送数据给另一个网络设备时，必须知道对方的 IP 地址。但仅有 IP 地址是不够的，因为 IP 数据报必须封装成帧才能通过数据链路发送，而数据帧必须包含目的 MAC 地址，因此发送端必须获取目的 MAC 地址。主机中包含 ARP 高速缓存，其中存储的是 IP 地址和 MAC 地址的映射表。ARP 缓存表可以通过人工方式构建，也可以通过自动方式配置。在网络中可通过 ARP 自动获取 IP 地址和 MAC 地址映射关系。ARP 是 TCP/IP 协议簇中的重要组成部分，用于实现从 IP 地址到 MAC 地址的转换。它通过收/发 ARP 数据包获取目的 IP 地址对应的设备的 MAC 地址，从而实现数据链路层的可达性，如图 3-25 所示。

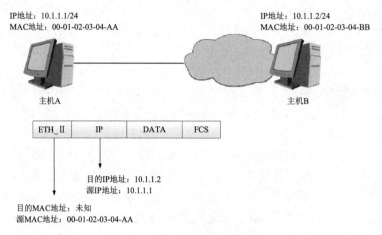

图 3-25　ARP

2）ARP 数据包结构

网络设备通过收发 ARP 报文来获取目的 MAC 地址。ARP 数据包结构如图 3-26 所示，ARP 报文中包含以下字段。

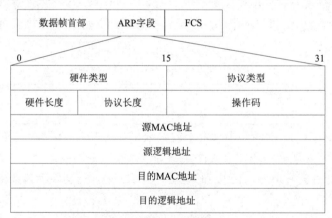

图 3-26　ARP 数据包结构

（1）硬件类型：MAC 地址类型，一般为以太网。

（2）协议类型：三层协议地址类型，一般为 IP 协议。

（3）硬件长度和协议长度：分别表示 MAC 地址和 IP 地址的长度，单位是 B。

（4）操作码：指 ARP 报文的类型，请求报文为 1，响应报文为 2。

（5）源 MAC 地址：发送 ARP 报文设备的 MAC 地址。

（6）源逻辑地址：发送 ARP 报文设备的 IP 地址。

（7）目的 MAC 地址：在 ARP 请求报文中，该字段值为 0。

（8）目的逻辑地址：目的 IP 地址。

3）RARP

RARP 用于完成从 MAC 地址到 IP 地址的转换，可用于无盘工作站。无盘工作站仅知道本机 MAC 地址，在需要获得 IP 地址时，可以采用 RARP 来实现。因此网络上必须有一台 RARP 服务器，该服务器存储了网络上无盘工作站的 MAC 地址和 IP 地址映射表。

4．ICMP

ICMP 的作用是允许主机或路由器报告差错情况和提供有关异常情况的报告，从而减少分组的丢失。在网络管理中就是通过 ICMP 报文来实现整个网络的拓扑自动发现的。ICMP 报文的类型包括差错报文和询问报文。ICMP 是 TCP/IP 协议簇的核心协议之一，用于在 IP 网络设备之间发送控制报文，传递差错、控制、查询等信息。

1）主要功能

ICMP 的主要功能包括：ICMP 重定向（ICMP Redirect）、差错控制（ICMP Echo）、错误报告。

ICMP 重定向消息用于支持路由功能。ICMP 重定向示意图如图 3-27 所示，主机 A 希望发送报文到服务器 A，于是根据配置的默认网关地址向网关 RTB 发送报文。网关 RTB 收到报文后，检查报文信息，发现报文应该转发到与源主机在同一网段的网关 RTA，因为此转发路径是更优的路径，所以 RTB 向主机 A 发送一个 ICMP 重定向消息，通知主机 A 直接向网关 RTA 发送该报文。主机 A 收到 ICMP 重定向消息后，会向 RTA 发送报文，之后 RTA 会将该报文转发给服务器 A。

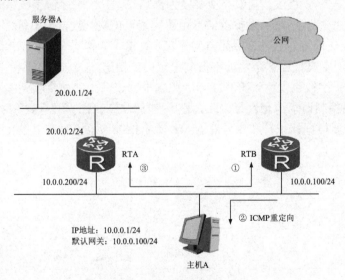

图 3-27　ICMP 重定向示意图

ICMP 差错控制消息常用于诊断源端和目的端之间的网络连通性，还可以提供其他信息，如报文往返时间等。ICMP 差错控制示意图如图 3-28 所示。常用于网络管理的 ping 命令发送的就是 ICMP 差错控制消息。

图 3-28　ICMP 差错控制示意图

ICMP 定义了各种错误消息，用于诊断网络连通性。根据这些错误消息，源设备可以判断出数据传输失败的原因。ICMP 错误报告示意图如图 3-29 所示。如果因网络中发生了环路、断路，导致报文在网络中循环，且最终 TTL 超时，那么网络设备会发送 TTL 超时消息给发送端设备。如果目的端不可达，那么中间的网络设备会发送目的不可达消息给发送端设备。目的端不可达的情况有多种，如果是网络设备无法找到目的网络，就发送目的网络不可达消息；如果是网络设备无法找到目的网络中的目的主机，就发送目的主机不可达消息。

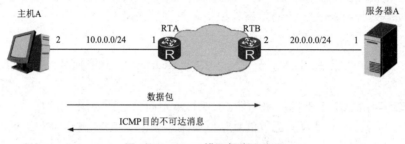

图 3-29　ICMP 错误报告示意图

2）ICMP 数据报结构

ICMP 消息封装在 IP 数据报中。ICMP 数据报结构如图 3-30 所示，ICMP 消息的格式取决于类型字段和代码标识字段，其中类型字段为消息类型，代码标识字段包含该消息类型的具体参数。后面的校验和字段用于检查消息是否完整。ICMP 数据报中包含 32bit 的可变参数，称为 ICMP 报文内容，通常设置为 0。在 ICMP 重定向消息中，ICMP 数据报字段用来指定网关 IP 地址，主机根据这个地址将报文重定向到指定网关。在 ICMP 差错控制请求消息中，ICMP 数据报字段包含标识符和序号，源端根据这两个参数将收到的回复消息与本端发送的 ICMP 差错控制请求消息进行关联。尤其是当源端向目的端发送了多个 ICMP 差错控制请求消息时，需要根据标识符和序号对 ICMP 差错控制请求消息和 ICMP 差错控制回复消息一一进行对应。

图 3-30　ICMP 数据报结构

ICMP 定义了多种消息类型，它们用于不同场景，如表 3-4 所示。有些消息不需要使用代码标识字段来描述具体类型参数，仅用类型字段表示消息类型即可。例如，ICMP 差错控制回复消息的类型字段设置为 0。有些 ICMP 消息使用类型字段定义消息大类，使用代码标识字段定义消息的具体类型。例如，类型字段值为 3 的消息为 ICMP 目的不可达消息，用不同的代码标识字段值定义不可达的原因，包括目的网络不可达（代码标识字段值为 0）、目的主机不可达（代码标识字段值为 1）、协议不可达（代码标识字段值为 2）、目的 TCP/UDP 端口不可达（代码标识字段值为 3）等。

表 3-4 ICMP消息类型

类型字段值	代码标识字段值	描述
0	0	ICMP 差错控制回复消息
3	0	目的网络不可达
3	1	目的主机不可达
3	2	协议不可达
3	3	目的 TCP/UDP 端口不可达
5	0	重定向
8	0	ICMP 差错控制请求消息

3.2.3 TCP/UDP 协议

TCP 和 UDP 是 TCP/IP 协议的核心，属于传输层协议，都使用 IP 协议进行数据传输。其中，TCP 提供 IP 环境下的数据可靠传输，能够实现数据流传送、可靠传输、有效流控、全双工操作和多路复用等功能。TCP 提供面向连接、端到端和可靠的数据包发送。UDP 不为应用数据传输提供可靠传输、有效流控或差错恢复等功能。一般来说，TCP 对应的是可靠性要求高的应用，而 UDP 对应的是可靠性要求低、传输经济、高效的应用。

1．端口

1）端口概念

端口是在传输层与应用层的层间接口上设置的 16 位地址量，用于指明传输层与应用层间的 SAP，为应用进程提供标识，如图 3-31 所示。TCP 和 UDP 都是使用应用层接口处的端口与上层应用进程进行通信的。应用层的各种应用进程是通过相应的端口与传输层实体进行交互的。当传输层收到网络层传来的数据（TCP 报文段或 UDP 数据报）时，要根据其首部中的端口号来决定通过哪个端口上交给接收此数据的应用进程。TCP/UDP 协议使用端口将应用层的不同应用进程区分开；基于复用和分用技术，传输层和网络层的交互不能看到各种应用进程，只能看到 TCP 报文段或 UDP 数据报。

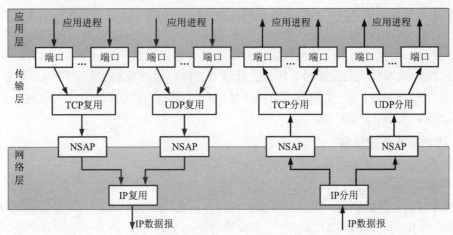

图 3-31 端口在应用进程通信中所起的作用

2）端口号的分配

端口号的分配范围为 0~65535，包括熟知端口和自由端口两类。熟知端口是指在 TCP/IP 协议中已经规定好，并被所有用户进程熟知的端口，数值范围为 0~1023，其中基于 TCP 的 SMTP 的端口号为 25，FTP 的端口号为 21，TELNET 的端口号为 23，HTTP 的端口号为 80，POP 3 的端口号为 110，以及基于 UDP 的简单网络管理协议（Simple Network Management Protocol，SNMP）的端口号为 161，TFTP 的端口号为 69。自由端口是指可以用来随时分配给请求通信的客户进程的端口。

2. TCP 的基本概念

TCP 是一个为了在不可靠的网络上提供可靠的端—端字节流通信专门设计的传输层协议。TCP 的设计目标是能够动态适应不同网络拓扑、带宽、时延和分组大小，能够提供可靠的流传输。其中，流是一个无报文丢失、重复和失序的正确数据序列。

1）TCP 主要特点

TCP 的主要特点如下。

（1）TCP 是面向连接的。应用进程间进行通信必须经历连接建立、数据传输和连接释放 3 个阶段。TCP 提供的连接是双向的，支持全双工的服务。

（2）应用进程间的通信是通过 TCP 连接进行的。每条 TCP 连接有两个端点，只能实现端—端通信。

（3）TCP 提供可靠交付的服务。通过 TCP 连接传输的数据，不存在差错、丢失和重复现象，数据能按序到达目的端。TCP 的每一个报文都需要接收端确认，凡未确认接收的报文都被认为是出错报文。

（4）TCP 提供全双工通信。TCP 允许通信双方的应用进程同时发送数据。TCP 连接的两端都设有发送缓存和接收缓存，用于临时存放发送数据或接收数据。

（5）TCP 是面向字节流的。TCP 把应用层传输给传输层的数据块看作一串无结构的有序字节流。TCP 在发送和接收应用进程之间创建一条虚拟管道，管道上传送的是字节流形式的数据。

2）TCP 编号规则

TCP 不是按传送的"报文段"来编号的，而是将要传送的报文（可能包括多个报文段），看作由一个个字节组成的数据流，并为每个字节编一个序号。TCP 数据报的发送端依据序号记录发送情况，接收端依据序号确保数据被可靠且有序接收。

由于 TCP 按字节为数据编号，因此在连接建立时，双方要商定初始序号。TCP 会将每一次传送的报文段中的第一个数据字节的序号放在 TCP 首部的发送序号字段中。初始序号需要在连接建立之初定义下来。

3）TCP 可靠传输机制

TCP 的可靠传输依靠确认应答机制和超时重传机制来保证。

（1）确认应答机制。

发送方每次发送数据后，通过是否收到接收方回复的报文来确定发送是否成功。回复的报文称为应答报文，也称为 ACK 报文。确认应答机制如图 3-32 所示，接收方在成功接收数据时，会向发送方发送一个 ACK 报文表示数据成功接收。ACK 报文中的 ACK 标志位会被置为 1（之前为 0），表示数据成功接收了。TCP 的确认是对接收到的所有数据的最高序号（收到的数据流中的最后一个字节的序号）表示确认，返回的确认序号是已收到的数据的最高序号加 1。也就是说，确认序号表示期望下次收到的数据流的第一个字节的序号。这种确认机制称为累计确认。累计确认是指接收方总是确认已正确收到的、最长的、连续的流前部字节数，而且每个确认都是指出下一个希望接收的字节数（比收到的数据流前部字节数大 1）。

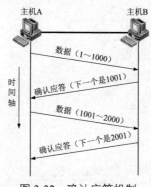

图 3-32　确认应答机制

（2）超时重传机制。

如图 3-33（a）所示，主机 A 发送数据给主机 B 之后，可能因网络阻塞、丢包等，发生数据无法到达主机 B 的情况。如果主机 A 在一个特定时间间隔内没有收到主机 B 发来的 ACK 报文，就会重新发送该数据。如图 3-33（b）所示，由于主机 A 未收到主机 B 发来的 ACK 报文，因此主机 B 收到很多重复数据。那么 TCP 会通过数据报序号识别出哪些是重复数据报，并且把重复数据报丢弃。超时重传的时间间隔会逐渐变大（因为连续的超时重传是极小概率事件），如果重传一定次数后仍然无法正确传输数据，就会尝试重置 TCP 连接（断开重连），如果还是连不上，就直接释放该连接（彻底放弃）。

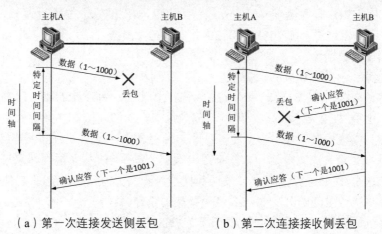

（a）第一次连接发送侧丢包　　　　　（b）第二次连接接收侧丢包

图 3-33　超时重传

4）TCP 连接管理机制

在正常情况下，TCP 要经过三次握手才能建立连接，要经过四次挥手才能断开连接。

（1）三次握手连接建立机制。

三次握手是指在建立一个 TCP 连接时，客户端和服务器端总共需要发送三个数据包才能确认建立。通过三次握手，通信双方会在连接建立之前检查当前网络情况是否畅通、通信双方的发送能力和接收能力是否正常，并协商一些重要参数，以进一步提升通信的可靠性。

三次握手过程如图 3-34 所示。

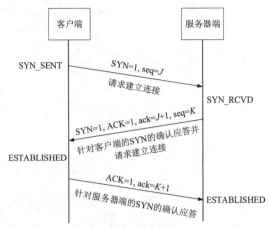

图 3-34　三次握手过程

第一次握手：客户端将 SYN 标志位置为 1，随机产生一个值 seq=J，并将该数据包发送给服务器端，客户端进入 SYN_SENT 状态，等待服务器端确认。

第二次握手：服务器端收到数据包后由 SYN=1 判断客户端请求建立连接，服务器端将 SYN 标志位和 ACK 标志位都置为 1，ack=J+1，随机产生一个值 seq=K，并将该数据包发送给客户端以确认连接建立请求，服务器端进入 SYN_RCVD 状态。

第三次握手：客户端收到确认应答后，检查 ack 是否为 J+1，ACK 标志位是否为 1，如果正确，就将 ACK 标志位置为 1，ack=K+1，并将该数据包发送给服务器端，客户端进入 ESTABLISHED 状态。服务器端检查 ack 是否为 K+1，ACK 标志位是否为 1，若正确，则连接建立成功，服务器端进入 ESTABLISHED 状态，完成三次握手，随后客户端与服务器端之间就可以开始传输数据了。

（2）四次挥手连接断开机制。

四次挥手是指终止 TCP 连接，即断开一个 TCP 连接，客户端和服务器端总共需要发送四个数据包。由于 TCP 连接是全双工的，因此每个方向的连接都必须单独进行断开。这一原则是当一方完成数据发送任务后，发送一个 FIN 报文来终止这一方向的连接。收到某一方向发来的 FIN 报文只是意味着这一方向上没有数据流动了，即不会再收到来自这一方向的数据了，但是在这个 TCP 连接上仍然能发送数据，直到另一方向也发送了 FIN 报文。首先进行断开的一方将执行主动断开，另一方将执行被动断开。

四次挥手过程如图 3-35 所示。主动断开连接的可以是客户端，也可以是服务器端。

第一次挥手：客户端发送一个 FIN=M 报文，意思是"客户端没有数据要发给服务器端了"，用来断开客户端到服务器端的数据传送连接，客户端进入 FIN_WAIT_1 状态，但是若服务器端还有数据没有发送完成，则不必急着断开连接，可以继续发送数据。

第二次挥手：服务器端收到 FIN 后，先发送 ack=M+1 报文，告诉客户端，"你的请求我收到了，但是我还没准备好，请你继续等我的消息"。这时候客户端进入 FIN_WAIT_2 状态，继续等待来自服务器端的 FIN 报文。

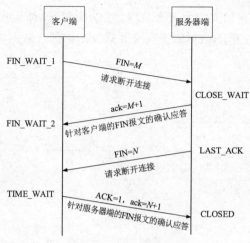

图 3-35 四次挥手过程

第三次挥手：若服务器端确定数据已发送完成，则向客户端发送 FIN=N 报文，告诉客户端，"好了，我这边数据发完了，准备好断开连接了"。服务器端进入 LAST_ACK 状态。

第四次挥手：客户端在收到 FIN=N 报文后，就知道可以断开连接了，但是它还是不相信网络，担心服务器端不知道要断开连接，所以发送 ack=N+1 报文后进入 TIME_WAIT 状态，如果服务器端没有收到确认应答则可以重传。服务器端在收到 ACK 报文后，就知道可以断开连接了。若客户端等待了 2 倍的报文最大生存时间（Maximum Segment Lifetime，MSL）后依然没有收到回复，则证明服务器端已正常断开连接，因此客户端也可以断开连接。最终完成了四次握手。

上面例子讲的是一方主动断开、另一方被动断开的情况，实际上还会出现通信双方同时发起主动断开的情况。

5）TCP 滑动窗口

TCP 在保证可靠性的前提下，希望尽可能地提高传输效率。为此，TCP 引入了滑动窗口概念。窗口大小是无须等待确认应答可以继续发送数据的最大值。确认应答不再以每个分段为单位进行确认，而是以更大的单位进行确认，转发时间被大幅缩短。发送端主机在发送一个分段后不必一直等待确认应答，可以继续发送，如图 3-36 所示。

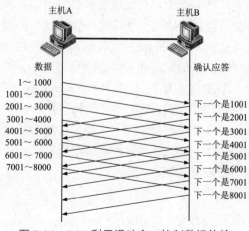

图 3-36 TCP 利用滑动窗口控制数据传输

如图 3-37 所示,滑动窗口大小为 4 个分段,在①状态下,如果收到一个请求序号为 2001 的确认应答,那么 2001 之前的数据就没有必要重发,这部分数据可以被过滤掉,滑动窗口变为③状态。

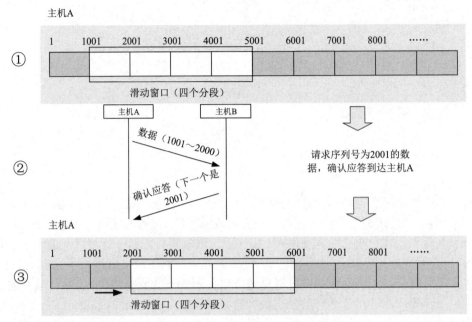

图 3-37　滑动窗口

在整个滑动窗口的确认应答没有到达之前,如果部分数据出现丢包,发送端仍然要重传。为此,发送端主机需要设置缓存区保留这些待重传的数据,直到收到确认应答。滑动窗口以外的部分包括未发送的数据和已经确认对端已收到的数据。若数据发出后如期收到确认应答,则可以不用重发,此时可以将数据从缓存区清除。

在收到确认应答的情况下,将滑动窗口滑动到确认应答的序号的位置,顺序地同时发送多个分段提高通信性能。这种机制称为滑动窗口控制。

6)TCP 流量控制

流量控制是指在滑动窗口的基础上,对发送速率进行限制的机制。接收端处理数据的速度是有限的。如果发送端发送数据的速度太快,将导致接收端的缓存区存满,这时如果发送端继续发送数据,就会造成丢包,继而引起丢包重传等一系列连锁反应。接收端使用接收缓存区剩余的空间大小,来作为发送端发送速率(滑动窗口大小)的参考数值。接收端将自己可以接收的缓存区大小放入 TCP 数据报首部中的滑动窗口字段,利用 ACK 报文通知发送方。接收端一旦发现自己的缓存区快要存满,就会将滑动窗口字段设置成一个更小的值来通知发送端。发送端接收到该值后,就会减小发送速率。如果接收端的缓存区满了,就会将滑动窗口字段置为 0。这时发送端不再发送数据,但是需要定期发送一个滑动窗口探测数据段,使接收端把滑动窗口字段大小告诉发送端。

7)TCP 数据报结构

TCP 数据报有首部和数据两部分,结构如图 3-38 所示。首部由固定首部(20B)及选项和填充(4NB)部分组成。

图 3-38 TCP 数据报结构

（1）源端口号（占 16bit）、目的端口号（占 16bit）：指明发送该报文段应用进程的源端口号和接收该报文段应用进程的目的端口号。

（2）发送序号（占 32bit）：报文段发送的数据流中第一个字节的序号。

（3）确认号（占 32bit）：期望收到对方下一个报文段的第一个字节的序号。

（4）数据偏移（占 4bit）：又称首部长度，指数据部分离本报文段开始的偏移量。

（5）保留（占 6bit）：待用，目前被置为 0。

（6）标志（占 6bit）：又称控制字段，其中每一位都具有特定意义。

① URG：报文段中数据的紧急程度。

② ACK：仅当 ACK=1 时，确认号字段才有意义。若 ACK=0，则首部中的确认号字段无效。TCP 规定，在连接建立后所有传送报文段都必须把 ACK 置为 1。

③ PSH：PSH=1 表示请求接收端 TCP 将本报文段立即送往应用层，而不是将它送到缓存区中，直到整个缓存区被填满再向上交付。

④ RST：RST=1 表示 TCP 连接中出现严重错误，必须立即释放传输连接后重建。

⑤ SYN：该位在连接时使用，起着序号同步作用。SYN=1，ACK=0 表示这是一个同步报文段，尝试和对方建立连接。

⑥ FIN：该位用来断开一个连接。FIN=1 表示欲发送的数据已发送完毕，并要求断开连接。

（7）滑动窗口（占 16bit）：该字段用于流量控制，存放当前接收缓存区剩余大小，由接收端确定，是指发送本报文段的滑动窗口的大小，即从被确认的字节算起还可以接收的字节数。该字段在 ACK=1 时才有效。滑动窗口大小是动态的，为 $0 \sim 2^{16}-1$。

（8）校验和（占 16bit）：该字段的检验范围是整个报文段（包括首部和数据）。校验和采用循环冗余校验，把 TCP 报文中的每个字节都进行累加，最终得到校验和。发送方在发送数据时先计算校验和，接收方在接收数据时按照同样的规则再算一次校验和，最后查看两次校验和是否相同。

（9）紧急指针（占 16bit）：该字段仅当 URG=1 时才有意义，用于标识哪部分数据是紧急数据。

（10）选项和填充（可变）：最长可达 40B，最初只定位为最大报文段长度，用于指出

TCP 报文段中的数据部分的最大长度；后又增加了几个选项，如窗口扩大、时间戳、选择确认和允许选择确认等。当选项长度不是 32bit 的整数倍时，填充字段用于填充补齐。

3．UDP 的基本概念

1）UDP 主要特点

UDP 仅在 IP 协议的数据报服务上增加了端口功能，用以标注 UDP 支持的应用进程，不使用阻塞控制，也不保证可靠交付，其主要特点如下。

（1）UDP 是无连接的：采用 UDP 的通信双方知道对端的 IP 地址和端口号就可以进行传输，不需要建立连接。

（2）提供不可靠传输：UDP 没有任何安全机制，发送端在发送数据报后，即使数据报因网络故障无法送到对端，UDP 也不会给应用层返回任何错误信息。

（3）传输面向数据报：应用层交给 UDP 的报文，UDP 会原样发送，既不会拆分，也不会合并。例如，UDP 传输 100 个字节的数据，如果发送端一次发送 100 个字节的数据，那么接收端必须一次接收 100 个字节的数据，不能每次接收 10 个字节的数据，循环接收 10 次。

（4）支持全双工通信：UDP 允许通信双方的应用进程在任何时候都发送数据。

2）UDP 数据报结构

UDP 报文由首部和数据两部分组成，而且首部很简单，只有 8B。UDP 数据报结构如图 3-39 所示。

图 3-39　UDP 数据报结构

（1）源端口号（占 16bit）、目的端口号（占 16bit）：表示数据是从哪个应用进程来，到哪个应用进程去。

（2）长度（占 16bit）：表示数据报（首部和数据）的最大容量，一个 UDP 报文长度最大只能为 64KB，如果需要使用 UDP 传输一个比较大的数据，就需要考虑在应用层进行拆包。

（3）校验和（占 16bit）：用于检查数据在传输过程中是否出现错误。UDP 校验和采用的算法与 TCP 校验和采用的算法相同。

3.2.4　数据转发过程

TCP/IP 协议簇和底层协议配合保证了数据能够实现端到端的传输。数据传输过程是一个非常复杂的过程，数据在转发过程中会进行一系列封装和解封装操作。

1. 转发过程概述

数据可以在同一网络内或不同网络间传输。数据转发过程可分为本地转发和远程转发，两者的数据转发原理基本一样，都是遵循 TCP/IP 协议簇。

数据转发过程示意图如图 3-40 所示，主机 A 需要访问服务器 A 的 Web 服务，假定两者之间已经建立了 TCP 连接。接下来以此为例讲解数据在不同网络间的传输过程。

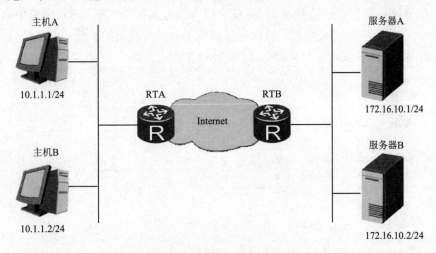

图 3-40　数据转发过程示意图

2. TCP 封装

主机 A 对发送的应用数据先执行加密、压缩等操作，再进行传输层封装。Web 服务是基于传输层的 TCP 传输数据的。主机 A 在使用 TCP 进行报文封装时，必须填充源端口号字段、目的端口号字段、发送序号字段、确认号字段、标志字段、滑动窗口字段及校验和字段。如图 3-41 所示，此例中源端口号为主机 A 随机选择的 1027，目的端口号为服务器 A 的 TCP 对应的端口号 80。

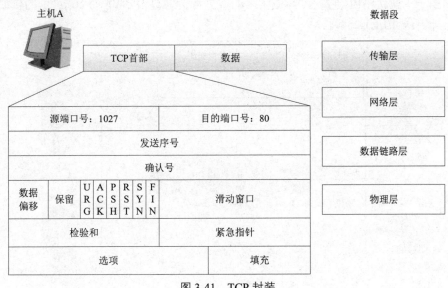

图 3-41　TCP 封装

3．IP 封装

主机 A 完成 TCP 封装后，一般会进行 IP 封装，在使用 IP 协议进行封装时，需要明确 IP 数据报的源 IP 地址和目的 IP 地址。若 IP 数据报的大小大于网络的最大传输单元（Maximum Transmission Unit，MTU），则该报文有可能在传输过程中被分片。TTL 字段用来降低网络环路造成的影响。典型路由器产生的数据报默认 TTL 值为 255。数据报被路由器转发一次，该值就减 1，如果路由器发现该值被减为 0，就会丢弃该数据报。这样，即使网络中存在环路，数据报也不会在网络中一直被转发。协议字段标识了传输层使用的协议。由于传输层使用的协议是 TCP，因此该字段的值为 0X06，如图 3-42 所示。

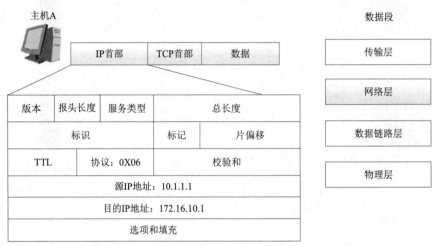

图 3-42　IP 封装

4．查找路由

每个主机都会独自维护各自的路由表项。主机 A 在发送数据前需要先检查是否能够到达目的端，这个过程是通过查找路由来完成的。如图 3-43 所示，主机 A 拥有一条到达任何网络的路由——默认路由，它发往其他网络的数据都会通过 IP 地址为 10.1.1.1 的接口转发到下一跳，即网关 10.1.1.254。

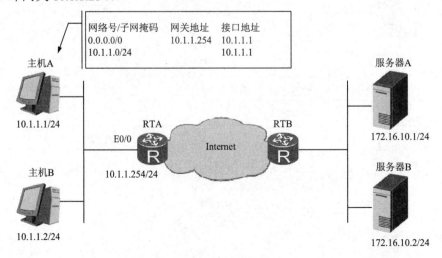

图 3-43　查找路由

5. ARP 过程

接下来，由于数据包要被封装成数据帧，因此主机 A 需要获取下一跳的 MAC 地址，也就是网关的 MAC 地址。主机会先查询 ARP 缓存表。如图 3-44 所示，主机 A 的 ARP 缓存表中有网关的 MAC 地址表项，如果没有从中找到网关的 MAC 地址，那么主机 A 会通过发送 ARP 请求来获取网关的 MAC 地址。

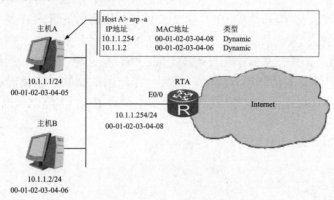

图 3-44　ARP 过程

6. 以太网封装

主机 A 在数据链路层封装数据帧时，会遵循 IEEE 802.3 或 Ethernet_Ⅱ标准。如图 3-45 所示，以太网帧首部中的类型字段填充为 0x0800，表示网络层使用的是 IP 协议；源 MAC 地址为主机 A 的 MAC 地址，目的 MAC 地址为网关路由器 E0/0 接口的 MAC 地址。

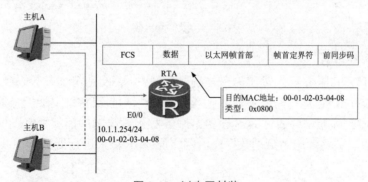

图 3-45　以太网封装

7. 数据帧转发过程

主机 A 工作在半双工状态下，所以会使用带有冲突检测的载波侦听多路存取（Carrier Sense Multiple Access/Collision Detection，CSMA/CD）技术来检测链路是否空闲。如果链路空闲，主机 A 就会先将一个前同步码（Preamble，PRE）和一个帧开始标志字节（Start of Frame Delimiter，SFD）附加到帧头然后进行传输。前同步码的作用是使接收设备进行同步并做好接收数据帧的准备。前同步码是长度为 7B 的"1""0"交替的二进制数，即 1010…10，共 56bit。帧开始标志字节是长度为 1B 的 10101011 二进制序列，作用是使接收端对帧的第一位进行定位。

主机 A 发送数据帧到传统以太网，此网络中的所有网络设备都会收到该帧。设备在收到该帧之后，先进行 FCS 校验。若帧未能通过 FCS 校验，则被立即丢弃。对于通过 FCS 校验的帧，设备会检查帧中的目的 MAC 地址。如果帧中的目的 MAC 地址与自己的 MAC 地址不同，设备就丢弃该帧；如果相同，设备就继续处理该帧。在处理过程中，帧头、帧尾会被剥去（解封装），剩下的数据报文根据帧头中的类型字段的值会被送到网络层中的对应协议模块中进行处理。

8. 数据包转发过程

如图 3-46 所示，RTA 收到此数据包后，网络层会对数据包中的报文进行处理。RTA 先根据 IP 头部中的校验和字段，检查 IP 头部的完整性；然后根据目的 IP 地址查看路由表，确定是否能够将数据包转发到目的端。RTA 必须对 TTL 字段的值进行处理。另外，报文大小不能超过 MTU 值。如果报文大小超过 MTU 值，那么报文将被分片。网络层处理完成后，报文将被送到数据链路层重新进行封装，成为一个新的数据帧，该帧的头部会封装新的源 MAC 地址和目的 MAC 地址。如果当前网络设备不知道下一跳的 MAC 地址，将会通过发送 ARP 请求来获得。

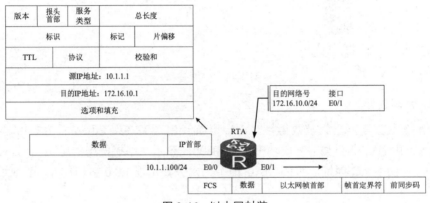

图 3-46　以太网封装

9. 数据帧解封装

如图 3-47 所示，服务器 A 处于一个传统以太网中，两台服务器都会收到 RTB 发来的数据帧。该帧的目的 MAC 地址与服务器 B 的接口 MAC 地址不匹配，因此会被服务器 B 丢弃。服务器 A 成功收到该帧，并通过 FCS 校验。服务器 A 根据帧中的类型字段识别在网络层处理该数据的协议，并将解封装后的数据交给网络层的 IP 协议进行处理。

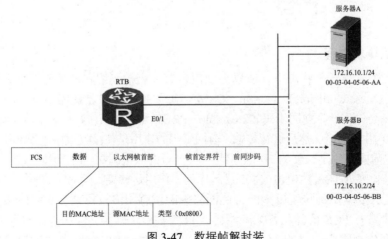

图 3-47　数据帧解封装

10．数据报解封装

如图 3-48 所示，服务器 A 通过 IP 协议处理该报文，先通过校验和字段验证报头的完整性，然后检查 IP 数据报头中的目的 IP 地址是否与当前 IP 地址匹配。如果数据在源端与目的端间传输期间发生了分片，那么报文会被目的端重新组合。目的端必须接收所有分片后才会进行重新组合。协议字段用来说明此数据包携带的上层数据是哪种协议的数据。需要注意的是，下一个报头并非总是传输层报头。例如，ICMP 报文也是使用 IP 协议封装的，协议字段值为 0x01。

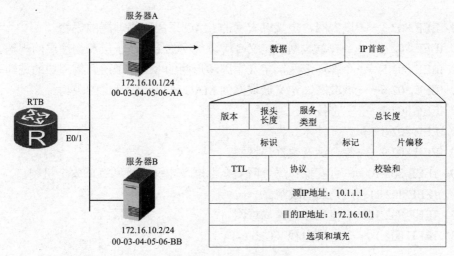

图 3-48　数据报解封装

11．数据段解封装

当 IP 数据报头被处理完并剥离后，数据段会被发送到传输层进行处理。如图 3-49 所示，传输层使用的协议是 TCP，且发送端和接收端已经通过三次握手建立了连接。传输层收到该数据段后，TCP 会查看并处理该数据段的头部信息，其中目的端口号为 80，表示处理该数据的应用层协议为 HTTP。TCP 处理完头部信息后会先将此数据段头部剥离，然后将剩下的应用数据发送到 HTTP 进行处理。

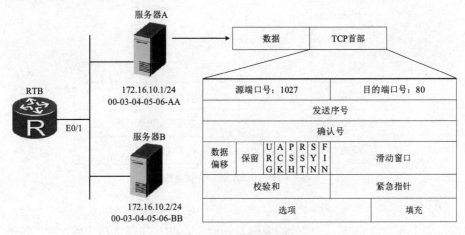

图 3-49　数据段解封装

3.3 IEEE 802 模型

3.3.1 协议体系

IEEE 802 委员会下设有 13 个分委员会，内容如下。

（1）IEEE 802.1——概述、体系结构和网络互联及网络管理和性能测量。

（2）IEEE 802.2——逻辑链路控制子层，这是高层协议与任何一种局域网 MAC 子层的接口。

（3）IEEE 802.3——以太网，定义以太网的 MAC 子层和物理层的规约。

（4）IEEE 802.4——令牌总线网，定义令牌总线网的 MAC 子层和物理层的规约。

（5）IEEE 802.5——令牌环形网，定义令牌环形网的 MAC 子层和物理层的规约。

（6）IEEE 802.6——城域网，定义城域网的 MAC 子层和物理层的规约。

（7）IEEE 802.7——宽带技术。

（8）IEEE 802.8——光纤技术。

（9）IEEE 802.9——综合话音数据局域网。

（10）IEEE 802.10——可互操作局域网安全标准，定义局域网互联安全机制。

（11）IEEE 802.11——无线局域网。

（12）IEEE 802.12——优先级高速局域网。

（13）IEEE 802.14——电缆电视（Cable-TV）。

3.3.2 分层结构

IEEE 802 局域网标准为局域网定义了两个层次——物理层和数据链路层。IEEE 802 模型结构如图 3-50 所示。其中，数据链路层又分为逻辑链路控制（Logic Link Control，LLC）子层和介质访问控制（Medium Access Control，MAC）子层。

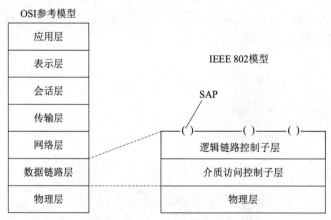

图 3-50　IEEE 802 模型结构

1. 物理层

物理层的主要功能包括：①信号的编码与译码；②PRE 的产生与去除；③比特的传输与接收。

2. MAC 子层

MAC 子层的主要功能：解决与接入各种传输介质有关的问题。此外，MAC 子层还负责在物理层的基础上进行无差错通信。MAC 子层的具体功能包括：①将上层交下来的数据（LLC 帧）封装成 MAC 帧进行发送（接收时进行反向操作，即将 MAC 帧拆卸还原成 LLC 帧）；②实现和维护 MAC 协议；③检测比特差错；④寻址。

3. LLC 子层

LLC 子层的主要功能：提供一个或多个相邻层之间的逻辑接口，也就是 SAP。LLC 子层的具体功能包括：①建立和释放 LLC 子层的逻辑连接；②提供与高层应用的接口；③进行差错控制（LLC 子层的帧失序、帧丢失等）；④进行流量控制。

4. LLC 子层与 MAC 子层比较

LLC 子层与 MAC 子层的主要区别：LLC 子层提供的功能对于任何一种局域网都是一致的，无须考虑采用何种局域网标准。而当数据下交到 MAC 子层后，MAC 子层需要依据具体采用的局域网标准，包括拓扑结构（以太网、令牌总线网、令牌环网等）和信道共享技术（争用还是非争用等），来选择提供数据传输服务的方式。

LLC 协议数据单元（Protocol Data Unit，PDU）与 MAC PDU 之间的关系：由 IEEE 802 模型可以看出，局域网数据链路层应当有两种不同的 PDU，即 LLC PDU 和 MAC PDU，如图 3-51 所示。高层的 PDU 传到 LLC 子层，加上适当的首部就构成了 LLC 子层的 PDU，即 LLC PDU。LLC PDU 向下传送到 MAC 子层，加上适当的首部和尾部，就构成了 MAC 子层的 PDU，即 MAC PDU。

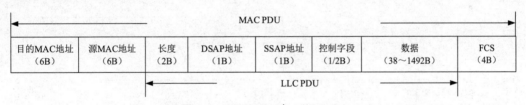

图 3-51　LLC PDU 与 MAC PDU

SAP 是同一系统中相邻两层的实体进行数据交换的地方。LLC SAP 是 LLC 子层与高层的接口，用于标明通信进程。一个主机中可能同时运行多个进程，它们可能同时与其他一些进程（在一个主机或多个主机中）进行通信。因此，在一个主机的 LLC 子层上可以有多个 SAP，以便向多个进程提供服务。多个 SAP 可复用一条数据链路。一个用户可同时使用多个 SAP，但一个 SAP 在某一时刻只能被一个用户使用。

5. 寻址过程

网络中的进程在通信时需要有两种地址——MAC 地址和 SAP 地址。MAC 地址是指主机在网络中的地址，由 MAC 帧传送。SAP 地址是指进程在某一个主机中的地址，也就是 LLC SAP，由 LLC 帧传送。

网络寻址过程：①根据 MAC 帧的地址信息找到网络中的目的主机；②根据 LLC 帧的地址信息找到该主机中的 DSAP（进程）。

6. 服务类型

由于 LLC 子层对具体的局域网是透明的，因此从用户角度看，局域网能提供的服务均将通过 LLC 子层反映出来。LLC 子层各类服务通过服务原语实现，共规定了四类服务：①面向不确认的无连接服务（数据报服务），主要用于点对点通信、对所有用户发送信息的广播通信、只向部分用户发送信息的多播通信。②面向连接服务，主要用在广域网中。③有确认的无连接服务，主要用在令牌总线网中。④高速传送服务，主要用在城域网中。

3.3.3　帧结构

1. LLC 帧结构

LLC 帧结构如图 3-52 所示，其中地址字段为 2B，DSAP 地址字段和 SSAP 地址字段各占 1B。DSAP 地址字段的最低位为 I/G，SSAP 地址字段的最低位为 C/R。控制字段将 LLC 帧分为三类：①信息帧，控制字段的第 1 比特为 0，第 2～4 比特为发送序号 N（S），第 6～8 比特为接收序号 N（R），第 5 比特为探询/终止位 P/F；②监督帧，控制字段的第 1、2 比特分别为 1、0，第 3、4 比特是管理功能位 S，其中，00 表示准备接收、01 表示拒绝、10 表示未准备接收、11 表示选择拒绝，第 5～8 比特与信息帧相同；③无编号帧，控制字段的第 1、2 比特分别为 11，M 为修正功能位，无发送序号和接收序号。面向连接服务三种帧都可以使用；无连接服务只能使用无编号帧。

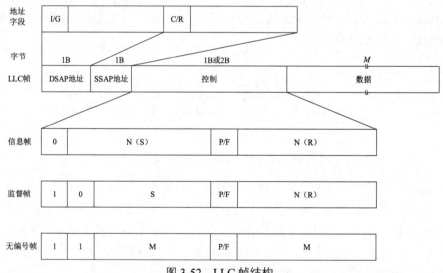

图 3-52　LLC 帧结构

LLC 帧结构与 HDLC 帧结构的主要区别：由于 LLC 帧要封装在 MAC 帧中，因此 LLC 帧没有标志字段和 FCS 字段。HDLC 帧的地址部分给出的是从站地址或应答站地址，而 LLC 帧的地址部分给出的是 DSAP 地址和 SSAP 地址。

2. 以太网帧结构

数据包在以太网物理介质上传播前必须封装头部和尾部信息，封装后的数据包称为数据帧，数据帧中封装的信息决定了数据如何传输。以太网上传输的数据帧有两种格式，选择哪种格式由 TCP/IP 协议簇中的网络层决定。

以太网帧结构如图 3-53 所示，共有两种，第一种是于 20 世纪 80 年代初提出的 DIX v2格式，即 Ethernet_II 格式。Ethernet_II 标准后来被 IEEE 802 标准接纳，并写进了 IEEE 802.3x—1997 标准。第二种是于 1983 年提出的 IEEE 802.3 格式。这两种格式的主要区别在于 Ethernet_II格式中包含类型字段，该字段用来标识以太网帧处理完成后将被发送到哪个上层协议进行处理；同样的位置在 IEEE 802.3 格式中是长度字段。

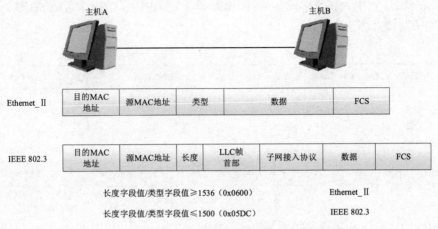

图 3-53 以太网帧结构

不同的类型字段值可以用来区分这两种帧格式。当类型字段值小于或等于 1500（或十六进制数 0x05DC）时，帧使用的是 IEEE 802.3 格式。当类型字段值大于或等于 1536（或十六进制数 0x0600）时，帧使用的是 Ethernet_II 格式。以太网中的大多数数据帧使用的是Ethernet_II 格式。

以太网帧中还包括源 MAC 地址字段和目的 MAC 地址字段，分别代表发送者的 MAC地址和接收者的 MAC 地址；此外还有 FCS 字段，用于检验传输过程中帧的完整性。

Ethernet_II 帧结构如图 3-54 所示，各字段说明如下。

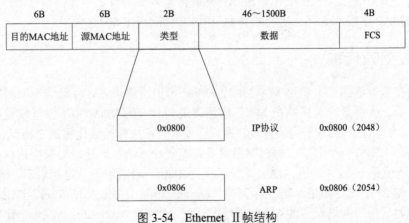

图 3-54 Ethernet_II 帧结构

（1）目的 MAC 地址（Destination MAC，DMAC）：长度为 6B，用于标识帧的接收者。

（2）源 MAC 地址（Source MAC，SMAC）：长度为 6B，用于标识帧的发送者。

（3）类型：长度为 2B，用于标识数据字段中包含的高层协议。类型字段值为 0x0800 的帧代表 IP 协议帧。类型字段值为 0x0806 的帧代表 ARP 帧。

（4）数据：网络层数据，最小长度必须为 46B，以保证帧长至少为 64B，数据字段的最大长度为 1500B。

（5）FCS：长度为 4B，提供了一种错误检测机制。

IEEE 802.3 帧结构与 Ethernet_Ⅱ 帧类似，如图 3-55 所示。Ethernet_Ⅱ 帧的类型字段对应于 IEEE 802.3 帧中为长度字段，并且 IEEE 802.3 帧占用了数据字段的 8B 作为 LLC 帧首部字段和子网接入协议字段。

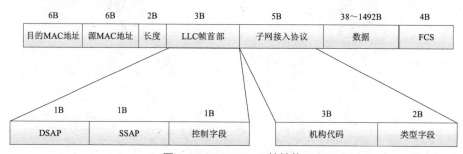

图 3-55   IEEE 802.3 帧结构

IEEE 802.3 帧中各字段说明如下。

（1）长度：定义了数据字段包含的字节数。

（2）LLC 帧首部：由 DSAP、SSAP 和控制字段组成。

（3）子网接入协议（Subnet Access Protocol，SNAP）字段：由机构代码和类型字段组成。机构代码的三个字节都为 0。类型字段的含义与 Ethernet_Ⅱ 帧中的类型字段相同。

根据 DSAP 字段和 SSAP 字段的取值，IEEE 802.3 帧可分为以下几类。

① 当 DSAP 字段和 SSAP 字段都取特定值 0xFF 时，IEEE 802.3 帧就变成了 NetWare-ETHERNET 帧。NetWare-ETHERNET 帧可承载 NetWare 类型数据。

② 当 DSAP 字段和 SSAP 字段都取特定值 0xAA 时，IEEE 802.3 帧就变成了 ETHERNET_SNAP 帧。ETHERNET_SNAP 帧可传输多种协议。

③ 当 DSAP 字段和 SSAP 字段取其他值时均为纯 IEEE 802.3 帧。

3.3.4　数据帧传输

以太网在数据链路层上通过 MAC 地址来唯一标识网络设备，并且实现局域网中的网络设备间的通信。大多数网卡厂商把 MAC 地址烧录到网卡的 ROM 中。发送端使用接收端的 MAC 地址作为目的地址。以太网帧封装完成后会通过物理层转换成比特流在物理介质上传输。

如同每个人都有一个名字，每台网络设备都有一个 MAC 地址，用来标识自己。网络设备的 MAC 地址是全球唯一的。MAC 地址长度为 48bit，通常用十六进制表示。MAC 地址包含两部分：前 24 个比特是组织唯一标识符（Organization Unique Identifier，OUI），由 IEEE 统一分配，如华为的网络设备的 MAC 地址前 24 个比特是 0x00e0fc；后 24 个比特是由各个厂商自动分配给每个产品的唯一数值。

局域网帧可以通过三种方式发送。

第一种发送方式是单播，指从单一的源端发送到单一的目的端。每个主机接口由一个 MAC 地址唯一标识。在 MAC 地址的 OUI 中，第一个字节的第 8 个比特表示地址类型。对于主机 MAC 地址，这个比特固定为 0，表示目的 MAC 地址为此 MAC 地址的帧都是发送到某个唯一的目的端。在冲突域中，所有主机都能收到源主机发送的单播帧，收到帧的主机若发现目的 MAC 地址与本地 MAC 地址不一致，则会丢弃该帧，只有真正的目的主机才会接收并处理收到的帧。

第二种发送方式是广播，表示帧从单一的源端发送到传统以太网上的所有主机。广播帧的目的 MAC 地址为十六进制的 FF:FF:FF:FF:FF:FF，所有收到该广播帧的主机都要接收并处理该帧。广播方式会产生大量流量，带宽利用率降低，从而会影响整个网络的性能。在需要网络中的所有主机都能接收到相同信息并进行处理时，通常会使用广播方式。

第三种发送方式为组播，组播比广播更高效。组播转发可以理解为选择性的广播，主机侦听特定组播地址，接收并处理目的 MAC 地址为该组播 MAC 地址的帧。组播 MAC 地址和单播 MAC 地址是通过第一个字节中的第 8 个比特区分的。组播 MAC 地址的第 1 个字节中的第 8 个比特为 1，而单播 MAC 地址的第 1 个字节中的第 8 个比特为 0。在需要网络上的一组主机（不是全部主机）接收相同信息，并且其他主机不受影响时，通常使用组播方式。

帧从主机的物理接口发送出来后，通过传输介质传输到目的端。在共享网络中，这个帧可能到达多个主机。主机检查帧头中的目的 MAC 地址，若目的 MAC 地址不是本机 MAC 地址，也不是本机侦听的组播 MAC 地址或广播 MAC 地址；则丢弃该帧。若目的 MAC 地址是本机 MAC 地址，则接收该帧，检查 FCS 字段，并与本机计算的值对比，以确定帧在传输过程中保持了完整性。如果该帧的 FCS 字段的值与本机计算的值不同，主机会认为该帧已被破坏，并丢弃该帧。若该帧通过了 FCS 校验，则主机会根据帧头中的类型字段来确定将帧发送给上层哪个协议。如图 3-56 所示，类型字段的值为 0x0800，表明该帧需要发送给 IP 协议。帧在被发送给 IP 协议之前，头部和尾部会被换掉。

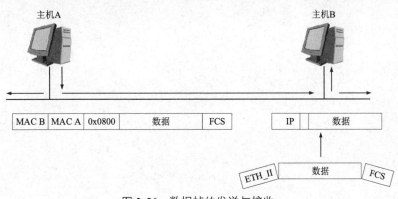

图 3-56　数据帧的发送与接收

3.4　本章小结

通信系统体系结构是开展通信网研究的重要基础，采用分层式结构的研究方法可以被拓展到各类通信系统和通信网的研究中。OSI 参考模型、TCP/IP 模型、IEEE 802 模型是数据通信网研究的基础协议簇，各类网络协议的研究都植根于此，特别是 TCP/IP 模型。理解数据包在网络中的转发过程，对于学习后续内容具有重要作用。

思考与练习题

3-1 简述 OSI 参考模型分层结构及其功能。

3-2 简述 TCP/IP 模型分层结构及其功能。

3-3 简述 ARP、ICMP 的作用。

3-4 比较 OSI 参考模型和 TCP/IP 模型。

3-5 简述 IEEE 802 模型的分层结构。

3-6 简述网络数据的转发过程。

第 **4** 章

话音通信网

话音业务的特点决定了话音通信网技术。读者在学习本章时，可以思考在打电话过程中，话音通信从建立连接、通话到释放的流程是如何实现的，信令信号和话音信号在全网是如何准确传输的，号码是如何驱动电话通信网进行路由选择的，电话通信网的服务质量应如何进行评价。话音通信网内容导图如图 4-1 所示。

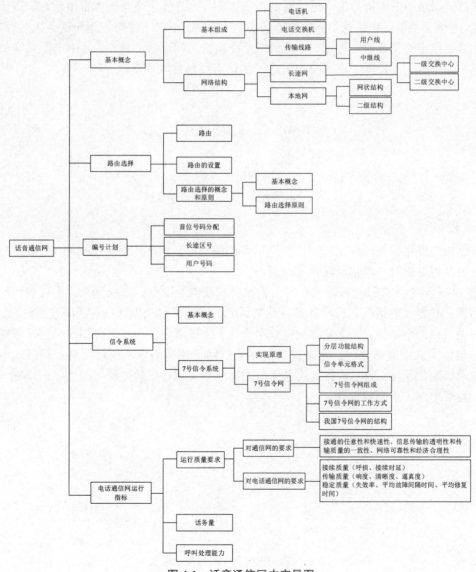

图 4-1　话音通信网内容导图

4.1 基本概念

话音业务是人们交流的基本通信需求。实现话音通信功能的通信网称为话音通信网。电话通信网因终端设备为电话机而得名，可简称电话网，核心业务是话音业务。电话通信网应用历史长、覆盖范围广，本章以电话通信网为主体来介绍话音通信网。电话通信网按照保障范围，可分为本地网和长途网；按照转接方式，可分为人工电话通信网和自动电话通信网；按照信息保密等级，可分为保密电话通信网和普通电话通信网。

4.1.1 基本组成

电话通信网的基本组成示意图如图 4-2 所示。电话通信网通常由电话机、电话交换机、传输线路等组成。电话机是电话通信网的终端设备，用户使用电话机拨打电话，实现话音通信功能。电话交换机是电话通信网的核心设备，用于实现用户的呼叫处理和话务接续等功能。传输线路是指电话交换机与电话机、其他电话交换机之间连接的线路，其中电话交换机连接电话机的线路称为用户线；电话交换机之间的连接线路称为中继线。

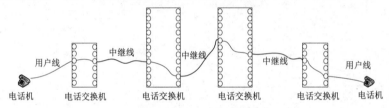

图 4-2　电话通信网的基本组成示意图

1. 电话机

电话机协助用户完成电话呼叫，实现话音通信功能，因此应能实现摘/挂机、号码拨打、来话振铃及声音信号与电信号转换等功能。

自 1876 年 3 月 7 日，美国人亚历山大·贝尔获得发明电话专利以来，电话机经历了磁石电话机、共电式电话机、拨号盘式自动电话机、按键式自动电话机等不同发展阶段。

按键式自动电话机（下文简称按键式电话机）由按键盘和电子元件组成，它以按键盘作为拨号装置来完成电话呼叫。它是目前电话通信网中使用最多的电话终端。按键式电话机的组成示意图如图 4-3 所示。按键式电话机通常包括叉簧、振铃电路、极性保护电路、拨号电路、通话电路、手柄等部件。

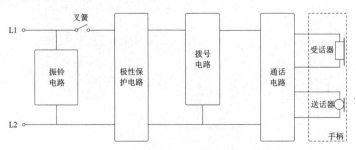

图 4-3　按键式电话机的组成示意图

（1）叉簧：主要起转换作用。振铃电路和通话电路是交替工作的，即振铃时不能通话，通话时不能振铃。这种交替工作是通过叉簧完成的。挂机时，叉簧处于断开状态，振铃电路接在外线上。在话机空闲状态下如果有来电，25Hz 交流振铃信号能够通过隔直电容，电话机就可以接收振铃信号。摘机时，叉簧处于闭合状态，振铃电路断开，通话电路接在外线上。

（2）振铃电路：先把电话交换机送来的 25Hz 交流振铃信号变成直流信号，再产生两种频率不同的交替信号，驱动扬声器或压电陶瓷蜂鸣器。

（3）极性保护电路：把 L1 线、L2 线上极性不确定的电压变成极性确定的电压，以满足拨号电路和通话电路的电源特性要求。

（4）拨号电路：由拨号集成电路、按键盘和外围电路组成。它把按键盘输入的号码变成相应的脉冲或 DTMF 信号，送到线路上；同时能发出静噪信号消除拨号时在受话器里产生的"喀喀"声。

按键盘与相应拨号集成电路配合发出脉冲或 DTMF 信号。按键盘作为拨号装置拨号时，人机的接口部件给拨号集成电路提供输入信号。按键盘一般由 12 个按键和开关接点组成，除 10 个（0～9）数字键外，还有"*"键、"#"键。按键盘上的数字键用来发送相应数量的直流脉冲，"*"键、"#"键作为功能键可实现重拨、暂停等功能。在发送 DTMF 信号时，按键盘上的 12 个按键均用来发送 DTMF 信号。

（5）通话电路：包括手柄通话电路和免提通话电路，具备 2/4 线转换、消侧音，以及对发送信号、接收信号进行放大的功能。

（6）手柄：由送话器和受话器组成。送话器把声音信号变成电信号，受话器把电信号还原成声音信号。

磁石电话机因具有通信连接方便、功能简单、稳定可靠的优点，被应用于部队野外训练和作业场景中。

图 4-4 所示为野战磁石电话机组成及功能示意图。野战磁石电话机为磁石和 DTMF 双用电话机，通过开关可以切换其功能。野战磁石电话机通过振铃键可以发出呼叫信号，可以外接电源或安装电池，可以用于两个话机通过导线直接相连即可通话的应用场景。手柄上有手握键，用于半双工通信控制。

2．电话交换机

电话交换机为实现电话用户的呼叫处理和话务接续，需要具有以下功能。

（1）能正确接收和分析从用户线或中继线发来的呼叫信号。

（2）能正确接收和分析从用户线或中继线发来的地址信号。

（3）能按目的地址正确地进行选路及在中继线上转发信号。

（4）能控制连接的建立。

（5）能按照收到的释放信号释放连接。

电话交换机通常由用户电路、交换网络、中继电路、信令设备和控制设备等部件组成，如图 4-5 所示。用户电路是用户线的接口电路，用于连接电话机。中继电路是中继线的接口电路，用于连接其他电话交换机。交换网络能够实现用户话音信号的接续和传递。信令设备是为实现呼叫处理、话路接续等功能而产生、接收或处理信令信息的部件，通常包括信号音发生器、多频互控（Multi-Frequency Compelled，MFC）收号器、DTMF 收号器等。控制设备具备监视交换设备内部资源的使用和工作状态、实现对交换设备内部资源的管理和控制等功能。

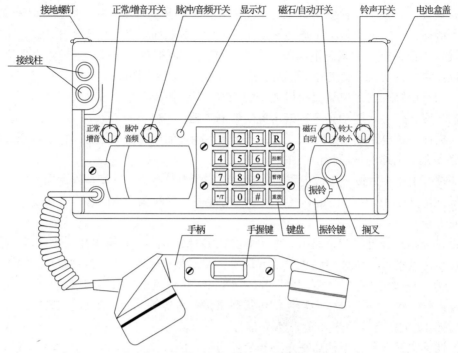

图 4-4　野战磁石电话机组成及功能示意图

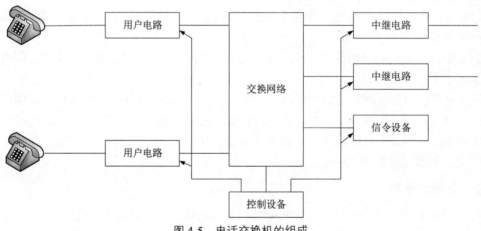

图 4-5　电话交换机的组成

3. 传输线路

电话通信网中的传输线路通常是指用户线和中继线。用户线是电话机与电话交换机之间连接的线路，也可以称为用户环路；中继线是电话交换机之间连接的线路。

4.1.2　网络结构

电话通信网的网络结构表现的是电话通信网中各电话交换局（电话交换局是指以电话交换机为核心，配套以电源系统、配线系统、网管系统等，能够为区域内用户提供呼叫保持或话路转接功能的电话交换中心，也可简称为电话局）之间的连接关系。电话通信网的网络结构通常采用等级结构，即将不同电话局划分为若干等级。高等级电话局之间通常直接相连，形成网状结构；低等级电话局与管辖它的高等级电话局相连，形成多级汇接辐射型网络结构，即星型结构。

我国的 PSTN 由长途网和本地网组成。

1．长途网

长途网由分布于各地的长途交换中心互连组成，用来疏通各个本地网之间的长途话务。我国的 PSTN 长途网分为两级，即一级交换中心（DC1）和二级交换中心（DC2），如图 4-6 所示。

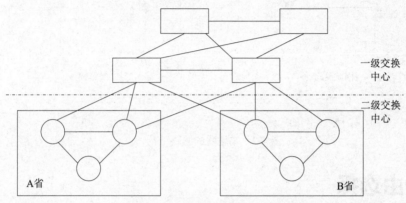

图 4-6 长途网的网络结构示意图

一级交换中心通常部署于省会中心，因此也称为省交换局，负责汇接所在省（自治区、直辖市）的省际长途来去话务和所在本地网的长途终端话务。一级交换中心之间两两互连，形成网状结构。

二级交换中心通常部署于市级中心，因此也称为市交换局，是长途网的长途终端交换中心，其职能是汇接所在本地网的长途终端话务。

二级交换中心与本省所属一级交换中心均以基干路由相连。根据话务流量流向，二级交换中心也可以与非从属一级交换中心建立直达电路群。

2．本地网

本地网是指在同一长途区号范围内，由若干交换局、中继线、用户线和电话机终端等组成的电话通信网。

本地网用于疏通本长途区号范围内任意两个用户间的电话呼叫和长途来去话业务。

依据本地网的规模和交换局的数量，本地网通常有两种网络结构——网状结构和二级结构，如图 4-7 所示。

网状结构是指本地网中的电话局不分等级，通过中继线实现两两互连，如图 4-7（a）所示。这种网络结构适用于规模较小的本地网，目前使用较少。

二级结构是指将本地网中的交换局分为两级，即端局和汇接局，如图 4-7（b）所示。端局通过用户线与用户电话机相连，负责本区域内的电话业务；汇接局与本汇接区内的端局和其他汇接局相连，主要负责话务转接业务。

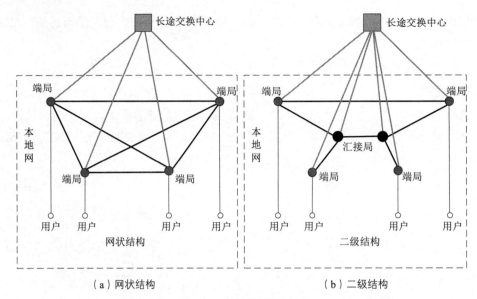

（a）网状结构　　　　　　　　　　　　（b）二级结构

图 4-7　本地网的网络结构

4.2　路由选择

4.2.1　路由

　　进行通话的两个电话用户经常不属于同一个电话局。当用户有呼叫请求时，需要在两个电话局之间为其建立一条传送信息的通道。因此，电话通信网中的路由是指主叫用户所在电话局（发话区）与被叫用户所在电话局（受话区）之间建立的呼叫连接和传送信息的通路。

　　路由可以由一个电路群组成，也可以由多个电路群经电话局串接而成。路由按照呼损指标可分为低呼损电路群和高效电路群。呼损是指在用户发起呼叫时，电话接续因网络或中继而失败。呼损反映了电话通信网处理呼叫的能力，也是电话通信网提供话音通信业务的质量指标。它可以用损失的呼叫数占总发起呼叫数的比例表示。例如，低呼损电路群上的呼损指标应小于 1%，其含义是该电路群上的话务在特殊情况下（如阻塞状态）允许产生呼损，但是必须控制在 1%以内。高效电路群不允许产生呼损，若其话务满载，则需要将话务溢出至其他路由。

　　路由按照组成路由的电路群个数可分为直达路由和汇接路由。直达路由由一个电路群组成，汇接路由由多个电路群经电话局串接而成。由高效电路群构建的直达路由被称为高效直达路由。

　　路由按照选择方式可分为首选路由、迂回路由和最终路由，如图 4-8 所示。首选路由是指在路由选择时首先选择的路由，通常是直达路由。迂回路由是指在首选路由遇忙时，迂回到第二个或第三个路由，通常是汇接路由。最终路由是任意两个呼叫中心之间最后一种可以选择的路由，由无溢出的低呼损电路群组成。

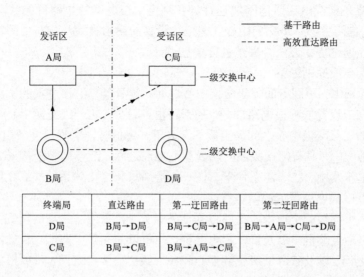

终端局	直达路由	第一迂回路由	第二迂回路由
D局	B局→D局	B局→C局→D局	B局→A局→C局→D局
C局	B局→C局	B局→A局→C局	—

图 4-8　电话通信网中的路由（一）

路由按照所连交换中心的地位可分为基干路由、低呼损路由、跨区路由，如图 4-9 所示。基干路由是指网络基本结构中的主干路由。低呼损路由是指网络基本结构中的旁支路由。基干路由和低呼损路由一般由低呼损电路群组成。跨区路由是指不同汇接区交换中心的路由。

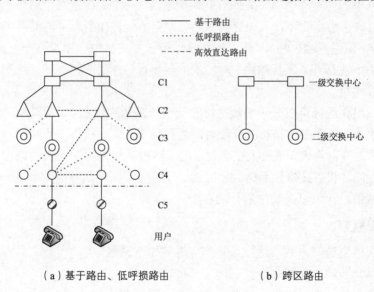

（a）基于路由、低呼损路由　　　　　　　（b）跨区路由

图 4-9　电话通信网中的路由（二）

4.2.2　路由的设置

为了提高电话通信网的利用率和服务质量，使网络安全、可靠地运行，应根据话务量需求对路由进行科学、合理、经济的设置。

路由的设置是指在电话通信网规划时对各交换中心之间的电路群的数量和类型进行规划设计。电话通信网中的两个交换中心之间应该设置的路由类型及各路由的数目实际上要根据话务量的特点通过优化方法合理地进行规划设计。

路由设置的一般原则如下。

（1）在长途网中，不同省的一级交换中心之间、省内具有汇接关系的一级交换中心和二级交换中心之间应设置低呼损电路群，即基干路由。不同省的一级交换中心与二级交换中心之间、不同省的二级交换中心之间，当话务量大于一定值时，应设置高效电路群。

（2）在本地网中，具有汇接关系的端局和汇接局之间、汇接局和汇接局之间应设置低呼损电路群，即基干路由。在一定条件下，任一汇接局与无汇接关系的端局之间、端局与端局之间，可设置低呼损电路群或高效电路群。

（3）任意两个等级的交换中心之间根据话务量大小，在经济合理的情况下，可设置直达电路群，这些直达电路群可以是低呼损电路群，也可以是高效电路群。长途网内同一省内的二级交换中心之间，以及省内一级交换中心和各二级交换中心之间，可以根据传输电路的情况设置低呼损电路群或高效电路群。

4.2.3 路由选择的概念和原则

1．基本概念

当电话通信网中的任意两个用户之间有呼叫请求时，网络要在这两个用户之间建立一条端到端的话路。当该话路需要经过多个交换中心时，交换机要在所有可能的路由中选择一条最优路由进行接续，即进行路由选择。路由选择是指当一个交换中心呼叫另一个交换中心时，在多个可能的路由中选择一条最优路由。对一次呼叫而言，直到选到了可以达到目标局的路由，路由选择才算结束。

电话通信网的路由选择可以采用等级选路和无级选路两种结构。固定选路计划是指交换机的路由表一旦生成，就会在相当长的一段时间内保持不变，交换机按照路由表内指定的路由进行选择。若要改变路由表，需要人工参与。动态路由计划是指交换机的路由表可以动态改变，通常根据时间、状态或事件而定，如每隔一段时间或在一次呼叫后改变一次，这些改变可以是预先设置的，也可以是实时进行的。

2．路由选择原则

无论采用什么路由选择方式，路由选择都应遵循如下原则。

（1）应确保信息传输质量和信令信息的可靠传输。

（2）应有明确的规律性，确保选择的路由不会出现死循环。

（3）一个呼叫连接中串接的段数应尽量少。

（4）不宜使网络设计或交换设备过于复杂。

（5）能在低等级交换中心中疏通的话务，尽量不在高等级交换中心疏通。

在采用等级选路结构的网络中，一般采用固定选路计划。

长途网中的路由选择通常遵循如下规则。

（1）网中任一长途交换中心呼叫另一长途交换中心时所选路由最多为三个。

（2）路由选择顺序为首选直达路由，再选迂回路由，最后选最终路由。

（3）在选择迂回路由时，先选择直接到受话区的迂回路由，再选经发话区的迂回路由。所选迂回路由在发话区是从低级局往高级局的方向（自下而上），在受话区是从高级局往低级局的方向（自上而下）。

（4）在经济合理的条件下，应使同一汇接区的主要话务在该汇接区内疏通，在路由选择过程中，当遇到低呼损路由不再溢出至其他路由时，路由选择终止。

本地网中的路由选择通常遵循如下规则。

（1）先选直达路由，遇忙再选迂回路由，最后选基干路由。在路由选择过程中，当遇到低呼损路由不允许再溢出到其他路由时，路由选择结束。

（2）在本地网中，原则上端到端的最大串接路由数不超过三段，即端到端呼叫最多经过两次汇接。当汇接局之间不能直接相连时，端到端的最大串接电路数可放宽到四段。

（3）一次接续最多可选择三个路由。

4.3 编号计划

电话通信网的编号计划指的是在本地网、国内长途网、国际长途网、特种业务、一些新业务等呼叫中规定的号码编排和规程。自动电话通信网中的编号计划是使自动电话通信网正常运行的一个重要规程。号码是网络中用户的直接代号，能反映网络系统容量和电话用户所属地区。电话交换机应能按照编号计划完成电话用户的呼叫处理和话务接续，并驱动流量控制和计费管理。

我国电话通信网的编号计划如下。

1．首位号码分配

"0"为国内长途全自动字冠。

"00"为国际长途全自动字冠。

首位为"1"的号码主要用作紧急业务号码，也用作需要全国统一的业务接入码、网间互通接入码、社会服务号码等。首位为"1"的号码资源紧张，因此某些业务量较小或属于地区性的业务不一定需要全国统一的号码，可以不使用首位为"1"的号码，而采用普通电话号码。为充分利用首位为"1"的号码资源，上述号码采用不等位编号。紧急业务号码采用3位编号，即"1XX"，X为0～9。业务接入码、网间互通接入码、社会服务号码等视号码资源和业务允许情况可分配3位以上号码。

"2"～"9"为本地电话首位号码，其中"200""300""400""500""600""700""800"为新业务号码。

2．长途区号

长途区号结构采用2位、3位两种位长。

首位为"1"的长途区号只有"10"，共2位，为北京市的区号。按照我国规定，长途区号加本地号码的总位数最多为11位。北京市的本地号码最长可以为9位。

首位为"2"的长途区号长度为2位，为"2X"，X为0～9，共10个，分配给10个城市，如上海为"21"、广州为"20"、武汉为"27"等。这些城市的本地号码最长可以为9位。

首位为"3"～"9"的长途区号长度为 3 位，按 $X_1X_2X_3$ 进行编排，X_1 为 3～9，X_2、X_3 均为 0～9，分配给省中心、省辖市及地区中心使用。将全国分为 7 个编号区，分别以区号的首位 3～9 表示；区号的第二位代表编号区内的省；区号的第三位，若为 1 则表示省会，若为 2～9 则表示地级市，如太原为"351"，晋中市为"354"。这些城市的本地号码最长可以为 8 位。首位为"6"的长途区号除"60""61"留作台湾使用外，其余 62X～69X，共 80 个号码作为 3 位区号使用。

3．用户号码

中国手机号码为 11 位，各段的含义：前 3 位为网络识别号；第 4～7 位为地区编码；第 8～11 位为顺序排列，由用户挑选，也称用户号。

固定话机号码一般为 7～8 位，由局号和用户号组成，即 PQRS（局号）+ABCD（用户号）。

根据编号计划，电话用户拨打电话的方式如下。

（1）本地呼叫：在同一本地网范围内，用户之间相互呼叫时，拨本地号码。若呼叫电话通信网的用户，则拨该用户的号码，如 PQRSABCD（以 8 位为例）；若呼叫移动网的用户，则拨移动网网络识别号（3 位）+移动网地区编码（4 位）+移动网用户号（4 位），如拨打中国移动 139 网的用户，则拨 $139H_0H_1H_2H_3ABCD$。

（2）长途呼叫：不同本地网用户间的呼叫。若呼叫电话通信网的用户，则需要在本地电话号码前加拨国内长途全自动字冠"0"和长途区号，即"0+长途区号+本地电话号码"；若呼叫移动网的用户，则拨"0+移动网网络识别号+移动网用户号码"。

（3）国际呼叫：国际自动拨号程序为"00+I_1I_2+被叫国的国内有效号码"。其中，I_1I_2 为国家号码（以两位国家号码为例）。

4.4 信令系统

4.4.1 基本概念

信令是通信网的两个实体间为了建立连接和进行各种控制操作而传送的信息。信令方式是指为传送信令而制定的一些规定，包括信令的格式、传送方式、控制方式等。用于产生、发送、接收信令信息的硬件及相应的控制、操作等程序的集合体被称为信令系统。在通信设备间传递的各种控制信号，如占用、释放、设备忙闲状态、被叫号码等，都属于信令。信令系统指导系统各部分相互配合、协同运行，共同完成某项任务。下面以本地网中的两个用户通过两个交换机进行通话为例，来说明电话接续过程的基本信令流程，如图 4-10 所示。

电话通信过程分为三个阶段：呼叫建立、通话、呼叫释放。在呼叫建立和呼叫释放过程中，用户话机和交换机之间、交换机和交换机之间要交互一些信令，以协调相互的动作。

主叫用户摘机，则由主叫话机向交换局送出启呼信令，表示要发起一个呼叫。该信令送到发端交换机，发端交换机接收到主叫话机送出的启呼信令后，经分析允许它发起这个呼叫，并向主叫话机发送拨号音信令，告知主叫用户可以开始拨号。主叫用户听到拨号音后开始拨号，发出拨号信令，将被叫号码送到发端交换机，即告知发端交换机此次呼叫的目的用户。

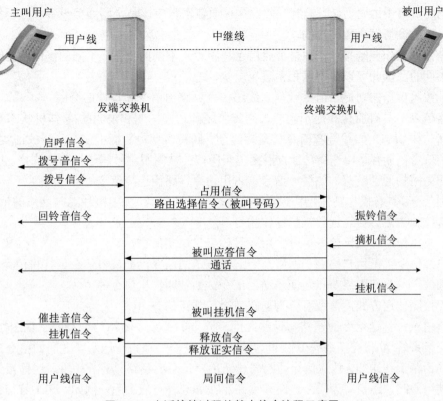

图 4-10　电话接续过程的基本信令流程示意图

发端交换机对被叫号码进行分析，确定被叫话机所在的交换局，然后在发端交换机与终端交换机之间选择一条空闲的中继电路，向终端交换机发送占用信令，发起局间呼叫并告知终端交换机所占中继电路，接着向终端交换机发送路由选择信令（被叫号码），以供终端交换机选择被叫话机。

终端交换机根据被叫号码检查被叫话机的状态，若被叫话机空闲，则向被叫话机发送振铃信令，提醒被叫用户摘机应答。发端交换机向主叫话机发送回铃音信令，以告知主叫用户已找到被叫用户，正在呼出。

被叫用户听到振铃后摘机应答，被叫话机向终端交换机送出一个摘机信令，终端交换机收到摘机信令后，停止发送振铃信令，向发端交换机发送被叫应答信令，发端交换机收到被叫应答信令后，停止向主叫话机发送回铃音信令，话路接通，主/被叫话机进入通话状态。

在通话阶段，若被叫用户先挂机，则被叫话机向终端交换机发出挂机信令，要求结束通话。终端交换机收到该信令后，向发端交换机发送被叫挂机信令，通知发端交换机被叫话机已经挂机。发端交换机收到该信令后，向主叫话机发送催挂音信令，催促主叫用户挂机。主叫用户挂机，主叫话机向发端交换机发送挂机信令。发端交换机收到挂机信令后，向终端交换机发送释放信令，告知终端交换机通话结束，释放资源。终端交换机收到释放信令后，释放话路，并向发端交换机发送一个释放证实信令号，一切设备复原。

以上为电话接续过程的基本信令流程，实际电话通信网中的通话过程和使用的信令要复杂得多。由上述这个正常呼叫的信令交互流程的描述可知，信令是呼叫接续过程中采用的一种通信语言，用于协调动作、控制呼叫。这种通信语言应该是全网通信设备相互理解、相互约定的，以达到协调一致的目的。

信令作为操作控制指令，在整个通信系统中对于不同的设备、不同的区间，它的作用和方式是不同的，因此可以从不同视角进行分类。

（1）按照信令的功能，信令可分为线路信令、路由信令和管理信令。

线路信令：具有监视和提示功能，用来监视和通知主叫和被叫的摘/挂机状态及交换机终端设备忙闲状态，如拨号音信令、振铃信令、回铃音信令、摘机信令、释放证实信令等。

路由信令：具有路由选择功能，根据主叫所拨的被叫用户号码进行路由选择，以建立主叫和被叫之间的通话链路，如拨号信令、占用信令、路由选择信令等。

管理信令：具有操作功能，用于维护与管理电话通信网，如监测线路与网络的忙闲状态、传送阻塞控制信息、传送远程维护操作指令等。

（2）按照作用区域，信令可分为用户线信令、局间信令。

用户线信令：是用户终端和网络节点之间传送的信令，如摘机信令、挂机信令等。

局间信令：是在网络节点之间传送的信令，如被叫挂机信令等。

（3）按照传送方式，信令可分为随路信令、共路信令。

随路信令：传送信令的通路与话路之间有固定的关系。随路信令系统示意图如图 4-11 所示，交换系统 A 和交换系统 B 之间没有专用的信令通道来传送两者之间的信令，信令是在对应的话路上传送的。传送信令通路与传送用户信息的话路具有相关性，这种相关性不仅表现为共用通路，还表现为信令通路和话路存在着某种对应关系。例如，在 1 号信令（属于随路信令）中，通过局间 PCM 中继系统的 TS16 时隙来传送线路信令（通常是中继电路的空闲、占用、被叫应答、主被叫摘/挂机等状态信息）。该信令信息虽然不在话路中传送，但是信令通路与话路存在时隙位置上的一一对应关系。在 30/32 路的 PCM 帧结构中，16 帧构成一个复帧，记作 F0～F15，每个帧有 32 个时隙，记作 TS0～TS31，每个时隙为 8bit 编码。在这 32 个时隙中，TS0 时隙用于传送帧同步和帧失步告警，TS1～TS15 时隙、TS17～TS31 时隙为话路，F0 的 TS16 时隙用来传送复帧同步信息，F1～F15 的 TS16 时隙用来传送 30 个话路的线路信令。每个话路的线路信令占用 4bit，F1～F15 的 TS16 时隙的高 4bit 用来传送 TS1～TS15 时隙的线路信令，而低 4bit 用来传送 TS17～TS31 时隙的线路信令。

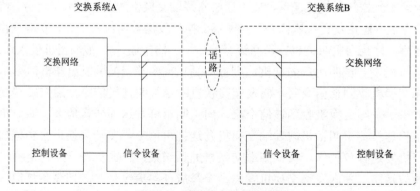

图 4-11 随路信令系统示意图

共路信令：信令通路与话路在逻辑上或物理上是分开的。共路信令示意图如图 4-12 所示，交换系统 A 和交换系统 B 之间设有专用的数据链路传送两者之间的信令；而用户信息是在交换系统 A 和交换系统 B 之间的话路上传送的，信令链路与话路分离。在通信连接建立和释放时，交换系统通过信令通道传送连接建立和释放的控制信令；在信息传送阶段，交换系统在预先选好的空闲话路上传送用户信息。因此，共路信令的信令通道与用户信息通道之间不具有关联性，彼此相互独立。

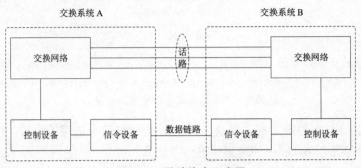

图 4-12　共路信令示意图

因为共路信令采用专用数据链路传递，所以其特点是传送速度快、容量大，可以传递大量与呼叫无关的控制信息，便于信令功能的扩展和新业务的开发，适应现代通信网的发展。

4.4.2　7 号信令系统

7 号信令是 CCITT（现为 ITU-T）提出的一种数字式共路信令。CCITT 于 1980 年提出了 7 号信令的 Q.700 系列建议书，该建议书与 1984 年及 1988 年提出的建议书一起，基本上构成了电话通信网、电路交换的数据通信网和 ISDN 基本业务的应用建议。经过不断完善，7 号信令系统成为一个国际标准化的共路信令系统，其标准在国际和国内电信网上得到了广泛应用。

7 号信令系统是以 PCM 传送和电路交换技术为基础发展起来的共路信令系统，信令信息通常在两个信令终端之间采用一条与业务传送信道分离的双向的 64kbit/s 数据链路传送。

1．实现原理

1）分层功能结构

7 号信令系统采用的是模块化的功能结构及面向 OSI 参考模型的分层模型，可灵活、方便地适应多种应用。7 号信令系统的基本功能结构由消息传递部分（Message Transfer Part，MTP），信令连接控制部分（Signaling Connection Control Part，SCCP），用户部分（User Part，UP），事务处理能力应用部分（Transaction Capabilities Application Part，TCAP），操作、维护和管理部分（Operation Maintenance and Administration Part，OMAP）组成，如图 4-13 所示。

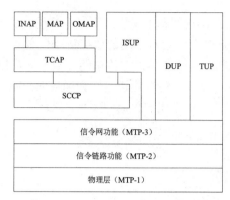

INAP—智能网用户部分；MAP—移动用户部分；OMAP—操作、维护和管理部分；ISUP—ISDN 用户部分；

DUP—数据用户部分；TUP—电话用户部分；TCAP—事务处理能力应用部分；SCCP—信令连接控制部分。

图 4-13　7 号信令系统的基本功能结构

（1）MTP-1：MTP 的第 1 级，定义了 7 号信令网络信令链路的物理、电气特性。在一般情况下，信令链路以 64kbit/s 的速率传输信令信息。

（2）MTP-2：MTP 的第 2 级，提供数据链路层功能。它保证了信令链路的两端能够可靠地交换信令信息，包含错误检查、流控制和序列检查等功能。

（3）MTP-3：MTP 的第 3 级，扩展了 MTP-2 提供的功能，以提供网络层功能。它确保了信令信息可以通过 SS7 网络在 SP 之间传递，无论它们是否直接连接，包含节点寻址、路由、备用路由和阻塞控制等功能。

MTP-1、MTP-2 和 MTP-3 统称 MTP。

（4）SCCP：提供了 MTP 缺少的两个功能。

SCCP 提供的第一个功能是在 SP 内处理应用进程的功能。MTP 只能作为一个整体接收和传递来自一个节点的消息，它不处理节点内的软件应用进程。MTP 中的网络管理信息和基本调用设置消息作为一个整体发送到一个节点，其他消息由一个节点内的独立应用进程（称为子系统）使用。800 呼叫处理、呼叫卡处理、高级智能网络和自定义本地信令业务（如重复拨号和呼叫返回）等都是子系统的应用。SCCP 允许显式地寻址这些子系统。

SCCP 提供的第二个功能是使用一种称为全局标题翻译（Global Title Translation，GTT）的功能执行增量路由。GTT 免除了发信点必须知道消息可能路由涉及的每个潜在目的地的负担。例如，交换机可以产生一个查询，并将其地址与对 GTT 的请求一起发送到信令转接点（Signaling Transfer Point，STP）。接收 STP 可以检查消息的一部分，确定将消息发送到哪里，随后对其进行路由。

（5）用户部分：由不同的用户组成，每个用户部分定义和某一用户有关的信令功能和过程。最常用的用户部分包括电话用户部分（Telephone User Part，TUP）、数据用户部分（Data User Part，DUP）、ISDN 用户部分（ISDN User Part，ISUP）、移动用户部分（Mobile Application Part，MAP）、智能网用户部分（Intelligent Network Application Part，INAP）等。其中，ISUP 定义了在公共交换网上建立和释放话音呼叫和数据呼叫，以及对所依赖的中继网进行管理时使用的消息和协议。虽然名字为 ISUP，但 ISDN 呼叫和非 ISDN 呼叫都使用的是 ISUP。

（6）TCAP：定义用于在节点中的应用进程之间进行通信的消息和协议，可用于电话卡、

800、AIN 等数据库业务，也可用于重复拨号、呼叫返回等交换机对交换机业务。因为 TCAP 消息必须从它们所寻址的节点内传递到各个应用进程，所以它们使用 SCCP 进行传输。

（7）OMAP：定义了旨在帮助 7 号信令网络管理员的消息和协议。到目前为止，这些功能开发和部署得最充分的是验证网络路由表和诊断链路故障的过程。OMAP 包括同时使用 MTP 和 SCCP 进行路由的消息。

2）信令单元格式

在 7 号信令系统中，所有信令信息都是以可变长度的信令单元的形式传送和交换的。7 号信令协议定义了 3 类信令单元：消息信令单元（Message Signal Unit，MSU）、链路状态信令单元（Link Status Signal Unit，LSSU）和填充信令单元（Fill-In Signal Unit，FISU），其格式如图 4-14 所示。

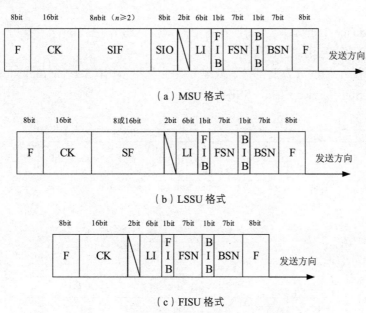

图 4-14 7 号信令协议定义的信令单元格式

（1）MSU：用来传送用户部分的信令信息或信令网管理信息。

（2）LSSU：在链路启动或链路故障时，用来表示链路状态。

（3）FISU：在链路空闲或链路阻塞时，用来填补位置。

不同类型信令单元的长度不同，格式也不完全相同，但是它们都有一个由 MTP-2 处理的公共字段，这些字段的含义介绍如下。

① F（Flag，标志码），又称分界符。在数字信令链路上，规定用 8bit 的固定码型"01111110"来标识一个信令单元的开头和结尾。

② BSN / BIB 和 FSN / FIB。BSN（Backward Sequence Number，后向序号）占 7bit，表示已正确接收对端发来的信令单元的序号。BIB（Backward Indicator Bit，后向指示位）占 1bit，当其反转（0→1 或 1→0）时表示要求对端重发。FSN（Forward Sequence，前向序号）占 7bit，表示正在发送的前向信令单元的序号。FIB（Forward Indication Bit，前向指示位）占 1bit，当其反转（0→1 或 1→0）时表示正在开始重发。这 4 个字段配合，可以完成确认

接收到的信令单元（正确还是错误）、保证发送的信令单元在接收端按顺序接收、流量控制等功能。

③ LI（Length Indicator，长度指示码），只使用 6bit 表示，用来表示 LI 与 CK 之间的字段的字节数。由于不同类型的信令单元的长度不同，LI 也可以看成信令单元类型指示码。当 LI=0 时信令单元为 FISU，当 LI 为 1 或 2 时信令单元为 LSSU，当 LI 为 3～63 时信令单元为 MSU。

④ CK（校验码），长度为 16bit，采用循环冗余校验来检测信令单元在信令链路上传输时是否发生了错误。接收端利用该字段进行循环冗余校验，一旦发现信令单元在传输中出错，就要求发送端对该信令单元进行重发。

以上 4 个字段都是 MTP-2 的控制信息，由发送端的 MTP-2 生成，由接收端的 MTP-2 处理。

⑤ SIO（Service Indicator Octet，业务信息八位位组），占 8bit，主要用来指明 MSU 类型，以帮助 MTP-3 进行消息分配。

如图 4-15 所示，SIO 分为两部分，低 4bit 为业务指示语（Service Indicator，SI），高 4bit 为子业务字段（Sub-Service Field，SSF）。

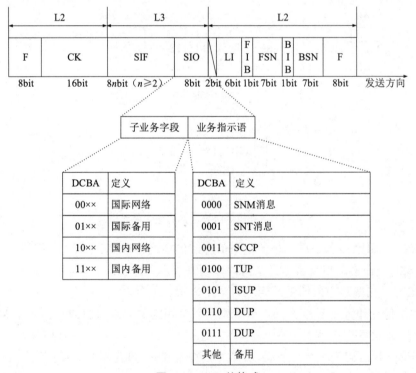

图 4-15 SIO 的格式

⑥ SIF（Signaling Information Field，信令信息字段）：包含用户需要由 MTP 传送的信令信息。SIF 在不同类型的信令单元中的构成不尽相同。由于 MTP 采用数据报方式传送消息，消息在信令网中传送时全靠自身携带的地址来寻找路由，因此 SIF 中带有一个路由标记。路由标记由 DPC（Destination Point Code，目的信令点编码）、OPC（Original Point Code，源信令点编码）和 CIC（Circuit Identification Code，电路标识码）组成。

图 4-16 显示了 TUP 消息中的 SIF 格式。

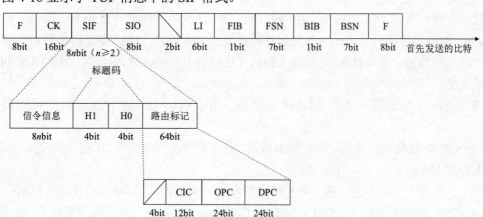

图 4-16　TUP 消息中的 SIF 格式

图 4-16 中的 CIC 用于选择在 OPC～DPC 间传递消息的中继电路。H0 为消息组标题码，H1 为消息类型标题码。

⑦ SF（Status Field，链路状态码）：标志本端链路的工作状态。链路状态指示表如表 4-1 所示。状态指示占用 3bit，其余 5bit 备用。

表 4-1　链路状态指示表

C	B	A	状态指示
0	0	0	失去定位
0	0	1	正常定位
0	1	0	紧急定位
0	1	1	故障
1	0	0	处理机故障
1	0	1	忙

3）应用举例

以两个交换机的电话用户的通话过程为例来说明利用 7 号信令建立一个基本呼叫的流程。

基本呼叫建立示意图如图 4-17 所示，交换机 A 的用户呼叫交换机 B 的用户。

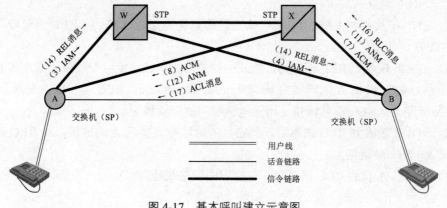

图 4-17　基本呼叫建立示意图

（1）交换机 A 通过分析被叫号码，判断需要呼叫交换机 B。

（2）交换机 A 选择空闲的与交换机 B 相连的中继线，并制定一个 IAM（Initial Address Message，初始地址消息）——这是发起呼叫需要的基本消息。IAM 是交换机 B 的地址，它标识了发送交换机（交换机 A）、接收交换机（交换机 B）、选择的中继线、主叫和被叫号码及其他信息。

（3）交换机 A 选择一条至 STP W 的链路，并在链路上传输 IAM，以便路由到交换机 B。

（4）STP W 接收到报文后，查看路由标签，确定要路由到交换机 B，在交换机 B—STP W 链路上发送 IAM。

（5）交换机 B 接收 IAM，通过分析确定要为被叫号码服务，同时被叫号码是空闲的。

（6）交换机 B 生成一个 ACM（Address Complete Message，地址收全消息），表示 IAM 已经到达正确的目的地。ACM 标识了接收交换机（交换机 A）、发送交换机（交换机 B）和选择的中继线。

（7）交换机 B 将 ACM 传输至 STP X，同时通过中继线反向（向交换机 A）完成呼叫路径，并通过该中继线向交换机 A 发送振铃信号，然后振铃呼叫被叫用户。

（8）STP X 接收到该 ACM 后，先检查自己的路由标签，确定要将 ACM 传送到交换机 A，然后在交换机 A—STP X 链路上发送该 ACM。

（9）交换机 A 收到 ACM 后，将主叫用户线反向接入选择的中继线，使主叫用户能听到交换机 B 发送的振铃声音。

（10）当被叫用户 B 摘机时，交换机 B 生成 ANM（Answer Message，应答消息）。ANM 标识了接收交换机（交换机 A）、发送交换机（交换机 B）和选择的中继线。

（11）交换机 B 选择与传输 ACM 相同的链路（交换机 B—STP X 链路）发送 ANM。这时，中继线必须在两个方向上连接主叫用户和被叫用户（以允许通话）。

（12）STP X 通过 ANM 识别到目的地址是交换机 A，将 ANM 转发到交换机 A—STP X 链路上。

（13）交换机 A 确保主叫用户与出局中继（双向）连接，能够进行通话。

（14）如果主叫用户先挂机（在通话结束时），交换机 A 将生成一条发送给交换机 B 的释放（Release，REL）消息（REL 消息标识了与该呼叫相关的中继），并在交换机 A—STP W 链路上发送 REL 消息。

（15）STP W 接收到 REL 消息后，确定目的地址为交换机 B，将 REL 消息转发到交换机 W—STP B 链路上。

（16）交换机 B 收到 REL 消息后，断开中继线与用户线，使中继线恢复到空闲状态，并生成一个回址为交换机 A 的释放完成（Release Complete，RLC）消息，发送到交换机 B—STP X 链路上。RLC 消息标识了用于承载呼叫的中继线。

（17）STP X 接收到 RLC 消息后，确定目的地址是交换机 A 的地址，将 RLC 消息转发到交换机 A—STP X 链路上。

（18）交换机 A 收到 RLC 消息后，将标识的中继线释放。

2. 7号信令网

1) 7号信令网组成

7号信令网由 SP、STP 和信令链路（Signaling Link，SL）组成。SP 与 STP 的连接方式如图 4-18 所示。

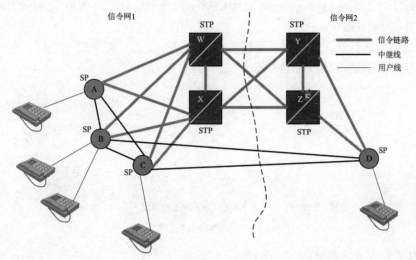

图 4-18　SP 与 STP 的连接方式

（1）SP：信令信息的源节点和目的节点，可以是具有 7 号信令功能的各种交换局、运营管理和维护中心、移动交换局、智能网的业务控制点（Service Control Point，SCP）和 SSP 等，在物理上可以附属于交换机，但在逻辑上是独立的，可以独立设置。通常把产生信令信息的 SP 称作源信令点，把信令信息最终到达的 SP 称作目的信令点。

（2）STP：具有信令转发功能的节点，可将信令信息从一条信令链路转发到另一条信令链路。STP 有两种类型。

独立式 STP：只具有信令信息转接功能的 STP。独立式 STP 是一种高度可靠的分组交换机，是信令网中的信令信息汇接点，特点是容量大、可靠性高、易维护，在分级信令网中用来组建信令骨干网，汇接和转发信令区内、信令区间的信令业务。

综合式 STP：具有用户部分功能的 STP。它与交换局合并在一起工作，因此容量较小、可靠性不高，但传输设备利用率高、价格便宜。

STP 通常成对部署，而且部署在不同的物理位置，它们执行相同的逻辑功能，实现功能上的冗余，以保障可靠性。

（3）信令链路：信令网中连接 SP 的基本部件。目前常用的信令链路主要是 64kbit/s 的数字信令链路，当业务量较大时，也采用 2Mbit/s 的信令链路。图 4-18 显示了信令网中各部件的部署关系。

从图 4-18 中可以看出：①STP 通常是成对部署的，功能相同，它们是冗余的（如 STP W 和 STP X；STP Y 和 STP Z）；②每个 SP 有两条信令链路，分别连接到一个配对的 STP，所有发送到其他交换局的信令通过这些链路发送到任意一个 STP，来自任意一条信令链路的信令信息将被同等对待（如 SP A 分别连接 STP W 和 STP X）；③配对的 STP 之间由一条或一组信令链路连接；④两对配对的 STP 间通过四条或四组信令链路连接。

2）7号信令网的工作方式

信令网的工作方式是指信令信息所取通路与消息所属信令关系（若两个 SP 之间有直接通信，则称这两个 SP 之间存在信令关系）之间的对应关系。

7 号信令网采用的是直联和准直联两种工作方式。

（1）直联工作方式，是指两个 SP 之间的信令信息通过直接连接两个 SP 的信令链路来传送，如图 4-19（a）所示。

（2）准直联工作方式，是指属于某信令关系的信令信息，要经过一个或几个 STP 来传送，但信令信息所取通路是预先确定的，如图 4-19（b）所示。

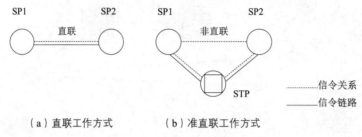

（a）直联工作方式　　　（b）准直联工作方式

图 4-19　7 号信令网的工作方式

3）我国 7 号信令网的结构

我国 7 号信令网采用的是三级结构，其中在大、中城市的本地信令网分为两级，如图 4-20 所示。第一级为 HSTP，第二级为 LSTP，第三级为 SP。

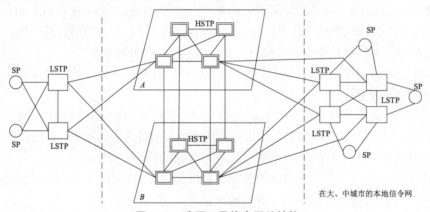

图 4-20　我国 7 号信令网的结构

从图 4-20 中可以看出，我国 7 号信令网结构有如下特点：①HSTP 采用 A、B 两个平面连接的方式，即 A 平面、B 平面内的各个 HSTP 间采用网状结构互相连接，A 平面、B 平面间的 HSTP 成对相连。这样既能保障一定的可靠性，又能降低成本。②LSTP 与 HSTP 间采用分区固定的连接方式，即每个 LSTP 分别连接至 A 平面、B 平面内成对的 HSTP，以实现路由冗余。③各信令区内的 LSTP 间采用网状结构互相连接，保障大、中城市本地网的高可靠性。④各信令区的 SP 至 LSTP 间的连接既可以采用随机自由连接方式，也可以采用固定连接方式。⑤每个信令链路组至少应包含两条信令链路，以实现链路冗余。信令链路间尽可能采用分开的物理通路。

7 号信令网是与电话通信网共生的网络，它们在物理实体上是同一个网络，但在逻辑上是独立的。我国 7 号信令网与电话通信网的对应关系如图 4-21 所示。

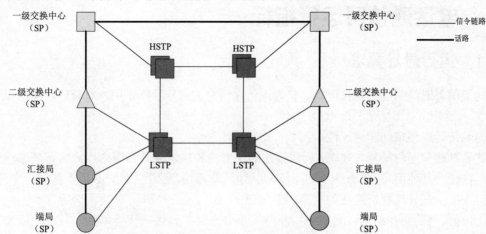

图 4-21 我国 7 号信令网与电话通信网的对应关系

第一级 HSTP 的服务区域称为主信令区,部署在一级交换中心所在地,负责转接本信令区内第二级 LSTP 和第三级 SP 间的信令信息。

第二级 LSTP 的服务区域称为分信令区,部署在二级交换中心所在地,负责转接其分信令区内第三级 SP 间的信令信息。

为了识别 SP,信令网中的每个 SP 都有一个唯一的编码。国际信令网和国内信令网采用了不同编码结构。

ITU-T 在 Q.708 建议中规定了国际 SP 编码结构。国际 SP 编码是 14bit 的,其中前 3bit 为区域标识,4～11bit 为地区/网络标识,后 3bit 为 SP 标识。区域标识和地区/网络标识统称为信令区/网络编码,由 ITU-T 统一管理和分配。我国被分配在第四大区的 120 区域,所以信令网信区编码为 4～120。我国在 1993 年制定的《No.7 信令网技术体制》中规定,全国 7 号信令网的 SP 采用 24bit 编码技术。SP 编码结构如图 4-22 所示。

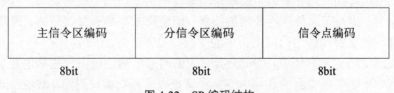

图 4-22 SP 编码结构

SP 编码与我国 7 号信令网的三级结构相对应。每个 SP 编码由三部分组成:前 8bit 用来识别主信令区,中间 8bit 用来识别分信令区,后 8bit 用来识别各分信令区的 SP。

由于国际、国内信令网采用了独立的编号方案,在国际接口局应分配两个 SP 编码,其中一个是国际网分配的国际 SP 编码,另一个是国内 SP 编码。在国际长途接续中,国际接口局负责这两种编码的转换,其方法是根据 SIO 字段中的子业务字段来识别是哪一种 SP 编码,并进行相应转换。

4.5 电话通信网运行指标

4.5.1 运行质量要求

为了确保通信网能快速且可靠、有效地传递消息，充分发挥作用，对通信网提出以下三个要求。

（1）接通的任意性和快速性。

这是对通信网的最基本要求。所谓接通的任意性和快速性是指网内用户应该能够快速地接通网内任一其他用户。若有些用户不能与其他用户通信，则这些用户必定不在同一个网内。

影响接通任意性和快速性的主要因素如下。

① 通信网的拓扑结构：当网络拓扑结构不合理时，转接次数会增加，从而使阻塞率上升，时延增大。

② 通信网的网络资源：网络资源不足会提高阻塞率。

③ 通信网的可靠性：可靠性低会使传输链路或交换设备出现故障，甚至丧失其应有的功能。

（2）信息传输的透明性和传输质量的一致性。

信息传输的透明性是指在规定业务范围内的信息都可以在网内传输，对用户不加任何限制。传输质量的一致性是指网内任意两个用户通信时，应具有相同或相仿的传输质量，与用户间的距离无关。通信网的传输质量直接影响通信效果，不符合传输质量要求的通信网是没有意义的。因此，要制定传输质量标准并进行合理分配，以使网内各部分协同满足传输质量指标的要求。

（3）网络的可靠性和经济合理性。

可靠性对通信网而言是至关重要的，一个可靠性不高的网络会经常出现故障，甚至会中断通信，这样的网络是不能用的。但绝对可靠的网络是不存在的。所谓可靠是指在概率的意义上，使平均故障间隔时间（两个相邻故障间隔时间的平均值）达到要求。可靠性必须与经济合理性相结合。提高可靠性往往要增加投资，但造价太高是不易实现的，因此应根据实际需要在可靠性与经济合理性之间取得折中和平衡。

以上是对通信网的基本要求，除此之外，人们对通信网还提出一些其他要求。对于不同业务的通信网，上述各项要求的具体内容和含义是有所差别的。例如，对电话通信网，是从以下三方面提出的要求。

（1）接续质量：电话通信网的接续质量是指用户通话被接续的速度和难易程度，通常用接续损失（呼损）和接续时延来度量。

（2）传输质量：传输质量是指用户接收到的话音信号的清晰、逼真程度，可以用响度、清晰度和逼真度来衡量。

（3）稳定质量：稳定质量是指电话通信网的可靠性，相关指标包括失效率（设备或系统工作 t 时间后，单位时间内发生故障的概率）、平均故障间隔时间、平均修复时间（发生故障后进行修复的平均时长）等。

4.5.2　话务量

电话通信网主要根据这些设备要承受的话务量及规定的服务质量指标，来设计电话局交换设备（交换网络）及局间中继线数量。为此，在实际应用中，引入了电话业务量（简称话务量）这个概念。

话务量反映的是电话用户在电话通信使用方面的数量要求。在满足一定服务质量指标的前提下，话务量越大，需要的通信设备越多；反之，话务量越小，需要的通信设备越少。选择的话务量指标是否正确，即是否合乎实际情况，直接关系到投资成本的大小及用户服务质量的好坏。对话务量进行研究，可在设计交换局时做到既能满足一定的服务质量，又能使投资成本趋于经济合理。

影响话务量大小的主要因素如下。

（1）时间范围，又称考察时间。由于话务量反映的是用户在电话通信使用方面的数量要求，因此话务量的数值大小取决于考察时间的长短，和考察时间的长短成正比。考察时间越长，话务量越大；考察时间越短，话务量越小。例如，一小时的话务量与一天的话务量显然是不同的。同时，话务量大小还和考察的时间段相关，很显然白天的话务量比晚上的话务量大。

（2）呼叫强度，是指单位时间内平均发生的呼叫次数。一般单位时间通常定义为一小时。单位时间内发生的呼叫次数越多，话务量越大；单位时间内发生的呼叫次数越少，话务量越小。其中，话务量最繁忙的一个小时称为"忙时话务量"。

（3）占用时长，是指每次呼叫占用的时间。在相同的考察时间和呼叫强度条件下，每次呼叫占用的时间越长，话务量越大；每次呼叫占用的时间越短，话务量越小。

实际上，考察时间、呼叫强度、占用时长这三个因素综合作用的结果在电话局内表现为设备的繁忙程度。

由于话务量既和用户呼叫次数有关，又和占用时长有关，因此话务量的基本计算公式是

$$A = c \times t$$

式中，A 表示话务量；c 表示呼叫强度；t 表示占用时长。话务量的单位为"爱尔兰"（Erl），又称"小时呼"。

【例 4.1】某交换系统一小时内总共发生 250 次呼叫，平均占用时长为 3 分钟，在这 1 小时内该系统承受的话务量是多少？

$$A = c \times t = 250 \times \frac{3}{60} = 12.5 \, \text{Erl}$$

注意：公式中的小时呼，有时也可以是分钟呼（cm）、百秒呼（ccs）等，它们与小时呼的换算关系为 1 小时呼=60 分钟呼=36 百秒呼，即 1Erl=60cm=36ccs。

话务量虽然是由电话用户进行呼叫并占用交换设备形成的，但是每一个呼叫进程不完全相同，有些呼叫以完成通信结束；有些呼叫因种种原因不能达到通话目的，最终离开系统。归纳起来，一个呼叫会遇到下列几种最基本的，也是最重要的情况：①主叫用户与被叫用户接通，实现通话；②被叫用户忙，未能接通；③被叫用户久不应答，未能通话；④主叫用户由于各种原因（如拨错号码）中途挂机，未能通话；⑤由于电话交换机忙，不能与被叫用户进行通话，造成呼损。

注：在程控交换机中情况⑤出现的概率很小，可以忽略不计。

因此，每个用户话务量是情况①～④的话务量之和。

根据 $A = c \times t$ 和 $\sum A = A_1 + A_2 + A_3 + A_4$ 有

$$\sum A = c_1 \times t_1 + c_2 \times t_2 + c_3 \times t_3 + c_4 \times t_4$$

式中，$c_1 \sim c_4$ 对应情况①～④的呼叫次数；$t_1 \sim t_4$ 对应情况①～④的占用时长。

占用时长是一次接续过程中各环节占用时间的总和，于是有

$$t_1 = t_{拨号音} + n \times t_{拨号} + t_{振铃} + t_{通话} + t_{复原}$$

$$t_2 = t_{拨号音} + n \times t_{拨号} + t_{忙音} + t_{复原}$$

$$t_3 = t_{拨号音} + n \times t_{拨号} + t_{不应} + t_{复原}$$

$$t_4 = t_{中途挂机} \quad （随机性较大，一般取 t_4=18 秒）$$

式中，n 表示电话号码位长。

【例 4.2】取 6 位号码，已知平均通话时长为 2 分钟，每户在 1 小时内平均完成通话为 2.42 小时呼，试计算每户平均（流入）话务量。

解：取 $t_{拨号音}$=3 秒，$t_{拨号}$=1.5 秒/位，$t_{振铃}$=7 秒，$t_{通话}$=120 秒，$t_{忙音}$=5 秒，$t_{不应}$=35 秒，$t_{复原}$=1 秒，$t_{中途挂机}$=18 秒，n=6 位，则有

$$t_1 = 3 + 6 \times 1.5 + 7 + 120 + 1 = 140 秒$$

$$t_2 = 3 + 6 \times 1.5 + 5 + 1 = 18 秒$$

$$t_3 = 3 + 6 \times 1.5 + 35 + 1 = 48 秒$$

$$t_4 = 18 秒$$

$t_1 \sim t_4$ 四种呼叫次数占呼叫次数百分比分别取 m_1=75%，m_2=15%，m_3=7.5%，m_4=2.5%。

$$m_i = \frac{c_i}{c_1 + c_2 + c_3 + c_4} \quad (i=1，2，3，4)$$

式中，c 是单位时间内的呼叫次数，亦可理解为呼叫强度。

所以有

$$c_1 + c_2 + c_3 + c_4 = \frac{c_1}{m_1} = \frac{c_2}{m_2} = \frac{c_3}{m_3} = \frac{c_4}{m_4}$$

取 i=1：

$$c_1 + c_2 + c_3 + c_4 = \frac{c_1}{m_1} = \frac{2.42}{0.75} = \frac{242}{75}$$

又因为：

$$m_2 = \frac{c_2}{c_1 + c_2 + c_3 + c_4}$$

所以有

$$c_2 = 15\% \times \frac{242}{75} = 0.484 小时呼$$

同理，$c_3 = m_3 \times \frac{c_1}{m_1} = 0.075 \times \frac{242}{75} = 0.242 小时呼$，$c_4 = m_4 \times \frac{c_1}{m_1} = 0.025 \times \frac{242}{75} = 0.081 小时呼$。

所以，每户平均话务量为

$$\sum A = c_1 \times t_1 + c_2 \times t_2 + c_3 \times t_3 + c_4 \times t_4$$

$$= 2.24 \times \frac{140}{3600} + 0.484 \times \frac{18}{3600} + 0.242 \times \frac{48}{3600} + 0.081 \times \frac{18}{3600}$$

$$= 0.0997\mathrm{Erl} \approx 0.1\mathrm{Erl}$$

4.5.3 呼叫处理能力

评价一台电话交换机性能如何，除话务量这一质量指标外，还有一个重要指标就是控制部件的呼叫处理能力。呼叫处理能力用忙时试呼次数（Busy Hour Call Attempts，BHCA）来表示。

影响电话交换机呼叫处理能力的主要因素如下。

（1）系统容量：和呼叫处理能力直接有关。电话交换机处理机控制的系统容量越大，它用于呼叫处理的开销就越大。例如，用于信令扫描的固有开销越大，处理机的呼叫处理能力越低。

（2）系统结构：不同的系统结构的开销不相同。当前的电话交换机多半属于多处理机结构。处理机之间的通信方式、不同处理机之间的负荷（或功能）分配，以及多处理机系统的组成方式都和电话交换机的呼叫处理能力有关。系统结构越合理，各级处理机的负荷（功能）分配越合理，所有处理机越能充分发挥效率，这相当于提高了处理机的处理能力。相反，若某一个或某一级处理机的负荷过重，其他处理机的效率就不能得到充分发挥，从而就会降低系统的呼叫处理能力。在多处理机系统中，往往要在处理机通信上花费一定开销。处理机越多，系统开销越大。处理机间的通信方式直接影响系统的能力。效率低的通信方式（如串行口通信）有时会成为高效能处理机的"瓶颈"，从而使电话交换机整体处理能力降低。

（3）主备用方式：在电话交换机中，不同的处理机主备用方式也会导致其开销不同。例如，基于同步的主备用方式会增加电话交换机校对的额外开销；基于负荷分担方式的主备用方式会增加处理机单机的处理能力和余量，以便在故障状态时有单处理机工作的可能性。这些都直接影响着电话交换机的处理能力。

（4）处理机能力：指令系统功能的强弱、主时钟频率的高低、能访问的存储空间范围及I/O口的数量及类别等都会影响呼叫处理能力。

处理一个呼叫，功能强的指令系统执行的指令数更少，所花费开销较少；相反，功能不强的指令系统要花费较多开销。主时钟频率高的处理机处理速度较快、能力更强。处理机能访问的存储空间范围越大，可能配置的内存空间越大，程序的执行效率越高，时间资源越能得到充分利用。

处理机的I/O口主要用来控制外围设备和处理机间的通信，部分用于维护运行等。不同的I/O口的控制和通信效率不同。处理机提供的I/O口效率越高，其呼叫处理能力越强。

人们常使用一个线性模型来估算控制部件的呼叫处理能力。根据这个模型，单位时间内处理机用于呼叫处理的时间开销为

$$t = a + b \times N$$

式中，a 为与话务量无关的固有开销，主要是用于非呼叫处理的机时，与系统结构、系统容量、设备数量等参数有关；b 为处理一次呼叫的平均开销，不同呼叫执行的指令数是不同的，和呼叫结果（如中途挂机、被叫用户忙、完成通话等）、呼叫类型（如局内呼叫、局间呼叫

等）有关，一般取它们的平均值；N 为单位时间内处理的呼叫总数，即 BHCA。

【例 4.3】假设某处理机忙时占用率为 85%（处理机忙时用于呼叫处理的平均时间开销为 0.85），固有开销 $a=0.29$，处理一个呼叫平均需花费 32 分钟呼，则该处理机 1 小时内能够处理的呼叫总数是多少？

$$0.85 = 0.29 + \frac{32 \times 10^{-3}}{3600} \times N$$

$$N = \frac{(0.85 - 0.29) \times 3600}{32 \times 10^{-3}} = 63000 \text{次/小时}$$

也就是说该处理机忙时的呼叫处理能力可达 63000 次，即 BHCA＝63000 次。

在实时系统中时间是一种重要资源。在电话交换机运行期间，其控制系统的机时主要由操作系统和呼叫处理软件占用，其他软件的执行时间可忽略不计。

在操作系统和呼叫处理软件中占用的机时有固有开销、非固有开销、余量开销之分。①固有开销：不随话务负荷的变化而变化的开销，如操作系统的任务调用。②非固有开销：和话务负荷成正比，话务负荷越大，非固有开销越大；话务负荷越小，非固有开销越小，如存储器管理、处理机管理、进程管理、文件管理等。③余量开销：在一般情况下，不将处理机的占用率设计成 100%，而留有一定余量以备在必要时进行调整，该余量就是余量开销。固有开销、非固有开销、余量开销和 BHCA 的关系如图 4-23 所示。

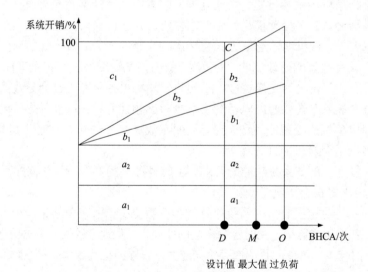

图 4-23　固有开销、非固有开销、余量开销和 BHCA 的关系

在图 4-23 中，a_1 表示操作系统的固有开销。a_2 表示呼叫处理的固有开销。a_1、a_2 不随话务负荷的变化而变化，也就是不随 BHCA 的变化而变化。b_1 表示操作系统的非固有开销部分。b_2 表示呼叫处理的非固有开销部分。b_1、b_2 随话务负荷的变化而变化，也就是随 BHCA 的变化而变化。$C\%$ 表示余量开销，等于 100% 系统开销减去 a_1、a_2、b_1、b_2。M 点为系统能够达到的最大 BHCA，此时余量开销为 $C\%=0$。D 点为 BHCA 的设计值，此时余量开销 $C\% \neq 0$。O 点为过负荷的 BHCA，此时处理机超负荷运行，不能及时处理全部呼叫，需要进行调整和控制。

4.6 本章小结

电话通信网是实现话音通信的基础业务网络，话音通信业务的达成需要依靠同步网、信令网和网管网等支撑网的支撑。信令是实现话音接续的操作指令，而 7 号信令网是目前应用最为广泛的共路信令。编号是用户终端的唯一标识，也是实现路由选址的依据。响度、清晰度和逼真度是衡量电话通信质量的重要指标。话务量和呼叫处理能力是衡量电话交换机能力的重要指标。

思考与练习题

4-1 电话通信网的网络结构是什么？

4-2 电话通信网路由选择原则有哪些？

4-3 简述电话通信网的编号规则。

4-4 简述 7 号信令网的功能结构和信令单元。

4-5 简述评价电话通信网运行性能的主要指标。

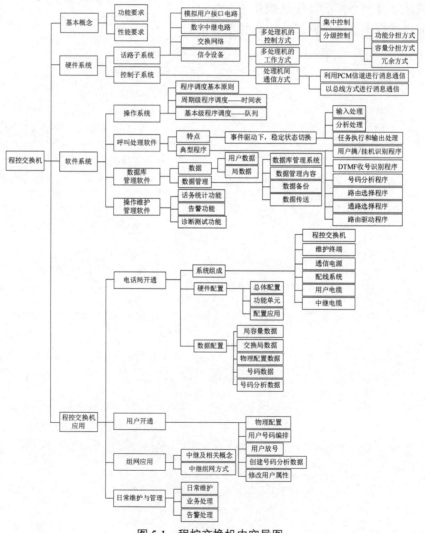

第 5 章

程控交换机

程控交换机由硬件部分和软件部分组成。读者在理解程控交换机的硬件组成部分时，可以参考第 2 章内容；在理解程控交换机的软件组成部分时，要结合电话业务流程、信令系统，思考电话业务状态的转换过程。中兴生产的 ZXJ10B 是使用较为广泛的一款程控交换机，它采用的是全分散结构，读者要重点掌握 ZXJ10B 的硬件组成，熟练掌握该设备的操作使用方法。程控交换机内容导图如图 5-1 所示。

图 5-1　程控交换机内容导图

5.1 基本概念

程控交换机是电话通信网的核心设备，其运行质量直接关系到电话通信网的运行质量，从而影响电话业务的服务质量。

5.1.1 功能要求

按照电话业务的特点，程控交换机应实现以下接续类型。

（1）本局接续：本局用户线之间的接续。

（2）出局接续：用户线与出中继线之间的接续。

（3）入局接续：入中继线与用户线之间的接续。

（4）转接接续：入中继线与出中继线之间的接续。

根据电话通信流程，要实现上述交换接续功能，程控交换机至少应该具有以下基本功能。

（1）能正确接收和分析从用户线或中继线发来的呼叫信号。

（2）能正确接收和分析从用户线或中继线发来的地址信号。

（3）能按目的地址正确地进行选路及在中继线上转发信号。

（4）能控制连接的建立。

（5）能按照收到的释放信号释放连接。

分析上述基本功能，程控交换机应具有以下功能部件。

（1）终端接口功能部件。程控交换机的终端设备有用户话机、计算机、话务台、模拟中继线、数字中继线等。这些终端设备与程控交换机相连接时，必须具有相应的接口电路，用来将终端的信息转换成适合程控交换机处理的形式。

（2）信令功能部件。为了建立用户间的信息交互通道，需要传递各用户的状态信息，包括呼叫请求与释放信息、地址信息和忙闲信息等。这些信息都以信令的方式通过终端接口进行传递。因此，不同的接口电路配有不同的信令功能部件，以实现信令交互。

（3）连接功能部件。连接功能部件就是程控交换机中的交换机构，其作用是在控制功能部件的管理下，为连接在程控交换机上的所有终端提供可任选的相互连接的通路。在模拟交换机中，连接功能由机械触点或模拟开关电路实现。在程控交换机中，连接功能部件通常是由采用随机存取方式的数据存储器组成的交换网络组成的。

（4）控制功能部件。控制功能部件的目标是分析人在完成电路交换服务中必须了解的情况、做的动作及动作的顺序过程等，依照用户需求结合交换设备性能指标要求，快捷、可靠地实施电路接续操作，并有效地管理交换设备。

在程控交换机中，这些功能是通过处理机和软件编程来实现的。处理机经信令功能部件采集终端接口上的用户状态变化和电路接续请求信号，结合程控交换机的资源状态选择相关电路，操控交换连接机构执行内部接续动作，并通过信令功能部件向外部终端转发接续过程的进展情况，以及需要外部终端协调建立通信通路的信令信息。

5.1.2　性能要求

基于程控交换机在电话通信网中的核心地位，以及电话业务的特点，程控交换机通常需要满足很高的性能要求，具体如下。

（1）容量：程控交换机的容量通常用用户线数和中继线数来表示。

（2）话务负荷能力：是指在一定的呼损率下，交换系统在忙时可以负荷的话务量。

话务量（话务量强度）A 等于单位时间内产生的平均呼叫次数 c 和每次呼叫平均占用时间 t 的乘积，即 $A = c \times t$。

（3）呼叫处理能力：表示忙时试呼叫次数，通常称作 BHCA。它表明了程控交换机的处理机能处理的用户在忙时摘机呼叫的次数。BHCA 的大小取决于处理机的处理能力、程序的结构、指令的条数及相关话务参数。

（4）支持新服务的性能：程控交换机除处理基本电话通信业务外，还应支持一些新的服务性能，如缩位拨号、热线服务、呼出限制、免打扰服务、查找恶意呼叫、闹钟服务、无应答转移等，以及一些可选的服务项目，如缺席服务、遇忙回叫、转移呼叫、呼叫等待、三方通话、会议电话等。

（5）交换系统的可靠性：是衡量程控交换机持续保持良好服务质量的指标。程控交换机的可靠性通常用可用度和不可用度来衡量。为了表示可用度和不可用度，引入两个参数——平均故障间隔时间（Mean Time Before Failure，MTBF）和平均修复时间（Mean Time To Repair，MTTR）。前者是系统的正常运行时间，后者是系统因故障而停止运行的时间。

可用度 A_b 可表示为

$$A_b = \frac{\text{MTBF}}{\text{MTBF} + \text{MTTR}}$$

不可用度 U 可表示为

$$U = 1 - A_b = \frac{\text{MTTR}}{\text{MTBF} + \text{MTTR}}$$

一般要求电话交换机的系统中断时间在 20 年内不超过 1 小时，相当于可用度 A_b 不小于 99.9994%。系统中断是指系统因硬件、软件、操作系统故障，以及局数据、程序差错而不能处理任何呼叫的时间超过 30 秒。

要提高可靠性，就要提高 MTBF 或降低 MTTR，这对程控交换机硬件系统的可靠性和软件系统的可维护性提出了很高要求。

（6）交换系统的可维护性：可以用两个指标来衡量，即故障定位精度和再启动次数。

在发生故障后，故障诊断程序对故障的定位越准确，即故障定位精度越高，越有利于快速排除故障。程控交换机的自动化和智能化程度较高，一般可以将故障可能发生的位置按照概率大小依次输出，有些简单的故障可以准确定位到电路板和芯片。

再启动是指当系统运行异常时，程序和数据恢复到某个起始点重新开始运行。对于软件的恢复而言，再启动是一种有效措施。再启动会影响交换系统的稳定运行。按照对系统影响程度的不同可以将再启动分为若干级别，影响较小的再启动可能使系统只中断运行数百毫秒，对呼叫处理基本没有影响；而影响较大的再启动会使所有呼叫都损失，所有数据恢复初始值，所有硬件设备恢复初始状态。

再启动次数是衡量程控交换机工作质量的一个重要指标。一般要求每月再启动次数在 10 次以下，特别是系统级的再启动应保持在最低限度。

（7）业务服务质量：评价指标包括呼损指标和接续时延。

① 呼损指标：呼损是指在被叫空闲的条件下，交换设备未能完成的电话呼叫数量与用户发出的电话呼叫数量的比值。呼损越高，服务质量越低。

② 接续时延：是指主叫摘机后听到拨号音的时延和用户拨号完毕到听到回铃音的时延。接续时延直接影响电话用户的服务体验。时延越长，服务质量越低。

5.2　硬件系统

5.2.1　总体组成

程控交换机的硬件组成如图 5-2 所示。以电路交换和时分复用为核心技术的程控交换机的硬件系统可分为话路子系统和控制子系统两部分。

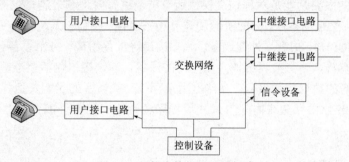

图 5-2　程控交换机的硬件组成

1. 话路子系统

话路子系统是指实现话路建立、交换及话音信号传送的硬件设备，主要由各类接口电路、信令设备和交换网络组成。

接口电路是实现程控交换机与外围设备连接的接口。接口电路的作用是将来自不同电话终端（电话机、计算机等）或其他程控交换机的各种线路的信号转换成统一的程控交换机内部工作信号，并按信号的性质将信令信号送至信令设备，将业务信号送至交换网络。程控交换机的接口电路主要包括用户接口电路和中继接口电路。其中，用户接口电路是用户终端与交换网络互连的接口电路。用户终端通过用户线连接到交换设备，每条用户线对应一套用户电路。用户接口电路可分为模拟用户接口电路和数字用户接口电路。中继接口电路是程控交换机间相互连接的接口电路，包括模拟中继接口电路和数字中继接口电路。

信令设备负责处理信令信息，以及对呼叫处理机操作的内部消息格式进行转换，主要包括信号音发生器（完成用户线上信令的发送，如拨号音、忙音、回铃音等各种信号音的发送和接收）、DTMF 收号器（负责 DTMF 信号的接收）、MFC 信号发送器和 MFC 收号器（负责中继线上的随路信令的发送和接收）、铃流发生器等。除铃流信令外，其他音频信令和多频信令都是以数字形式直接进入交换网络的。音频信令的数字化原理和话音的数字化原理完全一样。如果使用共路信令，那么信令设备主要完成 7 号信令第二功能级的功能，第一功能级的功能由数字中继接口电路完成，第三功能级和第四功能级的功能由控制系统完成。

程控交换机的主要任务是实现各入线、出线上数字时分信号的传递或接续。交换网络是实现数字程控电路交换技术的核心部件，其基本功能就是将某个时间段传输的用户数据信号搬移到另一个时间段输出，并递交给接收该信号的用户。交叉对两个用户实施这一操作，便可实现两个用户之间的双向通信，即在两个用户之间建立一条通路，这就是所谓的电路交换功能。

在程控交换机中，每个用户都占用一个固定的时隙，数字编码化的用户话音信号承载在指定的时隙中。假设甲用户的来话和去话的数字话音固定占用第 1 条 PCM 时分复用总线的 TS2 时隙，乙用户的来话和去话的数字话音固定占用第 2 条 PCM 时分复用总线的 TS30 时隙。当两个用户相互通话时，交换网络完成的操作就是将第 1 条 PCM 的 TS2 时隙上的数据交换到第 2 条 PCM 的 TS30 时隙上输出，实现将甲用户的话音数据送给乙用户；同时完成将第 2 条 PCM 的 TS30 时隙上输入的数据交换到第 1 条 PCM 的 TS2 时隙上输出，实现将乙用户的话音数据送给甲用户。这就为甲用户和乙用户建立了双向通信电路。

2. 控制子系统

控制子系统的主要功能是对程控交换机所有资源进行管理和控制，监视资源的使用和工作状态，按照外部终端的请求，分配资源和建立相关连接。控制子系统由中央处理器（Central Processing Unit，CPU）、内存、外部设备、远端接口等部件组成。外部设备包括外部存储器、打印机、维护终端等，是交换局维护人员使用的设备。远端接口包括至维护操作中心、网管中心、计费中心等的数据传送接口。存储器用来存储交换设备的状态及运行数据和呼叫处理程序，常用程序和数据存储在内存中，其他程序和数据存储在外部存储器中，需要时再调入内存。

5.2.2 话路子系统

1. 模拟用户接口电路

模拟用户接口电路是程控交换机通过模拟用户线连接普通电话机的接口电路，简称模拟用户电路。普通电话机通常是一个无源的声-电转换设备，它通过二线模拟方式在用户和交换机间传输音频信号，采用的是直流环路和音频信令方式。在程控交换机内部，由于交换网络采用的是数字化时隙交换模式，所以流入、流出交换网络的消息信号均采用的是 PCM 时分复用方式。程控交换机中的模拟用户接口电路必须使得内外两者相互匹配。模拟用户接口电路的功能可以概括为馈电（Battery Feeding）、过压保护（Over Voltage Protection）、振铃（Ring）、监视（Supervision）、编/译码（CODEC）、混合电路（Hybrid Circuit）、测试（Test）七项功能，简称 BORSCHT 功能。模拟用户接口电路功能示意图如图 5-3 所示。

图 5-3 模拟用户接口电路功能示意图

（1）馈电。所有连接程控交换机的普通电话机都由程控交换机向其馈电。程控交换机的馈电电压一般为直流-48V，通话时的馈电电流应控制在 18～50mA，以使送话器处于最佳工作状态，因此环路电阻应小于 1900Ω。

（2）过压保护。程控交换机用户电路连接电话机的用户线经常会暴露在外部空间，雷电或高压线路都可能侵袭用户线，从而影响程控交换机的运行安全，而程控交换机内部电路均为低压器件，因此在程控交换机的出线口必须设置过压保护电路。通常在用户配线架上安装保安器。保安器能保护程控交换机免受高压袭击，但是从保安器输出的电压仍可能为上百伏，这个电压不允许进入程控交换机内部。因此在用户电路中进一步对高压采取保护措施，称为二次保护。用户电路中的过压保护模块常常采用钳位方法，用热敏电阻和二极管组成具有桥式结构的钳位电路，使 a 线、b 线间的输入电压限制在-48V 或地电位，如图 5-4 所示。热敏电阻的作用是抑制电流增大，当外来高压作用的时间较长时，热敏电阻的阻值会随电流的增大而增大，当电流过大时就会烧毁，形成断路，从而保护程控交换机的安全。

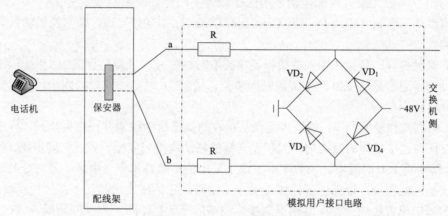

图 5-4　过压保护示意图

（3）振铃。振铃信号被送往用户话机，用来通知被叫用户有来话呼叫。向用户馈送的铃流电压一般较高，我国程控交换机的相关规范规定铃流电压是有效值为（75±15）V、频率为 25Hz 的交流电压，采用 1 秒通、4 秒断的方式周期地向用户话机馈送。铃流常采用通过微处理器控制通断的继电器或高压开关电路送往外线。

（4）监视。监视功能通过检测用户线上有无直流来实现。用户挂机直流环路被断开，无直流；用户摘机直流环路被接通，馈电电流保持在 20mA 以上。监视功能还能检测脉冲拨号及投币、磁卡等话机的输入信号。脉冲拨号话机利用断开直流环路的方式发送用户所拨号码。例如，在操作"5"时，直流环路会通断 5 次。呼叫处理机通过接收监视电路检测的用户直流环路上的状态变化，可识别出用户所拨号码。当电话机采用 DTMF 方式发送号码时，用户所拨号码是用话音频带内两个连续的模拟频率信号联合表示一位号码的，必须采用专用收号器进行接收。

（5）编/译码。程控交换机只能对数字信号进行交换处理，通过模拟用户线传输的用户话音信号是模拟信号，必须利用 PCM 编/译码器实现相互转换。编/译码器一般采用集成电路实现。用户话音信号经过 PCM 编码器可生成离散的数字话路信号。用户话路信号常被分配到 PCM 总线的固定时隙上进行传输和交换。

（6）混合电路。用户话机的模拟信号是二线双向的，交换网络的 PCM 数字信号是四线单向的，因此在编码前、译码后一定要设置混合电路进行二/四线转换。

（7）测试。用户电路可配合外部测试设备对用户线进行测试，用户线是通过测试开关接到外部测试设备上的。测试开关可采用电子开关或继电器。

2. 数字中继电路

数字中继电路是程控交换机和局间数字中继线的接口电路，常用作长途交换机之间、市话交换机之间和其他数字传输系统之间的数字信号传输连接，它的 I/O 端传输的都是数字信号。数字中继接口电路由码型变换、时钟提取、帧同步和复帧同步、告警检测、提取和插入信号、帧定位等功能模块组成。

（1）码型变换：按照标准规定，数字中继信号无论是采用光缆传输系统还是采用电缆传输系统，接口均参照电缆传输特性设计。在交换机内部，PCM 群路信号采用的是单极性不归零码（Non Return to Zero，NRZ），这种码型不满足电缆传输特性要求。码型变换是指在交换机输出方向把交换机内部传输采用的单极性不归零码变换成满足外部传输线路特性要求的高密度伪三进制（High Density Bipolar of Order 3，HDB3）码，在交换机输入方向进行反向变换。

（2）时钟提取：是指从输入的数据流中提取时钟信号，以便与远端的交换局保持同步。提取时钟信号通常是从 TS0 时隙提取帧同步码，从 TS16 时隙提取复帧同步码，以完成帧定位和本局时钟同步。

（3）帧同步和复帧同步：帧同步是指从接收的数据流中搜索并识别同步码，确定一帧的开始，以便保证接收端的帧结构排列和发送端的帧结构排列完全一致。帧同步码"0011011"在 PCM 偶帧的 TS0 时隙中。当数字中继线上采用的是随路信令（中国 1 号信令）时，还要有复帧同步功能模块，以保证各路线路信令不错路。各话路的线路信令在一个复帧的 TS16 时隙中的固定位置传送，如果复帧不同步，线路信令就会错路。复帧同步码在 F0（复帧的第一个帧）的 TS16 时隙的高 4 比特中传送，码字为 0000。

（4）告警检测：当出现时钟或帧同步失步故障时由该部件强迫同步部件进入搜索和再同步状态，并向控制系统报告故障信息。

（5）提取和插入信号：主要包括帧同步信号、复帧同步信号和告警信息的提取与插入。此外，当数字中继线上采用的是随路信令（中国 1 号信令）时，在 TS16 时隙还要提取和插入中国 1 号信令的线路信令。

（6）帧定位：把对端局发出的各时隙传送的信息准确地按照本局的时钟传送，纳入本局的时间轨道。

3. 交换网络

交换网络的作用是完成数字话音信号的时隙交换。下面以 ZXJ10B 为例，介绍交换网络的基本结构及实现原理。ZXJ10B 采用的是模块化结构，单模块可以独立成局；多模块通过交换网络管理器（Switching Network Manager，SNM）实现互连，构成大容量交换局。单模块的交换网络采用的是单 T 结构，如 8KB 的数字交换网（Digital Switching Network，DSN）板。多模块经 SNM 互连，构成 T-T-T 型三级交换网络结构。交换网络主要完成本模块内的话路交换、与其他模块间的话路接续、与信令信息的接续。

如图 5-5 所示，8K DSN 板可以支持 8K×8K 的时隙交换。HW 线的速度为 8Mbit/s，DSN

板提供了 64 条 HW 入线。8Mbit/s 的 HW 线每帧共有 128 个时隙，64 条 HW 线共有 8192 个时隙，因此一对 DSN 板（采用主备用工作方式）可以支持 8192×8192 个时隙的交换。

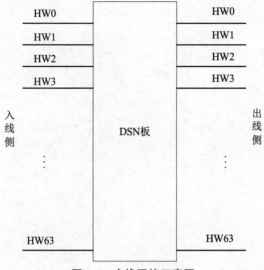

图 5-5　交换网络示意图

　　交换网络内部通常是并行的高速交换。在交换网络外部，数据信息总以 HW 串行时分复用方式接入网络，因此需要将每个时隙的 8bit 串行码转换成 8bit 并行码，并对多路低速信号进行时分复用，形成高速时分复用信号，这需要使用复用器和分路器。图 5-6 所示的复用器要先将多个速率为 2048kbit/s 的串行码转换成 8bit 并行码，然后采用 8 线并行方式对多条输入链路的并行码进行时分复用。分路器执行的操作与复用器相反。

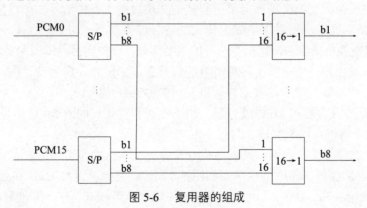

图 5-6　复用器的组成

　　对于容量不大的程控交换机，在交换网络接收侧加入复用器，在交换网络发送侧加入分路器，就可以只用 T 接线器构成单 T 级的交换网络，从而完成多套 HW 之间的时隙交换。8K DSN 板就是典型应用。

　　如图 5-7 所示，有 64 条 I/O PCM 线，每条线的复用度为 128。假定输入 HW1 TS3 时隙的话音 A 要交换到输出 HW63 TS17 时隙上，交换过程：按照复用原理，输入 HW1 TS3 时隙的话音 A 复用后被送到 TS193 时隙上，又经 T 接线器后被交换到 TS1151 时隙上，经分路后被送到输出 HW63 TS17 时隙上。

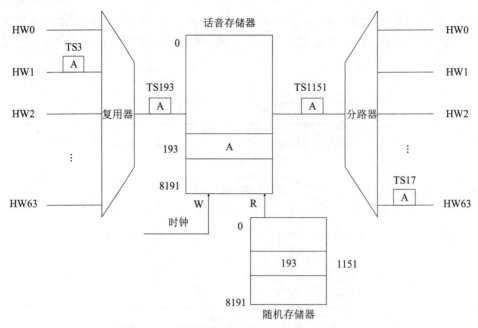

图 5-7　T 接线器与复用器结合构成的交换网络

复用器变换前后时隙号的对应关系为

变换后的并行时隙号=变换前的时隙号×复用器串行输入线数量+变换前的串行输入线号

例如，位于 HW1 TS3 时隙中的话音经复用后的并行时隙号是 193（3×64+1=193）。

4．信令设备

电话通信过程中，交换机需要向用户和其他交换局发送各种信号，如拨号音、回铃音、MFC 信号等，并接收用户线或中继线上传来的各种信令信号，如 DTMF 信号、MFC 信号。

信令设备是交换机接收和发送信令信号的主要部件。程控交换机中的主要信令设备如下。

（1）信号音发生器：用于产生各种类型的信号音，如忙音、拨号音、回铃音等。

（2）DTMF 收号器：用于接收用户话机发出的 DTMF 信号。

（3）MFC 信号发生器和 MFC 收号器：用于发送和接收局间的 MFC 信号。

（4）7 号信令终端：用于完成 7 号信令的第二级功能。

以 ZXJ10B 的信令设备为例，来说明信令设备的基本结构和工作原理。

ZXJ10B 的 ASIG 板工作原理示意图如图 5-8 所示，它包括主控 CPU 和数字信号处理器（Digital Signal Processor，DSP），用于为程控交换机提供音频源、DTMF 信号收发、MFC 信号收发、主叫号的发送、频移键控（Frequency Shift Keying，FSK）信号解调、会议电话、忙音检测等功能。音频信号是以数字音频形式存储的，由 DSP 处理和控制。

程控交换机检测到电话摘机后，先查询有无空闲的 DTMF 收号器。如果有，主处理机（Module Processor，MP）控制 DSN 板和 ASIG 板将 DSP 放音时隙交换到电话接收时隙，DSP 在这个时隙上播放拨号音；同时将主叫号发送时隙交换到 DSP 的 DTMF 信号接收时隙，DSP 对该时隙上的信号进行运算，以获得号码，并把获得的号码发给主控 CPU，主控 CPU 再通过消息通路将号码发给主处理机。每个 DSP 可以处理 120 路资源。

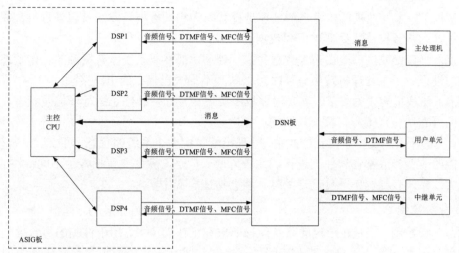

图 5-8　ZXJ10B 的 ASIG 板工作原理示意图

5.2.3　控制子系统

1. 多处理机的控制方式

控制子系统主要由处理机组成，除此之外还包括存储器、维护终端及其远程接口等辅助部件。处理机是控制交换机完成电路接续操作的核心器件，它掌握程控交换机所有资源的参数和工作状态，可以按照存储程序的进程安排和处理方法分析端口呼叫状态及地址信息，分配相关资源并控制其动作，建立和释放电路连接等。存储器用于存储处理程序和程控交换机的软硬件资源、接口的参数及状态数据等，维护终端及其远程接口，为管理系统或管理人员提供本地及远程控制接口。

交换设备中的处理机的数量和分工可以有多种配置方式，包括集中控制和分级控制等方式。

1）集中控制

早期的程控交换机或较小容量的程控交换机都采用这种控制方式。为了保证程控交换机可靠工作，集中控制子系统通常由两台或更多台处理机组成，采用的是主备用工作方式，每一台处理机均装配相同的软件，完成相同的控制功能，可以访问所有资源。

集中控制按照处理机的工作状态又可分成冷备用和热备用两种工作方式。

（1）在冷备用工作方式中，只有一台处理机处于主用状态，另一台处理机处于备用状态。在正常工作情形下，主用处理机负责整个程控交换机的呼叫处理和资源管理，在发生故障时通过硬件机制倒换到备用处理机。备用处理机在接替控制工作时，先对系统进行初始化，然后进入呼叫处理和资源管理状态。

优点：处理机之间倒换控制非常简单，相互之间没有数据交换，易实现。

缺点：由于备用处理机在开始接替控制工作时必须对系统进行初始化，因此程控交换机中已建立的电路接续和正在进行的呼叫处理将被损失掉。

（2）在热备用工作方式中，所有处理机都处于工作状态，都接收呼叫请求消息并进行相关处理，但只有一台处理机的处理结果可抵达指定接口或系统资源。因此，需要设置仲裁机构以确定哪台处理机的处理结果是有效的，并由该处理机对交换系统进行控制和管理。在正常工作情形下，主处理机需要将当前处理进程状态和相关数据转发给备用处理机，备用处理机需要根据这些数据修正处理进程和数据库。

优点：所有处理机都接收输入数据并执行处理，都掌握系统所有资源的工作状态，都处在相应的进程中，主处理机发生故障时可以做到不损失已建立的电路接续。

缺点：仲裁机构较为复杂，需要附加程序实现相互通信和修正运行环境及状态，并且仲裁机构的可靠性将直接影响整个系统的可靠性。

由此可以看出，在集中控制方式中，处理机能掌握整个系统的状态，可以访问所有资源；控制功能的改变一般都在软件上进行，比较方便。但是，软件要包括各种不同特性的功能，规模庞大；系统较脆弱，一旦出现故障，将会造成全局中断。

2）分级控制

所谓分级控制，就是在给定的系统运行要求和工作环境下，用于控制的每台处理机只能访问一部分资源和完成部分功能。按照处理机在完成交换系统控制和管理任务中的相互关系，分级控制可分成单级多处理机控制方式、多级多处理机控制方式和分布式控制方式。

（1）单级多处理机控制方式。

单级多处理机控制结构中的各台处理机并行工作，设置公用存储器，用来存储系统全局数据和各处理机的工作状态数据，且每台处理机都有专用存储器，用来存储所辖域的资源状态数据和处理程序，负责一部分容量的呼叫处理任务。

在一般情况下，在单级多处理机控制方式中，每台处理机会承担一部分端口的呼叫处理任务，即容量分担方式。单级的容量分担方式要求各个处理机必须装配完整的呼叫处理和控制管理程序，能对所辖端口的呼叫请求和接续操作进行全程处理。单级多处理机控制方式的优点是处理机数量可随容量的增加逐步增加。单级多处理机控制方式的缺点是需要设置公共缓存器来存储全局数据和多机之间的通信消息，且多机通信机制及对交换网络的管理较复杂。

（2）多级多处理机控制方式。

为了弥补单级多处理机控制方式的不足，将一台大容量程控交换机的呼叫处理和系统管理任务按照其功能等级和容量划分成多组模块，各组模块分别由不同处理机来完成处理操作，并按照等级互传控制消息，这种交换控制方式被称为多级多处理机控制方式。

在程控交换机呼叫处理过程中，有些处理任务执行频繁，但处理简单，并且要求及时响应，如用户接口电路的状态扫描等；有些处理任务需要进行较复杂分析才能确定下一步操作，但对实时处理性能要求较低，如号码的数字分析和路由选择等。对系统进行故障诊断等维护管理工作的执行次数更少，一般没有实时性要求，但需要参考多种知识进行对比分析，才能确定后续该做什么，处理复杂。因此在多处理机系统中，通常由不同等级的处理机分散处理不同的任务，再由多个处理机协同完成整机的运行管理和控制。

维护管理处理机处于最高级，负责配置系统各设备参数，诊断和分析设备故障，为系统正常、可靠运行提供支持。

预处理机处于最低级，按照系统功能体系结构，每台处理机只负责指定任务或指定容量端口呼叫请求信息的前期处理和基本动作的执行。例如，负责用户级处理的预处理机只对用户线状态变化进行扫描，接收用户呼叫号码形成呼叫消息，并发送给呼叫处理机，同时接收上一级回传的消息，并对接口电路执行具体操作控制，它本身不完成号码分析和接续操作。

呼叫处理机是实现程控交换机接续处理的核心处理机，也称 CPU，常由多台处理机以热备用工作方式实现。CPU 从维护管理处理机处获取系统的资源配置和工作状态，从预处理机处收集各端口的呼叫请求消息，再结合资源配置和呼叫服务要求确定接续动作，产生并向相关设备发送协同建立通信链路的信令信息。

（3）分布式控制方式。

在分布式控制结构中，每个功能电路板上均配有单片机和相关处理程序，它们共同构成了一个完整的基础模块，通过与其他模块相互通信和对消息进行加工处理，以模块化方式独立完成自己在一个呼叫处理进程中承担的功能或作用。

分布式控制方式有以下优点：①每个功能部件都是一个接口标准化的组件，自身设计和编程规整，易于实现，易于组成容量更大、功能更复杂的综合交换系统；②能方便地引入新技术和新元件，且不必对程控交换机的整体结构进行重新设计，也不必修改原来的硬件和软件，系统持续发展性好；③可靠性高，发生故障时影响面较小，如只影响某一群用户（或中继）或只影响某种性能。

分布式控制方式有以下缺点：各功能模块间通信消息的数量将随着整个交换系统容量的增加和性能的提高急剧增长，甚至会成为影响程控交换机系统性能和工作稳定性的主要因素。

ZXJ10B 的组成示意图如图 5-9 所示。ZXJ10B 采用全分散的控制结构，根据局容量大小，可由一到数十个模块组成；根据业务需求和地理位置的不同，可配置不同模块扩展，包括消息交换模块（Message Switching Module，MSM）、SNM、操作维护模块（Operation Management Module，OMM）、近端外围交换模块（Peripheral Switching Module，PSM）、远端外围交换模块（Remote Switching Module，RSM）、分组交换模块（Packet Handling Module，PHM）、远端用户单元（Remote Local Module，RLM）等。

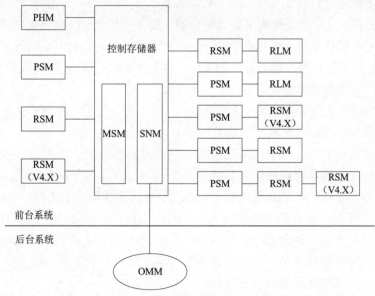

图 5-9　ZXJ10B 的组成示意图

除 OMM 外，每一个模块都由一对采用主备模式的主处理机、若干外围处理机（Peripheral Processor，PP）及通信处理机组成。

2．多处理机的工作方式

1）功能分担方式

功能分担即每台处理机只承担一部分功能，只需要装入一部分程序，分工明确。功能分担方式的缺点是在系统容量较小时，也需要配置所有处理机。

2）容量分担方式

容量分担即每台处理机只承担一部分容量的呼叫处理任务。例如，在 800 门的用户程控交换机中，每台处理机控制 200 门。容量分担方式的优点是处理机数量可随交换系统容量的增加逐步增加，缺点是每台处理机要具有所有功能。在大型程控交换机中，常将容量分担与功能分担结合使用。C&C08、ZXJ10B 等大型局用程控交换机都采用了这种工作方式。不论是容量分担方式还是功能分担方式，为了保证系统安全可靠，每台处理机均配有备用机，按主/备用方式工作，也可采用 $N+1$ 备用方式。

3）冗余方式

（1）微同步方式：该方式是由两台相同的处理机和一个比较器组成的。两台处理机都有各自专用的存储器，其内容完全相同。在微同步方式下，两台处理机在正常工作时同时接收来自话路设备的各种输入信息，执行相同程序，进行相同分析处理，但是只有一台处理机输出控制信息，控制话路设备工作。所谓微同步，就是利用比较器不断地检查比较两台处理机的执行结果。如果结果完全一致，就说明工作正常，程序可继续执行；如果结果不一致，就说明两台处理机中有一台处理机发生故障，应立即告警并进行测试和必要的故障处理。微同步方式的优点是较易发现硬件故障，且一般不影响呼叫处理；缺点是对软件故障的防护较差。此外，由于要不断地进行同步复核，因此效率不高。

（2）负荷分担方式：负荷分担又称话务分担，其特点是两台处理机独立进行工作，在正常情况下两台处理机各承担一半话务负荷。当一台处理机发生故障时，由另一台处理机承担全部话务负荷。为了能接替故障处理机的工作，两台处理机必须互相了解呼叫处理情况，故两台处理机之间应具有互通的信息链路。

负荷分担方式的主要特点：①过负荷能力强。由于每台处理机都能单独处理整个交换系统的正常话务负荷，因此具有较高的过负荷能力，能适应较大的话务波动。②可以防止由软件差错引起的系统阻断。由于程控交换机软件系统具有复杂性，因此不可能没有残留差错。往往这种程序差错在特定的动态环境中才会显示出来。由于两台处理机独立工作，因此程序差错不会同时出现在两台处理机上，加强了对软件故障的防护性。③在扩充新设备、调试新程序时，可使一台处理机承担全部话务负荷，另一台处理机进行脱机测试。

由于负荷分担方式是两台处理机独立工作，因此在程序设计中要避免两台处理机同抢资源的现象。同时两台处理机互通信息较频繁，因此软件比较复杂，且负荷分担方式不像微同步方式那样较易发现处理机硬件故障。

（3）主/备用方式：该方式是指一台处理机联机运行，另一台处理机与话路设备完全分离或作为备用。当主用机发生故障时，进行主/备用机倒换。主/备用方式分为冷备用与热备用两种方式。采用冷备用方式时，备用机不保存呼叫数据，在接替主用机时从头开始工作。采用热备用方式时，备用机根据原主机故障前保存在存储器中的数据进行工作，也可以进行数据初始化，重新启动系统。主/备用方式除了采用 1∶1 的备用模式，还可以采用 *N+m* 的冗余配置方式，即 *N* 个处理机在线运行，*m* 个处理机处于备用状态。

3．处理机间通信方式

在程控交换系统中，一个完整呼叫接续过程的实现需要多种功能电路和处理程序参与，多处理机控制系统的不同处理机间要相互通信、相互配合，共同完成呼叫接续任务。

当前在程控交换系统中，多处理机间主要采用如下几种通信方式进行通信。

（1）利用 PCM 信道进行消息通信。

在数字通信网中，TS16 时隙被用来传输数字交换局间的随路信令，PCM 数字中继传输线上的信息到达交换局以后，中继接口提取 TS16 时隙上的信令信息完成呼叫处理。在程控交换机内部，PCM 时分复用线上的 TS16 时隙是空闲的，因此可以用作处理机间的通信信道。

（2）以总线方式进行消息通信。

当前大部分微处理器均具有以太网接口，并且在嵌入式操作系统中均包含适配于以太网数据传输的协议栈，编程容易，因此在现代交换系统设计中，内部处理机间大多采用这种通信方式进行通信。处理机间传输的多为长度较短的消息，传输时延较大，需要采用改进型的 UDP 相互通信。

5.3　软件系统

5.3.1　总体组成

采用程序控制的交换系统可以提供丰富的用户服务，也可以灵活增加新的业务功能，从而大大提高系统的呼叫处理能力和可靠性，易于系统更新换代，易于操作维护和管理。程控交换机软件系统是一个庞大且复杂的实时控制软件系统，它是程控交换机设计、研发和维护的核心，涉及众多计算机领域技术，如操作系统、数据库、数据结构、编程技术等。

程控交换机的特点是业务量大，实时性和可靠性要求高，因此程控交换机软件系统要具有较高的处理效率，能响应大量呼叫，保证通信业务不中断。

程控交换机软件系统具有以下特点。

（1）实时性。话音业务最大的特点是具有实时性，因此程控交换机软件系统在呼叫处理过程中必须满足实时性要求，这对软件编程效率、CPU 处理能力等提出很高要求。

（2）支持多任务。程控交换机应能处理并发的多个呼叫，因此程控交换机软件系统应在操作系统、数据管理、多任务程序设计、资源管理等方面满足任务并发执行的要求。

（3）高可靠性。程控交换机必须具有高可靠性，因此其软件系统应采取各种措施来保证其业务不间断，如设置自检程序、测试程序、故障诊断和处理程序、备份 CPU 倒换程序等。

程控交换机软件系统主要由系统软件和应用软件组成，系统软件主要指操作系统，应用软件包括呼叫处理软件、数据库管理软件、操作维护管理（Operation Administration and Maintenance，OAM）软件，如图 5-10 所示。

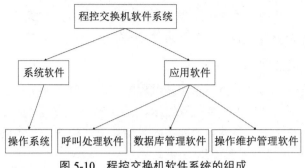

图 5-10 程控交换机软件系统的组成

（1）操作系统：程控交换机硬件与应用软件之间的接口。程控交换机软件系统是一个实时控制系统，应能对随机发生的外部事件及时地做出响应并进行处理。此外，程控交换机软件系统应能处理同时发生的大量呼叫，因此要求程控交换机的操作系统是一个实时多任务操作系统。

实时多任务操作系统具有实时性和多任务性两个特点。实时多任务操作系统能及时响应随机发生的外部事件，并进行处理。虽然事件的发生时间是无法预知的，但是在事件发生时，必须在严格的时限内做出响应，即使是在负荷较大的情况下也应及时做出响应。实时多任务操作系统支持多任务并发处理，多任务的并发性必然会带来任务的同步、互斥、通信、资源共享等问题。此外，由于程控交换机软件系统的控制系统多采用分布式多处理机结构，因此也具有网络操作系统和分布式操作系统的特点。

（2）呼叫处理软件：主要完成呼叫连接的建立与释放，以及业务流程的控制。它是整个呼叫过程的控制软件。

（3）数据库管理软件。程控交换机在进行呼叫处理和操作系统维护管理的过程中会使用并生成大量数据，这些数据包括系统数据、用户数据和局数据。系统数据与程控交换机的硬件结构和软件程序有关，不随交换局应用环境的变化而变化。不同电话局采用的是同一类型的交换系统，它们的系统数据是相同的，不同的是用户数据和局数据。用户数据和局数据随着程控交换机的应用环境和开局条件的不同而不同。为了有效管理这些庞杂的数据，程控交换机采用数据库技术，通过数据库管理系统实现对数据高效、灵活、方便的操作。由于目前程控交换机大多采用的是分散控制方式，因此程控交换机的数据库管理软件大多采用的是分布式数据库。

（4）操作维护管理软件：是程控交换机用于操作、维护和管理的软件，用来保证系统高效、灵活、可靠地运行。

5.3.2 操作系统

程序调度是操作系统的重要功能。程控交换机采用多处理机结构，处理机具有高速处理能力，但在同一时间只能处理一项任务，因此需要进行合理安排，以满足实时处理要求。

1. 程序调度基本原则

程控交换机操作系统对程序的调度一般采用基于优先级的抢占式调度算法，即系统中的程序根据其实时性要求拥有不同优先级，在任何时刻系统都会将处理机分配给处于等待队列中优先级最高的程序运行。所谓抢占式是指系统一旦发现有比当前正在运行的程序的优先级更高的程序，就退出当前程序，使它进入等待队列，并立即切换执行高优先级程序。在处理同优先级的程序时采用先来先服务或轮转调度的算法。

在程控交换机软件系统中，可按照紧急性和实时性要求将程序分为以下三种。

（1）故障级程序：其任务是识别故障源、隔离故障设备、切换备用设备、进行系统再组成，使系统尽快恢复正常状态。因此故障级程序是实时性要求最高的程序，平时不执行，一旦发生故障，必须立即执行。故障级程序视故障严重程度还可以进一步分为高级故障（Fault High，FH）、中级故障（Fault Middle，FM）和低级故障（Fault Low，FL）。FH 通常是影响全机运行的最大故障，如整机电源中断等；FM 通常是处理 CPU 程序的故障；FL 是处理话路子系统或 I/O 等程序的故障。

（2）周期级程序：有固定的执行周期，每隔一定时间由时钟定时启动，又可称为时钟级程序，如启动周期为 10ms 的拨号脉冲识别程序、启动周期为 100ms 的用户群扫描程序等。这些程序对执行周期要求比较严格，在规定的时间内必须及时启动，否则会出现错号等错误。周期级程序的优先级比故障级程序低，比基本级程序高。

（3）基本级程序：是由事件启动的，实时性要求不高，可以适当延迟执行，优先级最低。基本级程序多为一些分析程序，如去话分析程序、路由选择程序、维护管理程序等。

程序调度基本原则如下。

（1）基本级程序按照顺序依次执行：按照先到先服务的原则，排成先进先出的队列依次执行。

（2）基本级程序在执行过程中可被中断插入：在保护程序执行现场后，转去执行相应的中断处理程序。如果是时钟中断，就去执行相应的周期级程序；如果是故障中断，就去执行相应的故障级程序。

（3）中断级（包括周期级和故障级）程序在执行时，只允许高级别的中断进入。

不同级别的程序调度与处理如图 5-11 所示。假设每隔 10ms 产生一次时钟中断，在第一个 10ms 时钟中断周期内，处理机已执行完周期级程序和基本级程序，暂停并等待下一个时钟中断的到来；在第二个 10ms 时钟中断周期内，先执行周期级程序，然后执行基本级程序，但基本级程序没有执行完就有时钟中断进入，此时进入第三个 10ms 时钟中断周期；在第三个 10ms 时钟中断周期内，由于发生了故障，周期级程序被中断，转去执行故障级程序；故障级程序执行完后，再依次执行周期级程序和基本级程序。

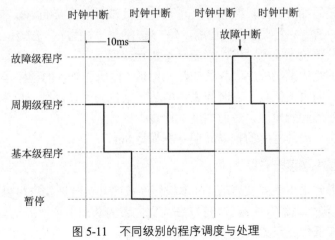

图 5-11　不同级别的程序调度与处理

2. 周期级程序调度——时间表

周期级程序中的各个程序的执行周期不同，面对众多周期级程序，需要用时间表来进行调度控制。如图 5-12 所示，时间表由时间计数器、屏蔽表、时间表和转移表组成。

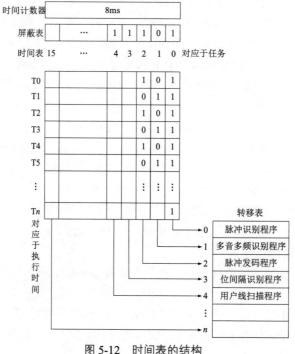

图 5-12　时间表的结构

时间计数器是周期级中断计数器，它是根据时间表单元数来设置的，如果时间表有 $n+1$ 个单元，时间计数器就由 0 开始累加到 n 后再回到 0。由此可见，时间计数器实际上是时间表单元地址的索引，通过时间计数器的值，可以控制执行时间表各个单元中的任务。

屏蔽表又称有效位，其中每一位对应一个程序。若某一位的值为"1"，则执行对应程序；若某一位的值为"0"，则不执行对应程序。

时间表实际上是一个执行任务的调度表。如图 5-12 所示，时间表有 n 个单元，表明要执行的程序最长周期为 $n\times8ms$（时间计数器周期为 8ms，意味着每隔 8ms 会产生一个时钟中断，引发执行一轮周期级程序，共有 n 个单元，则最长周期为 $n\times8ms$）。字长为 16bit，表明在每个单元里可以有 16 个要执行的程序，每一位对应一个程序，若该位上填入"1"，则表示执行该程序；若该位上填入"0"，则表示不执行该程序。

转移表存放的是周期级程序和任务的起始地址，标明要执行的程序逻辑的存放地址。转移表的行数对应时间表的位数。若时间表中的某行某位为"1"，则以位为指针查找转移表，可得到对应的程序的起始地址，进而调度执行该程序。

由时间表控制启动的程序的扫描周期并不都是 8ms。

3. 基本级程序调度——队列

基本级程序通常采用队列法启动。基本级程序按照其实时性要求可以设置多个队列，以区分不同优先级。当处理机有空闲时，可以在高优先级的队列中依次启动相应的基本级程序，执行完成后，再在低优先级的队列中启动相应的程序。

5.3.3　呼叫处理软件

呼叫处理软件主要用来完成呼叫连接的建立与释放，以及业务流程的控制。它是整个呼叫过程的控制软件，至少能够完成以下功能。

（1）控制完成用户线和中继线上各种输入信号（呼叫信号、地址信号）的检测和识别，包括用户摘/挂机状态、用户号码接收等。

（2）控制完成呼叫相关资源的管理，包括对时隙、中继电路、DTMF 收号器、MFC 收号器和 MFC 信号发送器等的分配和释放等。

（3）控制完成对用户数据、呼叫状态及号码等数据的分析处理。

（4）控制完成路由选择。

（5）控制完成呼叫状态转移。

（6）控制完成计时、送音和交换网络的连接。

（7）控制完成信令协议的处理等。

1．呼叫处理过程及其特点

下面以一次具体电话呼叫为例来分析程控交换机的呼叫处理过程及特点。

假设用户 A 和用户 B 连接到同一台程控交换机上，且两个用户均处于空闲状态。在某个时刻，用户 A 使用话机 A 向用户 B 使用的话机 B 发起一次呼叫，即主叫为用户 A、被叫为用户 B，程控交换机对本局呼叫的基本处理过程如表 5-1 所示。

表 5-1　程控交换机对本局呼叫的基本处理过程

呼叫进展状况	程控交换机相应的处理动作或状态变化
主叫摘机呼叫	① 程控交换机检测到主机 A 发出的摘机信号； ② 程控交换机检查主机 A 的类别，识别主机 A 是普通电话、公用电话还是用户交换机等； ③ 程控交换机检查主机 A 的呼叫限制情况； ④ 程控交换机检查主叫的话机类别，以确定收号方式是脉冲信号还是 DTMF 信号
向主叫发送拨号音准备收号	① 程控交换机选择一个空闲收号器和空闲时隙（路由）； ② 程控交换机向主叫发送拨号音； ③ 程控交换机监视主叫所用用户线的输入信号（拨号），准备收号
收号与号码分析	① 程控交换机收到第一位号码后停止发送拨号音； ② 程控交换机按位存储收到的号码； ③ 程控交换机对号首进行分析，即进行字冠分析，判定呼叫类别（本局、出局、长途、特服等），并确定应收号长度； ④ 程控交换机对"已收号长度"进行计数，并将数值与"应收号长度"进行比较； ⑤ 号码收齐后，程控交换机对本局呼叫进行号码翻译，确定被叫； ⑥ 程控交换机检查被叫使用的话机 B 是否空闲，若空闲，则选定该被叫
建立连接 向话机 B 发送振铃信令 向话机 A 发送回铃音信令	① 程控交换机将路由接至话机 B； ② 向话机 B 发送振铃信令； ③ 向话机 A 发送回铃音信令； ④ 主叫、被叫通话路由建立完毕； ⑤ 监视主叫、被叫的状态

续表

呼叫进展状况	程控交换机相应的处理动作或状态变化
被叫应答，进入通话	① 被叫摘机应答，程控交换机检测到后，停止向话机 B 发送振铃信令和停止向话机 A 发送回铃音信令； ② 主叫和被叫通话； ③ 开始计费； ④ 监视主叫、被叫的状态
一方挂机向另一方送忙音	① 如果主叫先挂机，那么程控交换机在检测到后，复原路由，停止计费，向话机 B 传送忙音； ② 如果被叫先挂机，那么程控交换机在检测到后，复原路由，停止计费，向话机 A 传送忙音
通话结束	被催挂的用户挂机，释放占用的资源，结束通话

通过上面对本局呼叫的基本处理过程的描述不难发现，整个呼叫处理过程就是处理机先在某个状态监视、识别外部传来的各种输入信号（如用户摘/挂机信号、拨号等），然后分析信号、执行任务和输出信号（如振铃信号、传送各种信号音等），进入另外一个状态，再进行状态监视、输入信号识别、分析信号、执行任务、输出信号这一过程。通过图 5-13 进一步说明这种呼叫处理过程的特点。

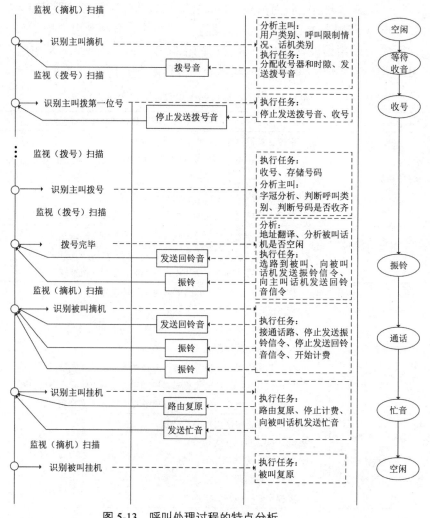

图 5-13 呼叫处理过程的特点分析

由图 5-13 可知，一个呼叫处理过程可以分为几个阶段，每个阶段对应一个稳定状态，在每个稳定状态下程控交换机只有在检测到输入信号时，才进行分析处理并执行任务，任务执行结果往往是产生一些输出信号，然后跃迁到另一个稳定状态，如此反复。

因此，呼叫处理过程具有以下特点。

（1）呼叫处理过程可分为若干个阶段，每个阶段可以用一个稳定状态来表示。

（2）呼叫处理过程就是在一个稳定状态下，处理机监视状态、识别输入信号，进行分析处理，执行任务并输出命令，然后跃迁到下一个稳定状态的循环过程。

（3）两个稳定状态之间要进行各种处理。

（4）在一个稳定状态下，若没有输入信号，则状态不会迁移。

（5）在不同状态下，相同的输入信号对应的处理不同，迁移到的状态不同。

（6）在同一状态下，对不同输入信号，会采用不同处理。

（7）在同一状态下，输入同一信号，也可能因不同情况得出不同结果。

通过对呼叫处理过程特点进行分析，可以将呼叫处理过程划分为以下三部分。

（1）输入处理部分：在呼叫处理过程中，输入信号主要有摘机信号、挂机信号、所拨号码和超时信号，这些输入信号也叫作事件；输入处理是指识别和接收这些事件的过程，在程控交换机中，这些过程是由相关输入处理程序完成的。

（2）分析处理部分：就是对输入处理的结果（接收到的事件）、当前状态及各种数据进行分析，以决定下一步执行什么任务，如号码分析、状态分析等。分析处理功能是由分析处理程序完成的。

（3）任务执行和输出处理部分：任务执行是指在迁移到下一个稳定状态前，根据分析处理结果，完成相关任务。任务执行由任务执行程序完成。在任务执行过程中，要输出一些信令、消息或动作命令，如 7 号信令网、处理机间通信消息，以及发送拨号音、停止振铃和接通话路命令等。完成这些消息的发送和相关动作的过程叫作输出处理。输出处理由输出处理程序完成。

2．基于 SDL 图的有限状态机

呼叫处理过程实际上就是在事件的作用下，从一个稳定状态跃迁到另一个稳定状态的过程。程控交换机处理呼叫的行为具有有限个状态和事件，具有一个初始状态，且事件可引起状态迁移，因此可以用扩展的有限状态机（Enhanced Finite State Machine，EFSM）来描述。规范说明和描述语言（Specification and Description Language，SDL）不仅能对系统的行为用扩展的有限状态机来描述，而且能清楚表达两个重要概念，即功能部件之间的通信关系和定时器功能。因此采用 SDL 可以方便、直观、准确地表达呼叫处理过程。

SDL 是一种应用较广泛的形式化描述语言，由 ITU-T 通过 Z.100 建议提出。从 1976 年首次提出到 1999 年更新为 SDL-2000 版，SDL 不断扩展和完善，其应用范围不断扩大。

SDL 主要应用于电信领域，是为描述复杂的实时系统而特别设计的。只要系统的行为能用扩展的有限状态机来描述，并且其重点在于交互方面，就能够用 SDL 来说明该系统具有的行为。SDL 具有两种不同的形式：文本表示法和图形表示法。文本表示法基于类似程序的语言，适合计算机使用。图形表示法基于一套标准化的图形符号，直观易懂，能够清晰地表示系统结构和控制流程，适合设计开发人员使用。SDL 是形式化定义的，可以对其进行分析、模拟和验证。

图 5-14 所示为用 SDL 图描述的一个本局呼叫处理流程，省略了细节的分析判断及对用户听到忙音状态后做出的呼叫处理行为。

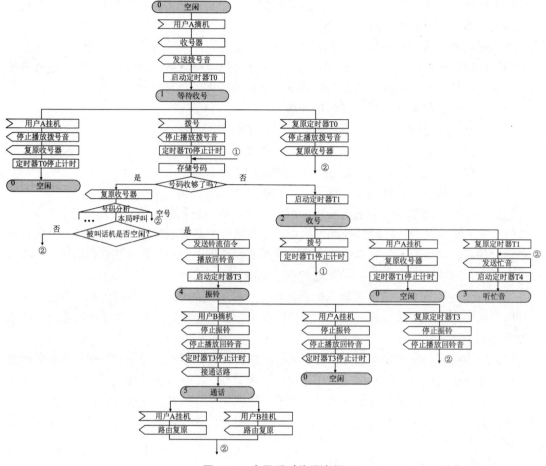

图 5-14　本局呼叫处理流程

（1）用户呼出阶段。程控交换机按照一定周期检查每一条用户线的状态。在发现用户摘机时，程控交换机根据用户线在程控交换机上的安装位置找到该用户的用户数据，并对其进行分析。如果该用户发起呼叫，程控交换机就寻找一个空闲的收号器，并通过交换网络将该用户电路与收号器相连，同时向用户发送拨号音，进入收号状态。

（2）号码接收及分析阶段。此阶段是处理任务最繁重的一个阶段。程控交换机接收用户拨出的号码。对于脉冲拨号方式，每次收到的是一个脉冲，由信令接收程序将收到的多个脉冲装配为拨号数字；对于 DTMF 信号，每次收到的是一个数字。程控交换机在收到一定位数的号码后进行数字分析，以确定呼叫类型、路由等。当数字分析的结果是本局呼叫时，通知信令接收程序继续接收剩余号码。

（3）通话建立阶段。当被叫号码收全后，程控交换机根据被叫号码查询被叫用户数据。如果被叫话机空闲且未登记与被叫有关的新业务（如呼叫转移），程控交换机就在交换网络中寻找一条能连接主叫用户和被叫用户的通路，预先占用该通路，同时向被叫用户发送振铃信令，向主叫用户发送回铃音信令。

（4）通话阶段。当被叫用户摘机应答后，程控交换机停止向被叫用户发送振铃信令，停止向主叫用户发送回铃音信令，将交换网络上连接主叫用户和被叫用户的通路接通，同时开始计费，呼叫进入通话阶段。程控交换机透明传输话音信号，不做任何处理。

（5）呼叫释放阶段。在通话阶段，程控交换机如果发现一方挂机，就向另一方发送忙音。当双方都挂机时，程控交换机释放此次呼叫占用的资源，停止计费，呼叫处理结束。

从以上呼叫处理过程可以看出，可以将呼叫全过程划分为若干个稳定状态，交换机每次对呼叫的处理总是使呼叫由一个稳定状态转移到另一个稳定状态。

3．呼叫处理程序

呼叫处理功能是由许多专用程序各负其责、有序配合来实现的。呼叫处理程序通常包括输入处理类程序、分析处理类程序、任务执行和输出处理类程序。本节仅介绍几个典型程序，以便读者理解呼叫处理流程。

1）用户摘/挂机识别程序

用户摘/挂机识别程序属于输入处理类程序。

程控交换机是通过用户电路检测用户线状态来识别用户摘/挂机状态的。假设用户在挂机时，用户线为断开状态，扫描点输出为"1"；用户在摘机时，用户线为闭合状态，扫描点输出为"0"。

用户线状态从挂机转变到摘机表示用户摘机，反之表示用户挂机。

处理机每隔约 200ms 对每家用户线扫描一次，读出用户线的状态并存入 LSCN（本次扫描结果），然后从存储区中调出 LM（前次扫描结果），若用户线状态从 1 变为 0，即 LSCN=0，LM=1，则表示用户摘机；反之，用户线状态从 0 变为 1，即 LSCN=1，LM=0，则表示用户挂机，如图 5-15 所示。

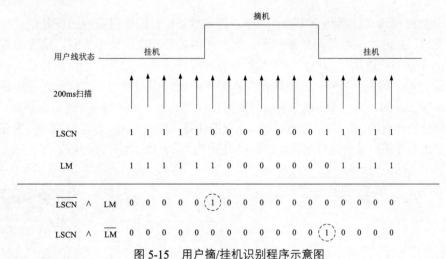

图 5-15 用户摘/挂机识别程序示意图

在大型程控交换机中常采用"群处理"方法，即每次对一组用户的状态进行检测，以达到节省机时、提高扫描速度的目的。

2）DTMF 收号识别程序

DTMF 收号识别程序属于输入处理类程序。

用户话机拨出号码的方式有两种：脉冲拨号方式和 DTMF 信号。脉冲拨号方式的号码识别过程类似于摘/挂机识别过程，二者的主要区别在于扫描周期不同。脉冲拨号方式的号码识别过程除了要识别用户线状态，还要进行脉冲计数和位间隔识别。脉冲拨号方式已经不常用，因此主要介绍 DTMF 信号的号码识别过程。

话机送出的 DTMF 号码由两个音频组成。这两个音频分别属于高频组和低频组，每组各有 4 个频率。每拨一个号码就从高频组和低频组中各取一个频率（4 中取 1）。例如，拨出号码"2"，话机发出的是 1336Hz+697Hz 的 DTMF 信号；拨出号码"6"，话机发出的是 1477Hz+770 Hz 的 DTMF 信号。这种 DTMF 信号可持续 25ms 以上。

程控交换机接收 DTMF 信号，DTMF 信号经过用户电路的 A/D 转换后经交换网络送入 DTMF 收号器。DTMF 收号器对收到的 DTMF 信号进行处理，将它转换为二进制数码形式，并送至信号 RAM，由 CPU 读取处理。

CPU 在从 DTMF 收号器读取号码信息时采用的是查询方式，即先读状态信息 SP。SP=0，表示有信息送来，可以读取号码信息；SP=1，表示无信息送来，不可以读取号码信息。读取 SP 后要进行逻辑运算，识别 SP 脉冲的前沿，读出数据。这个方法和识别摘/挂机的方法一样，这里不再重复。一般 DTMF 信号传送时间大于 40ms，因此用 16ms 扫描周期就可以识别。

3）号码分析程序

号码分析程序属于分析处理程序，主要任务是对主叫用户拨出的被叫号码进行分析，以决定接续路由、任务号码及下一状态号码等。对于出局呼叫应找出相应的中继线群。

用户所拨号码是分析的数据来源，它可以先直接从用户话机接收下来，或者通过局间信号传送过来，然后根据用户拨号查找译码表进行分析。译码表应包括号码类型、应收号码、局号、计费类型、用户业务号等内容。

号码分析过程通常包括两个步骤：一个步骤是预处理，即先对拨号的前几位进行分析处理，通常是 1～3 位，也可称为号首分析。例如，如果第一位拨号为"0"，就表明是长途全自动接续；如果第一位拨号为"1"，就表明是特种服务接续；如果第一位拨号是其他数，就需要接收第二位、第三位号码，才能确定是本局呼叫还是出局呼叫。这些分析过程是通过多级表格展开来实现的。另一个步骤是对全号码进行分析处理。当收到用户所有拨号后，要对所有号码进行分析，根据分析结果决定下一步执行的任务。如果是本局呼叫，就调用来话分析程序；如果是出局呼叫，就调用与出局接续有关的程序。号码分析程序流程图如图 5-16 所示。

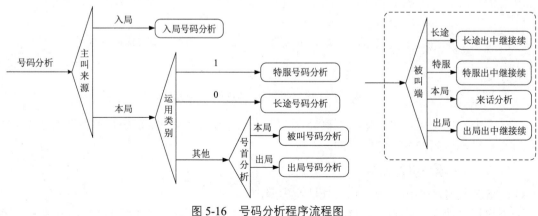

图 5-16 号码分析程序流程图

4）路由选择程序

路由选择程序属于任务执行和输出处理类程序。路由选择是指根据号码分析结果，在相应的路由中选择一条空闲的中继线。当该路由的中继线全忙时，若有迂回路由，则进行迂回路由的选择，显然这种路由选择是在呼叫去向不属于本局范围时才有效。

号码分析结果如果是出局接续，那么可以得到一个中继群号，根据群号查路由表，找到相应中继群中的空闲中继线。如果这次没找到空闲中继线，那么可以按次选群继续查找，直到查得内容为"1"时停止。如图 5-17 所示，号码分析后得到路由索引为 4，查路由索引表 4#单元，得出中继群号为 3，在空闲链队指示表中查 3#单元，其内容为"0"，表示中继群 3 的路由全忙。为此，根据下一迂回路由索引 6，查路由检索表得到中继群号为 7，在空闲链队指示表中查找 7#单元，其内容为"1"，表示有空闲中继线可选用，不必再迂回，因此下一迂回路由索引 10 不需要使用了。

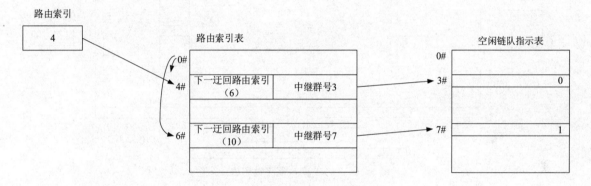

图 5-17　路由选择表格法示意图

5）通路选择程序

通路选择程序也属于任务执行程序。通路选择是指在交换网络中选择一条空闲通路。一条通路通常由几级链路串接而成，只有在串接的各级链路都空闲时才是空闲通路。通常根据各级链路的忙闲表来选择空闲通路。

如图 5-18 所示，以 T-S-T 交换网络为例，该交换网络中任何一对入、出线之间都存在 32 条内部链路，为了实现交换，这 32 条内部链路中至少应有一条空闲，即组成该链路的 1—2 级间的链路和 2—3 级间的链路必须同时空闲。控制系统在进行通路选择时，先调出对应入线的第一级链路的忙闲状态，再调出对应出线的第二级链路的忙闲状态，通过运算找出可以使用的空闲内部链路。

运算过程如下，其中"0"表示链路忙，"1"表示链路闲。

假设：

第一级链路的忙闲状态为 11010011101001001101101111000010,第二级链路的忙闲状态为 01010101000111100000011111001000，与运算结果为 01010001000001000000001111000000。

运算结果表明有 8 条内部链路空闲，从中选择任意一条空闲链路。

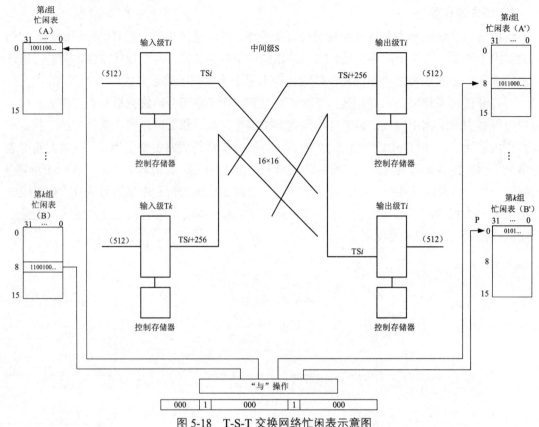

图 5-18   T-S-T 交换网络忙闲表示意图

6）路由驱动程序

路由驱动程序属于输出处理程序。路由驱动包括话路的接续和复原、信号音发送路由的接续和复原及信号（包括拨号号码和其他信号）接收路由的接续和复原。对话路的驱动是指根据选定的通路输出驱动信息，写入相关控制存储器。因此，输出驱动的主要任务是编制好待输出的控制信息并在适当时刻输出。

5.3.4   数据库管理软件

1. 数据

程控交换机在进行呼叫处理和操作系统维护管理的过程中会使用并生成大量数据，这些数据包括系统数据、用户数据和局数据。系统数据与交换机的硬件结构和软件程序有关，不随交换局应用环境的变化而变化。不同电话局采用的是同一类型的交换系统，它们的系统数据是相同的，不同的是用户数据和局数据。用户数据和局数据随着程控交换机的应用环境和开局条件的不同而不同。

用户数据有静态用户数据和动态用户数据之分，是每个用户特有的，反映了用户具体情况。表 5-2 所示为常用的静态用户数据，包括用户类别、话机类别、用户状态等。动态用户数据是指在呼叫过程中产生的呼叫状态、时隙、收号器号、所收号码、各种计数值等。

表 5-2　常用的静态用户数据

用户数据	说明
用户类别	住宅用户、公用电话用户、PABX 用户、传真用户等
话机类别	脉冲话机、DTMF 话机等
用户状态	空闲、忙、测试、阻塞等
限制情况	呼出限制、呼入限制等
呼叫权限	本局呼叫、本地呼叫、国内长途、国际长途等
计费类别	定期、立即、免费等
优先级	普通用户、优先用户
使用新业务权限	表明用户是否有权使用呼叫转移、会议电话、三方电话、呼叫等待、热线电话、闹钟服务等新业务
新业务登记的数据	闹钟时间、转移号码、热线号码等
用户号码	用户电话簿号码、用户设备号等

局数据是反映交换局设置和配置情况的数据，如表 5-3 所示，包含程控交换机硬件配置情况、各种号码、路由设置情况、计费数据、统计数据、程控交换机类别、复原方式等。

表 5-3　局数据

数据项	说明
程控交换机硬件配置情况	用户端口数、出/入中继线数、DTMF 收号器数、MFC 收发器数、信令链路数等
各种号码	本地网编号及其号长、局号、应收号码、SP 编码等
路由设置情况	局向、路由数
计费数据	呼叫详细话单等
统计数据	话务量、呼损、呼叫情况等
程控交换机类别	C1～C5，C5 又分为市话端局、长市合一等
复原方式	主叫控制、被叫控制、互不控制

2．数据库管理系统

交换机采用数据库技术，使用数据库管理系统实现对数据高效、灵活、方便的操作。由于目前程控交换机多采用分散控制方式，因此程控交换机的数据库系统也多采用分布式数据库。

以 ZXJ10B 的数据库管理软件为例，介绍数据库管理的基本内容和方法。ZXJ10B 数据库管理系统（以下简称为 ZXJ10B 数据库）采用面向对象的关系数据模式组织管理数据，每个数据对象单独成段以提高数据的安全性。数据库采用的是客户端/服务器结构，用户终端采用的是交互式图形接口，操作直观简便。ZXJ10B 数据库管理系统分为前台数据库管理系统、后台数据库管理系统。

1）前台数据库管理系统

前台数据库运行在各交换模块上，即程控交换机主处理机部分，为程控交换机的运行提供实时支持。前台数据库的静态数据来源于后台数据库。根据程控交换机的特点，前台数据库是一个实时数据库。一般情况下，因为实时数据库的数据表是常驻内存的，所以又称内存驻留数据库。所有对数据关系的检索都在内存中完成，以为实时性提供最大保障。

前台数据库是交换机的数据中心。它为业务层、信令层、系统再启动、系统测试及话务统计等提供数据上的支持与协助，完成相应的功能，同时做一些数据库自身维护工作，以保证数据库前后台、主备机的完整性和一致性。

前台数据库管理系统包括数据库和数据库软件。数据库是一个结构化的相关数据的集合，包括数据本身和数据间的联系。它独立于应用程序而存在，是数据库管理系统的核心和管理对象。数据库软件是负责对数据库进行管理和维护的软件，具有对数据进行定义、描述、操作、维护等功能，用于接收并完成用户程序及数据库的不同请求，并负责保护数据免受各种干扰和破坏。

2）后台数据库管理系统

后台数据库是数据库的操作维护部分，面向维护人员，提供方便、安全的操作界面。从维护角度来看，后台数据库中的数据是前台静态数据的影像，又称副本。后台数据库管理系统基于 Windows 2000/NT 4.0 下 SQL SERVER 的客户端/服务器结构实现。后台数据库管理系统功能示意图如图 5-19 所示。

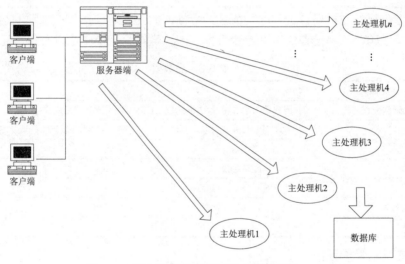

图 5-19　后台数据库管理系统功能示意图

维护人员通过后台数据库管理系统管理图形界面维护数据，没有实时性要求，但后台数据库维护系统需要保证数据的合法性、完整性、一致性及安全性。数据在后台数据库中完成操作后，启动传送程序将数据传送到前台数据库。前台数据库、后台数据库通过局域网相连，采用 TCP/IP 协议通信。

3. 数据管理内容

ZXJ10B 的数据管理包括基本数据管理、7 号信令数据管理、V5 数据管理、STP 管理、动态数据管理、多终端维护管理、数据备份、数据传送、维护日志管理、其他数据管理。其中，基本数据管理又包括局容量配置、局配置、物理配置、号码管理、号码分析、用户属性管理、群管理、中继管理、鉴权数据管理、探针配置管理。

1）局容量配置

局容量配置用于描述交换局整体规划，包括全局容量规划、交换局模块总数及各个交换模块的容量等。交换模块的容量主要包括交换网络类型最大数、模块用户最大数、模块内中继 PCM 最大数、群用户最大数等。局容量一经设定，一般无须改变。若用户后期根据实际情况进行扩容或其他操作，修改局容量配置表后，该交换局内修改模块的主处理机必须都重新启动，改动才能生效。

2）局配置

局配置用于描述本局及邻接交换局的电信网络配置情况。本局配置包括本局名称、交换局类别、交换局编号、交换局所在网络类别、本 SP 类型、出本网的拨号字冠、不同网络接口的交换局的 SP 编码等，邻接交换局的配置同样定义了邻接交换局的网络类别、SP 编码、交换局编号、区域编码、交换局类别、SP 类型、连接方式等。

3）物理配置

ZXJ10B 作为一个交换局还要描述程控交换机本身的配置关系。这些关系描述了程控交换机设备如何相互连接成局，如何与邻接交换局连接，一个交换模块由哪些 HW 总线组成，其交换单元和交换网络是如何构成的等。ZXJ10B 由多个交换模块连接而成，配置什么样的交换模块，模块间是如何连接的，交换模块是什么样的等问题也需要确定。

4．数据备份

程控交换机中各种数据表对程控交换机的正常运行至关重要，因此为了确保程控交换机数据的安全，在 ZXJ10B 中可将程控交换机数据备份为文件保存起来。

ZXJ10B 提供了四种数据备份方式，具体如下。

（1）生成备份数据库的 SQL 文件。

（2）从 SQL 文件中恢复备份数据库。

（3）生成指定表的 ZDB 文件。

（4）生成基本表的 ZDB 文件。

用户在开局和扩容等需要改动程控交换机配置时，为了安全起见，可先备份原来交换机的数据，再更改配置，若改动出错可恢复原来程控交换机的数据。

ZXJ10B 还提供自动备份数据的设置，通过该设置，系统可以自动进行后台数据备份。

5．数据传送

ZXJ10B 的数据维护管理分为两部分：以服务器为中心的客户端/服务器结构的后台数据库和以主处理机为核心的前台数据库。后台数据库进行的大量数据的维护修改，都发生在后台数据库服务器上，只有将其传送到前台数据库，修改的数据才能对程控交换机发生作用。

因此，工程人员和局方操作维护人员在开局和更改交换机数据配置时，先使用后台数据库维护程序配置程控交换机数据，在确认正确后，再启动后台数据库传送程序将数据从后台数据库服务器传送到前台数据库。

5.3.5　操作维护管理软件

操作维护管理软件是程控交换机用于操作、维护和管理的软件，用来保证系统高效、灵活、可靠地运行，通常包括用户数据和局数据的操作与管理、测试、告警、故障诊断和处理、动态监视、话务统计、计费、过负荷控制等功能。

以 ZXJ10B 为例，介绍操作维护管理软件的主要功能。

ZXJ10B 操作维护管理软件包括管理和维护程控交换机运行所需要的数据、话务量统计、系统测量、系统告警等，是降低运营成本、提高通信服务质量的重要手段和方法。ZXJ10B 后台维护网络采用的是基于 TCP/IP 协议的客户端/服务器结构。

1．话务统计功能

ZXJ10B 的话务统计系统用于对它的各种业务量进行统计、分析，监视网络状态，统计各类接续的呼叫次数，统计公用设备工作情况，统计处理机占用率，并按目的码、中继、7 号信令链路、7 号信令局向、7 号信令电路群、虚拟网（CENTREX）群、用户交换机、用户模块、用户单元、主被叫号码等进行分类统计。

2．告警功能

程控交换机投入运行后，必须集中监控它的整个运行状况，以便进行实时维护和修复，这一功能是由告警系统来实现的。

告警系统的框架结构如图 5-20 所示。

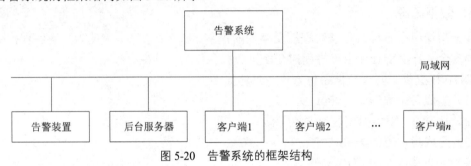

图 5-20　告警系统的框架结构

告警装置能够及时反映机架的运行状态；实时监测机架上各板位的状态，发现问题及时上报给后台服务器；能够处理环境监控板等发送的信息，处理结果转发到后台服务器；完成后台界面人机命令的执行及结果返回。

后台服务器可以存储历史告警、通知信息、屏蔽信息、调试信息、环境信息、配置信息等，与程控交换机的前台和后台客户端保持同步，将来自主处理机的消息及时转发到客户端；处理来自客户端的各种设置命令。

客户端告警系统实时显示告警信息，具有查询和设定告警条件等功能。

3．诊断测试功能

ZXJ10B 具有机内自动诊断测试功能，用户通过后台 OMM 启动测试程序，并自动将测试结果传输至终端或打印出结果。机内自动测试系统与 112 故障申告系统是交换机系统保证机器及其线路质量的重要部分，也是提高维护性的重要手段。ZXJ10B 诊断测试分为例行测试和立即测试两种，两者均可通过友好的界面挑选被测对象。可设定例行测试的启动周期及启动时间。可将诊断测试结果送到后台网络，以供存储、显示、查询及打印。

5.4　程控交换机应用

5.4.1　电话局开通

1. 系统组成

电话局通常是指以程控交换机为核心设备，以通信电源、维护终端、配线系统及用户电缆、中继电缆等为配套设备，能够承载一定数量用户话音通信功能的通信站，其组成示意图如图 5-21 所示。多个电话局之间通过传输线路实现连接，构成了电话通信网。电话局根据其话务转接功能可分为长途局、汇接局和端局。

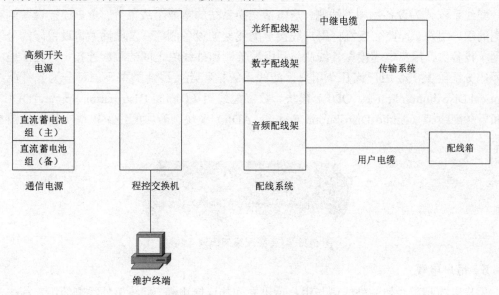

图 5-21　电话局组成示意图

1）程控交换机

程控交换机是指配置一定数量用户电路和中继电路的电路交换设备。例如，ZXJ10B、C&C08。

2）维护终端

维护终端是程控交换机的配套设备，提供用户管理、维护电话局的功能界面，主要功能包括局数据管理、用户数据管理、中继数据管理、设备运行数据监视等。在一般情况下，维护终端需要安装专用维护软件，并与程控交换机通过专用电缆（多为网线）实现连接。

3）通信电源

程控交换机一般使用-48V 直流电源。机房一般需要配备整流器，以先将 220V 市电转换为 48V，再采用正极接地方式取得-48V 电压。在通信站里，一般配有专门的电源机房，市电和油机自发的 380V 交流电先进入交流配电柜，分出后再进入开关电源柜，开关电源柜输出的 48V 直流电被送至程控交换机，为防止突然断电，还需要配备直流蓄电池组（主、备两组）。电话交换系统配电关系示意图如图 5-22 所示。

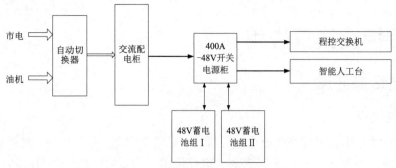

图 5-22　　电话交换系统配电关系示意图

4）配线系统

配线系统分为设备侧和外线侧，是电话交换系统的重要组成部分，负责连接设备侧和外线侧的端口用户。程控交换机将用户线接至配线架的设备侧，可以理解为将设置好的号码布放到了设备侧，用户电缆接在外线侧。利用设备侧和外线侧之间的跳线连接，可灵活地将电话号码分配给某一个用户或几个用户。配线系统按照连接线路类型不同可分为光纤配线架（Optical Distribution Frame，ODF）模块、数字配线架（Digital Distribution Frame，DDF）模块和音频配线架（Audio Distribution Frame，ADF）模块。音频配线架模块实物图如图 5-23 所示。

图 5-23　　音频配线架模块实物图

5）用户电缆

用户电缆是配线架的外线侧与用户话机之间的连接电缆。配线架外线侧的用户线先汇聚成不同的用户电缆，分别连接至用户话机的聚集区（通常是指一栋建筑），再通过配线箱将每一路用户线引至用户桌面。

6）中继电缆

中继电缆用于实现交换局和交换局之间的连接。交换局之间的距离通常比较远，一般需要通过传输系统来实现连接。陆地电话通信网通常使用光传输系统，不适合铺设光缆的交换局之间可以采用卫星通信网或其他无线通信系统。因此，中继电缆通常从配线架的外线侧连接至传输设备相应接口。

2．硬件配置

ZXJ10B 采用的是全分散控制结构，根据局容量大小，可由一到数十个模块组成；根据业务需求和地理位置的不同，可配置不同模块扩展，包括 MSM、SNM、OMM、PSM、RSM、PHM、RSU。MSM 主要完成各个模块间的消息交换。PSM 作为 SNM 的外围模块承担交换和业务接入任务，既可以在多模块时作为外围模块，也可以独立作为交换局。PSM 在作为外围模块时服从 OMM 统一管理。RSM 的基本功能与 PSM 相同，只是在组网中 RSM 可以置于远离 SNM 的地方，通过传输设备与 SNM 相连，在管理上服从 OMM 统一管理。OMM

是实现整个系统运行管理的核心模块，由服务器、以太网及若干客户机组成，通过 SNM 实现对各个模块、处理机的管理。除 OMM 外，每一种模块都由一对主备式的主处理机和若干个外围处理机及通信处理机组成。SNM、MSM、PSM、RSM 是 ZXJ10B 前台网络的基本模块，OMM 构成了 ZXJ10B 的后台网络。

PSM 的主要功能包括：①在单模块成局时，实现 PSTN、ISDN 用户接入和呼叫处理；②在多模块成局时，作为其中一个模块接入 SNM；③接入接入网用户；④作为智能网的 SSP 接入 SCP；⑤带远端用户模块。PSM 既可以单独成局，也可以与 SNM 和其他功能模块共同成局。PSM 功能结构示意图如图 5-24 所示。

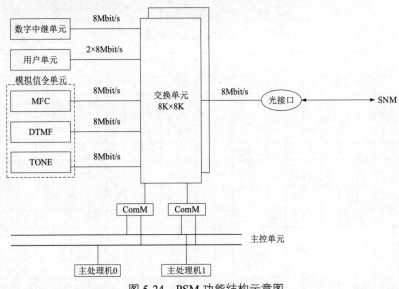

图 5-24　PSM 功能结构示意图

程控交换机的硬件配置是指根据电话局的属性和容量来配置相应的硬件模块、电路板卡。下面以基于 ZXJ10B 的 PSM（8K）的电话局为例来介绍其硬件配置。

1）总体配置

一个 8K 的 PSM 最多为 5 个机架，如图 5-25 所示，其中#1 机架为控制柜（见图 5-26），配有所有公共资源和 2 层数字中继、1 个用户单元，可以独立工作；其他 4 个机架为纯用户柜（#2～#5），只配有用户单元。根据用户线数量，单模块结构可分为单机架、2 机架到 5 机架，每个机架有 6 层机框，自下而上依次为机框 1 至机框 6。PSM 控制柜典型配置如图 5-26 所示。PSM 用户柜典型配置如图 5-27 所示。

2）功能单元

PSM 作为一个独立交换模块的主要功能单元包括用户单元、数字中继单元、模拟信令单元、时钟同步单元、主控单元、DSE。

（1）用户单元是程控交换机与用户之间的接口单元。

用户单元主要由模拟用户接口板（ASLC）、数字用户接口板（DSLC）、用户单元处理器板（SP）、用户处理接口板（SPI）、多任务测试板（MTT）、数字用户处理板（TDSL）和用户层背板（BSCL）组成。用户单元可以根据所连接用户的类型选配不同的板。

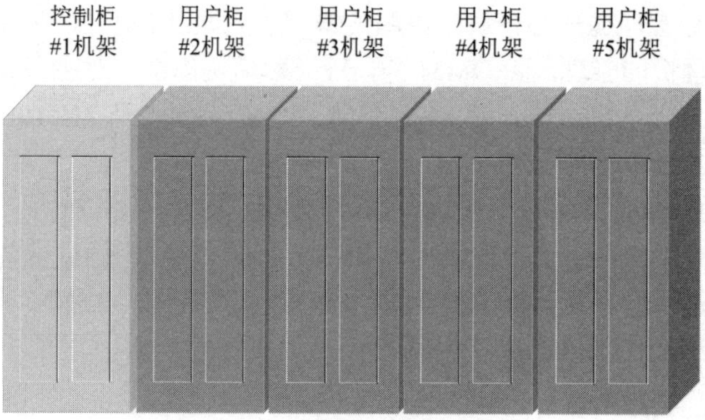

图 5-25　PSM 的机柜配置图

控制柜 #1机架　　用户柜 #2机架　　用户柜 #3机架　　用户柜 #4机架　　用户柜 #5机架

机框	1	2	3	4	5	6	7	8	9	10	11	12	13	14	15	16	17	18	19	20	21	22	23	24	25	26	27
机框 6	POWB		DTI	DTI		DTI	DTI		DTI	DTI		DTI	DTI		DTI	DTI		DTI	DTI		DTI	DTI		ASIG	ASIG		POWB
机框 5	POWB		DTI	DTI		DTI	DTI		DTI	DTI		DTI	DTI		DTI	DTI		DTI	DTI		DTI	DTI		ASIG	ASIG		POWB
机框 4	POWB		SMEM				MP				MP		COMM	COMM	COMM	COMM	COMM	COMM	COMM	COMM	COMM	COMM	COMM	PEPD		MON	POWB
机框 3	POWB		CKI	SYCK			SYCK			DSN		DSN	DSNI	DSNI	DSNI	DSNI	DSNI	DSNI	DSNI		FBI	FBI					POWB
机框 2	POWA		ASLC	ASLC	ASLC	ASLC	ASLC	ASLC	ASLC	ASLC	ASLC	ASLC	ASLC	ASLC	ASLC	ASLC	ASLC	ASLC	ASLC	ASLC	ASLC	ASLC			SPI	SPI	POWA
机框 1	POWA		ASLC	ASLC	ASLC	ASLC	ASLC	ASLC	ASLC	ASLC	ASLC	ASLC	ASLC	ASLC	ASLC	ASLC	ASLC	ASLC	ASLC	ASLC	ASLC	ASLC	MTT		SP	SP	POWA

POWB—控制层电源板；DTI—数字中继板；ASIG—模拟信令板；POWA—用户层电源板；
SMEM—共享内存板；MP—主处理机；ComM—通信管理模块；PEPD—环境监控板；MON—监控板；
CKI—基准时钟接口板；SYCK—时钟同步板；DSN—交换网络板；DSNI—数字交换接口板；
FBI—光纤总线接口板；ASLC—模拟用户接口板；SPI—用户处理器接口板；SP—用户单元处理器板。

图 5-26　PSM 控制柜典型配置图

	1	2	3	4	5	6	7	8	9	10	11	12	13	14	15	16	17	18	19	20	21	22	23	24	25	26	27
机框 6	POWA		ASLC	ASLC	ASLC	ASLC	ASLC	ASLC	ASLC	ASLC	ASLC	ASLC	ASLC	ASLC	ASLC	ASLC	ASLC	ASLC	ASLC	ASLC	ASLC	ASLC			SPI	SPI	POWA
机框 5	POWA		ASLC	ASLC	ASLC	ASLC	ASLC	ASLC	ASLC	ASLC	ASLC	ASLC	ASLC	ASLC	ASLC	ASLC	ASLC	ASLC	ASLC	ASLC	ASLC	ASLC	MTT		SP	SP	POWA
机框 4	POWA		ASLC	ASLC	ASLC	ASLC	ASLC	ASLC	ASLC	ASLC	ASLC	ASLC	ASLC	ASLC	ASLC	ASLC	ASLC	ASLC	ASLC	ASLC	ASLC	ASLC			SPI	SPI	POWA
机框 3	POWA		ASLC	ASLC	ASLC	ASLC	ASLC	ASLC	ASLC	ASLC	ASLC	ASLC	ASLC	ASLC	ASLC	ASLC	ASLC	ASLC	ASLC	ASLC	ASLC	ASLC	MTT		SP	SP	POWA
机框 2	POWA		ASLC	ASLC	ASLC	ASLC	ASLC	ASLC	ASLC	ASLC	ASLC	ASLC	ASLC	ASLC	ASLC	ASLC	ASLC	ASLC	ASLC	ASLC	ASLC	ASLC			SPI	SPI	POWA
机框 1	POWA		ASLC	ASLC	ASLC	ASLC	ASLC	ASLC	ASLC	ASLC	ASLC	ASLC	ASLC	ASLC	ASLC	ASLC	ASLC	ASLC	ASLC	ASLC	ASLC	ASLC	MTT		SP	SP	POWA

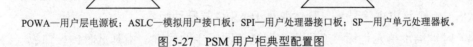

POWA—用户层电源板；ASLC—模拟用户接口板；SPI—用户处理器接口板；SP—用户单元处理器板。

图 5-27　PSM 用户柜典型配置图

　　每个用户单元占用 2 个机框，每个机框可以插 20 块 ASLC，每块 ASLC 含 24 路模拟用户。每个用户单元能够提供 960 路模拟用户。用户单元中的每块板称为一个子单元。用户单元与 DSE 的连接是通过两条 8Mbit/s 的 HW 总线实现的，如图 5-28 所示。每条 HW 总线的最后两个时隙（TS126 时隙、TS127 时隙）用于与主处理机通信；TS125 时隙为忙音时隙；2 条 8Mbit/s 的 HW 总线的其余 250 个时隙由用户单元处理器板内的 LC 交换网络动态分配给用户使用。用户单元处理器板根据用户在摘机队列中的次序分配时隙，一旦 LC 交换网络的时隙被占满，就由用户单元处理器板控制忙音时隙给后续起呼者送出忙音。用户单元可以实现 1∶1～4∶1 的集线比。

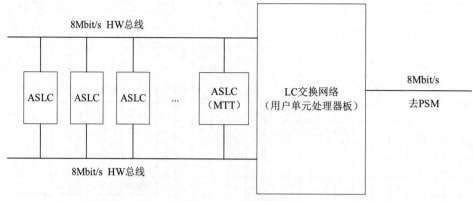

图 5-28　LC 交换网络

（2）数字中继单元是程控交换机之间或程控交换机与数字传输设备之间的接口单元。

数字中继单元的主要功能包括码型变换、时钟提取、帧同步及复帧同步、信令插入及提取、检测告警和 30B+D 用户的接入。数字中继单元主要由数字中继板（DTI）和中继背板（BDT）构成，在物理位置上，其在控制柜的机框 5、机框 6 中。当中继线为光路时，可配置 ODT 板。ODT 为光中继板，占用 4 条 8Mbit/sHW 总线。

BDT 支持的 DTI 或 ASIG 槽位号为 3n 和 3n+1（n=1～8）。每块 DTI 提供 4 个 2Mbit/s 的中继线接口（E1 接口），即一块 DTI 提供 120 路数字中继电路，每个 E1 接口称为一个子单元。DTI 与 DSE 通过一条 8Mbit/s 的 HW 总线相连。

（3）模拟信令单元主要完成 DTMF 信号的接收/发送、MFC 信号的接收/发送、TONE 信号的发送、主叫号码识别信息的发送、会议电话等功能。

模拟信令单元由 ASIG 和 BDT 组成，共有 4 个，在控制柜的机框 5 中，与 DTI 共用机框。

每块 ASIG 可提供 120 个电路，但一块 ASIG 被分成两个子单元，子单元可以提供的主要功能包括接收与发送 MFC 信号、DTMF 信号、TONE 信号（信号音及话音电路）、主叫号码显示信号、会议电视信号等，具体取决于 ASIG 软硬件版本。

（4）时钟同步单元是程控交换机实现通信网同步的关键，由基准时钟接口板（CKI）、同步振荡时钟板（SYCK）和时钟驱动板（8K PSM 为 DSNI）为整个系统提供统一时钟，并能对高一级的外时钟进行同步跟踪。

时钟同步单元与 DSE 共用一个机框。背板（BNET）为其提供支撑及板间连接。SYCK 一般采用主备部署方式。在单模块独立成局时，本局时钟由 SYCK 提供。SYCK 根据由 DTI 或 BITS 提取的外同步时钟信号或原子频标进行跟踪同步，实现与上级局时钟的同步。时钟同步通道如图 5-29 所示。

（5）主控单元对所有程控交换机功能单元、单板进行监控，在各个处理机之间建立消息链路，为软件提供运行平台，具体包括控制交换网络的接续，负责前后台数据及命令的传送，实现与各功能子单元的通信。

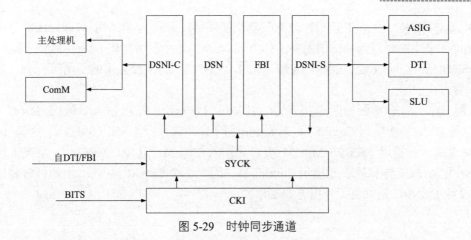

图 5-29 时钟同步通道

ZXJ10B 的主控单元由一对主/备模块处理机、共享内存（SMEM）、ComM、监控板（MON）、环境监测板（PEPD）和控制层背板（BCTL）组成。

BCTL 上有两条控制总线，主/备模块处理机分别与其中一条控制总线连接，ComM、PEPD 和 MON 同时挂在两条控制总线上。ComM、PEPD 和 MON 上带有 8KB 的双口 RAM，各单板通过双口 RAM 和控制总线实现与主处理机的通信。

ComM 位于 13～24 板位，其类型包括 MPMP、MPPP、STB、V5 和 U 卡通信板，其中 MPMP 和 MPPP 是成对工作的。MPMP 用于在多模块连接时提供各模块主处理机之间的消息传递通道。MPPP 提供模块内主处理机与各外围处理子单元处理机之间的信息传递通道，固定由 15、16 槽位的一对 MPPP 提供交换网单元的交换接续控制通道。STB 提供 7 号信令信息的处理通道。V5 提供 V5.2 信令信息的处理通道。U 卡通信板提供 ISDN 用户与主处理机之间的消息传递通道。

通信端口分为 3 种，即模块间通信端口（用于两互连模块主处理机之间通信）、模块内通信端口（用于主处理机与模块内功能单元通信）和控制 T 网接续的通信端口（用于主处理机控制 T 网接续）。1 块 MPMP 能处理 32 个时隙，1 个模块间通信端口由 4 对通信时隙组成，1 对 MPMP 可处理 8 个模块间通信端口。1 块 MPPP 能处理 32 个时隙，1 个模块内的通信端口由 1 对通信时隙构成。其中，用户单元需要占 2 个模块内通信端口；数字中继单元、模拟信令单元占用 1 个模块内通信端口。主处理机通过这些通信端口获取功能单元的状态。15、16 槽位的 MPPP 通过 256kbit/s（4×64kbit/s）的 HDLC 信道实现 T 网的接续控制，需要发送至主备交换网，因此共占用 8 个时隙。有些单元、单板（如 MON）的通信，主要通过 RS485、RS232 串口实现。

（6）DSE（T 网）主要完成本模块内的话路接续和消息接续的交换。

如果与中心模块相连，还要完成模块间的信息接续。DSE 提供 64kbit/s 的动态话路时隙交换、64kbit/s 的半固定消息时隙交换和 n×64kbit/s 的动态时隙交换功能，位于 PSM 的 BNET 层，主要完成 HW 总线间的交换连接，包括一对 DSN 板、4 对驱动板（DSNI）和一对光纤板（FBI），位于控制柜的机框 3。其中，13、14 槽位的 DSNI 是 DSNI-C，是控制级或主处理机级的 DSNI；本机柜中其余 DSNI 为 DSNI-S，是功能级或从处理机级的 DSNI。两类 DSNI 的工作方式和功能不同。FBI 具有光电转换功能，提供 16 条速率为 8Mbit/s 的光口。当两模块间距离远、速率大时，FBI 可提供光纤传输接口。

8K DSN 板是一个单 T 结构时分无阻塞交换网络，容量为 8K×8K 时隙，HW 总线速度为 8Mbit/s，采用的是双入单出的主备工作方式，一对 DSN 板可提供 64 条 8Mbit/s 的 HW 总线。DSE 包括 8K DSN 板、DSNI、FBI、CKI、SYCK。DSN 板采用的是两入一出、互为主备的配置方式。

T 网 HW 总线分配图如图 5-30 所示。HW0～HW3 用于消息通信，通过 DSNI-C（13、14 槽位的 DSNI）连接到 ComM。4 条 8Mbit/s 的 HW 总线经 DSNI-C 降速成 32 条 1Mbit/s 的 HW 总线（分别用 MPC0～MPC31 表示）接入 ComM。其中，MPC0 与 MPC2 连接到 ComM#13，MPC1 与 MPC3 连接到 ComM#14，因此 1 个 ComM 具有 32 个通信时隙的处理能力，2 块 DSNI-C 是以负荷分担方式工作的。

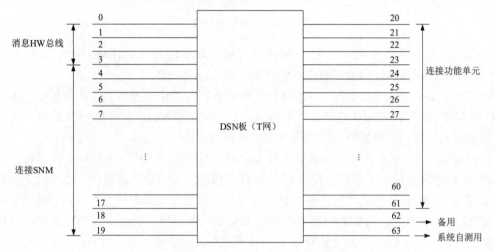

图 5-30　T 网 HW 总线分配图

HW4～HW62 主要用来传送话音信息，分别通过 3 对 DSNI-S 连接到各功能单元，并通过 1 对 FBI 连接到中心模块或其他 PSM。FBI 和 DSNI-S 都是热主/备用的。

1 对 DSNI-S（或 1 对 FBI）能处理 16 条 8Mbit/sHW 总线，HW4～HW62 总线与槽位的对应关系如下。

① 21/22 DSNI-S（或 FBI）对应 HW4～HW19 总线。

② 19/20 DSNI-S（或 FBI）对应 HW20～HW35 总线。

③ 17/18 DSNI-S（或 FBI）对应 HW36～HW51 总线。

④ 15/16 DSNI-S（或 FBI）对应 HW52～HW62 总线。

HW4～HW19 总线用于模块间连接，如果不需要，可以连接到功能单元；HW20～HW60 总线用于用户单元的连接，每个用户单元占用 2 条 HW 总线；从 HW61 总线开始，用于数字中继与模拟信令单元的连接，每个单元占用 1 条 HW 总线；HW62 总线备用；HW63 总线用于系统自测。

DSE 的结构特点：采用双通道结构，话路接续和消息接续走不同的 T 网 HW 总线。消息通道占用 HW0～HW3 总线，共 4 条 HW 总线。话音通道占用 HW4～HW62 总线；优点是消息量大、实时性好、消息通道和话音通道在同一块 DSN 板上，方便管理。

话音通信的时隙分配情况如图 5-31 右侧所示。假设某一用户单元的用户 A 和另一用户单元的用户 B 通话，其话音路径为用户单元处理器板→DSNI-S→DSN 板→DSNI-S→用户单元处理器板。

消息通信的时隙分配情况如图 5-31 左侧所示。假设 PSM 给用户单元处理器板发送消息，其消息路径为主处理机→ComM→DSNI-C→DSN 板→DSNI-S→用户单元处理器板。

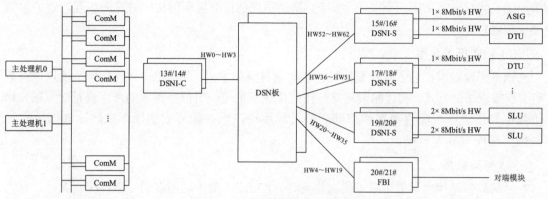

图 5-31　消息通信的时隙分配情况

3）配置应用

交换局以 PSM 为单独的交换机系统，完成 PSTN、ISDN 用户接入呼叫处理，其典型配置：用户为 12480L（L 又称为线，即用户数）；中继为 2760L；DTMF 为 420 套；MFC 为 360 套。

3. 数据配置

完成交换局硬件配置后，需要完成局数据配置。ZXJ10B 的局数据包括：局容量数据、交换局数据、物理配置数据、号码数据、号码分析数据。

1）局容量数据

在一个交换局开通前必须根据实际情况进行整体规划，确定局容量。ZXJ10B 局容量数据是对前台主处理机内存和硬盘资源划分的指示，关系到主处理机能否正常发挥作用。在一般情况下，局容量数据一经确定不再进行增加、修改或删除。如果以后根据实际情况进行了扩容或其他操作，并且对局容量数据进行了修改，那么相关模块的主处理机必须重新启动，修改才能生效。

2）交换局数据

交换局数据主要描述本局在电话通信网中的定位，以及本局与邻接交换局的连接关系等。"交换局配置"窗口如图 5-32 所示。其中，"局向号"用来标识本局与邻接交换局，其编码范围为 1～255。规定本局的局向号固定取值为 0。"交换局编号"要根据使用者所在地区设定。"交换局网络类别"要根据实际情况设定。"交换局类别"要根据实际需要选择，系统会自动判断互斥性。

图 5-32　"交换局配置"窗口

本局的"信令点配置数据"包括配置本局的 SP 编码、出网字冠、区域编码和 GT（Global Title）号码。其中，SP 编码分为 OPC14 和 OPC24 两种，分别代表 14bit 和 24bit 的 SP 编码；出网字冠可以为空，多用于专网；区域编码为本局对应网的区域编码；GT 号码是指 SCCP 用户信令网寻址时采用的全局码。邻接交换局根据邻接交换局的实际情况和相互约定的参数进行配置。

3）物理配置数据

物理配置数据描述了程控交换机的各种设备（如 DSN 板、用户处理器板、用户电路板等）连接成局的方式。物理配置数据是按照模块→机架→机框→单板的顺序进行配置的，删除数据操作顺序与配置数据操作顺序相反。用户在进行配置数据操作或删除数据操作时必须严格按照顺序进行。

4）号码数据

号码数据是指本局的用户号码编排方案。ZXJ10B 对本局所有局号进行统一编号，称为本局局号。一个本局局号对应的本局电话号码长度是确定的，不同本局局号对应的本局电话号码长度可以不等。

例如，对于 8 位号长记为 PQRSABCD，其中，本局局号为 PQRS，用户号为 ABCD，百号组为 AB；对于 7 位号长记为 PQRABCD，其中，本局局号为 PQR，用户号为 ABCD，百号组为 AB；对于 6 位号长记为 PQABCD，其中本局局号为 PQ，用户号为 ABCD，百号组为 AB。

5）号码分析数据

程控交换机的一个重要功能就是网络寻址，在电话通信网中用户的网络地址就是电话号码。号码分析主要用来确定某个号码流对应的网络地址和业务处理方式。号码分析数据主要确定号码分析器和号码分析选择子两个参数。

号码分析器规定了一系列被分析号码与相关属性的对应关系，而号码分析选择子规定了所使用的号码分析器及其使用顺序。对于某一指定的号码分析选择子，号码严格按照固定的顺序经过号码分析选择子中规定的各种号码分析器，由号码分析器进行号码分析并输出结果。对于号码管理和号码分析数据的具体配置将在下面进行具体说明。

5.4.2 用户开通

用户开通是指通过程控交换机的硬件和软件配置，实现电话用户开通正常话音通信服务的过程。

1．物理配置

如 5.4.1 节所描述，交换局需要完成局容量数据配置、交换局数据配置和相应的物理配置。在物理配置中，应依次配置程控交换机的模块、机架、机框和单板。与用户开通密切相关的硬件部分是用户单元。

需要注意的是，在进行用户开通的数据配置前，需要按照业务需求在用户机架上安装相应数量和类型的 ASLC，ASLC 应安装在指定的机框和相应的位置上。每个用户单元占用 2 个机框，每个机框可以插 20 块 ASLC，每块 ASLC 含 24 路模拟用户。

2．用户号码编排

用户号码编排是指对号码资源进行合理规划，确定电话号码分配方案，具体来说就是，通过数据配置，确定电话用户的"局号+百号组+用户号"。如果设定局号为"60"，用户号为"51"，百号组为"07"，则最终用户号码为600751。局号对应电话局，与电话通信网中的号码编排有关。

主要操作步骤如下。

（1）查询局号和百号组。

依次选择"数据管理"→"基本数据管理"→"号码管理"→"号码管理"选项，选择"用户号码"选项卡，确定相应的"网络类型"和"局号"。网络类型一般与本局交换局配置中确定的基本网络类型一致。若选择"用户类别"为"所有用户"，则"百号组"框中就会显示该局号下的所有百号组；选中预查看的百号组，"号码属性"框中就会显示该百号组中的号码的属性，显示"未使用"的号码就是未被使用的号码，可以用来给新用户放号。

（2）创建新局号。

创建新局号需要确定局号索引、局号、描述、号码长度等信息。局号索引是历次增加局号的顺序编号，其编码范围为 1～200，每个局号不能使用相同的顺序编号。局号是本局号码，可以由 1～4 位组成，首位为 2～9。描述是对局号的注释。号码长度一般根据实际用户号码位数来定义。

（3）分配百号组。

通过分配百号组，可以选择指定的局号和模块号，在"可分配的百号组"框中显示的是该局号下可分配的百号组，可选择使用部分或所有百号组。

3．用户放号

用户放号过程实际上是将用户单元的物理端口与用户号码建立对应关系的过程。用户放号有基本放号、简便操作、文件操作三种方式。下面仅对基本放号方式进行说明。

依次选择"号码管理"→"用户号码"→"放号"选项，打开的界面中会显示号码范围（局号、百号组）、用户线范围（模块、机架、机框）、用户线类型。同时系统会提示目前可用的号码和可用的用户线等信息，以辅助管理员进行操作。

根据预定方案确定可用号码和可用用户线，启动放号操作，即可完成一个用户的放号。若一次性对多个用户进行放号，则可以先确定放号数目，再启动放号操作，系统将会按顺序自动匹配可用号码和可用用户线，实现多用户自动放号。

4．创建号码分析数据

用户放号后，还要配置相应的号码分析数据。在程控交换机的呼叫处理程序中，号码分析用来确定某个号码流对应的网络地址和业务处理方式。ZXJ10B 利用号码分析器、号码分析选择子两个参数来实现号码分析。如图 5-33 所示，系统按照某种号码分析器的规定确定接收的号码流的网络地址和业务处理方式，若该号码分析器不含号码流中的目的码，则转到下一个号码分析器进行分析。号码分析器的类型、数量和顺序是由号码分析选择子来确定的。

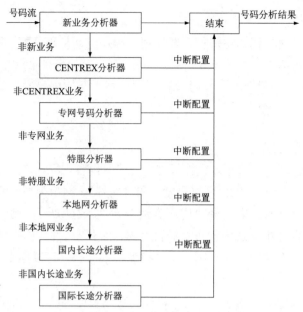

图 5-33　号码分析器的处理流程图

ZXJ10B 提供了 7 种号码分析器：新业务分析器、CENTREX 分析器、专网号码分析器、特服分析器、本地网分析器、国内长途分析器和国际长途分析器。号码分析器是由一组具有共同属性的目的码组成的，这些独立的号码分析器包含许多具有相同属性的目的码。号码分析器中的目的码属性没有统一要求，仅仅是用户根据具体情况组织起来的若干个目的码的集合，便于用户维护。如图 5-34 所示，每个被分析号码（目的码）都有相应的属性，这些属性是处理呼叫业务的依据。

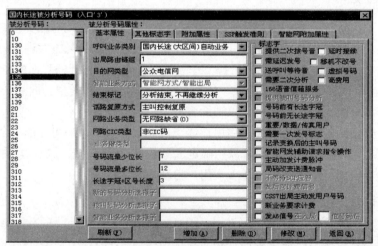

图 5-34　号码分析器的属性配置界面①

号码分析选择子是若干个号码分析器的编号，用来指定号码分析器的选择顺序，如图 5-35 所示。每个用户（或一群用户，如一个局号下的所有用户）需要指定一个号码分析选择子，建立一个特定的号码分析路径。在号码分析选择子中，若某分析器入口对应值为 0，

---

① 该界面左上角的名称会随配置发生变化。

则表示该类分析器没有配置，使用此号码分析选择子的号码流不进行该类分析。

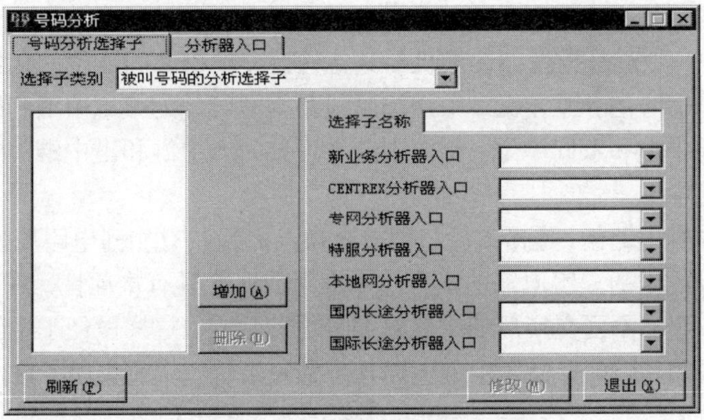

图 5-35　"号码分析选择子"选项卡

5．修改用户属性

程控交换机只有为每个用户都赋予相应的属性，才能具备相应的功能和权限。系统默认为新放号的用户配置的相关属性可根据实际情况进行修改。系统支持单用户的属性配置和批量用户的属性配置，如图 5-36 所示。对于新放号的用户，至少需要对"号码分析选择子""未开通"等属性进行修改才能真正实现开通。

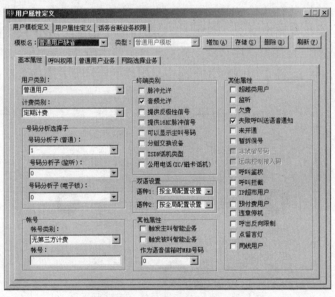

图 5-36　"用户属性定义"窗口

5.4.3　组网应用

程控交换机的组网应用是指电话局通过局间中继与其他电话局连接，包括实现电话用户的出局接续、入局接续或转接接续。

1．中继及相关概念

局向标识了本局到邻接交换局的不同去话方向。本局的邻接交换局是指和本局之间由直达话路连接或由直达信令链路连接的交换局。局向采用一个 8 位组作为唯一标识。局向号仅在本局内有效，与邻接交换局无关，与其他交换局的局向号也无关。

在 ZXJ10B 中，中继是指程控交换机与其他程控交换机之间连接的接口电路，是一个处理话路信号和信令信号的独立单元。中继按照线路类型可分为模拟中继和数字中继；按照中继方向可分为单向中继和双向中继，单向中继又可分为入中继和出中继；按照信令方式可分为随路中继和共路中继。

中继组又称中继电路组，是指本局与邻接交换局之间具有相同电路属性（信道传输特性、局间电路选择等）约定的一组电路的集合。中继组的概念具有本地性，在本局内统一编号，数量可以达到 255 个。不同交换局的中继组编号彼此独立。这样做便于中继组的管理，由于可配合路由数据使用，因此保证了中继电路管理的灵活性，从而实现了路由中中继电路负荷分担的统一。

一个出局路由对应一个中继组。一个路由的各个中继组之间的话务实行负荷分担。每个出局路由组由最少 1 个、最多 12 个同级路由组成。一个路由组的各个路由之间的话务实行负荷分担。一个出局路由链由最少 1 个、最多 12 个出局路由组组成。一个出局路由链中的路由组可以重复。根据出局路由链选择出局路由组采用的是优选方式。管理员可以通过设定出局路由链来确定路由选择策略。

所谓优选，是指按优先次序进行选择。例如，先选择 1，如果不成功再选择 2。如图 5-37 所示，从本局到目的局共有 3 个出局路由组，即路由组 1、路由组 2、路由组 3。现有一个出局路由链 1 和一个出局路由链 2，其中，出局路由链 1 是由路由组 1、路由组 2、路由组 3 这 3 个路由组组成的，且优先次序依次为路由组 1、路由组 2、路由组 3；出局路由链 2 也是由路由组 1、路由组 2、路由组 3 这 3 个路由组组成的，但优先次序为路由组 1、路由组 3、路由组 2。

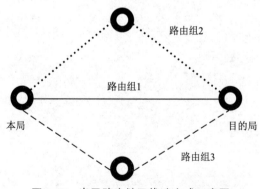

图 5-37　出局路由链及优选方式示意图

用户拨打出局电话号码，程控交换机先通过号码分析得到出局路由链组，然后根据中继数据配置进行中继选路。一个目的码出局的所有路径由出局路由链组标识，一个路由链组对应一个目的局。每个出局路由链组最多可设置 20 个出局路由链，但通常设置一个即可。一个出局路由链组中的出局路由链可以重复。采用轮选方式根据出局路由链组选择出局路由链。

路由链组、路由链、路由组、路由、中继组、中继的关系如图 5-38 所示。

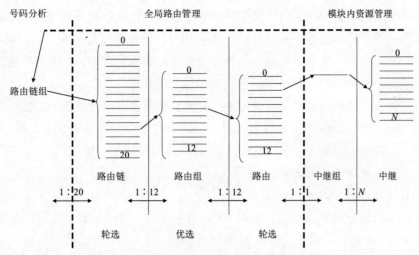

图 5-38 路由链组、路由链、路由组、路由、中继组、中继的关系

可以这样理解，主叫所在交换局完成号码分析后，确定了目的交换局需要建立连接，于是交换设备从到该目的交换局的路由链组中选择某一路由链（依据路由选择策略），进一步在路由链中选择某一个路由组，根据话务特点优选其中某一路由（高效直达路由、迂回路由或基干路由）。这个路由中可能含有多个中继组，中继组中含有若干个时隙，通常按照顺序或基于某种规则选择某个时隙，在主叫交换局和目的交换局之间为主叫用户到被叫用户建立连接。

2. 中继组网方式

程控交换机具有较强的组网功能，可采用二线方式或四线方式与本地网或专用网连接，可采用模拟方式或数字方式组网。ZXJ10B 采用的信令包括中国 1 号信令和 7 号信令。

以数字中继和 7 号信令为例进行介绍。ZXJ10B 的组网方式如图 5-39 所示。两个交换局之间采用 PCM30/32 数字中继方式，即 E1 数字中继方式。此时信令可以使用 1 号信令，也可以使用 7 号信令，本例使用的是 7 号信令。

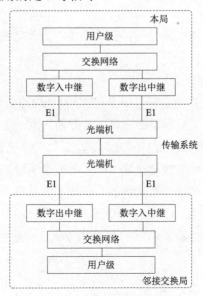

图 5-39 ZXJ10B 的组网方式

由于 7 号信令是共路信令，其传送信令的信令链路和通话话路是分开的，因此在组网开通时，不仅要进行中继话路数据配置，还要进行信令链路数据配置。

对于 ZXJ10B 来说，开通 7 号信令必须保证有 7 号信令板和 DTI，因此在物理配置中，需要添加 7 号信令板和 DTI，并将其子单元初始化为"共路信令"。

在配置 7 号信令中继前，需要和局方协商，至少要准备好以下数据：本局和邻接交换局的 SP 编码、信令链路编码、CIC、信令类型（ISUP 或 TUP）、连接方式、本局 SP 类型（端节点、转接点、端/转接点）、中继同抢方式、信令链路使用的时隙等。

开通 7 号信令中继的数据配置步骤如下。

（1）配置交换局数据。

配置交换局数据包括本局配置、本局 SP 配置和邻接交换局配置。本局配置需要确定本局测试码、本局 SP 类型（通常选择端/转接点）。

本局 SP 配置需要确定本局的 SP 编码及用户部分。有 OPC14 和 OPC24 两类 SP 编码可供选择，一般使用 OPC24。用户部分一定要选择相应业务，否则 7 号信令系统将不能正常开通，若开通的是 ISUP 中继，则必须选择"ISUP 用户"选项。

邻接交换局配置要根据实际情况填入相应数据。在多数情况下，国内开局时的"7 号信令协议"选择"中国标准"选项，"SSF"选择"08H（国内）"选项，"子协议类型"选择默认方式，"信令点编码类型"选择"24 位信令点编码"选项，"测试业务号"选择"0x02"选项。

连接方式分为直联和准直联两种，直联连接方式是指两个相邻 SP 之间的信令信息通过直接连接的链路组传送。准直联连接方式是指对应的信令信息通过两个或多个串接的链路传送，中间经过一个或多个 SP 转接。

（2）DTI 配置。

需要配置 DTI 的单元信息。在多数情况下，按照默认值配置即可。

（3）中继管理数据配置。

通常按照增加中继组、中继电路分配、出局路由、出局路由组、出局路由链、出局路由链组的顺序进行配置。

在数据配置中需要注意以下几点。

一是在增加中继组的配置过程中，"中继组类别"一般为"双向中继"。"入局线路信号标志""出局线路信号标志"根据需要选择，若开通 TUP 中继，则选择"CCS7_TUP"选项；若开通 ISUP 中继，则选择"CCS7_ISUP"选项。"中继选择方法"需要与对方局约定，在多数情况下，根据本局 SP 和邻接交换局 SP 的大小来确定，若本局较大，则选择"从偶数到奇数"选项；否则，选择"从奇数到偶数"选项。二是在"中继电路分配"界面中增加共路中继电路，需要在配置单元、子单元时将其 PCM 系统设置为共路信令，否则会无电路分配；同时准备用来作为信令链路的电路不要在此分配。三是"标志位"界面一般保持默认设置即可。

（4）出局码配置。

需要在"本地网分析器"中添加对端局号码。典型参数配置如表 5-4 所示。

表 5-4　典型参数配置

参数	参考值	备注
呼叫业务类别	本地网出局	—
出局路由链组	1	—
结束标志	分析结束，不再继续分析	—
号码流最少位长	6	被分析号码的最少位数，在 7 号信令中，当被叫号码长度等于号码流最少位长时，开始发送 IAM/IAI 消息
号码流最多位长	6	被分析号码的最多位数

（5）7 号数据共路 MTP 数据配置。

7 号数据共路 MTP 数据配置包括增加信令链路组、增加信令链路、增加信令路由、增加信令局向等内容。信令链路组参数配置表如表 5-5 所示。

表 5-5　信令链路组参数配置表

参数	参考配置	备注
信令链路组	1	取值范围为 1～255，可任选
信令链路组名称	1	自定义
直联局向	—	与基本数据管理中的交换局配置一致
差错校正方法	基本方法	包括基本方法和 PCR 方法两种，根据局方要求和链路传输时延，在一般情况下，当线路传输时延小于 15ms 时，使用基本方法；若是卫星链路，则可选择 PCR 方法

信令链路是两个交换局之间的信令通道。在 ZXJ10B 的数据配置中，需要建立 7 号信令板（STB）上的信令链路信道，以与可用中继电路进行关联。该信令链路占用的中继电路号需要与对方局的中继电路号一一对应。信令链路典型参数配置表如表 5-6 所示。

表 5-6　信令链路典型参数配置表

参数	参考配置	备注
信令链路号	—	取值范围为 1～1024，可任选，也可由系统自动分配
信令组号	1	可选择存在的链路组号，在前一步骤中配置
信令链路编码	2	由系统自动分配，通常需要与对方局约定，必须与邻接交换局的信令链路编码一致
模块号	—	链路所在模块
信令链路可用的通信信道	—	该链路所占用的 7 号信令板的信道号
信令链路可用的中继电路	—	该链路所占用的中继电路号，要与对方局一一对应

信令路由参数配置表如表 5-7 所示。

表 5-7　信令路由参数配置表

参数	参考配置	备注
信令路由号	—	局内标识，可根据需要设置
路由属性	—	若有多组链路，则需要选择排列方式；若只有 1 组链路，则不需要选择排列方式。同一路由中的所有信令链路组中的所有信令链路以负荷分担方式工作
链路排列方式	任意排列/人工指定	—

在一般情况下，信令局向与中继局向一致。信令局向路由通常为正常路由，若有迂回路由，则可选择第一迂回路由、第二迂回路由、第三迂回路由。

（6）增加 PCM 系统。

增加 PCM 系统就是指明信令链路能支持信令传递的 PCM 电路，并对信令链路管理的 PCM 电路进行编码，即 CIC。PCM 系统典型参数配置如表 5-8 所示。

表 5-8　PCM系统典型参数配置

参数	参考配置	备注
信令局向	与中继局向一致	—
PCM 系统编码	0	CIC 的高 7 位，使得对应电路的 CIC 与对方局一致
PCM 系统连接到本局的子单元	—	对应的 2Mbit/s 传输系统

5.4.4　日常维护与管理

完成局内用户和局间组网开通后，ZXJ10B 将处于正常运行状态。交换局的维护管理人员日常做的主要工作是程控交换机状态管理、日常维护、业务处理和告警处理。

1．日常维护

动态数据管理功能模块为程控交换机的日常维护与管理提供了有效工具。它可以管理中继线状态、用户线状态、交换网时隙状态、DTMF 信号状态、MFC 信号状态、测试电路状态等重要数据；可以对电路进行跟踪，当电路的状态发生变化时，程控交换机能够发出要求进行相应处理的通知信息；可以执行用户或中继的半固定连接管理或 V5、7 号信令的接口管理、呼叫转移管理和指定中继呼叫等功能。本节仅以呼叫业务观察为例，介绍日常维护的内容和方法。

呼叫业务观察包括呼叫动态跟踪、呼叫数据观察与检索。当用户呼叫失败时，如果需要知道导致呼叫失败的原因，可以通过呼叫动态跟踪观察分析呼叫实时跟踪数据，也可以通过呼叫数据观察与检索分析呼损原因。呼叫数据观察与检索的前提条件是确定存在呼叫失败或其他异常情况。

呼叫动态跟踪主要用于实现以下功能：指定对某一呼叫进行动态跟踪，记录该话机各种不同状态；动态跟踪呼叫随路出入局的信令；形象地演示整个呼叫过程；详细列出呼叫某状态的内部信息。

呼叫动态跟踪的基本步骤如下。

（1）打开呼叫动态跟踪界面。

（2）登记呼叫动态跟踪。

（3）观察呼叫状态迁移图。

（4）查看随路信令。

（5）终止呼叫动态跟踪。

呼叫数据观察与检索的基本步骤如下。

（1）打开呼损数据区观察界面。

（2）登记任务与设置观察参数。根据需要设置要观察的模块号、跟踪条件、呼叫类型等参数。

（3）对于拨打失败的呼叫，查看呼损数据。拨打失败的呼叫会产生一条呼损记录，供操作员分析失败原因。呼损记录包含用户号码、业务类型、失败原因、失败文件、失败行数、注释等信息。

（4）终止呼损观察，清除呼损数据。

2．业务处理

业务处理就是完成日常事务性的业务工作，主要包括日常事务处理、诊断测试等。ZXJ10B的后台维护系统软件为业务处理提供了手段。

日常事务处理是指维护管理人员为了更加快速有效地使用与管理日常通信业务，利用后台维护系统中的"日常事务处理"界面，完成限制用户呼入呼出权限的设置、修改欠费标志等。

程控交换机的诊断测试分为模块内测试和模块间测试，测试方法可分为即测和例测。即测是指立即测试，需要连续测试指定次数；例测是指周期性地定时测试。

3．告警处理

程控交换机在正常运行过程中会自动进行故障检测与分析。在出现故障时，一方面在系统再组成后由恢复处理程序来恢复正常的呼叫处理；另一方面进行故障分析与处理，并形成故障告警信息，以便通过告警设备（告警灯、告警铃等）向维护人员通知故障状况。为了便于维护人员查看告警信息和进行告警处理，程控交换机必须实现通过后台维护系统进行告警局配置。

（1）告警局配置。在"告警局配置"界面可启动告警局信息配置程序。告警局信息配置需要确定区号、局号、该局的分布地点、机房位置、物理配置等信息。其中，局信息中的模块、机架参数应与实际保持一致。

（2）告警信息的查看与处理。程控交换机的告警系统可对程控交换机前台运行进行实时监控，及时上报告警和通知信息，并对程控交换机各硬件单板进行复位、倒换、状态观察等。

5.5　本章小结

程控交换机是构建电话通信网的核心设备。ZXJ10B采用的是全分散硬件结构，能够根据局容量的大小进行扩充；具有结构化、模块化的呼叫控制程序，能够按照信令要求稳定完成接续；具有操作维护管理系统，为用户提供了维护、管理程控交换机的入口。

思考与练习题

5-1　简述程控交换机的组成结构及各部分功能。

5-2　简述电路交换系统建立一个本局通话时的呼叫处理过程。

5-3　简要说明程控交换机软件系统的结构特点和组成。

5-4　ZXJ10B主要包括哪些基本模块，其前台、后台的组网方式是怎样的？

5-5　8K DSN板能提供多少条HW总线，各条HW总线的作用是什么？

第 6 章

数据通信网

数据通信网基于标准协议实现了各类数据终端的互连。计算机通信业务需求决定了计算机通信网技术。按照覆盖范围划分的局域网、广域网依据承载的业务特点配置有不同硬件和软件。具有不同传输介质、拓扑结构和信道共享技术的局域网在传输速率、带宽、时延和丢包率等方面均存在一定差异。无线网络、水声传感器网络、多媒体网络和数据中心网络是按照传输需求和信道设计的，具有一定的特点。大家在学习时要把握各类网络的差异，紧密结合业务需求进行分析。数据通信网内容导图如图 6-1 所示。

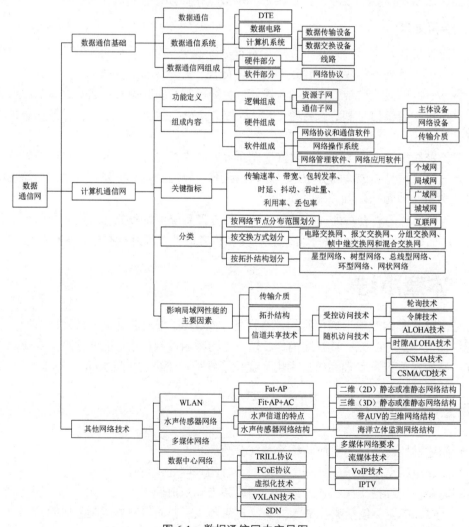

图 6-1　数据通信网内容导图

6.1 数据通信基础

6.1.1 数据通信

数据通信是计算机技术和通信技术相结合产生的一种通信方式。它通过通信线路将信息发生源（数据终端）与计算机连接起来，从而使得不同地点的数据终端直接利用计算机来实现软硬件和信息资源的共享。

通信的目的是传递信息。当信息的形式是数字信号时，若通信的对象仅限于人，是人与人之间的信息传递，如数字电话、电传电报等，则称之为数字通信；若通信的对象不限于人，而是人与机器（指计算机或终端等）或机器与机器间的通信，则称之为数据通信。数据通信包括数据传输和数据交换，以及在传输前后的数据处理。一般来说，数据通信具有如下特点。

（1）数据通信是人—机或机—机间的通信，计算机直接参与通信是一个重要特征。

（2）数据通信传输和处理的是离散的数字信号，不是连续的模拟信号。

（3）传输速率高，要求接续和传输响应时间短。

（4）传输系统质量高，要求误码率在 $10^{-8}\sim10^{-10}$。

由于数据通信离不开计算机，因此人们常把数据通信与计算机通信这两个名词混用。

6.1.2 数据通信系统

数据通信系统的基本构成如图 6-2 所示。数据通信系统是由 DTE、数据电路和计算机系统组成的。DTE 根据数据通信业务内容的不同可分为分组终端和非分组终端两大类。分组终端有计算机、数字传真机、智能用户电报终端、用户分组装拆设备、用户分组交换机、专用电话交换机、可视图文接入设备、局域网设备、各种专用终端等。非分组终端包括 PC 终端、可视图文终端、用户电报终端和各种专用终端等。数据电路由信道和 DCE 组成。DCE 的主要功能是在 DTE 和其接入的网络之间进行接口规程及电气上的适配，不同的数据通信系统所用的 DCE 可以有所不同。如果信道是模拟信道，那么 DCE 的作用就是把 DTE 送来的数据信号变换成模拟信号再送往信道；如果信道是数字信道，那么 DCE 的作用就是实现信号码型与电平的转换、信道特性的均衡、时钟信号的接收与形成、线路接续的控制等。

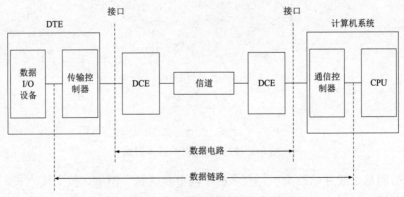

图 6-2 数据通信系统的基本构成

从不同角度来看信道有不同的分类，如可分为模拟信道和数字信道，有线信道和无线信道，频分信道和时分信道，还有专用信道和交换网信道。若信息采用交换网信道传输，则在每次通信开始前，要先通过呼叫过程建立连接，在通信结束后再释放连接，这和打电话情况类似。如果信息采用专用信道传输，则采用固定连接传输信息，无须进行上述建立连接与释放连接的过程。

计算机系统是数据通信系统的核心部分，通常由通信控制器和 CPU 两部分组成。通信控制器设在 CPU 和通信线路之间，用于管理与 DTE 相连的所有通信线路。CPU 用于处理由 DTE 输入的数据。计算机系统主要包括主存储器（用来存储用于处理数据的程序和部分使用频繁的数据）、辅助存储设备（也称外部存储器，用来暂时存储程序或数据，具有主存储器的辅助功能）。

当数据电路建立之后，为了进行有效的通信必须按一定的规程对传输过程进行控制，以实现双方协调和可靠的工作。这些功能在如图 6-2 所示的系统中是由传输控制器和通信控制器实现的。控制装置与数据电路共同称为数据链路。一般来说，只有在建立数据链路之后通信双方才可以真正有效地进行数据传输。

6.1.3 数据通信网组成

数据通信网由硬件和软件两部分组成。硬件部分包括数据传输设备、数据交换设备和线路，软件部分是为支持上述硬件而配置的网络协议等。数据通信网能实现终端与主机（计算机）、主机与主机间的数据传输与交换，其基本形式如图 6-3 所示，图中把在网络中完成数据传输、交换功能的点称为节点。

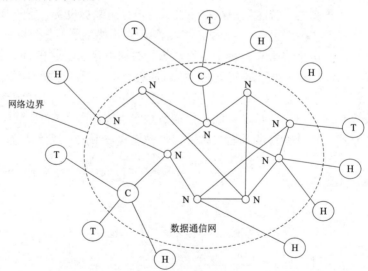

N—节点；T—终端；C—集中器；H—主机。

图 6-3 数据通信网的基本形式

数据通信网与一般通信网类似，有多种不同分类方法。例如，按交换方式，数据通信网主要有电路交换网、报文交换网、分组交换网等。数据通信网是在通信网的基础上建立的，通路的传输能力直接关系到数据的传输速率。常用通路有模拟通路和数字通路。

在模拟网中，数据信息是依靠模拟通路传输的，传输速度较低，一般为 2.4～9.6kbit/s，适用于信息源点之间通过拨号选路实现数据传输的电路交换方式。利用数字通路实现的数据传输无须模拟通路需要的调制解调器,适用于建立高速率数据传输通道,并有利于向 B-ISDN 发展。另外,利用时分复接设备,可将低速比特流复接成高速比特流。

6.2 计算机通信网

6.2.1 功能定义

计算机通信网是指将若干台具有独立功能的计算机通过通信设备及传输介质连接起来,在通信软件的支持下,实现计算机间信息传输与交换的系统。计算机通信网涉及计算机与通信两个领域。计算机与通信的结合是计算机通信网产生的主要条件。通信为计算机之间的数据传送和交换提供了必要手段。计算机技术的发展渗透到通信技术中,提高了通信网的各种功能。

计算机通信网的功能归纳起来一般有以下几点。

(1)数据传输。计算机通信网为网络用户间、各个处理器间及用户与处理器间提供通信服务,属于基本功能。

(2)资源共享。计算机通信网能够实现计算机资源共享。计算机资源是指计算机的硬件资源、软件资源和数据资源。资源共享功能使得网络用户可以克服地理位置的差异性,共享网络中的计算机资源,以达到提高硬件、软件的利用率及充分利用信息资源的目的。

(3)提高系统可靠性。计算机通信网通过检错、重发、多重链路等手段来提高系统整体可靠性。

(4)分布式处理。计算机通信网可将原来集中于一个大型计算机的许多处理功能分散到不同的计算机上进行处理。分布式处理一方面可以减轻价格昂贵的主处理器的负担,降低主机和链路的成本;另一方面可以提高网络的可靠性。

(5)集中控制与管理功能。计算机通信网可以实现网络集中管理和资源统一分配。

6.2.2 组成内容

计算机通信网的组成内容能够从不同角度划分。

1. 逻辑组成

在逻辑上计算机通信网由资源子网和通信子网构成。其中,资源子网负责处理信息,通信子网负责传输网络数据。

资源子网由主机、用户终端、网络操作系统、网络数据库、各种软件资源与信息资源组成。资源子网负责全网的数据处理业务,向网络用户提供各种网络资源与网络服务。它们的任务是利用自身的硬件资源和软件资源为用户提供数据处理和科学计算,并将结果以一定形式发送给用户或存档。

主机是资源子网中的主要组成单元,是指各种类型的计算机。用户终端可以是简单的 I/O 设备,也可以是具有存储和信息处理能力的智能终端。网络操作系统是建立在各主机操作系统上的一个操作系统,用于实现网络互联,并对外提供接口,以便用户使用网络。网络数据库是建立在网络操作系统上的一个数据库系统，向网络用户提供存、取、修改网络数据库中的数据的服务，支持实现多个数据库间的数据同步。各种软件资源与信息资源部署在主机上，向网络用户提供各类软件应用与信息服务。

通信子网由专用的通信控制处理机、通信线路及其他通信设备组成，用于完成网络数据传输任务。

通信控制处理机被称为网络节点，往往指网络交换机、路由器等设备，通常起中转站作用，主要负责接收、存储、校验和转发网络中的数据包。通信线路可采用电话线、双绞线、同轴电缆、光纤等有线传输介质，也可采用微波、卫星等无线传输介质。其他通信设备主要指信号变换设备，利用信号变换设备可以对信号进行变换，以适应不同传输介质的要求。将计算机输出的数字信号变换成电话线上传送的模拟信号使用的调制解调器就是一种信号变换设备。

2．硬件组成

计算机通信网硬件是计算机网络系统的物质基础，主要包括主体设备、网络设备及传输介质。

主体设备又称主机，一般可分为客户机（工作站）和服务器（中心站）两类。客户机是供用户使用网络的本地计算机，多采用 PC。服务器为整个网络服务，需要长时间、不间断地运行，因此配置相对较高。

网络设备是指在计算机网络中起连接和转换作用的设备或部件，如调制解调器、网络适配器、集线器、中继器、网络交换机、路由器、网关等。

传输介质是指计算机网络中用来连接主体设备和网络设备的物理介质，可分为有线传输介质和无线传输介质。有线传输介质包括同轴电缆、双绞线、光纤；无线传输介质包括无线电波、微波、红外线、激光等。

3．软件组成

计算机通信网软件负责对网络资源进行管理、调度和分配，提供安全保密措施，防止用户对数据和信息进行不合理访问，避免数据和信息被破坏和丢失。计算机通信网软件通常包括网络协议和通信软件、网络操作系统、网络管理软件、网络应用软件。

网络协议和通信软件主要通过协议程序实现网络协议功能。

网络操作系统是实现资源共享、管理用户对不同资源访问的应用程序。它是最主要的网络软件，如 Windows Server 2008、UNIX、NetWare 等。

网络管理软件是用来对网络资源进行监控管理和对网络进行维护的软件。

网络应用软件是为网络用户提供服务并为网络用户解决实际问题的软件，如 OpenView 等。

6.2.3　关键指标

计算机通信网的关键指标决定了其承载的业务服务类型和服务质量，具体如下。

（1）传输速率：主机在数字信道上传送数据的速率，常用单位是 bit/s（比特每秒），也可以写为 bps（bit per second），还包括 kbit/s、Mbit/s、Gbit/s 等单位。

（2）带宽：在模拟通信中，带宽是指通信线路允许通过的信号的频率范围，单位是赫兹

（Hz）。在数字通信中，带宽是指数字信道发送数字信号的最高传输速率，单位是 bit/s。

（3）包转发率（Packet Per Second，PPS）：表示网络交换机或路由器等网络设备以包为单位的转发速率，单位是包/秒。在具有相同带宽的传输系统中，包转发率的大小体现了传输系统、交换系统的数据处理能力。

（4）时延（Delay 或 Latency）：数据（一个报文或分组）从网络（或链路）的一端传送到另一端需要的时间，也称为延迟或迟延，一般包括传输时延（Transmission Delay）、传播时延（Propagation Delay）、处理时延（Processing Delay）、排队时延（Queuing Delay）。

传输时延：数据从节点进入传输介质需要的时间，又称为发送时延。传播时延：电磁波在信道中传播一定距离需要花费的时间。处理时延：主机或路由器在收到分组时，为处理分组（如分析首部、提取数据、差错检验、查找路由）花费的时间。排队时延：分组在传输设备 I/O 队列中排队等待处理花费的时间。

（5）抖动：变化的时延称为抖动（Jitter）。抖动起源于网络中的队列，难以精确预测。对于数据业务，抖动一般影响不大；但对于话音、视频等多媒体业务，抖动往往会严重影响用户体验。

（6）吞吐量（Throughput）：单位时间内通过某个网络（或信道、接口）的数据量，单位是 bit/s。吞吐量受网络带宽或额定速率的限制，常用于某个实际网络的性能测试。例如，一个 100Mbit/s 的以太网，其带宽是 100Mbit/s，但典型的吞吐量可能只有 70Mbit/s。

有效吞吐量（Goodput）：单位时间内，目的地正确接收到的有用信息的数目，单位是bit。

（7）利用率：信道利用率是指某信道被利用的时间百分比。网络利用率是全网的信道利用率的加权平均值。

（8）丢包率：是指数据在传输过程中丢失的数据包数量占发送数据组的比率，计算公式是[(输入报文数-输出报文数)/输入报文数]×100%。丢包率与数据包长度及包发送频率有关。在一般情况下，千兆网卡在吞吐量大于 200Mbit/s 时，丢包率应小于万分之五；百兆网卡在吞吐量大于 60Mbit/s 时，丢包率应小于万分之一。丢包率通常是在吞吐量标定的范围进行测试的。

6.2.4　分类

计算机通信网能够依据不同标准进行分类，不同标准的差异体现在计算机通信网的应用范围、关键技术上。

（1）按网络节点分布范围，计算机通信网可分为个域网（Personal Area Network，PAN）、局域网、广域网、城域网，以及覆盖全球的互联网（Internet）。

个域网是在便携式设备与通信设备之间进行短距离通信的网络，覆盖范围一般为 10m，如蓝牙耳机等。

局域网是一种在小范围内实现的计算机网络，一般应用在一个建筑物内、一个工厂内或一个企事业单位内。局域网覆盖范围一般在几千米以内，传输速率可达 1000Mbit/s，网络结构简单、布线容易、接入灵活。

城域网的覆盖范围介于局域网和广域网之间，如一个城市管辖的范围、一个拥有多种复杂网络信息系统的大型基础设施，覆盖范围一般为 5～50km，传输速率比局域网高，可以理解为广域网和局域网间的桥接区。

广域网，又称远程网，覆盖范围很广，通常为几十到几千千米，可以分布在一个省内、一个国家内或几个国家间，主要用于不同局域网、城域网之间的连接。广域网中的业务容量大且稳定，可靠性要求高，联网技术较复杂。

互联网，被称为网络的网络，特指目前世界上最大最典型的 Internet。

个域网、局域网、城域网、广域网、互联网虽然按照覆盖范围进行划分，但其网络特性是由网络服务的用户和承载的业务决定的。例如，局域网直接面向终端用户，因此局域网的设计目标就是如何更便捷地实现用户接入，让用户快速使用网络服务；广域网面向的是各个网络接口，从统计角度上讲，网络接口上的流量是相对稳定的，因此如何高效地利用传输资源和实现业务安全可靠传输是设计广域网需要重点考虑的问题。

（2）按交换方式，计算机通信网可分为电路交换网、报文交换网、分组交换网、帧中继交换网、混合交换网等。

（3）按拓扑结构，计算机通信网可分为星型网络、树型网络、总线型网络、环型网络、网状网络等。在实际组网中，网络的拓扑结构不一定是单一的，几种拓扑结构混用的情况也很常见。

6.2.5 影响局域网性能的主要因素

局域网是面向用户直接提供服务的计算机通信网，它的组成内容和协议配置直接影响用户体验。局域网的最初目标是利用公共信道将多个用户连接起来，使其相互通信、资源共享。局域网设计需要解决以下问题：①采用怎样的信道进行连接，即确定用来传输数据的传输介质；②采用何种拓扑结构进行连接才能使得网络接入更便捷、通信更可靠，即确定用来连接各种设备的拓扑结构；③采用何种方式协调各用户使用公共信道时避免冲突才能实现传输资源利用最大化，即明确信道共享技术。因此，传输介质、传输拓扑和信道共享技术是影响局域网性能的三个主要因素。

1．传输介质

局域网中常用的传输介质包括同轴电缆、双绞线、光纤、无线电波等。不同类型的传输介质决定了局域网的传输带宽、覆盖范围和支持的拓扑结构。

同轴电缆可提供不低于 50Mbit/s 的数据传输带宽，传输距离与线径相关，粗电缆最长可支持 500m 的传输距离；细电缆可支持 200m 以内的传输距离，适用于总线型网络。双绞线最初只适用于低速基带局域网，现在 10Mbit/s 甚至 1000Mbit/s 的局域网也可以使用双绞线。双绞线一般可支持 100m 以内的传输距离，适用于星型网络。光纤具有很好的抗电磁干扰特性和很宽的频带，其传输速率可达 100Mbit/s 或几十吉比特每秒。多模光纤可支持几百米的传输距离，单模光纤可支持几十千米甚至几百千米的传输距离。光纤适用于点对点型网络、星型网络和环型网络。无线电波由于具有支持灵活构建局域网的特性，应用范围日益广泛。无线电波传输带宽和传输距离与其所在频率和发送功率息息相关。以普通 Wi-Fi 为例，商用设备传输距离一般为 300m，家用设备传输距离一般为 50m 以内，传输带宽最高可达 1000Mbit/s。

IEEE 802.3 针对局域网物理层的实现方案制定了简明表示法：

<以 Mbit/s 为单位的传输速率><信号调制方式>-<以百米为单位的网段的最大长度>

例如，10Base-2，10 表示传输速率为 10Mbit/s；Base 表示采用基带信号方式；2 表示一个网段的长度是 200m。1000Base-LX 对应于 IEEE 802.3z 标准，是指传输介质既可以使用单模光纤，也可以使用多模光纤。1000Base-LX 所用光纤主要有 62.5μm 的多模光纤、50μm 的多模光纤和 9μm 的单模光纤。其中，使用多模光纤的传输距离一般为 550m，使用单模光纤的传输距离一般为 3km。1000Base-T 是指传输介质使用 4 对 5 类非屏蔽双绞线，最长网段距离为 100m。上述实现方案中，除 1000Base-T 使用 4D-PAM5 编码技术外，其他实现方案都使用的是 8B/10B 编码技术。计算机通信网中部分传输介质及物理层定义如表 6-1 所示。

表 6-1　计算机通信网中部分传输介质及物理层定义

关键指标	10Base-5	10Base-2	10Base-T	10Base-F
传输介质	同轴电缆（粗）	同轴电缆（细）	非屏蔽双绞线	850nm 光纤对
编码技术	基带（曼彻斯特码）	基带（曼彻斯特码）	基带（曼彻斯特码）	基带（曼彻斯特码）
拓扑结构	总线型网络	总线型网络	星型网络	星型网络
最长网段/m	500	185	100	500
每段最大节点数	100	30	—	33
线缆直径	10mm	5mm	0.4～0.6mm	62.5/125μm

2．拓扑结构

局域网的拓扑结构包括星型结构、环型结构、网状结构、总线型结构、树型结构，如图 6-4 所示。不同类型的拓扑结构决定了局域网的可靠性、信息传输方式、管理方式和适用范围。

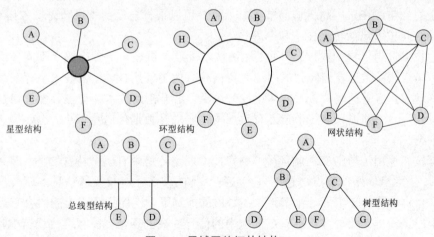

图 6-4　局域网的拓扑结构

星型结构由中心节点与其他各节点连接而成，是目前局域网应用最广泛的一种拓扑结构。星型结构中心节点一般由网络交换机或集线器担任，主要起到信号的转发和再生等功能。星型结构具有结构简单、接入灵活、便于集中控制管理等优点，缺点在于中心节点一旦出现故障会造成全网瘫痪。

环型结构是由节点和连接节点的通信线路组成的。环型网络中的信息按一定方向从一个节点传输到下一个节点，形成一个闭合环流。环形信道也是一种广播式信道，可采用令牌技术控制各个节点发送和接收信息。由于当环型网络中的节点数量确定时，其延时固定、实时性强，具有较强的可靠性，部分节点或链路损坏不影响全网通信，因此环型网络常用于主干网中。

网状结构又称分布式结构，可分为部分网状结构和全网状结构，网络上的每个节点与其他节点至少有两条直接连接的线路，网络中无中心节点。网状结构具有可靠性高、网内节点容易共享资源、可改善线路的信息流量分配，以及选择最佳路径、传输时延小等特点；但该类网络控制复杂、线路费用高、不易扩充，只用于大型网络系统和公共通信骨干网。

总线型结构是采用一条称为总线的主电缆将各节点连接起来的网络布局方式。IEEE 802.3 最初为局域网定制的拓扑结构就是总线型结构。总线型结构具有结构简单、接入灵活、便于扩充、可靠性高、价格低廉等优点。但由于总线信道作为公共信道在接入更多用户时存在信号冲突严重、信道带宽受限等问题，因此总线型结构不适合应用于规模大、实时性要求高的场合。

树型结构又称多级星型结构，形状像一棵倒置的树，顶端是树根，树根以下带分支，相邻同级节点每个分支还可再带分支。树型结构中的各节点按层次进行连接，信息交换主要在上节点、下节点间进行，同层相邻节点之间一般不进行数据交换。如果同层相邻节点要进行数据交换，需要通过上级节点进行转接。树型结构层级划分明确，易于扩展，容易进行故障隔离，适用于具有隶属关系的多级节点之间的网络连接。

3. 信道共享技术

信道共享技术（又称 MAC 方法）是通过公共信道将用户节点连接起来的方法或协议。实施信道共享技术的主要目的是减少公共信道中的信号冲突与碰撞。信道共享技术主要包括受控访问技术和随机访问技术两类。在采用受控访问技术时，用户不能随意接入信道，必须服从一定的规定。在采用随机访问技术时，用户可以根据自己的意愿随时接入信道。

受控访问技术包括轮询技术和令牌技术。

轮询技术适用于集中式控制环境。轮询技术规定主机按一定顺序逐个询问各用户有无信息发送，有信息发送且被询问到的用户有资格获取信道使用权。轮询技术不存在信道中的信号冲突的现象，信道花费大量时间传送轮询命令。由于轮询技术的信道分配策略是基于平等相待原则的，因此哪怕只有一个节点有数据传送要求且数据传送量很小，也要等待轮询到才能发送数据。

令牌技术适用于分散式控制环境。令牌技术规定环路中有一个特殊的帧，即令牌或权标（Token）。令牌沿环路逐节点传递，只有获得令牌的节点才有权发送信息。该节点在发送完信息后，会将令牌传递给下一个节点。在协议的控制下，连接到环路上的所有节点都可以有条不紊地发送数据。此种方式不存在信道中的信号冲突的现象；在网络负载较小时，信道利用率不高。尤其是当网络中只有一个节点有数据传送要求且数据传送量很小时，也要耐心等待令牌的到来。

随机访问技术包括 ALOHA 技术、时隙 ALOHA 技术、载波监听多路访问（Carrier Sense Multiple Access，CSMA）技术、CSMA/CD 技术。

ALOHA 技术的基本思想是任何节点只要有数据发送，就将数据发送到网上（或发送到中央主机），采用随到随发策略，故又称完全随机接入法。当发生数据冲突时，中央主机不可能正确收到数据，无法做出正确应答，从而会导致数据重发。ALOHA 技术采取的冲突处理策略是数据发送节点重新发送数据,但在重发数据前,需要随机地等待一段时间(时延)。若再次发生数据冲突,则需要继续随机等待一段时间,直到重发成功为止。采用这种随机处理策略后,由于各冲突节点选取的随机数存在差异,因此降低了多次发生冲突的可能。这种信道共享技术的实现比较简单,控制也不复杂,但是当节点增多、数据量增大时,冲突的次数会随之增加,从而导致信道的利用率降低。分析表明,基于 ALOHA 技术的网络信道的利用率约为 18%。

时隙 ALOHA 技术的基本思想是将信道的可使用时间划分成多个等长的时间区间——时隙(Time-Slot),每个时间区间的长度等于发送一个帧需要的时间;每个节点都配备同步时钟,用来指示时隙的起点;不论帧发送请求何时形成,帧只有在每个时隙开始时才能发送出去。采用时隙 ALOHA 技术可在一定程度上提高信道利用率,当冲突出现时,受影响的时间仅是一个时间段,而在 ALOHA 技术中,受影响的时间可能是两个时间段(出现重叠冲突的情况),如图 6-5 所示。由于数据发送受时隙约束,因此采用时隙 ALOHA 技术的信道,数据发送的实时性会有所降低。分析表明,采用时隙 ALOHA 技术的信道最大利用率可达 37%。不难发现,无论是 ALOHA 技术还是时隙 ALOHA 技术,都无法完全避免冲突。冲突产生的原因是数据发送的盲目性,当某个节点发送数据时,它并不知道是否有其他节点正在发送数据,换言之,希望发送数据的节点并不知道信道当前是否处于忙碌状态。

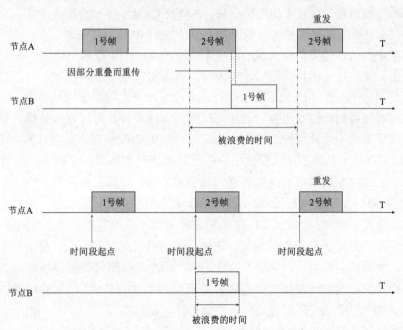

图 6-5 ALOHA 技术与时隙 ALOHA 技术的比较

CSMA 技术的策略是当某个站点希望发送数据时,先判断信道是否空闲,若信道空闲则发送数据;反之则暂停发送。也就是说,CSMA 技术中引入了"先听后发"策略。CSMA 技术与 ALOHA 技术的主要区别在于引入了载波监听装置,CSMA 技术用载波监听装置来判断信道是否空闲。载波监听装置的引入在一定程度上减少了各节点发送数据的盲目性,从而在整体上提高了信道利用率和网络吞吐量。

CSMA 技术包含以下三种实现技术。

- 非坚持（Non Persistent）CSMA 技术：又称 0-坚持 CSMA 技术，主要思想是一旦监听到信道忙（发现有其他节点正在发送数据），就不再坚持听下去，而是根据协议要求延迟一个随机时间后再重新监听。若在进行载波监听时发现信道空闲，则将准备好的帧发送出去。由于这种技术不含有连续监听的特征，因此有非坚持 CSMA 技术之称。从该技术的实现思想来看，其本意是希望利用随机退避延迟时间来降低发生冲突的概率。但是，这样做带来一个新问题，即在两个节点希望使用信道发送数据但信道不空闲时，两个节点都随机退避，而当信道空闲时，由于各节点均在退避中，因此谁也未使用信道，造成信道浪费。显然，非坚持 CSMA 技术无法把信道从"不空"变"空"的时刻找出来，从而在一定程度上降低了信道使用率。

- 恒坚持（Persistent）CSMA 技术：又称 1-坚持 CSMA 技术，主要思想是当监听到信道忙时，继续监听下去，一旦监听到信道空闲就立即强占。恒坚持 CSMA 技术使得只要有节点在等待发送数据，信道就一定不会出现空闲，从而提高了信道的利用率。但是，如果有两个或更多个节点同时监听到信道空闲，就必然会导致同时发送的帧产生冲突，反而不利于吞吐量的提高。

- P 坚持 CSMA 技术：主要思想是若监听到信道忙，仍坚持监听（与恒坚持 CSMA 技术相同），直到监听到信道空闲时以概率 P 发送数据，而以概率 $1-P$ 延迟一段时间 τ（端到端的传输时延）后再重新监听信道。P 坚持 CSMA 技术的策略是前两种技术策略的折中，其目的是希望既能降低恒坚持 CSMA 技术中的冲突概率，又能减少非坚持 CSMA 技术中的信道浪费。与 ALOHA 技术和时隙 ALOHA 技术相比，P 坚持 CSMA 技术由于引入了监听技术，降低了冲突概率，从而提高了信道利用率。若"延迟处理"策略运用得当，P 坚持 CSMA 技术可将信道冲突或无空闲现象压减至最小。当超过两个节点同时监听到信道空闲并经过相同时间时，两者将都可以发送数据，都不知道彼此即将发送数据，因此会产生冲突。因此，P 坚持 CSMA 技术也无法完全避免冲突产生。

CSMA/CD 技术：是在总线型网络中广泛采用的一种信道共享技术，是 IEEE 802.3 的核心内容之一。CSMA 技术在发送数据前进行载波监听，降低了冲突发生的可能性，但冲突仍不可避免。CSMA/CD 技术在 CSMA 技术的基础上增加了"边发边听"功能。若在数据发送过程中，监听到了冲突，CSMA/CD 技术先让检测到冲突的节点发送"冲突停止"干扰信号，使得冲突双方立即停止发送当前数据。这样，信道很快会空闲下来。待信道空闲后，各节点随机等待一段时间后再重发。这种"边发边听"的冲突检测机制使得各节点能第一时间发现冲突，将受冲突影响的时间缩短到最短，从而提高信道的利用率。CSMA/CD 技术的主要特征可以总结为"先听后发，边发边听，冲突停止，延迟重发"。其中，"先听后发"保证在信道不空闲时绝对不会发生冲突；"边发边听"保证一旦有冲突产生，可以马上终止发送；"冲突停止"保证不会使得冲突进一步扩大；"延迟重发"保证系统的稳定性。

各类随机控制技术的吞吐量随网络负载的变化关系如图 6-6 所示，横坐标表示网络负载，纵坐标表示网络吞吐量。当网络负载较小时，采用各类随机访问技术的网络能提供的网络吞吐量基本一致，但当网络负载增大时，采用 ALOHA 技术的网络吞吐量最先达到峰值，采用时隙 ALOHA 技术的网络次之，采用 CSMA 技术的网络和采用 CSMA/CD 技术的网络较晚达到峰值。时隙 1 坚持 CSMA/CD 技术、时隙非坚持 CSMA/CD 技术和非坚持 CSMA/CD 技术就是将时隙 ALOHA 技术、1-坚持 CSMA 技术和非坚持 CSMA 技术组合，或者单独应用到

CSMA/CD 技术中形成的新的信道共享技术，它们均能使得网络利用率接近 100%，其中，采用时隙非坚持 CSMA/CD 技术的网络吞吐量最晚达到峰值。

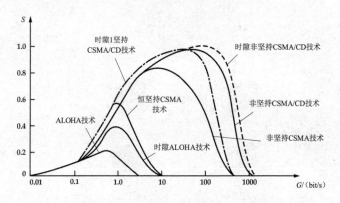

图 6-6 各类随机访问技术的吞吐量随网络负载的变化关系

其他网络的性能分析也可以从传输介质、拓扑结构和协议配置这三方面展开，读者可以结合具体案例进行思考。

6.3 其他网络技术

6.3.1 WLAN

无线局域网（Wireless Local Area Network，WLAN）技术最早出现在美国，主要应用于家庭。因为 WLAN 不需要铺设线路，所以 WLAN 技术快速得到普及。近几年，WLAN 在家庭、办公、学校与企业等场景中得到广泛应用。WLAN 技术经过逐年推进和发展，其标准和产品日渐成熟。IEEE 802.11 工作组为 WLAN 制定了一系列标准，从最初 2Mbit/s 的 IEEE 802.11 到高达 1Gbit/s 的 IEEE 802.11ac。

与有线网络相比，WLAN 拥有以下优势。①移动性：WLAN 使使用者不受制于网线接入位置，实现了在一定范围内四处移动而不中断网络连接，大幅提高了生产率。②灵活性：传统有线网络在某些场合布线有难度，而 WLAN 在这些场合可以灵活布放；另外 WLAN 还可以迅速构建小型的、临时的群组网络。③经济性：采用 WLAN 可以节约成本，主要是网线成本。由于 WLAN 不需要采购大量网线，因此节约了布线工程成本。另外，若想在特定的场合（如相距不远的两栋建筑间）实现网络互通，可以用无线网桥替代传统运营商专线。

WLAN 技术中单个接入点（Access Point，AP）的覆盖范围约为 100m，适合大多数企业网络应用场合。除了 WLAN 技术，无线网络还有一些常见技术：①蓝牙技术——工作在 2.4GHz 频段，供个人区域无线连接使用，接入范围在 10m 以内；②WiMax（IEEE 802.16）——一种无线城域网技术，接入范围可达 10km，速率可达几十兆比特每秒；③移动数据通信网——包括 GPRS、EVDO、HSDPA、LTE 等被广泛使用的移动接入技术。

1. Fat-AP

Fat-AP 本身具有完整的协议栈实现，能够不依赖其他网络设备独立运行，如图 6-7 所示。另外，Fat-AP 在实现无线接入的同时能提供 DHCP、网络地址转换技术（Network Address

Translation，NAT）等功能，完成为客户端分配地址等工作。

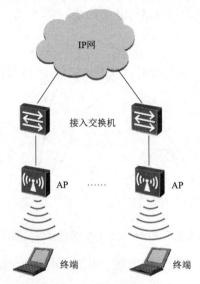

图 6-7 Fat-AP 无线网络

如果一个网络中存在多个 Fat-AP，那么这些 Fat-AP 之间相互独立，在管理时需要各自独立管理，每台设备需要单独配置，当然也可以采用网管的方式进行批量处理。

Fat-AP 不支持 AP 之间的漫游，如果用户从一个 AP 的接入范围移动到另一个 AP 的接入范围，就需要重新进行连接。Fat-AP 常用在家庭或 SOHO 等需要小范围覆盖无线的场合。

2．Fit-AP+AC

Fit-AP 是不能单独配置或使用的无线 AP 产品，它仅仅是 WLAN 系统的一部分，要实现完整的无线接入功能必须配合使用接入控制器（Access Controller，AC），如图 6-8 所示。

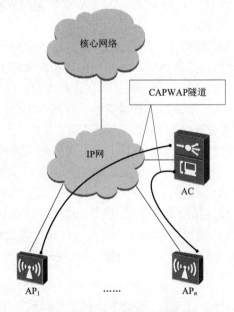

图 6-8 Fit-AP+AC 无线网络

AC 和 Fit-AP 之间运行的协议一般为 CAPWAP。AC 管理 AP 的控制报文必须采用 CAPWAP 隧道进行转发。数据报文有两种转发方式——通过 CAPWAP 隧道转发和直接转发。在部署 AC 时，可以将 AC 串行部署在网络中，也可以将 AC 旁挂在网络中。

一个 AC 下的所有 Fit-AP 都由 AC 管理，极大地减少了管理负担。Fit-AP 支持零配置安装，新增 AP 只需要进行物理安装，就可以自动发现 AC 并由 AC 进行管理和配置。

同一个 AC 下的 AP 间支持漫游，也就是说无线用户在 AP 间移动时，不需要重新接入。

与 Fat-AP 相比，Fit-AP+AC 实现了 WLAN 的快速部署、网络设备的集中管理和精细化的用户管理，从可运维的角度来看，更适用于大型企业的无线组网。

6.3.2　水声传感器网络

水声传感器网络一般由岸基/舰船数据中心、水面汇聚节点、水下传感器/通信节点、沉底传感器、水下自主潜航器（Autonomous Underwater Vehicle，AUV）等组成，它依靠节点间的自组织通信能力实现数据传输。水声传感器网络被广泛应用于灾难预警、污染物监控、水文数据监测和采集、海洋资源勘探、辅助导航、海洋军事等众多领域，是研究海洋、建设海洋和发展海洋的重要基础设施。

1．水声信道的特点

水声信道具有时延高、时延动态变化大、衰减高、误码率高、多径效应严重、多普勒频散严重、环境噪声严重、传输速度慢、带宽低等特点，被认为是迄今为止难度最大的无线通信信道。由于水下节点具有移动性，因此网络定位困难、路由选择困难。水下节点能量消耗大，节点通信发送能耗比接收能耗大很多倍，具有不对称性。水下节点采用电池供电，能量补给困难。水下节点价格昂贵，网络一般采用稀疏方式部署，因此节点间的互通效果差。

2．水声传感器网络结构

水声传感器网络根据具体应用有多种结构。

（1）二维（2D）静态或准静态网络结构。在这种结构中，一组传感器节点被固定在海底。传感器节点可以与一个或多个水下通信节点通信。水下通信节点负责中继这个网络的数据到水面汇聚节点。水面汇聚节点将信息直接传送给岸基接收站和船基接收站。传感器节点与水下通信节点、水下通信节点与水面通信节点之间可以通过直接或多跳方式相连。由于在水声通信网中，发射能量按照距离的增长呈非线性急速衰减，而且传感器节点通常远离汇聚节点，因此传感器节点与汇聚点间通常采用多跳通信方式。尽管单跳通信方式最简单，但它在水下传感器网络中能量开销巨大，节点相互干扰严重，网络吞吐量太低。在多跳通信方式中，与陆地传感器网络相同，源传感器节点探测到的数据被中间传感器节点中继到汇聚节点，这种方式能够节约能量，增加网络容量，但也增加了路由算法的复杂性。

（2）三维（3D）静态或准静态网络结构。在某些海洋监测应用中，为了获得更全面的数据，需要传感器节点漂浮在不同深度。一种方法是把每个传感器节点用绳子系到不同的浮标上，通过控制绳子的长度来调整传感器节点的深度。然而，尽管这种方案网络部署简单、快捷，但过多浮标漂浮在海面上会影响过往船只的航行，也容易被敌方检测到并被摧毁，同时浮标容易遭受各种天气的袭击、人为的损害或盗窃。另一种方法是把传感器节点锚泊在海底。每个传感器节点都带有一个浮标，并被锚泊在海底。浮标把传感器节点拉向海洋表面。

通过控制传感器节点和锚之间的绳子长度可以把传感器固定在不同深度。传感器节点可以根据自己的探测距离及网络的覆盖范围调整自己的深度，因此能够在不同深度进行采样。这种结构中的传感器节点被部署到不同深度，通过水下通信节点的中继通信将采集的数据送到水面汇聚节点。

（3）带 AUV 的三维网络结构。这种结构运用了移动 AUV。AUV 由于可以在没有缆绳、远程控制的情况下进行工作，因此在海洋学、环境监视、水下资源开发领域有着广泛应用。配备了多个传感器的 AUV 可以到达海洋任何深度，因此可以利用它增强水声传感器网络的通信能力。AUV 还可以用于安装和维护水声传感器网络的基本框架或部署新的传感器节点，也可以用于暂时充当中继节点，恢复中断的链路。

（4）海洋立体监测网络结构。这种结构由水下传感器网络和水面上的无线传感器网络两部分组成，如图 6-9 所示。水下传感器网络部分可以是三维移动网络、固定网络或二者混合的网络。水面上的无线传感器利用无线电进行通信，具有传输速度快、可靠性高、能耗低、可以 GPS 精确定位、直接与卫星通信等优点。它可以检测风向、波高、潮汐、水温、光照、水质污染，还可以与水下网络、陆基基站传输信息。

图 6-9　海洋立体监测网络结构示意图

6.3.3　多媒体网络

多媒体网络是多媒体技术与网络技术有机结合的产物，它集多种媒体功能和网络功能于一体，将文字、数据、图形、图像、声音、动画等信息有机地组合、交互地传递。

1. 多媒体网络要求

多媒体网络要求如下。

（1）带宽要大。多媒体信息数据量大，尤其是视频文件，即便是经过压缩的。如果要达到实时效果，多媒体信息的数据量是文本信息等无法比拟的。而实时视频传输是多媒体网络必须实现的功能，所以要求通信网具有足够带宽。

（2）时延要小。多媒体数据具有实时特性，尤其是话音和视频媒体。每一个媒体流为一个有限幅度样本的序列，只有保持媒体流的连续性，才能传递媒体流蕴含的意义。连续媒体的每两帧数据之间都有一个时延极限，超出这个极限就会导致图像抖动或话音断续，因此网络时延必须足够小。

（3）具有同步控制机制。在多媒体应用中，用户往往会对某种媒体执行加速、慢放、重复等交互操作。音频、视频等在不同通信路径传输会产生不同时延和损伤，从而导致媒体间歇通信被破坏。因此要求网络提供同步业务服务，同时要求网络提供保证媒体本身及媒体与时空同步的控制机制。

（4）可靠性要高。差错率反映了网络传输的可靠性。精确描述多媒体网络的可靠性需求是很困难的。由于人类的听觉比视觉更敏感，容忍错误的程度更低，因此音频传输比视频传输对网络的可靠性要求更高。

2．流媒体技术

流媒体（Streaming Media）是在网络上实时顺序传输和播放视/音频等多媒体内容的连续时基数据流，流媒体技术涉及视/音频数据采集、编码/解码、存储、传输、播放等。流是相对于传统的下载—回放（Download—Playback）方式而言的一种媒体格式，是指能从网络上获取的音频和视频等连续的多媒体流。客户可以边接收流边播放流，使时延大大缩短。在网络上传播多媒体信息主要有两种方式：下载和流式传输。下载方式是传统的传输方式，指在播放多媒体文件之前，用户下载多媒体文件至本地，这类文件容量通常较大，依据目前的网络带宽条件，需要花费较长时间，并且对本地的存储容量也有一定要求，这限制了掌上电脑等低存储容量设备的使用。流式传输通过服务器向用户实时地提供多媒体信息，采用这种方式，用户不必等到整个多媒体文件全部下载完毕，只需要经过几秒或几十秒的启动时延即可播放多媒体文件，之后，客户端边接收数据边播放。与下载方式相比，流式传输具有显著优点：一方面大大地缩短了启动时延，同时降低了对本地存储容量的需求；另一方面，可以实现现场直播形式的实时数据传输，这是下载方式无法实现的，同时有助于保护多媒体数据的著作权。

Web 浏览器与 Web 服务器之间使用 HTTP/TCP 交换控制信息，把需要传输的实时数据从原始信息中检索出来；用 HTTP 从 Web 服务器检索相关数据，A/V 播放器进行初始化；根据 Web 服务器检索出来的相关服务器的地址定位 A/V 服务器；A/V 播放器与 A/V 服务器之间交换传输 A/V 数据需要的实时控制协议；一旦 A/V 数据抵达客户端，A/V 播放器就可以播放了。

流媒体解决方案采用的技术是多样的，但其体系结构的本质是相近的。流媒体的系统构成包括：①编码工具——用于创建、捕捉和编辑多媒体数据，形成流媒体格式；②流媒体数据；③服务器——存放和控制流媒体数据；④网络——适合流媒体传输协议甚至实时传输协议的网络；⑤播放器——供客户端浏览流媒体文件（通常是独立的播放器或 ActiveX 方式的插件）。

流式传输方式的实现需要合适的传输协议。由于 TCP 需要较大的开销，因此不适合传输实时数据。在流式传输方式的实现方案中，一般采用 HTTP/TCP 来传输控制信息，用 RTP/UDP 来传输实时多媒体数据。

（1）实时传输协议——RTP 与 RTCP。RTP 是用于 Internet/Intranet 的针对多媒体数据流的一种传输协议。RTP 被定义为在一对一或一对多传输情况下工作，其目的是提供时间信息和实现流同步。RTP 通常使用 UDP 来传送数据，但 RTP 也可以在 TCP 或 ATM 等协议上工作。应用进程在开始一个 RTP 会话时将使用两个端口：一个给 RTP，一个给 RTCP。RTP 本身并不为按顺序传送的数据包提供可靠的传送机制，也不提供流量控制或阻塞控制，它依靠 RTCP 提供这些服务。RTCP 和 RTP 一起提供流量控制和阻塞控制服务。配合使用 RTP 和 RTCP，能以有效的反馈和最小的开销实现传输效率最佳化，因此特别适合传送网上的实时数据。

（2）实时流协议——RTSP。RTSP 是由 RealNetworks 和 Netscape 共同提出的，该协议定义了一对多应用进程如何有效地通过 IP 网传送多媒体数据。RTSP 在体系结构上位于 RTP 和 RTCP 之上，它使用 TCP 或 RTP 完成数据传输。HTTP 与 RTSP 相比，HTTP 传送的是 HTML 数据，而 RTSP 传送的是多媒体数据。在使用 HTTP 时，请求由客户机发出，服务器做出响应；在使用 RTSP 时，客户机和服务器都可以发出请求，即 RTSP 可以是双向的。

（3）资源预留协议——RSVP。由于音频和视频数据流比传统数据对网络的时延更敏感，要在网络中传输高质量的音频、视频信息，不仅要满足带宽要求，还要满足很多条件。RSVP 是 Internet 上的资源预留协议，使用 RSVP 预留一部分网络资源（带宽）能在一定程度上为流媒体的传输服务质量提供保障。

3．VoIP 技术

VoIP 是 Voice over IP 的缩写，直译为"通过 IP 网传输话音信号"，所以 VoIP 技术就是一种可以在 IP 网上互传音频的技术。简单地说，它通过转码、编码、压缩、打包等程序，使话音数据在 IP 网上传输到目的端，然后经由相反程序，还原成原来的话音信号，以供接听者接收。

VoIP 技术的主要流程有话音与数据转换、原数据转换为 IP 数据包、IP 数据包传送、IP 数据包转换为话音数据、数字话音转换为模拟话音。

（1）话音与数据转换。话音信号是模拟波形，通过 IP 方式传输。不管是实时应用业务还是非实时应用业务，都要先对话音信号进行模拟数据转换，也就是对模拟话音信号进行 8bit 的量化，然后将其送入缓存，缓存的大小可以根据时延和编码的要求选择。许多低比特率的编码器是以帧为单位进行编码的。典型帧长为 10～30ms。考虑传输过程中的代价，话音包通常由 60ms、120ms 或 240ms 的话音数据组成。数字化可以通过各种话音编码技术实现，目前采用的话音编码标准主要为 G.711。只有源和目的地的话音编码器实现相同的算法，目的地的话音设备才可以还原模拟话音信号。

（2）原数据转换为 IP 数据包。对话音信号进行数字编码后，对话音包以特定的帧长进行压缩编码。大部分编码器都有特定的帧长，若一个编码器使用 15ms 的帧，则把每次 60ms 的话音包分成 4 帧，并按顺序进行编码。每个帧包含 120 个话音样点（抽样率为 8kHz）。编码后，将 4 个帧合成一个压缩的话音包送入网络处理器。网络处理器为话音包添加包头、时标和其他信息后，通过网络将它传送到另一端点。话音网络简单地建立通信端点之间的物理连接，并在端点间传输编码信号。IP 网不像电路交换网，它不形成连接，要求先把数据放在可变长的数据报或分组中，然后为每个数据报附带寻址和控制信息，再通过网络一个节点一个节点地将其转发到目的地。

（3）IP 数据包传送。IP 数据包从网络一端输入，经过一段时间传输后从另一端输出。传输时间在某个范围内变化，这反映了网络传输中的抖动。网络中的每个节点检查每个 IP 数据包附带的寻址信息，并根据该信息把该数据包转发到目的地路径上的下一个节点。

（4）IP 数据包转换为话音数据。目的地的 VoIP 设备接收这个 IP 数据包并对它进行处理。

网络级提供一个可变长度的缓冲器,用来调节网络产生的抖动。该缓冲器可容纳许多话音包,用户可以选择缓冲器的大小。小的缓冲器产生的时延较小,但不能调节大的抖动。解码器将经过编码的话音包解压缩,产生新的话音包。解码器以帧为单位进行操作。若帧长度为 15ms,则 60ms 的话音包被分成 4 帧,并被解码还原成 60ms 的话音数据流送入解码缓冲器。在对数据包进行处理时,去掉寻址和控制信息,保留原始数据,并把这个数据提供给解码器。

(5)数字话音转换为模拟话音。播放驱动器将缓冲器中的话音样点取出送入声卡,并通过扬声器按预定的频率播出。

VoIP 系统主要包括:①媒体网关(Media Gateway)——实现话音信号转换成 IP 数据包;②媒体网关控制(Media Gateway Controller,MGC)器——又称 Gate Keeper 或 Call Server,主要负责话音数据的传输与交换等,支持 VoIP 系统与 PSTN 实现互联互通;③话音服务器——提供电话不通、占线或忙线等场景中的话音响应服务;④信号网关(Signaling Gateway)——在交换过程中实现相关控制,如决定是否建立通话、是否提供增值服务。

VoIP 系统的主要控制协议包括 H.323、SIP(Session Initiation Protocol,会话初始化协议)、MGCP 等。

(1)H.323。ITU-T 第 16 研究组最先在 1996 年通过 H.323 第一版,并在 1998 年完成第二版的拟定。该协议提供了基础网络(Packet Based Networks,PBN)结构上的多媒体通信系统标准,并为 IP 网上的多媒体通信应用提供了技术基础。H.323 并不依赖于网络结构,而是独立于操作系统和硬件平台的,支持多点功能、组播和频宽管理。H.323 具备一定的灵活性,可支持不同功能节点之间的视讯会议和不同网络之间的视讯会议。H.323 并不支持组播(Multicast)协议,只能采用多点控制单元(Multipoint Control Unit,MCU)构成多点会议,因此只能同时支持有限的多点用户。H.323 不支持呼叫转移,且建立呼叫的时间比较长。早期的视讯会议软件大多支持 H.323,如微软 NetMeeting、Intel Internet Video Phone 等。不过 H.323 本身存在一些问题,如采用 H.323 的 IP 电话通信网在接入端仍要经过当地的 PSTN。之后制定的 MGCP 等协议的目标是对 H.323 网关进行功能上的分解,也就是将 H.323 网关划分成负责媒体流处理的媒体网关,以及掌控呼叫建立与控制的媒体网关控制器两部分。虽然如今微软的 Windows Mesenger 已改为采用 SIP,且 SIP 隐隐具有取代 H.323 的势头,但是目前仍有许多网络电话产品支持 H.323。

(2)SIP。SIP 是由 IETF 制定的,其特性与 H.323 几乎相反,原则上它是一种比较简单的协议,只提供会话或呼叫的建立与控制功能。SIP 支持多媒体会议、远程教学及 Internet 电话等领域的应用。SIP 同时支持单播(Unicast)及组播功能,换句话说,使用者可以随时加入一个已存在的视讯会议。在 OSI 参考模型属性上,SIP 属于应用层协议,所以可通过 UDP 或 TCP 进行传输。SIP 的一个重要特点是属于基于文本的协议,采用 SIP 规则资源定位语言描述(SIP Uniform Resource Locators,SIP URL),因此可方便地进行修改或测试,与 H.323 相比具有更好的灵活性与扩展性。SIP URL 甚至可以嵌入 Web 页面或其他超文本链接中,用户通过点击即可发出呼叫。与 H.323 相比,SIP 具备建立呼叫快、支持电话号码传送等特点。

(3)MGCP(Media Gateway Control Protocol),即媒体网关控制协议。其目的在于将网关功能分解成负责媒体流处理的媒体网关和掌控呼叫建立与控制的媒体网关控制器两部分。媒体网关在媒体网关控制器的控制下可实现跨网域的多媒体电信业务。由于 MGCP 更适用于需要中央管控的通信服务模式，因此更符合电信运营商的需求。在大规模网络电话通信网中，通过 MGCP 可利用媒体网关控制器统一处理分发不同服务给媒体网关。

4．IPTV

交互式网络电视（Internet Protocol Television，IPTV）是一种利用宽带有线电视网的，集互联网、多媒体、通信等多种技术于一体的，向用户提供包括数字电视在内的多种交互式服务的网络技术。IPTV 是互联网与传统电视相互融合的结果。视频流经过高效的压缩编码后被广播到 IP 网上，再通过位于宽带网络边缘的终端设备，把承载在其中的直播电视、点播视频、个人录像等内容传送给用户。用户可以采用三种方式使用 IPTV 服务——个人计算机、网络机顶盒＋普通电视机、移动终端。IPTV 既不同于传统模拟有线电视，也不同于经典数字电视。传统模拟有线电视和经典数字电视都具有频分制、定时、单向广播等特点。尽管经典数字电视相对于传统模拟有线电视有许多技术革新，但只是信号形式的改变，并没有触及媒体内容的传播方式。

电视节目内容经过授权后通过宽带媒体传输协议传给中间服务商。中间服务商通过网络将视频流传给终端用户。用户依靠调制解调器、个人计算机、机顶盒等多种设备播放流媒体视频。在 IPTV 系统中，系统运营商负责电视节目指南生成、内容加密、内容管理、鉴权认证、计费等管理功能，并将媒体流送给中间服务商。IPTV 的运转需要运营支撑平台支持，其主要功能包括系统管理、权限管理、用户管理、内容管理、资源管理、计费采集、节目管理、版权管理、流量管理等。

IPTV 的视频流接收方式包括广播接收和点播接收。广播接收是非交互的，对 IP 网承载技术提出了组播要求；点播接收具有实时交互性，要求 IP 网承载技术能将视频流推送到用户接入网络。组播技术示意图如图 6-10 所示。IP 组播将 IP 数据包从一个源发送到多个目的地，即将信息的副本发送给一组地址的所有接收者。IP 组播将 IP 数据包传输到一个构成组播群组的主机集合，组播群组的各个成员可以分布于各个独立的物理网络中。组播群组成员间的关系是动态的，成员可以随时加入或退出。IP 组播能够有效节省网络带宽和资源，便于管理网络容量、控制开销，大大减轻了发送服务器的负荷，减少了主干网阻塞。要实现 IP 组播通信，要求介于组播源和接收者之间的路由器、集线器、网络交换机及主机均支持 IP 组播。

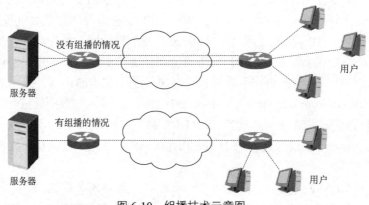

图 6-10　组播技术示意图

内容分发网络（Content Delivery Network，CDN）是一种用于分发视频内容的网络，它叠加在 IP 网之上,通过将内容发布到网络边缘,实现就近提供服务。其工作原理是在网络各节点放置内容缓存服务器,CDN 中心控制系统根据网络流量和各节点的连接、负载状况及到用户的距离等信息,将用户的请求实时导向最佳的服务节点,从而大大缩短用户的请求响应时间,提高数据传输的稳定性。

6.3.4　数据中心网络

大型企事业单位内部的服务器一般会集中安装在一个特定的场地,该场地常被称为机房,达到一定规模的场地常被称为数据中心。数据中心是一个综合性的 IT 基础设施,包含众多子系统,如供电系统、制冷系统、布线系统等。数据中心常常具有一个大型的网络系统。

传统的数据中心采用的是与园区网络类似的路由交换结构,并没有引入特殊的新技术。数据中心也有它自身的特点,如数据中心的地理范围很小,对一个企业来说一般是一个或几个机房。因此,数据中心中的设备以网络交换机为主,一般在出口处会部署一定的路由和安全设备。数据中心中的设备一般是为企业提供各种服务的服务器。由于网络中的数据流量相对更大,而且服务器一般不允许中断服务,因此数据中心对网络的性能和可靠性要求较高。在设计数据中心时一般会采用高性能、高端口密度的设备,采用高带宽的光纤链路,同时采用多链路冗余、设备堆叠、集群等技术提高网络的可靠性。

对于中小型企业来说,采用传统的数据中心结构即可。但是,传统交换网络结构存在一定的问题。例如,在二层网络中,传统交换网络通过 STP 阻断链路来避免环路,STP 的收敛速度较慢,对于关键应用服务来说,几十秒的收敛速度是难以接受的;同时 STP 是通过阻断链路来保证网络无环的,阻断的链路不承载流量,造成了一定浪费。而数据中心作为企业的关键业务,在设计中常会引入较多冗余,从而导致收敛和浪费问题更加严重。另外,传统交换网络扩展采用的是层次化的扩展,多一个层次网络的复杂度就会变大,特别是,三层转发的性能和代价远远高于二层转发。此外,大型数据中心的计算模型发生了巨大变化,特别是云计算等新技术得到了广泛应用,这使得数据中心的规模和流量模型都发生了巨大变化。比如,数据中心中的服务器数量急剧增多,数据中心内部的数据交换快速增长。由于虚拟化技术的应用,数据中心内部的虚拟机迁移要求二层网络尽量扩展,因此大型数据中心网络系统需要遵循或支持以下协议和技术。

1. TRILL 协议

多链接透明互连(Transparent Interconnection of Lots of Links,TRILL)协议是 IETF 推荐的数据链路层网络标准,致力于在大型以太网中解决多路径问题,很好地适应了当前数据中心。TRILL 协议具有的特点:①单播流量转发为最短路径,TRILL 协议基于 SPF 算法计算到达各目的节点的出接口。②支持等价路由(Equal-Cost Multi-Path,ECMP),带宽利用率高;③收敛时间快,TRILL 网络中的节点的故障路由收敛时间达到毫秒级;④支持更大规模的网络,典型的 TRILL 网络的节点指标为 500 个;⑤TRILL 报文头部有 TTL,可以进一步避免环路风暴。

2. FCoE 协议

从传统数据中心的网络结构来看,至少存在相对独立的两个网:数据通信网和存储网。数据中心的前端访问接口通常采用以太网进行互联,构成了一个高速运转的数据通信网。数据中心的后端存储更多的是采用网络附加存储（Network Attached Storage，NAS）、基于光纤通道的存储局域网（Fiber Channel- Storage Area Network，FC-SAN）等设备。服务器至少需要配置 4～6 张接口卡、2 张主机总线适配器（Host Bus Adapter，HBA）（用来连接存储设备）、2 张以太网卡（用来连接数据通信网），才能实现数据通信网和存储网的互通。

以太网光纤通道（Fiber Channel over Ethernet，FCoE）协议实现了存储网与数据通信网的融合，同时提供数据通信和存储转发功能。FC-SAN 存储只需要光纤交换机提供接入功能，转发过程运行在以太网上。服务器只需要配置一台提供融合功能的汇聚式网络适配器［融合网络适配器（Converged Network Adapter，CNA）］。

FCoE 协议对支撑的数据通信网具有以下要求：①大带宽——服务器与存储设备之间的数据访问需求很大，需要大的带宽支持。目前的以太网单接口带宽有 10GE、40GE，通过链路聚合、负载均衡等技术的加持能够满足存储设备对数据访问的带宽需求。②低时延——以太网现有的直通转发机制能够保证数据的低时延转发。③无丢包——传统的以太网技术无法保证不丢包，即使使用了服务质量技术也无法保证完全不丢包。为构建一个完全不丢包的 FCoE 网络，业界发展了数据中心桥接（Data Center Bridge，DCB）技术。

3．虚拟化技术

虚拟化技术是云计算的关键技术，它通过物理资源抽象，在实现资源共享和隔离的同时极大地提高了资源利用率，大幅降低了资源运行和管理维护成本。云时代的虚拟化是多方面的——计算虚拟化、存储虚拟化、网络虚拟化。网络虚拟化使得网络资源可以像计算资源一样按需供给。网络虚拟化在形态上分为"多虚一"模式和"一虚多"模式。其中，"多虚一"模式的虚拟化是把多个物理网络资源虚拟为一个逻辑资源，如各种堆叠、集群技术；"一虚多"模式是把一个物理网络资源虚拟为多个逻辑资源。

在传统网络技术中有"一虚多"模式的例子，从应用角度可以分为管道虚拟化和业务虚拟化。管道虚拟化的例子包括各种虚拟专用网（Virtual Private Network，VPN）及 VLAN/QinQ 等技术，它们通过提供各种逻辑管道来实现对用户流量的承载和隔离。业务虚拟化的例子包括 MSTP 多实例、MP-BGP 多实例等，它们通过特定业务的多实例来实现业务的逻辑隔离。无论管道虚拟化还是业务虚拟化，都只是局部虚拟化。网络设备的虚拟化是一种更彻底的系统级的虚拟化，它不限于特定的业务或管道，而是提供一个完整的设备级的虚拟化。

4．VXLAN 技术

云计算运用了大量虚拟机。虚拟机启动后由于服务器资源等问题（如 CPU 过高、内存不够等）可能需要迁移到新的服务器上。为了保证在虚拟机迁移过程中业务不中断，需要保证虚拟机的 IP 地址、MAC 地址等参数保持不变。这要求业务网络是一个二层网络，且要求网络本身具备多路径的冗余备份和可靠性。TRILL 协议在一定程度上缓解了大二层网络的迫切需求，但是云计算往往要求在一个更广的范围内实施迁移，如跨机房、跨数据中心等，以实现资源共享和容灾。

VXLAN（Virtual eXtensible Local Area Network）是 VLAN 扩展方案草案，采用的是 MAC in UDP 封装方式，是跨三层网络虚拟化（Network Virtualization over Layer 3，NVo3）中的一种网络虚拟化技术。通过 VXLAN 可以构建大二层网络，支持扁平化树型拓扑组网方式，链路带宽利用率高。

5．SDN

传统的 IP 网采用的是分布式处理模型，因此网络能够自愈，具有很高的可靠性，但是这种特点也带来了一些负面影响，如管理运维复杂、网络设备中控制面和数据面深度耦合、设备日益臃肿等。目前 RFC 标准超过 7000 个，实现复杂度很高。

SDN 的本质是为网络构建一个集中大脑，通过全局视图和集中控制实现全局流量和整体最优。SDN 示意图如图 6-11 所示。SDN 的关键价值在于：①智能节点集中，运维简化；②自动化调度，网络利用率提高；③网络开放，支持服务质量等带宽和流量管理。

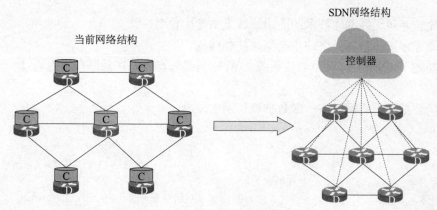

图 6-11　SDN 示意图

当前的 SDN 解决方案主要有如下两个流派。

开放网络基金会（Open Networking Foundation，ONF）建议将网络设备的控制功能（如路由计算）集中到一个控制器上去处理，转发表由控制器生成下发到设备上。设备功能被大大简化，只负责转发，变成了一个傻瓜式的设备，控制器和设备之间的控制接口是 OpenFlow。该解决方案主要由互联网公司、新兴厂商和运营商推动。

IETF 强调平滑过渡，在当前网络结构上，实现网络管理层面的自动化和智能化，通过传统的管理接口，实现网络流量的灵活调度。该解决方案主要由传统网络设备厂商推动。

SDN 并不是专门为数据中心开发的技术，但是数据中心具有地理范围小、流量密度大、业务模型复杂的特点，这正是 SDN 擅长处理的，所以当前 SDN 在数据中心的应用进展很快。

6.4　本章小结

数据通信、数据通信系统和数据通信网属于基础概念，计算机通信网属于典型的数据通信网。学习本章，需要了解计算机通信网的功能定义，在此基础上，理解计算机通信网的组成内容，分析各组成内容的功能与实现。计算机通信网的关键指标反映了网络性能，当计算机通信网承载不同业务时，每类指标的重要性存在较大差异。大家要针对网络中承载的具体业务，逐一分析计算机通信网的关键指标。计算机通信网的分类方式多种多样，分类的目的是让计算机通信网在业务需求和实现技术上的界限更加清晰。无线网络技术、水声传感器网络技术、多媒体网络技术、数据中心网络都是针对其应用的特殊性设计的，大家在学习过程中，要重点理解差异性，以及导致差异性的原因和解决手段。

思考与练习题

6-1 简述计算机通信网和数据通信网的定义。

6-2 简述计算机通信网的功能和组成内容。

6-3 简述计算机通信网的关键性能指标，并对比不同的性能指标对于音视频、数据业务的重要性。

6-4 简述局域网和广域网在业务需求上的差异。你打算通过哪些配置来确保业务性能的达成呢？

6-5 比较两种无线网络技术的应用场景及需要的设备。

6-6 简述水声传感器网络的主要网络拓扑结构。

6-7 简述 VoIP 系统与程控电话系统，IPTV 系统与有线电视系统在实现原理和设备上的异同。

6-8 简述数据中心网络与一般数据通信网的差异。

第 7 章

网络交换机

网络交换机是随着交换型以太网的产生而产生的网络设备，读者在学习网络交换机的工作原理时，要结合交换型以太网的通信方式来理解。VLAN 和 STP 是网络交换机的重要功能，读者要理解其产生背景和配置方法。三层网络交换机是工作在网络层的交换机，读者重点理解它的特殊性。网络交换机内容导图如图 7-1 所示。

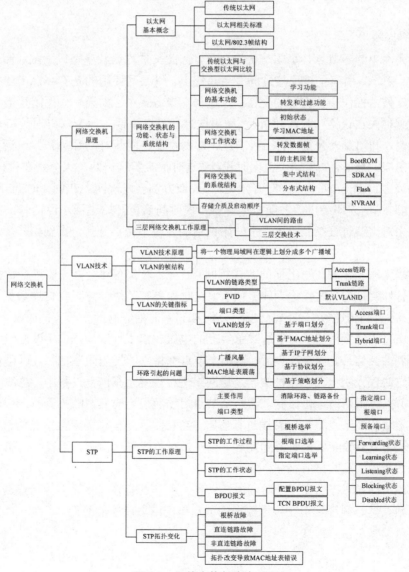

图 7-1　网络交换机内容导图

7.1 网络交换机原理

7.1.1 以太网基本概念

以太网是在 70 年代由 Xerox 公司 Palo Alto 研究中心正式推出的。基于介质技术的发展，Xerox 公司将许多台机器相互连接，形成巨型打印机，这就是以太网的原型。后来，Xerox 公司推出了带宽为 2Mbit/s 的以太网，又和 Intel 公司和 DEC 公司合作推出了带宽为 10Mbit/s 的以太网，这就是常说的以太网 II 或以太网 DIX（Digital、Intel、Xerox）。IEEE 下属的 802 协议委员会制定了一系列局域网标准，其中以太网标准（IEEE 802.3）与由 Intel 公司、Digital 公司和 Xerox 公司推出的以太网 II 非常相似。

随着以太网技术的不断进步与带宽的提升，如今在很多情况下以太网成为局域网的代名词。

1. 传统以太网

传统以太网中的各节点共享同一传输介质，因此又被称为共享型以太网。图 7-2 所示为传统以太网示意图，所有主机连接到同一条总线上。以太网使用的是 CSMA/CD 技术。可以将 CSMA/CD 技术视作一种文雅的交谈，在这种交谈方式中，如果有人想阐述观点，他会先听听是否有其他人在说话（载波侦听），如果这时有人在说话，他会耐心地等待，直到对方结束说话，他才开始发表意见。有一种情况，即两个人在同一时间都想开始说话，那会出现什么样的情况呢？显然，如果两个人同时说话，这时很难辨别出两个人分别在说什么。但是，在文雅的交谈方式中，当两个人同时开始说话时，双方都会发现两人在同一时间开始讲话（冲突检测），这时说话立即终止，并随机地等待一段时间后再开始说话。说话时，由第一个开始说话的人来对交谈进行控制，第二个开始说话的人将不得不等待，直到第一个人说完，才能开始说话。

传统的以太网工作方式与上面的方式相同。首先，以太网网段上需要进行数据传送的节点对总线进行监听，这个过程称为载波侦听。这时如果有其他节点正在传送数据，监听节点将不得不等待，直到传送数据的节点结束传送。如果某时恰好有两个节点同时准备传送数据，以太网网段将发出冲突信号。由于这时总线上的电压超出了标准电压，所以总线上的所有节点都将检测到冲突信号。冲突产生后，这两个节点都将立即发出阻塞信号，以确保每个工作站都检测到这时以太网上已产生冲突，之后网络进行恢复，在恢复过程中，总线上不传送数据。当两个节点将阻塞信号传送完，这两个节点启动随机定时器，随机等待一段时间。第一个随机定时器到期的节点将先对总线进行监听，当它监听到没有任何数据在传输时，开始传输数据。另一个节点的随机定时器到期后，也开始对总线进行监听，当监听到第一个节点已经开始传输数据后，就只好等待了。

在 CSMA/CD 技术下，在一个时间段，只有一个节点能够在导线上传送数据。如果其他节点想传送数据，必须等到正在传送数据的节点传送结束后才能开始。

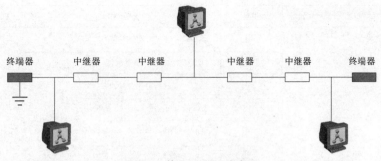

图 7-2 传统以太网示意图

2. 以太网相关标准

IEEE 802.3 为以太网标准。IEEE 不仅定义了 802.3 以太网 MAC 标准，还定义了多种局域网 MAC 标准，如 802.4 令牌总线网、802.5 令牌环网等。IEEE 802.2 向网络层提供了一个统一的格式和端口，屏蔽了各种采用 IEEE 802 系列标准的网络间的差别。

IEEE 802.3u 为 100Mbit/s 以太网标准。

IEEE 802.3z 为 1000Mbit/s 以太网标准。

IEEE 802.3ab 为 1000Mbit/s 以太网运行在双绞线上的标准。

3. 以太网/802.3 帧结构

图 7-3 显示了以太网/802.3 帧中的各字段的定义。

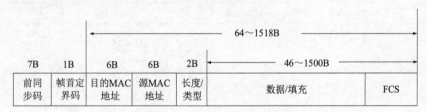

图 7-3 以太网/802.3 帧结构

（1）前同步码（Preamble，PRE）：7 个连续的"10101010"字段，被用作同步。

（2）帧首定界码（Start of Frame Delimiter，SFD）：帧开始标志，10101011。

（3）目的 MAC 地址（DMAC）：若第一位是 0，则指定了一个特定节点。若第一位是 1，则该目的 MAC 地址是一组地址，帧被送往由该地址规定的预先定义的一组地址中的所有节点。每个节点的端口知道自己的组地址，当它见到这个组地址时会做出响应。若所有位均为 1，该帧将被广播至所有的节点。

（4）源 MAC 地址（SMAC）：帧由该地址转发出来。

（5）长度/类型（LENGTH/TYPE）：数据和填充字段的长度（值≤1500）/报文类型（值>1500）。

（6）数据/填充（DATA/PAD）：DATA 是指需要传输的数据字段。PAD 是指填充字段。数据字段大小必须至少为 46B。若没有足够的数据，则将额外的 8 位位组填充到数据中，以补足差额。

（7）FCS：校验字段。使用 32 位循环冗余校验码的错误检验。

承载数据类型的以太网帧如图 7-4 所示。当长度/类型字段值大于 1500 时，说明该字段是 TYPE，并且该帧是以太网帧格式。以太网帧中的 DATA 字段直接填充网络层数据字段。

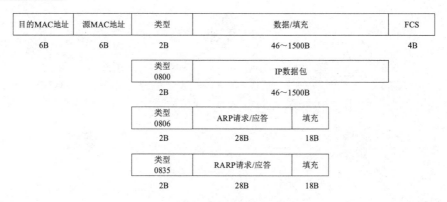

图 7-4 承载数据类型的以太网帧

当 TYPE 字段值是 0800 时，表明数据/填充字段是 IP 数据包；当 TYPE 字段值是 0806 时，表明数据/填充字段是 ARP 请求/应答；当 TYPE 字段值是 0835 时，表明数据/填充字段是 RARP 请求/应答。

802.3 帧结构如图 7-5 所示，当长度/类型字段值小于或等于 1500 时，说明该字段为 LENGTH，并且该帧是 802.3 帧。802.3 帧包含 MAC 帧和 LLC 帧的字段，在 LLC 帧中包含的数据字段包含上层应用数据。

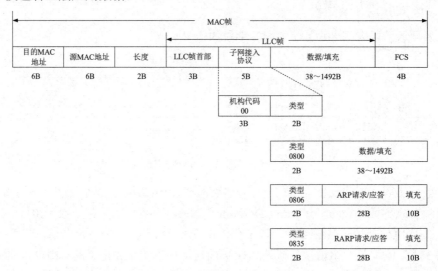

图 7-5 802.3 帧结构

当 LLC 帧中的类型字段的值是 0800 时，表明数据/填充字段传输的是业务数据；当类型的值是 0806 时，表明数据/填充字段传输的是 ARP 请求/应答；当类型字段的值是 0835 时，表明数据/填充字段传输的是 RARP 请求/应答。

7.1.2 网络交换机的功能、状态与系统结构

1. 传统以太网与交换型以太网比较

如图 7-6 所示，传统以太网的连接设备称为中继器或集线器（HUB）。中继器和集线器工作在物理层，主要功能是再生和放大信号。交换型以太网的连接设备称为网络交换机

（Switch）。网络交换机工作在数据链路层，根据 MAC 地址转发或过滤数据帧。

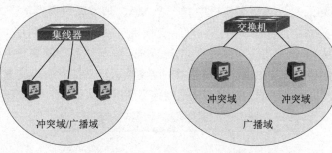

（a）传统以太网　　　　　　　　（b）交换型以太网

图 7-6　传统以太网与交换型以太网的比较

　　集线器只对信号进行简单的再生与放大，所有设备共享一个传输介质，设备必须遵循 CSMA/CD 技术进行通信。使用集线器连接的传统以太网中的所有节点处于同一个冲突域和同一个广播域。

　　由于网络交换机根据 MAC 地址转发或过滤数据帧，隔离了冲突域，工作在数据链路层，因此网络交换机的每个端口都是单独的冲突域。如果计算机直接连接网络交换机的端口，那么此计算机独享带宽。但是，由于网络交换机对目的地址为广播的数据帧进行泛洪操作，广播帧会被转发到所有端口，因此所有通过网络交换机连接的计算机处于同一个广播域。

2．网络交换机的基本功能

网络交换机的基本功能包括学习功能、转发和过滤功能。

1）学习功能

　　网络交换机基于目的 MAC 地址做出转发决定。在网络交换机中必须有一张描述 MAC 地址和网络交换机端口对应关系的表，这张表就是 MAC 地址表。网络交换机与终端设备相连，网络交换机的端口收到帧后，会读取帧的 SMAC 字段，并与接收端口关联，记录到 MAC 地址表中。由于 MAC 地址表保存在网络交换机的内存中，所以当网络交换机启动时 MAC 地址表是空的。

　　网络交换机收到数据流的第一个数据帧，读取 SMAC 字段，建立 MAC 地址表，即 MAC 地址学习。网络交换机维护 MAC 地址表。MAC 地址表决定网络交换机的数据转发过程。在组播情况下，MAC 地址表的表项的建立不是通过学习得到的，而是通过配置得到的。

　　举例说明：网络交换机和 PC1、PC2、PC3 组成了一个简单的网络，PC1 的 MAC 地址为 0011.ABCD.0001、PC2 的 MAC 地址为 0022.ABCD.0002、PC3 的 MAC 地址为 0033.ADCB.0003。如果网络交换机从 3 个端口都收到帧，就会学习到如表 7-1 所示的 MAC 地址表。

表 7-1　网络交换机学习到的MAC地址表

MAC 地址	端口
0011.ABCD.0001	Fei_1/1
0022.ABCD.0002	Fei_1/2
0033.ADCB.0003	Fei_1/3

2）转发和过滤功能

以小型交换网络为例，网络交换机中有一个 MAC 地址表里面存放了 MAC 地址与网络交换机端口的映射关系。如图 7-7 所示，网络交换机对帧的转发操作行为一共有 3 种——泛洪（Flooding）、转发（Forwarding）和丢弃（Discarding）。泛洪是指网络交换机把从某一端口进来的帧通过所有其他端口转发出去；转发是指网络交换机把从某一端口进来的帧通过另一个端口转发出去；丢弃，也可以理解为过滤，是指网络交换机把从某一端口进来的帧直接丢弃。

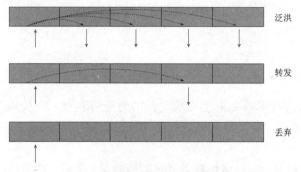

图 7-7　网络交换机对帧的转发操作

网络交换机的基本工作原理可以概括地进行如下描述：①若进入网络交换机的是一个单播帧，则网络交换机会去 MAC 地址表中查找这个帧的目的 MAC 地址。若查不到这个目的 MAC 地址，则网络交换机执行泛洪操作。若查到了这个目的 MAC 地址，则网络交换机比较这个目的 MAC 地址在 MAC 地址表中对应的端口是不是这个帧进入网络交换机的端口。若不是，则网络交换机执行转发操作。若是，则网络交换机执行丢弃操作。②若进入网络交换机的是一个广播帧，则网络交换机不会去查找 MAC 地址表，而是直接执行泛洪操作。③若进入网络交换机的是一个组播帧，则网络交换机的处理行为比较复杂，这里不进行详述。

3. 网络交换机的工作状态

1）初始状态

在初始状态下，网络交换机并不知道所连接主机的 MAC 地址，所以 MAC 地址表为空。SWA 为初始状态，在收到主机 A 发送的数据帧之前，MAC 地址表中没有任何表项，如图 7-8 所示。

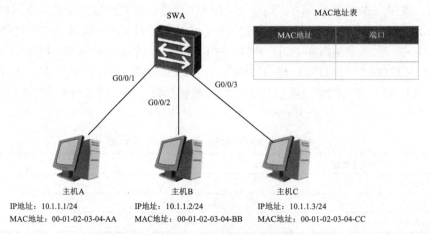

图 7-8　网络交换机中的 MAC 地址表的初始状态

2）学习 MAC 地址

主机 A 在发送数据给主机 C 时，一般会先发送 ARP 请求来获取主机 C 的 MAC 地址，此 ARP 请求帧中的目的 MAC 地址是广播地址，源 MAC 地址是自己的 MAC 地址。如图 7-8 中的交换网络所示，SWA 在收到该帧后，会将源 MAC 地址和接收端口的映射关系添加到 MAC 地址表中。在默认情况下，网络交换机学习到的 MAC 地址表的表项的老化时间为 300s。如果在老化时间内再次收到主机 A 发送的数据帧，SWA 中保存的主机 A 的 MAC 地址和 G0/0/1 端口的映射的老化时间会被刷新。此后网络交换机在收到目的 MAC 地址为 00-01-02-03-04-AA 的数据帧时，都将通过 G0/0/1 端口转发。

3）转发数据帧

如图 7-8 中的交换网络所示，主机 A 发送的数据帧的目的 MAC 地址为广播地址，SMA 会将此数据帧通过 G0/0/2 端口和 G0/0/3 端口广播到主机 B 和主机 C。

4）目的主机回复

如图 7-8 中的交换网络所示，主机 B 和主机 C 接收到此数据帧后，都会查看该 ARP 数据帧。但是，主机 B 不会回复该帧，主机 C 会处理该帧并发送 ARP 回应，此回复数据帧的目的 MAC 地址为主机 A 的 MAC 地址，源 MAC 地址为主机 C 的 MAC 地址。SWA 收到回复数据帧时，会将该帧的源 MAC 地址和端口的映射关系添加到 MAC 地址表中。如果此映射关系在 MAC 地址表中已经存在，那么对应表项会被刷新。然后 SWA 查询 MAC 地址表，根据帧的目的 MAC 地址找到对应的转发端口后从 G0/0/1 端口转发此数据帧。

网络交换机在某端口接收到一个数据帧后的处理流程如图 7-9 所示。网络交换机先判断此数据帧的目的 MAC 地址是否为广播地址或组播地址。如果目的 MAC 地址是广播地址或组播地址，网络交换机就进行泛洪操作；如果目的 MAC 地址不是广播地址或组播地址，而是去往某设备的单播地址，网络交换机就在 MAC 地址表中查找此地址。如果此目的 MAC 地址是未知的，那么网络交换机将按照泛洪的方式进行转发。如果目的 MAC 地址是单播地址并且已经存在网络交换机的 MAC 地址表中，那么网络交换机将把数据帧转发至与此目的 MAC 地址关联的端口。

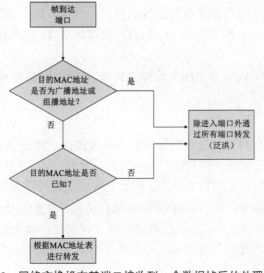

图 7-9　网络交换机在某端口接收到一个数据帧后的处理流程

4．网络交换机的系统结构

1）集中式结构

在一般情况下，中低端网络交换机采用的是集中式结构，如图 7-10 所示。

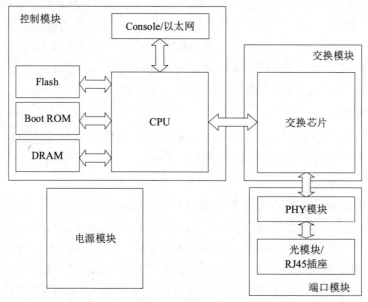

图 7-10　集中式结构

控制模块：实现对交换模块的控制、管理，以满足各种组网应用的需求，包括 Boot ROM、Flash、DRAM、CPU。其中，CPU 用于实现对整个系统的控制功能；Boot ROM 用于存放网络交换机的启动代码；Flash 用于存放网络交换机操作系统和数据库；DRAM 用于管理网络交换机程序运行时的动态数据，Console/以太网分别以串口或以太网的方式对外提供调试网络交换机的端口。

交换模块：采用高性能的 ASIC（Application Specific Integrated Circuit）技术，为数据包提供二层线速转发。

端口模块：完成对外用户连接和数据包的收发，其中，PHY 模块用来进行数据编码，可以分为 10/100Mbit/s PHY 和 1000Mbit/s PHY。光模块/RJ45 插座对外提供光纤和双绞线的接入方式。

电源模块：有 110V/220V 自适应交流模块供电方式或-48V 直流模块供电方式，为系统内其他模块提供电力。

2）分布式结构

在一般情况下，高端网络交换机采用的是分布式结构，如图 7-11 所示。

控制交换模块：实现网络交换机的控制、管理、数据交换和网络协议的处理，实现线路端口板之间的线速数据交换，并以 Console 和以太网方式对外提供管理端口。控制交换模块由 CPU、存储芯片（Boot ROM、Flash 和 DRAM）及大容量 Crossbar 交换芯片组成。其中，Crossbar 交换芯片为数据包提供二、三层线速转发。控制交换模块通过控制通道实现对线路端口板的管理与控制，通过业务通道实现与各线路端口板业务数据的交换。

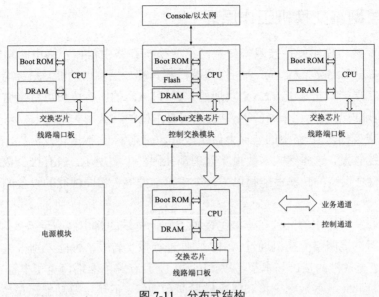

图 7-11　分布式结构

　　线路端口板：完成对外用户连接和数据包的收发，可以提供一个或多个物理端口，不同的线路接口板可以实现不同速率、不同类型业务的接入。线路端口板由 CPU、存储芯片（Boot ROM、DRAM）和交换芯片组成。其中，交换芯片用于完成本线路端口板内部交换及与控制交换模块交换数据的功能。

　　电源模块：为系统内其他模块提供电力。

5．存储介质及启动顺序

　　网络交换机中的存储介质包括 Boot Rom、DRAM、Flash、NVRAM。Boot ROM 用于存放网络交换机的基本启动程序；DRAM 是网络交换机的运行内存；Flash 用于存放当前运行的操作系统文件；NVRAM 用于存放网络交换机配置好的配置文件。

　　网络交换机的存储介质及启动顺序示意图如图 7-12 所示。网络交换机加电自检后，先读取 Boot ROM 中的启动程序。若输入"Ctrl+B"，则进入 Boot ROM 模式。之后到 Flash 中读取操作系统文件，进入操作系统；其间会访问 DRAM，读取当前运行配置文件 Running-Config；之后读取 NVRAM 中的启动配置文件 Startup-Config，并进入一般用户模式，根据用户配置管理需求，可切换至特权用户模式。

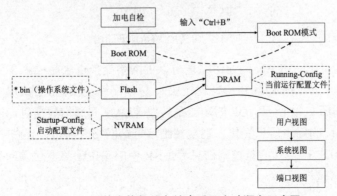

图 7-12　网络交换机的存储介质及启动顺序示意图

7.1.3 三层网络交换机工作原理

三层网络交换机使用硬件技术将二层网络交换机和路由器在网络中的功能集成到一个盒子里。所有三层网络交换机上可见的物理端口都具有二层端口功能，三层端口可通过配置创建。创建的三层端口是基于 VLAN 实现的。此 VLAN 的所有成员可直接访问同一个逻辑端口，其 IP 地址被配置为这个 VLAN 中其他所有主机的默认网关地址。

三层网络交换机在 IP 路由的处理上做了改进，简化了 IP 数据转发流程，利用专用的芯片实现了硬件的转发，这样绝大多数报文处理都在硬件中实现了，只有极少数报文才需要使用软件转发，整个系统的转发性能得以成百上千倍地提高。相同性能的设备的成本得以大幅度下降。

三层交换和三层路由的区别在于：①性能差别，传统的路由器基于微处理器转发报文，靠软件处理，而三层网络交换机通过 ASIC 硬件进行报文转发，性能差别很大；②端口类型差别，三层网络交换机的端口基本都是以太网端口，没有路由器端口类型丰富；③功能差别，三层网络交换机同时具备数据交换和路由转发两种功能，但其主要功能还是数据交换，而路由器主要功能是路由转发。

三层网络交换机性能得到提升的原因还包括实现了多层交换。如图 7-13 所示，传统 VLAN 间的路由依靠独臂路由实现。发送端判断接收端和自己不是一个网段，于是把数据发往路由器；路由器接收数据以后，将数据发送给相应的接收端。独臂路由模式中的数据包在网络交换机和路由器之间的 Trunk 链路上流动两次，Trunk 链路的带宽利用率只有 50%。

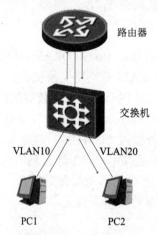

图 7-13 传统的 VLAN 间路由

在多层交换情况下，VLAN 间通信完全可以由网络交换机来完成。这时，需要实现两个软件模块：位于路由器上的 RP（路由处理模块）、位于网络交换机上的 DF（数据转发模块）。多层交换示意图如图 7-14 所示。DF 的功能是转发 VLAN 间通信数据包，并同 RP 交互；RP 控制 DF。若 VLAN 间路由信息变化，则发控制信息给网络交换机，让网络交换机重新建立转发路径。RP 与 DF 间交互的是控制信息流，RP 中的路由信息变化须同步到 DF；数据信息流直接通过 DF 转发。

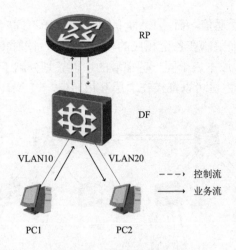

图 7-14　多层交换示意图

在多层交换情况下，第一个数据包总是发往路由器处理，若多层转发项建立成功，则后续数据包将按照多层转发项处理。若路由器上关于 VLAN 间的路由表发生变化，则通知 DF，DF 把相应的多层转发项删除，按照常规方式转发。

7.2　VLAN 技术

VLAN 技术是将一个物理局域网在逻辑上划分成多个广播域的技术。通过在网络交换机上配置 VLAN，可以实现同一 VLAN 内的用户互发的数据帧完成数据交换，而不同 VLAN 间的用户互发的数据帧被丢弃。这样既能够隔离广播域，又能够提升网络的安全性。

7.2.1　VLAN 技术原理

早期的局域网是基于总线型结构的，它存在以下问题：若某一时刻有多个节点同时试图发送消息，那么将产生冲突；从任意节点发出的消息都会被发送到其他节点，形成广播；所有主机共享一条传输通道，无法保障网络中的信息安全。这种网络构成了一个冲突域，网络中的计算机数量越多，冲突越严重，网络效率越低。同时，该网络也是一个广播域，当网络中发送信息的计算机数量变多时，广播流量将会耗费大量带宽。也就是说，传统局域网不仅面临冲突域太大和广播域太大两大难题，而且无法保障传输信息的安全。

为了扩展传统局域网，接入更多计算机，同时避免冲突恶化，出现了网桥和二层网络交换机，它们能有效隔离冲突域。网桥和二层网络交换机采用交换方式将来自入端口的信息转发到出端口，克服了共享网络中的冲突问题。但是，采用二层网络交换机进行组网，广播域和信息安全问题依旧存在。为限制广播域的范围，减少广播流量，需要在没有二层互访需求的主机间进行隔离。路由器是基于三层 IP 地址信息来选择路由和转发数据的，它连接两个网段时可以有效抑制广播报文转发，但成本较高。因此，人们设想在物理局域网上构建多个逻辑局域网，即 VLAN。

VLAN 技术可以将一个物理局域网在逻辑上划分成多个广播域，也就是多个 VLAN。VLAN 部署在数据链路层，用于隔离二层流量。同一个 VLAN 内的主机共享同一个广播域，它们之间可以直接进行二层通信。而 VLAN 间的主机属于不同广播域，不能直接实现二层互通。这样，广播报文就被限制在各个相应的 VLAN 内，同时提高了网络安全性。VLAN 技术示意图如图 7-15 所示，原本属于同一广播域的主机被划分到了两个 VLAN 中，即 VLAN1 和 VLAN2。VLAN 内部的主机可以直接在二层互相通信，VLAN1 和 VLAN2 之间的主机无法直接实现二层通信。

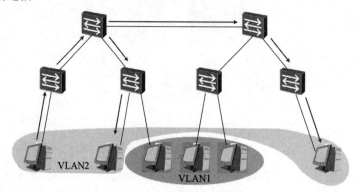

图 7-15   VLAN 技术示意图

7.2.2   VLAN 的帧结构

VLAN 的帧结构如图 7-16 所示，VLAN 标签（Tag）长为 4B，直接添加在以太网帧头中，IEEE 802.1Q 文档对 VLAN 标签进行了说明。

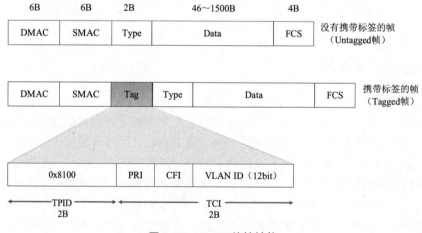

图 7-16   VLAN 的帧结构

TPID：Tag Protocol Identifier，标签协议标识，2B，固定取值，0x8100，是 IEEE 定义的新类型，表明这是一个携带 IEEE 802.1Q 标签的帧。如果不支持 IEEE 802.1Q 的设备收到这样的帧，会将其丢弃。

TCI：Tag Control Information，帧的控制信息，2B，详细说明如下。

（1）PRI：3bit，表示帧的优先级，取值范围为 0～7，值越大优先级越高。当网络交换机阻塞时，优先发送优先级高的数据帧。

（2）CFI：Canonical Format Indicator，经典格式指示位，1bit。CFI 表示 MAC 地址是否

是经典格式。CFI 为 0，表示 MAC 地址为经典格式；CFI 为 1，表示 MAC 地址为非经典格式。用于区分以太网帧、光纤分布式数据接口（Fiber Distributed Data Interface，FDDI）帧和令牌环网帧。以太网帧中的 CFI 的值为 0。

（3）VLAN ID：VLAN Identifier，12bit，在典型网络交换机中，可配置的 VLAN ID 取值范围为 0~4095，但是 0 和 4095 在协议中规定为保留的 VLAN ID，不能给用户使用。在现有的交换网络环境中，以太网帧有两种格式：没有加上 VLAN 标记的标准以太网帧（Untagged Frame）和有 VLAN 标记的以太网帧（Tagged Frame）。

7.2.3 VLAN 的关键指标

1．VLAN 的链路类型

VLAN 链路分为两种类型：Access 链路（接入链路）和 Trunk 链路（干道链路）。

Access 链路：连接用户主机和网络交换机的链路。图 7-17 中的主机和网络交换机之间的链路都是 Access 链路。

Trunk 链路：连接网络交换机和网络交换机的链路。图 7-17 中的网络交换机之间的链路都是 Trunk 链路。Trunk 链路上通过的帧一般为带标签的 VLAN 帧，即 Tagged 帧。

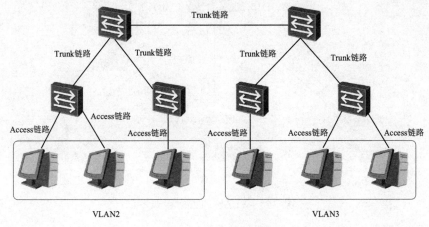

图 7-17　VLAN 的链路类型

2．PVID

PVID 即 Port VLAN ID，表示端口的默认 VLAN。网络交换机从对端设备收到的帧有可能是 Untagged 帧，但所有以太网帧在网络交换机中都是以 Tagged 帧形式被处理和转发的，因此网络交换机必须给端口收到的 Untagged 帧添加上 Tag。为了实现此目的，必须为网络交换机配置端口的默认 VLAN。当该端口收到 Untagged 帧时，网络交换机将给它加上该默认 VLAN 的 VLAN Tag。

3．端口类型

1）Access 端口

Access 端口是网络交换机上用来连接用户主机的端口，它只能连接 Access 链路，并且只允许唯一的 VLAN ID 通过。

Access 端口收发数据帧的规则如下。

如果 Access 端口收到的对端设备发送的帧是 Untagged 帧，那么网络交换机将强制加上该端口的 PVID。如果该端口收到的对端设备发送的帧是 Tagged 帧，那么网络交换机将检查该 Tag 内的 VLAN ID。当 VLAN ID 与该端口的 PVID 相同时，接收该帧；当 VLAN ID 与该端口的 PVID 不同时，丢弃该帧。

Access 端口在发送数据帧时，总是先剥离帧的 Tag 再发送。Access 端口发往对端设备的以太网帧永远是 Untagged 帧。如图 7-18 所示，网络交换机的 G0/0/1 端口、G0/0/2 端口、G0/0/3 端口分别连接三台主机，都配置为 Access 端口。主机 A 把数据帧（Untagged 帧）发送到网络交换机的 G0/0/1 端口，再由网络交换机发往其他目的地。网络交换机在收到数据帧后，根据端口的 PVID 为数据帧打上 VLAN Tag 10，然后决定从 G0/0/3 端口转发出去。G0/0/3 端口的 PVID 是 10，与 VLAN Tag 中的 VLAN ID 相同，网络交换机剥离 Tag，把数据帧发送给主机 C。连接主机 B 的端口的 PVID 是 2，与 VLAN10 不属于同一个 VLAN，因此此端口不会接收来自 VLAN10 的数据帧。

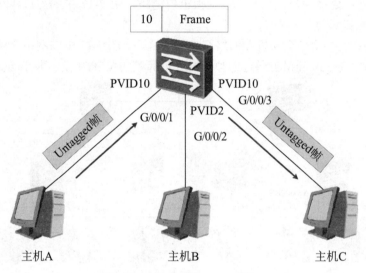

图 7-18　VLAN 的 Access 端口

2）Trunk 端口

Trunk 端口是网络交换机上用来和其他网络交换机连接的端口，它只能连接 Trunk 链路。Trunk 端口允许多个 VLAN 的帧（Tagged 帧）通过。

Trunk 端口收发数据帧的规则如下。

当 Trunk 端口接收到对端设备发送的 Untagged 帧时，会添加该端口的 PVID，如果 PVID 在允许通过的 VLAN ID 列表中，就接收该帧；否则，丢弃该帧。当 Trunk 端口接收到对端设备发送的 Tagged 帧时，检查 VLAN ID 是否在端口允许通过的 VLAN ID 列表中，如果 VLAN ID 在端口允许通过的 VLAN ID 列表中，就接收该帧；否则，丢弃该帧。

Trunk 端口在发送数据帧时，若 VLAN ID 与端口的 PVID 相同且是该端口允许通过的 VLAN ID，则去掉 Tag，发送该帧；若 VLAN ID 与端口的 PVID 不同且是该端口允许通过的 VLAN ID，则保持原有 Tag，发送该帧。

如图 7-19 所示，SWA 和 SWB 连接主机的端口为 Access 端口。SWA 和 SWB 互连的端口为 Trunk 端口，PVID 都为 1，此 Trunk 链路允许所有 VLAN 的流量通过。当 SWA 转发

VLAN1 中的数据帧时会先剥离 VLAN Tag，然后将数据帧发送到 Trunk 链路上；在转发 VLAN20 中的数据帧时，不剥离 VLAN Tag，直接将数据帧转发到 Trunk 链路上。

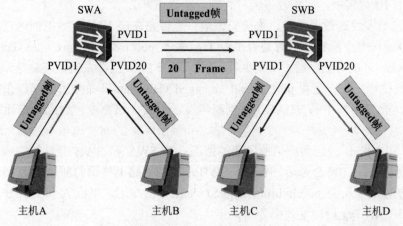

图 7-19　VLAN 的 Trunk 端口

3）Hybrid 端口

Access 端口发往其他设备的数据帧都是 Untagged 帧，而 Trunk 端口仅在一种特定情况下才能发出 Untagged 帧，在其他情况下发出的都是 Tagged 帧。

Hybrid 端口是网络交换机上既可以连接用户主机，又可以连接其他网络交换机的端口，它既可以连接 Access 链路又可以连接 Trunk 链路，允许多个 VLAN 的帧通过，并可以在出端口方向将某些 VLAN 帧的 Tag 剥离。华为设备默认的端口类型是 Hybrid。

如图 7-20 所示，要求主机 A 和主机 B 都能访问服务器，但是它们之间不能互相访问。此时将网络交换机连接主机和服务器的端口，以及网络交换机互连的端口都配置为 Hybrid 类型。网络交换机连接主机 A 的端口的 PVID 是 2，连接主机 B 的端口的 PVID 是 3，连接服务器的端口的 PVID 是 100。

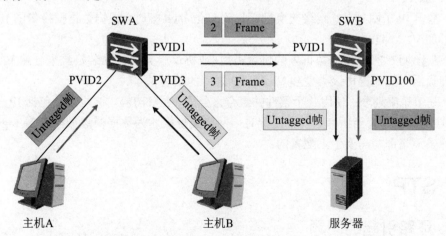

图 7-20　VLAN 的 Hybrid 端口

Hybrid 端口收发数据帧的规则如下。

当接收到对端设备发送的 Untagged 帧时，会添加该端口的 PVID，如果 PVID 在端口允许通过的 VLAN ID 列表中，就接收该帧；否则，丢弃该帧。当接收到对端设备发送的 Tagged 帧时，检查 VLAN ID 是否在端口允许通过的 VLAN ID 列表中，如果 VLAN ID 在端口允许通过的 VLAN ID 列表中，就接收该帧；否则，丢弃该帧。

Hybrid 端口在发送数据帧时，将检查该端口是否允许该 VLAN 数据帧通过，如果允许通过，就可以通过命令配置发送时是否携带 Tag。配置 port hybrid tagged vlan vlan-id 命令后，端口发送该 vlan-id 的数据帧时，不剥离帧中的 VLAN Tag，直接发送，该命令一般配置在连接网络交换机的端口上。配置 port hybrid untagged vlan vlan-id 命令后，端口在发送 vlan-id 的数据帧时，会先将帧中的 VLAN Tag 剥离再发送出去，该命令一般配置在连接主机的端口上。

主机 A 和主机 B 发送数据给服务器的情况：在 SWA 和 SWB 互连的端口上配置 port hybrid tagged vlan 2 3 100 命令后，SWA 和 SWB 之间的链路上传输的都是 Tagged 帧。在 SWB 连接服务器的端口上配置 port hybrid untagged vlan 2 3 命令后，主机 A 和主机 B 发送的数据会在被剥离 VLAN Tag 后转发到服务器。

4．VLAN 的划分

VLAN 的划分包括如下 5 种方法。

（1）基于端口划分：根据网络交换机的端口编号来划分 VLAN。通过为网络交换机的每个端口配置不同的 PVID，来将不同端口划分到 VLAN 中。在初始情况下，典型网络交换机的端口处于 VLAN1 中。此方法配置简单，但是当主机移动位置时需要重新配置 VLAN。

（2）基于 MAC 地址划分：根据主机网卡的 MAC 地址划分 VLAN。此划分方法需要网络管理员提前配置网络中的主机 MAC 地址和 VLAN ID 的映射关系。如果网络交换机收到 Untagged 帧，就会查找之前配置的 MAC 地址表，根据数据帧中携带的 MAC 地址来添加相应的 VLAN Tag。在使用此方法配置 VLAN 时，即使主机移动位置也不需要重新配置 VLAN。

（3）基于 IP 子网划分：网络交换机在收到 Untagged 帧时，根据数据帧携带的 IP 地址给数据帧添加 VLAN Tag。

（4）基于协议划分：根据数据帧的协议类型（或协议簇类型）、封装格式来分配 VLAN ID。网络管理员需要先配置协议类型和 VLAN ID 之间的映射关系。

（5）基于策略划分：使用几个条件的组合来分配 VLAN Tag。这些条件包括 IP 子网、端口和 IP 地址等。只有当所有条件都匹配时，网络交换机才为数据帧添加 VLAN Tag。另外，针对每一条策略都是需要手工配置的。

7.3 STP

7.3.1 环路引起的问题

随着局域网规模的不断扩大，越来越多的网络交换机被用来实现主机之间的互连。若网络交换机之间仅使用一条链路互连，则可能出现单点故障，导致业务中断。为了解决此类问题，网络交换机在互连时一般都会使用冗余链路来实现备份。冗余链路虽然增强了网络的可靠性，但是会产生环路，而环路会带来一系列问题，继而导致通信质量下降、通信业务中断等问题。

1. 广播风暴

根据网络交换机的转发原则，如果网络交换机从一个端口上接收到的是一个广播帧，或者是一个目的 MAC 地址未知的单播帧，那么网络交换机会将这个帧向除源端口外的其他所有端口转发。如果交换网络中有环路，那么这个帧会被无限转发，此时便会形成广播风暴，网络中将会充斥着重复的数据帧。如图 7-21 所示，主机 A 向外发送了一个单播帧，假设此单播帧的目的 MAC 地址在网络中所有网络交换机的 MAC 地址表中都暂时不存在。SWB 接收到此帧后，将其转发到 SWA 和 SWC，SWA 和 SWC 也会将此帧转发到除接收此帧的端口外的其他所有端口，结果此帧又会被转发给 SWB，这种循环会一直持续，从而产生广播风暴。网络交换机性能会因此急速下降，并会导致业务中断。

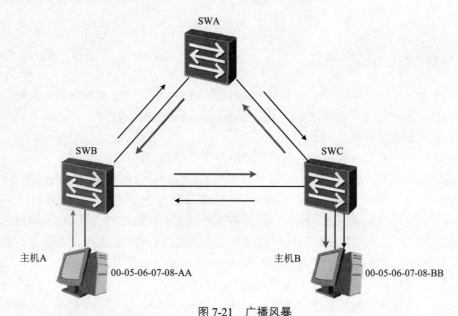

图 7-21　广播风暴

2. MAC 地址表震荡

网络交换机是根据所接收到的数据帧的源地址和接收端口生成 MAC 地址表中的表项的。如图 7-22 所示，主机 A 向外发送一个单播帧，假设此单播帧的目的 MAC 地址在网络中所有网络交换机的 MAC 地址表中都暂时不存在。SWB 收到此帧后在 MAC 地址表中生成表项 00-05-06-07-08-AA，对应端口为 G0/0/3，并将此帧从 G0/0/1 端口和 G0/0/2 端口转发出去。仅以 SWB 从 G0/0/1 端口转发此帧为例进行说明。SWA 收到此帧后由于 MAC 地址表中没有对应此帧目的 MAC 地址的表项，所以会将此帧从 G0/0/2 端口转发出去。SWC 收到此帧后也由于 MAC 地址表中没有对应此帧目的 MAC 地址的表项，所以会将此帧从 G0/0/2 端口发送回 SWB，也会发给主机 B。SWB 从 G0/0/2 端口接收到此帧之后，会在 MAC 地址表中删除原有相关表项，生成一个新的表项，即 00-05-06-07-08-AA，对应端口为 G0/0/2。此过程会不断重复，从而导致 MAC 地址表震荡。

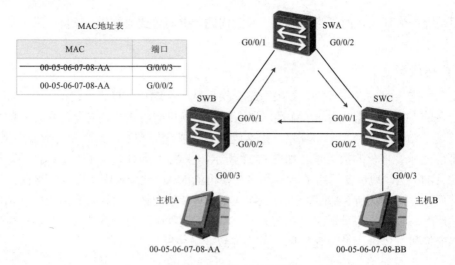

MAC地址表

MAC	端口
~~00-05-06-07-08-AA~~	~~G/0/0/3~~
00-05-06-07-08-AA	G/0/0/2

图 7-22   MAC 地址表震荡

7.3.2   STP 的工作原理

在以太网中，二层网络的环路会带来广播风暴、MAC 地址表震荡等问题，为解决交换网络中的环路问题，提出了生成树协议（Spanning Tree Protocol，STP）。

STP 的主要作用如下。

（1）消除环路：通过阻断冗余链路来消除网络中可能存在的环路。

（2）链路备份：当活动路径发生故障时，激活备份链路，及时恢复网络连通性。

STP 通过构造一棵树来消除交换网络中的环路。每个 STP 网络中，都选举一个网络交换机为根桥，其他网络交换机为非根桥。根桥位于整个逻辑树的根部，是 STP 网络的逻辑中心，非根桥是根桥的下游设备。当现有根桥产生故障时，非根桥之间会交互信息并重新选举根桥，交互的信息就是网桥协议数据单元（Bridge Protocol Data Unit，BPDU）报文。BPDU 报文中包含网络交换机在参加 STP 计算时的各种参数信息。

STP 定义了三种端口角色：指定端口、根端口、预备端口。指定端口是网络交换机向所连网段转发配置 BPDU 报文的端口，每个网段有且只能有一个指定端口。在一般情况下，根桥的每个端口总是指定端口。根端口是非根桥去往根桥路径最优的端口。一个运行 STP 的网络交换机上最多只有一个根端口，但根桥上没有根端口。某个端口如果既不是指定端口也不是根端口，那么该端口为预备端口。预备端口将被阻塞。

1．STP 的工作过程

（1）根桥选举。STP 网络中根桥的选举依据的是桥 ID（Bridge ID），STP 网络中的每个网络交换机都有一个桥 ID。桥 ID 由 16bit 的桥优先级（Bridge Priority；数值越小越优先）和 48bit 的 MAC 地址构成。在 STP 网络中，桥优先级是可以配置的，取值范围是 0～65535，默认值为 32768。优先级最高的网络交换机会被选举为根桥。如果优先级相同，就会比较 MAC 地址，MAC 地址越小，越优先。网络交换机在启动后自动开始进行 STP 收敛计算。在默认情况下，所有网络交换机启动时都认为自己是根桥，自己的所有端口都为指定端口，BPDU 报文可以通过所有端口转发。对端网络交换机在收到 BPDU 报文后，会比较 BPDU

报文中的根桥 ID 和自己的桥 ID。如果收到的 BPDU 报文中的桥 ID 优先级低，那么接收 BPDU 报文的网络交换机会继续通告自己的配置 BPDU 报文给邻居网络交换机。如果收到的 BPDU 报文中的桥 ID 优先级高，那么接收 BPDU 报文的网络交换机会修改自己的 BPDU 报文的根桥 ID 字段，宣告新的根桥。

（2）根端口选举。非根桥在选举根端口时分别依据该端口的根路径开销、对端桥 ID、对端 PID 和本端 PID。网络交换机的每个端口都有一个端口开销（Port Cost）参数，此参数表示该端口在 STP 中的开销值。在默认情况下，端口的开销和端口的带宽有关，带宽越宽，开销越小。从一个非根桥到达根桥的路径可能有多条，每一条路径都有一个总开销值，此开销值是该路径上所有接收 BPDU 报文端口的端口开销总和（BPDU 报文入方向端口），称为路径开销。非根桥通过对比多条路径的路径开销，选出到达根桥的最短路径，这条最短路径的路径开销就是根路径开销（Root Path Cost，RPC），并生成无环树型网络。根桥的根路径开销是 0。每个非根桥都要选举一个根端口。根端口是距离根桥最近的端口。这个最近的衡量标准是路径开销，即路径开销最小的端口就是根端口。端口收到一个 BPDU 报文后，抽取该 BPDU 报文中根路径开销字段的值，加上该端口本身的端口开销就是本端口路径开销。如果有两个或两个以上的端口计算得到的累计路径开销相同，那么选择收到发送者桥 ID 最小的端口作为根端口。如果两个或两个以上的端口连接到同一台网络交换机上，就选择发送者 PID 最小的端口作为根端口。如果两个或两个以上的端口通过集线器连接到同一台网络交换机的同一个端口上，就选择本网络交换机的这些端口中的 PID 最小的端口作为根端口。

（3）指定端口选举。在网段上抑制其他端口（无论是自己的还是其他设备的）发送 BPDU 报文的端口就是该网段的指定端口。每个网段都应该有一个指定端口，根桥的所有端口都是指定端口（除非根桥在物理上存在环路）。指定端口的选举也是先比较累计路径开销，累计路径开销最小的端口就是指定端口。如果累计路径开销相同，就比较端口所在网络交换机的桥 ID，所在桥 ID 最小的端口就是指定端口。如果通过累计路径开销和所在桥 ID 选举不出来，就比较 DID，DID 最小的端口就是指定端口。网络收敛后，只有指定端口和根端口可以转发数据。其他端口为预备端口，被阻塞，不能转发数据，只能从所连网段的指定网络交换机接收 BPDU 报文，并据此监视链路的状态。

2. STP 的工作状态

（1）Forwarding 状态：转发状态。端口既可以转发用户流量也可转发 BPDU 报文，只有根端口或指定端口才能进入 Forwarding 状态。

（2）Learning 状态：学习状态。端口可以根据收到的用户流量构建 MAC 地址表，但不转发用户流量。增加 Learning 状态是为了防止临时环路。

（3）Listening 状态：侦听状态。端口可以转发 BPDU 报文，但不能转发用户流量。

（4）Blocking 状态：阻塞状态。端口只能接收并处理 BPDU 报文，但不能转发 BPDU 报文，也不能转发用户流量。此状态是预备端口的最终状态。

（5）Disabled 状态：禁用状态。端口既不处理和转发 BPDU 报文，也不转发用户流量。

3. BPDU 报文

为了计算 STP，网络交换机之间需要交换相关信息和参数，这些信息和参数被封装在 BPDU 报文中。

BPDU 报文有两种类型：配置 BPDU 报文和 TCN BPDU 报文。

（1）配置 BPDU 报文：包含桥 ID、路径开销和 PID 等参数。STP 通过在网络交换机间传递配置 BPDU 报文来选举根桥，以及确定每个网络交换机端口的角色和状态。在初始化过程中，每个网络交换机都主动发送配置 BPDU 报文。在网络拓扑稳定以后，只有根桥主动发送配置 BPDU，其他网络交换机在收到上游传来的配置 BPDU 报文后，才会发送自己的配置 BPDU 报文。

（2）TCN BPDU 报文：下游网络交换机在感知到拓扑发生变化时向上游网络交换机发送的拓扑变化通知。

配置 BPDU 报文中包含了足够的信息来保证设备完成 STP 计算，其中包含的重要信息如下。①根桥 ID：由根桥的优先级和 MAC 地址组成，每个 STP 网络中有且仅有一个根桥。②根路径开销：到根桥的最短路径开销。③指定桥 ID：由指定桥的优先级和 MAC 地址组成。④指定 PID：由指定端口的优先级和端口号组成。⑤Message Age：配置 BPDU 报文在网络中传播的生存期。⑥Max Age：配置 BPDU 报文在设备中能够保存的最大生存期。⑦Hello Time：配置 BPDU 报文的发送周期。⑧Forward Delay：端口状态迁移的延时。

7.3.3　STP 拓扑变化

1. 根桥故障

在稳定的 STP 拓扑里，非根桥会定期收到来自根桥的 BPDU 报文。如果根桥发生了故障，停止发送 BPDU 报文，非根桥就无法收到来自根桥的 BPDU 报文。如果下游网络交换机一直收不到 BPDU 报文，Max Age 定时器就会超时（Max Age 的默认值为 20s），从而导致已经收到的 BPDU 报文失效，此时，非根桥会互相发送配置 BPDU 报文，选举新的根桥。根桥故障会导致 50s 左右的恢复时间，恢复时间约等于 Max Age 加上两倍的 Forward Delay。

2. 直连链路故障

如图 7-23 所示，SWA 和 SWB 使用了两条链路互连，其中一条是主用链路，另外一条是备份链路。STP 正常收敛之后，如果 SWB 检测到根端口的链路发生物理故障，其预备端口就会迁移到 Listening 状态、Learning 状态、Forwarding 状态，经过两倍的 Forward Delay 后恢复到 Forwarding 状态。

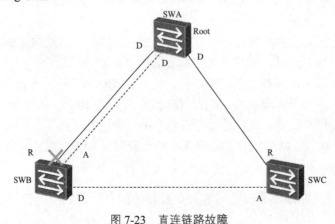

图 7-23　直连链路故障

3. 非直连链路故障

如图 7-24 所示，SWB 与 SWA 之间的链路发生了某种故障（非物理层故障），SWB 因此一直收不到来自 SWA 的 BPDU 报文。等待 Max Age 定时器超时后，SWB 会认为根桥 SWA 不再有效，并认为自己是根桥，于是开始发送自己的 BPDU 报文给 SWC，通知 SWC 自己作为新的根桥。在此期间，由于 SWC 的预备端口再也不能收到包含原根桥 ID 的 BPDU 报文，因此在 Max Age 定时器超时后，SWC 会切换预备端口为指定端口，并转发来自其根端口的 BPDU 报文给 SWB。所以，在 Max Age 定时器超时后，SWB、SWC 几乎会同时收到对方发来的 BPDU 报文。经过 STP 重新计算后，SWB 放弃宣称自己是根桥并重新确定端口角色。非直连链路故障后，由于需要等待 Max Age 加上两倍的 Forward Delay，端口大约需要 50s 才能恢复到 Forwarding 状态。

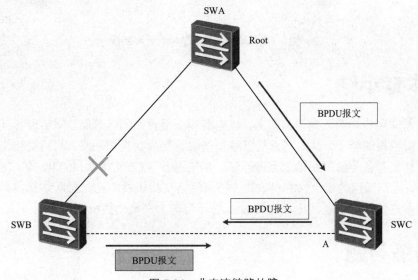

图 7-24 非直连链路故障

4. 拓扑改变导致 MAC 地址表错误

在交换网络中，网络交换机依赖 MAC 地址表转发数据帧。在默认情况下，MAC 地址表中的表项的老化时间是 300s。如果 STP 拓扑发生变化，网络交换机转发数据的路径也会随之发生改变，此时 MAC 地址表中未及时老化的表项会导致数据转发错误，因此在 STP 拓扑发生变化后需要及时更新 MAC 地址表。

如图 7-25 所示，SWB 中的 MAC 地址表的表项定义了通过端口 G0/0/3 可以到达主机 A，通过端口 G0/0/1 可以到达主机 B。由于 SWC 的根端口产生故障，STP 拓扑重新收敛，在 STP 拓扑完成收敛后，从主机 A 到主机 B 的帧仍然不能到达目的地。这是因为 MAC 地址表中的表项老化时间是 300s，主机 A 发往主机 B 的帧在到达 SWB 后，SWB 会继续通过端口 G0/0/1 转发该数据帧。在 STP 拓扑变化过程中，根桥通过 TCN BPDU 报文获知 STP 拓扑发生了变化。根桥生成拓扑变化（Topology Change，TC）报文，以通知其他网络交换机加速老化 MAC 地址表中的现有表项。

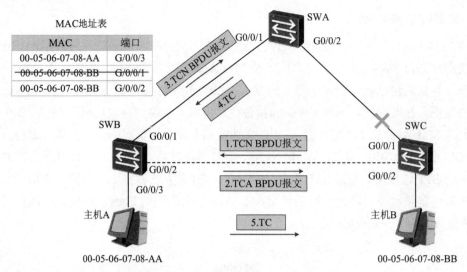

图 7-25   拓扑改变导致 MAC 地址表错误

7.4   本章小结

局域网面向用户提供数据通信服务，以太网属于最典型的局域网。网络设备从集线器实现了到网络交换机的转变，以太网也从共享型网络演变为交换型网络。网络交换机能够实现局域网内计算机与各类数据终端的互联互通，能够基于 VLAN 技术、STP、端口绑定技术、聚合技术等，提高通信的安全性和可靠性。三层网络交换机能够在二层网络交换机功能的基础上，提供多网段网络互联、IP 路由寻址，进一步扩大网络交换机的应用范围。

思考与练习题

7-1 比较传统以太网和交换型以太网。

7-2 简述二层网络交换机的基本功能和工作状态。

7-3 简述三层网络交换机的实现原理。

7-4 简述 VLAN 的设置作用及配置方法。

7-5 简述网络风暴的影响，以及 STP 的工作原理。

第 8 章
路 由 器

路由寻址是路由器的基本功能。路由器的配置管理是实现路由器功能的基本方式。路由表是实现路由寻址的核心，其中的路由包括直连路由、静态路由、动态路由等。配置网络路由前，应先明确最终路由表，再结合网络需求、网络设备等条件采用静态路由和动态路由的方法配置实现。路由器内容导图如图 8-1 所示。

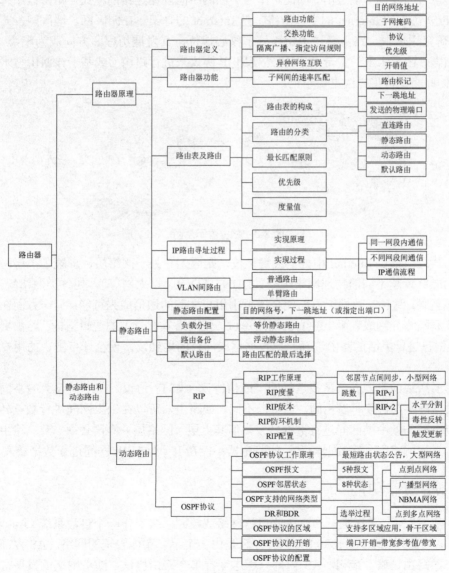

图 8-1　路由器内容导图

8.1 路由器原理

8.1.1 路由器定义

路由，是指通过相互连接的网络把信息从信源节点移动到信宿节点的活动。一般情况下，在路由过程中，信息会经过一个或多个中间节点。大规模的互联网络为路由技术的发展提供了良好的基础和平台。

路由器是用于连接不同网络的专用计算机设备，在不同网络间转发数据单元，是 Internet 的枢纽，如图 8-2 所示。如果把 Internet 的传输线路看作一条信息公路，组成 Internet 的各个网络相当于分布在公路上的各个信息城市，它们之间传输的信息（数据）相当于公路上的车辆，而路由器就是进出这些城市的大门和公路上的路标，它负责在公路上为车辆指引道路，以及在城市边缘安排车辆进出。因此，作为不同网络间互相连接的枢纽，路由器系统构成了基于 TCP/IP 协议的 Internet 的主体脉络，是 Internet 的骨架。在园区网、地区网，乃至整个 Internet 研究领域中，路由器技术始终处于核心地位，其发展历程和方向成为整个 Internet 研究的缩影。由于未来的宽带 IP 网仍然使用 IP 协议来进行路由（或基于该路由技术的某些改进），因此路由器将扮演重要角色。

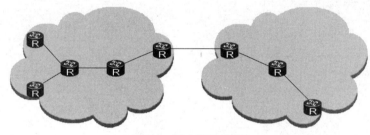

图 8-2　路由器示意图

路由器之所以在 Internet 中处于关键地位，是因为它处于网络层，屏蔽了下层网络的技术细节，能够跨越不同的物理网络类型（DDN、FDDI、以太网等），使各类网络统一由 IP 协议实现互联，这种一致性一方面使全球范围用户之间的通信成为可能；另一方面在逻辑上将整个互联网络分割成逻辑上独立的网络单位，使网络具有一定的逻辑结构。路由器还负责对 IP 数据包进行灵活的路由选择，把数据逐段向目的地转发，使全球范围内的用户间的通信成为现实。

这里面所说的不同网络是指运行同一通信协议（如 IP 协议、IPX 协议）的不同逻辑网段。其数据链路层协议可以相同，也可以不同，如路由器可以在以太网间进行数据转发，也可以在以太网与帧中继网间进行数据转发，但其上层（网络层）协议必须一致。路由器不能在不同的三层网络间进行数据转发，如路由器不能在 IP 网与 IPX 网间进行数据转发。

8.1.2 路由器功能

在一般情况下，可以把一个企事业单位网络或校园网络当作一个自治系统（Autonomous System，AS）。根据 RFC 1030 的定义，AS 是由一个单一实体管辖的网络。AS 内部遵循单一且明确的路由策略。最初，AS 内部只考虑运行单个路由协议，随着网络的发展，如今一个 AS 内可以同时运行多种路由协议。一个 AS 通常由多个不同的局域网组成，如企事业单位网络中的各个部门可以属于不同的局域网，或者各个分支机构和总部可以属于不同的局域网。局域网内的主机可以通过网络交换机来实现相互通信。不同局域网间的主机间的相互通信可以通过路由器来实现。路由器工作在网络层，隔离了广播域，并可以作为局域网的网关，发现到达目的网络的最优路径，最终实现报文在不同网络间转发。

如图 8-3 所示，RTA 和 RTB 把整个网络分成三个不同的局域网，每个局域网为一个广播域。LAN1 内部的主机可以通过网络交换机实现相互通信，LAN2 内部的主机也可以通过网络交换机实现相互通信。但是，LAN1 内部的主机与 LAN2 内部的主机之间必须通过路由器才能实现相互通信。

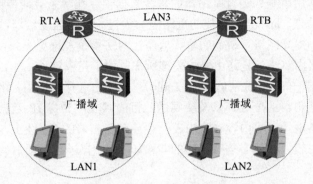

图 8-3　路由器的位置与功能

路由器的核心作用是实现网络互联，在不同网络之间转发数据单元。为实现在不同网络间转发数据单元的功能，路由器必须具备以下条件：①路由器上的多个端口支持连接不同的网络，支持不同速率的网络接入。每个端口实现了 OSI 参考模型中的下三层功能，被称为三层端口，对应一个逻辑网段。三层端口可以是物理端口，也可以是各种逻辑端口或子端口。实际组网中也存在只有一个端口的情况，这种方式称为单臂路由。②路由器工作在网络层，根据目的网络地址进行数据转发，实现异构网络的互联，所以协议至少向上实现到网络层。③路由器必须具有存储、转发、路由功能，并能有效控制数据包的转发。

路由器需要具备的主要功能如下。

（1）路由功能（寻径功能）：包括路由表的建立、维护和查找。

（2）交换功能：路由器的交换功能与网络交换机执行的交换功能不同，路由器的交换功能是指在网络之间转发分组数据，涉及从接收端口收到数据帧、解封装、对数据包进行相应处理、根据目的网络查找路由表、决定转发端口、做新的数据链路层封装等过程。

（3）隔离广播、指定访问规则：路由器可以阻止广播数据包的通过，并且可以设置访问控制列表（Access Control List，ACL）对流量进行控制。

（4）异构网络互联：支持不同的数据链路层协议，可连接异构网络。

（5）子网间的速率匹配：路由器有多个端口，不同端口具有不同速率，路由器需要利用缓存及流控协议进行速率适配。

对于不同规模的网络，路由器的侧重点有所不同。在骨干网上，路由器的主要作用是路由选择。骨干网上的路由器必须知道到达所有下层网络的路径，这需要维护庞大的路由表，并对连接状态的变化尽可能迅速地做出反应。路由器的故障将会导致严重的信息传输问题。

在地区网中，路由器的主要作用是网络连接和路由选择，即连接下层各个基层网络单位——园区网，同时负责下层网络间的数据转发。在园区网内部，路由器的主要作用是分隔子网。早期的 Internet 网络基层单位是局域网，所有主机处于同一个逻辑网络中。随着网络规模的不断扩大，局域网演变成由高速骨干传输链路和路由器连接的多个子网组成的园区网。其中，各个子网逻辑上独立，路由器是唯一能够分隔它们的设备，负责子网间的报文转发和广播隔离，在边界上的路由器负责与上层网络的连接。

8.1.3　路由表及路由

路由器的主要作用就是为经过路由器的每个数据帧寻找一条最佳传输路径，并将该数据有效地传送到目的站点。选择通畅快捷的近路能大大提高通信速度，减轻网络系统通信负荷，节约网络系统资源，提高网络系统畅通率，从而让网络系统发挥更大效益。由此可见，选择最佳路径的策略（路由算法）是路由器的关键所在。为了完成这项工作，路由器中保存着各种传输路径相关数据——路由表（Routing Table），供路由选择时使用。路由表中保存着子网的标志信息、网上路由器的个数，以及要到达此目的网段需要将 IP 数据包转发至哪一个下一跳（指定相邻设备地址）等内容。路由表被存放在路由器的 RAM 上，这意味着路由器如果要维护的路由信息较多，就必须有足够的 RAM。路由器一旦重新启动，原来的路由信息就会消失。

1．路由表的构成

通常情况下，路由表包含路由器在进行路由选择时需要的关键信息。理解路由表的构成对于路由维护和排错具有非常重要的意义。路由表的结构成分如图 8-4 所示。

Destination/Mask	Proto	Pre	Cost	Flags	NextHop	Interface
172.16.8.0/24	Static	60	0	D	1.1.1.1	Ethernet0/0/1

图 8-4　路由表的结构成分

（1）目的网络地址/子网掩码（Destination/Mask）：目的网络地址用于标识 IP 数据包要到达的目的逻辑网络或子网地址。子网掩码与目的网络地址共同标识目的主机或路由器所在网段的地址。将目的网络地址和子网掩码进行逻辑与运算后可得到目的主机或路由器所在网段的地址。子网掩码的数字标识了子网掩码的二进制表示形式包含的连续"1"的个数。

（2）Proto（协议）：是 Protocol 的简写，标识路由器获得该路由条目的方式。Direct 表示这条路由为直连路由；Static 表示这条路由是通过手工配置方式学习到的静态路由；RIP 表示这条路由是通过名为路由信息协议（Routing Information Protocol，RIP）的动态路由协议从其他路由器学习来的。

（3）Pre（优先级）：是 Preference 的简写，标识不同路由获取方式的可信度。优先级值越小，越优先。

（4）Cost（开销值）：不同路由优劣的参数。如果路由器通过同一种方式学习到了多条去往某个网络的路由，可以通过比较开销值来进行选择。开销值越小，路由越好。

（5）Flags（路由标记）：其值可能是 R 和 D。如果路由标记为 D，就表示这条路由已经下载到了转发信息库（Forward Information Base，FIB）。对于下载到 FIB 中的路由，路由器可以执行硬件转发。硬件转发可以提高数据的转发效率。如果路由标记为 R，就表示迭代路由，也就是说这条路由中记录的出站端口信息是路由器根据这条路由的下一跳地址迭代查找出来的。

（6）NextHop（下一跳地址）：与承载路由表的路由器相邻的路由器的端口地址，有时也把下一跳地址称为路由器的网关地址。

（7）Interface（发送的物理端口）：学习到该路由条目的端口，也是数据包离开路由器去往目的地将经过的端口。

图 8-4 所示为路由表中的一条路由信息，其中，172.16.8.0 为目的网络地址；24 为子网掩码，也就是 255.255.255.0；Static 为路由产生方式，表示本条路由信息是通过手工配置方式学习到的；60 为本条路由的优先级；0 为本条路由的开销值；1.1.1.1 为下一跳地址；Ethernet 0/0/1 为学习到这条路由的端口和将要进行数据的转发的端口。

2．路由的分类

根据路由信息的产生方式和特点，路由可以被分为直连路由、静态路由、默认路由和动态路由。

（1）直连路由：路由器端口上配置的网段地址会自动出现在路由表中并与端口关联。直连路由是由数据链路层发现的。其优点是自动发现、开销小；缺点是只能发现本端口所属网段。当路由器的端口配置了网络协议地址并状态正常时，即物理连接正常，并且可以正常检测到数据链路层协议的 keep alive 信息时，端口上配置的网段地址会自动出现在路由表中并与端口关联。在路由表中直连路由的 Proto 为 Direct；Pre 为 0，拥有最高路由优先级；Cost 为 0，表示拥有最小开销。直连路由会随端口的状态变化在路由表中自动变化，当端口的物理层与数据链路层状态正常时，此直连路由会自动出现在路由表中；当路由器检测到此端口关闭后，此直连路由会自动从路由表中消失。

（2）静态路由：系统管理员手工设置的路由，一般是在系统安装时根据网络的配置情况预先设定的，它不会随未来网络拓扑结构的改变自动改变。其优点是不占用网络、系统资源且安全；其缺点是当网络发生故障后，不会自动修正，需要网络管理员手工逐条配置，不能自动对网络状态变化做出相应调整。我们也许会这样考虑："应该避免使用静态路由！"事实上，静态路由在很多地方是必要的。仔细地设置和使用静态路由可以改进网络性能，为重要的应用保存带宽。在一个无冗余连接的网络中，静态路由可能是最佳选择。在一个稳固的网络中使用静态路由可以减少路由动态生成问题和路由同步数据流的过载。在构建大型网络时，各个区域通过主链路连接。静态路由的隔离特征有助于减少网络中的路由选择协议的开销、限制路由选择发生改变和出现问题的范围。静态路由是否出现在路由表中取决于下一跳是否可达，即此路由的下一跳地址所处网段对于本路由器而言是否可达。在路由表中静态路由的 Proto 为 Static。

（3）动态路由：路由表可以是由系统管理员固定设置好的，也可以是配置的动态路由选择协议根据网络系统的运行情况自动调整的。根据所配置的动态路由选择协议提供的功能，动态路由可以自动学习和记忆网络运行情况，在需要时自动计算数据传输的最佳路径。它适用于大规模和复杂的网络环境下的应用。常用的动态路由选择协议包括 OSPF 协议、BGP、RIP、IS-IS 协议等。其中，OSPF 协议工作在网络层，将协议报文直接封装在 IP 数据报中，协议号为 89。由于 IP 协议本身是不可靠传输协议，因此 OSPF 协议的传输可靠性需要协议本身来保证。BGP 工作在应用层，使用 TCP 作为传输协议，提高了协议的可靠性，端口号是 179。RIP 工作在应用层，使用 UDP 作为传输协议，端口号是 520。IS-IS 协议工作在 TCP/IP 模型的网络层，直接封装成帧。在配置动态路由选择协议后，动态路由选择协议通过交换路由信息，生成并维护转发引擎所需路由表。当网络拓扑结构改变时，动态路由选择协议可以自动更新路由表，并负责决定数据传输最佳路径。动态路由的优点是可以自动适应网络状态的变化，自动维护路由信息而不需要网络管理员的参与；缺点是由于需要相互交换路由信息，因此占用网络带宽与系统资源，另外，动态路由的安全性也不如静态路由。有冗余连接的复杂大型网络适合采用动态路由。在动态路由选择协议中目的网络是否可达取决于网络状态。

（4）默认路由：是一个路由表条目，用来指明一些在下一跳没有明确地列在路由表中的数据单元应如何转发。在路由表中找不到明确路由条目的所有数据包，都将按照默认路由指定的端口和下一跳地址进行转发。在路由表中，默认路由以到网络 0.0.0.0（子网掩码为 0.0.0.0）的路由形式出现。如果报文的目的地址不能与路由表中的任何入口项相匹配，那么该报文将选取默认路由。如果没有默认路由且报文的目的地址不在路由表中，那么该报文将被丢弃，同时向源端返回一个 ICMP 报文，指出该目的地址或网络不可达。默认路由是否出现在路由表中取决于本地出端口状态。默认路由在网络中是非常有用的。在一个包含上百台路由器的典型网络中，选择动态选择路由协议可能耗费大量的带宽资源，使用默认路由意味着采用适当带宽的链路来替代高带宽的链路，以满足大量用户通信需求。Internet 上约有 99.99% 的路由器上都存在一条默认路由。默认路由不一定都是手工配置的，也可能是由动态路由选择协议产生的。例如，OSPF 配置了 Stub 区域的路由器会动态产生一条默认路由。

图 8-5 所示为一个手工配置默认路由的例子，所有从 172.16.1.0 网络中传出的没有明确目的地址路由条目与之匹配的 IP 数据包，都被传送到了默认的网关 172.16.2.2 上。

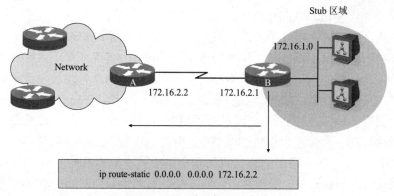

图 8-5　默认路由的配置方法

3. 最长匹配原则

路由器在转发数据时，需要选择路由表中的最优路由。当数据报文到达路由器时，路由器先提取出报文的目的 IP 地址，然后查找路由表，将报文的目的 IP 地址与路由表中某表项的子网掩码字段进行与运算，进行与运算后的结果与路由表该表项的目的 IP 地址进行比较，相同则匹配，否则不匹配。当与所有路由表项都进行匹配后，路由器会选择一个子网掩码最长的匹配项。

所谓的最长匹配原则就是在选择路由时，选择路由表中到达同一目的地的子网掩码最长的路由。例如，在路由表中，同时有三条路由条目可以为去往网络 10.1.1.1 的数据包进行转发，各路由条目的目的网络地址分别是 10.0.0.0、10.1.0.0、10.1.1.0。根据最长匹配原则，10.1.1.0 这个条目匹配到了 24 位，因此去往网络 10.1.1.1 的数据包用目的网络地址为 10.1.1.10 的路由条目提供的信息进行转发。

如图 8-6 所示，路由表中有两个表项到达目的网段 10.1.1.0，下一跳地址都是 20.1.1.2。如果要将报文转发至网段 10.1.1.1，10.1.1.0/30 符合最长匹配原则。

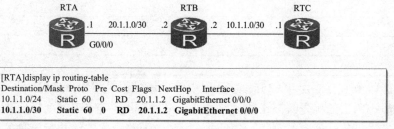

图 8-6　最长匹配原则

4．优先级

一台路由器上可以同时运行多个路由协议。对于不同路由协议有一定的标准来衡量路由的好坏，有的采用下一跳次数，有的采用带宽，有的采用延时。一般情况下，在路由数据中使用度量值来进行量化，并且每个路由协议都把自己选出的最优路由送到路由表中。因此在到达一目的网络地址时，可能有多条分别由不同路由协议学习来的不同路由。虽然每个路由协议都有自己的度量值，但是不同协议的度量值含义不同，因此没有可比性。路由器必须选择其中一个路由协议算得的最优路径作为转发路径加入路由表。

在实际应用中，使用优先级来选择最优路由。每台路由器可以配置一个优先级参数，依据优先级，选择路由协议。不同路由协议有不同的优先级。优先级数值小的协议的优先级高。当到达同一目的网络地址有多条路由时，可以选择优先级最高的协议算得的路由作为最优路由，同时将这条路由写进路由表。

如图 8-7 所示，一台路由器上同时运行两个路由协议：RIP 和 OSPF 协议。RIP 与 OSPF 协议都发现并算出了到达网络 10.0.0.0/16 的最佳路径，由于两个路由协议的选路算法不同，因此选择了不同路径。由于 OSPF 协议的优先级比 RIP 高，所以路由器将依据 OSPF 协议学到的这条路由加入路由表。必须是完全相同的一条路由才可以进行路由优先级的比较。例如，对于 10.0.0.0/16 和 10.0.0.0/24 两条不同的路由，RIP 学到了其中的一条，OSPF 协议学到了另一条，两条路由都会被加入路由表。

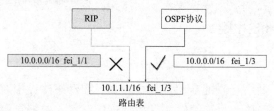

图 8-7　路由协议的优先级

（从优先级最高的路由协议算得的路由被优先选择加入路由表；必须是完全相同的一条路由才进行路由优先级的比较。）

表 8-1 列出了各种路由协议的默认优先级。

表 8-1　路由协议的默认优先级

路由协议	默认优先级
直连路由	0
静态路由	1
外部 BGP（EBGP）	20
OSPF 协议	110
RIPv1，RIPv2	120
内部 BGP（IBGP）	200
Special（内部处理使用）	255

路由优先级数值范围为 0～255。默认路由优先级赋值原则为直连路由具有最高优先级，人工设置的静态路由的优先级高于通过路由协议学习到的动态路由，度量值算法复杂的路由优先级高于度量值算法简单的路由。对不同路由协议的路由优先级的赋值是各个设备厂商自行决定的，没有统一标准。因此厂商不同的设备上的路由优先级有可能是不同的，并且通过配置可以修改默认路由优先级。

5．度量值

如果路由器无法用优先级来判断最优路由，就使用度量值来决定需要加入路由表的路由。一些常用的度量值有跳数、带宽、时延、开销、负载、可靠性等。跳数是指到达目的地需要通过的路由器数目。带宽是指链路的容量，高速链路的度量值较小，度量值越小，路由优先级越高。如图 8-8 所示，Cost 为 1+1=2 的路由是到达目的地的最优路由，其表项可以在路由表中找到。

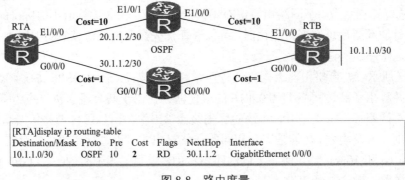

图 8-8　路由度量

8.1.4　IP 路由寻址过程

1．实现原理

路由器是一种用于网络互联的专用计算机设备，在网络建设中有着重要的地位。路由器工作在网络层，主要作用是为收到的报文寻找正确的路径，并把它们转发出去。在这个过程中，路由器执行两个最重要的基本功能——路由功能与交换功能。

路由是路由器通过运行动态路由选择协议或其他方法来学习和维护网络拓扑结构知识的机制，即产生和维护路由表。为了完成路由功能，路由器需要学习与维护以下几个基本信息：①需要启动 IP 协议和网络端口。一旦在端口上配置了 IP 地址、子网掩码，就在端口上启动了 IP 协议，如果路由器端口状态正常，就可以利用这个端口转发数据包。②需要确认路由表中目的网络地址是否已存在。通常 IP 数据包是依据目的网络地址转发的，路由表中必须有能够匹配的路由条目才能转发此 IP 数据包，否则此 IP 数据包将被路由器丢弃。③需确保路由表中包含为将数据包转发至目的网络需要将此数据包从哪个端口发送出去和应转发到的下一跳地址等信息。

路由器的交换功能与网络交换机执行的交换功能的概念不同。路由器的交换功能是指数据在路由器内部移动与处理的过程，即路由器先从一个端口接收数据，然后选择合适的端口转发数据，其间进行帧的解封装与封装，并对包进行相应处理。

一个数据帧在到达某一端口时，端口会对数据帧进行循环冗余校验，并检查其目的数据链路层地址，判断是否需要转发。如果数据帧需要进一步转发，就去掉数据帧的封装并读出 IP 数据包中的目的网络地址，查询路由表，获得转发端口与下一跳地址。获得转发端口与下一跳地址后的路由器将查找缓存中是否已经有进行数据链路层封装需要的信息，如果没有这些信息，路由器将通过适当进程获得。外出端口如果是以太网端口，将通过查找 ARP 缓存表获得下一跳地址对应的 MAC 地址。外出端口如果是广域网端口，将通过手工配置或自动实现的映射过程获得相应的二层地址信息。随后路由器重新封装数据链路层数据帧，并依据外出端口服务质量策略将数据帧送入相应队列，等待端口空闲后进行转发。对于一个特定路由协议，路由器可以发现到达目的网络的所有路径，并根据选路算法为每一条路径赋予度量值，通过比较度量值，选择度量值最小的路径为最优路径。一台路由器上可以同时运行多个不同的路由协议，每个路由协议都会根据自己的选路算法计算出到达目的网络的最优路径。由于选路算法不同，不同路由协议对某一个特定的目的网络可能选择的最佳路径不同。路由器根据路由优先级选择将具有最高路由优先级（数值最小）的路由协议计算出的最佳路径放置到路由表中，作为到达这个目的网络的转发路径。在交换过程中路由器在查找路由时可能会发现多条路由条目匹配，此时路由器将根据最长匹配原则进行数据转发。路由器会选择匹配最深的，也就是说可以匹配的子网掩码长度最长的一条路由进行转发。路由器收到一个 IP 数据包后，会先检查其目的 IP 地址，然后查找路由表。在查找到匹配的路由表项之后，路由器会根据该表项指示的出端口信息和下一跳信息将 IP 数据包转发出去。

2．实现过程

1）同一网段内通信

如图 8-9 所示，以太网中有两台主机想要互相通信，主机 A 先通过本机的 HOSTS 文件或 Windows 网络名服务（Windows Internet Name Service，WINS）系统或域名系统（Domain Name System，DNS）先将主机 B 的计算机名转换为 IP 地址，然后根据自己的 IP 地址与子网掩码计算出自己所处网段，比较目的主机 B 的 IP 地址，发现主机 B 与自己处于同一网段。于是在自己的 ARP 缓存表中查找主机 B 的 MAC 地址。如果 ARP 缓存表中有主机 B 的 MAC 地址就直接进行数据链路层封装并通过网卡将封装好的以太网数据帧发送到物理线路上去；如果 ARP 缓存表中没有主机 B 的 MAC 地址，主机 A 将启动 ARP 通过在本地网络上进行 ARP 广播来查询主机 B 的 MAC 地址，在获得主机 B 的 MAC 地址后，将主机 B 的 MAC 地址写入 ARP 缓存表，并进行数据链路层封装、发送数据。

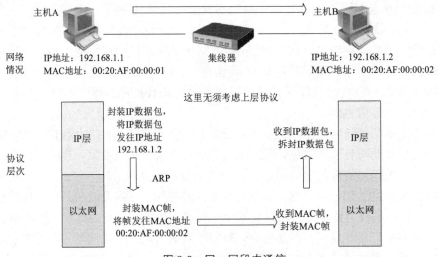

图 8-9　同一网段内通信

2）不同网段间通信

如图 8-10 所示，网络 A 中有一台主机想要和网络 B 中的一台主机通信，而网络 A 是以太网，网络 B 是 X.25 网。

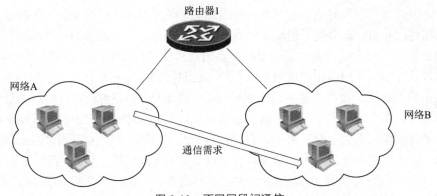

图 8-10　不同网段间通信

如图 8-11 所示，主机 A 通过本机 HOSTS 文件或 WINS 系统或 DNS 先将主机 B 的计算机名转换为 IP 地址，然后根据本机 IP 地址与子网掩码计算出所处网段，比较目的主机 B 的 IP 地址，发现主机 B 与本机处于不同网段。于是主机 A 将此数据包发送至默认网关，即路由器的本地端口。主机 A 在 ARP 缓存表中查找默认网关的 MAC 地址。如果 ARP 缓存表中有默认网关的 MAC 地址，就直接封装数据帧，并通过网关转发出去；如果 ARP 缓存表中没有默认网关的 MAC 地址，主机 A 将启动 ARP 通过 ARP 广播查询默认网关的 MAC 地址，在获得默认网关的 MAC 地址后，将默认网关的 MAC 地址写入 ARP 缓存表，封装数据帧并转发数据。数据帧到达路由器的接收端口后先解封装变成 IP 数据包，对 IP 数据包进行处理，根据目的 IP 地址查找路由表，决定转发端口，进行适应转发端口的数据帧封装，并将数据帧发送到下一跳路由器，此过程继续，直至到达目的网络与目的主机。在整个通信过程中，数据报文的源 IP 地址、目的 IP 地址及网络层向上的内容不会改变。

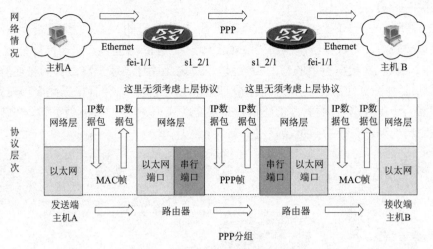

图 8-11　不同网段间的数据流转过程

3）IP 通信流程

IP 通信是基于逐跳方式的，IP 数据包在到达路由器后，根据路由表中的路由信息决定转发端口和下一跳地址。数据包每到达一台路由器就依靠当前路由器的路由表做转发决定。数据包能否被正确转发至目的网络，取决于整条路径上的路由器是否都具备正确的路由信息。

在从源主机到目的主机的转发过程中，IP 数据包中的源 IP 地址与目的 IP 地址保持不变（假设传输路由没有设置网络地址转换服务），而 IP 数据包中的 TTL 值与包头校验位及某些 IP 数据包选项每经过一台路由器将被改变。每经过一台路由器，数据链路层的封装都要被重新打包。IP 数据帧被接收端口接收后先解封装，然后根据数据包目的 IP 地址信息查找路由表转发端口。数据包在被转发前，还要基于转发端口的数据链路层协议类型重新进行封装。所以数据帧每经过一台路由器其封装都要改变一次。

响应数据包选路与到达数据包选路无关。一般的数据通信过程都是双向的。假设数据通信由 A 网络中的一台主机发起，在到达 B 网络中的一台主机后返回响应。数据包从 A 网络到 B 网络的转发过程中是基于 B 网络地址决定转发路径的，而返回的数据包的选路是基于 A 网络地址的。数据包能够被成功地从 A 网络转发至 B 网络说明整条链路中的所有路由器都具有 B 网络的正确路由信息，但这并不意味着所有路由器上都有正确的 A 网络的路由信息。因此能从 A 网络转发至 B 网络并不代表一定能从 B 网络转发至 A 网络，两个方向的数据转发可能选择不同的路由。

简而言之，IP 通信流程是不同网段主机间的通信，先由源主机将数据发送至其默认网关——路由器，路由器从物理层接收数据并将其封装成帧送至数据链路层进行处理，解封装后送至网络层处理，根据目的 IP 地址查找路由表决定转发端口，按照新的数据链路层封装成帧后，通过物理层发送出去。每台路由器都进行同样的操作，按照逐跳原则最终将数据发送至最终的目的地。

4）IP 路由寻址过程示例

两台处于不同网段的主机经过路由器进行数据通信。

（1）主机 A 有数据发往主机 B，主机 A 根据本机 IP 地址与子网掩码算出所在网段地址，并与主机 B 的 IP 地址进行比较，发现主机 B 与本机不在同一网段。因此主机 A 将数据发送给默认网关——R1 的 fei_1/1 端口。

（2）R1 在端口 fei_1/1 上接收到以太网数据帧，检查其目的 MAC 地址是否为本端口 MAC 地址，通过检查后，将数据链路层封装去掉，解封装成 IP 数据包，送至高层处理。

（3）R1 检查 IP 数据包中的目的 IP 地址，发现此地址不属于路由器的直连网段，所以 R1 根据最长匹配原则在路由表中为目的 IP 地址匹配合适表项，并且根据此表项转发数据包。如图 8-12 所示，R1 找到目的网段的路由信息决定从端口 e1_1 转发此数据包，在转发前要进行相应的三层的处理与新的数据链路层的封装。

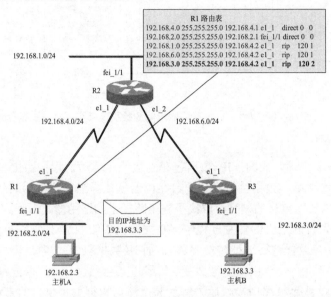

图 8-12　IP 路由寻址过程示例一

（4）数据包被转发至 R2 后会经历与 R1 相同的处理过程。在 R2 的路由表中查找目的网段的表项，决定从端口 e1_2 转发，如图 8-13 所示。

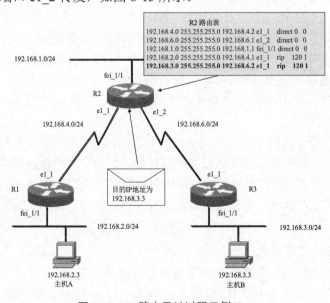

图 8-13　IP 路由寻址过程示例二

（5）同理，当数据包被转发至 R3 后会经历与 R1、R2 相同的处理过程。在 R3 的路由表中查找目的网段的表项，发现目的网段为其直连网段，最终数据包被转发至主机 B，如图 8-14 所示。

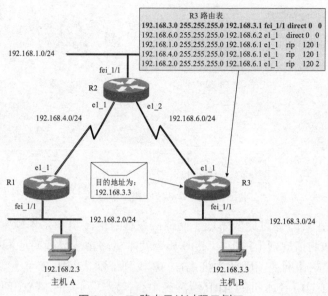

图 8-14　IP 路由寻址过程示例三

大家可以参照这个例子，思考反方向数据包的转发流程是怎样的。

8.1.5　VLAN 间路由

　　VLAN 是基于二层网络的技术，但是如果 VLAN 间的信息需要互通，就需要通过 VLAN 的三层路由功能来实现。一个网络在使用 VLAN 隔离成多个广播域后，各个 VLAN 间是不能互相访问的，因为各个 VLAN 的流量实际上已经在物理上隔离开了。但是，隔离网络并不是最终目的，选择 VLAN 隔离只是为了优化网络，最终我们还是要让整个网络能够畅通。

　　VLAN 间通信的解决方法是在 VLAN 之间配置路由器。VLAN 内部流量仍然通过 VLAN 内部的二层网络转发。从一个 VLAN 到另外一个 VLAN 的通信流量通过路由器在三层网络转发。数据在转发到目的网络后，通过二层网络把报文最终发送给目的主机。由于路由器对以太网广播报文采取不转发策略，因此路由器仍然不会改变划分 VLAN 达到的广播隔离的目的。采用路由器实现 VLAN 间互连时，在互连路由器上，可以通过各种配置，如路由协议配置、访问控制配置等，形成 VLAN 间互相访问的控制策略，使网络处于受控的状态。

　　在划分了 VLAN 并且使用路由器将 VLAN 互相连接起来的网络中，网络主机是怎么相互通信的呢？

　　先定义处于相同 VLAN 内部的主机，即本地主机。本地主机间的通信叫作本地通信。处于不同 VLAN 的主机叫作非本地主机，非本地主机之间的通信叫作非本地通信。在本地通信中，通信两端的主机位于同一广播域中，两台主机之间的流量可以直接到达，通信过程与扁平二层网络中的情况相同。在非本地通信中，通信两端的主机位于不同广播域中，两台主机的流量不能互相到达，主机通过 ARP 广播也不能请求到对方的地址，此时的通信必须借助路由器来完成。路由器在各个 VLAN 间实际上是作为各个 VLAN 的网关起作用的，因此经由路由器相互通信的主机必须知道路由器的存在，并且知道它的地址。

在配置好路由器之后，就要在主机上配置默认网关为路由器在本 VLAN 上的端口的地址。VLAN 间路由示意图如图 8-15 所示，主机 1.1.1.10 要与主机 2.2.2.20 通信。

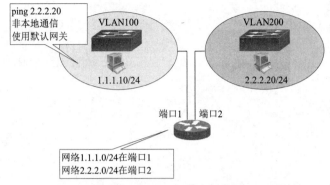

ping 2.2.2.20
非本地通信
使用默认网关

VLAN100

VLAN200

1.1.1.10/24

2.2.2.20/24

端口1 端口2

网络1.1.1.0/24在端口1
网络2.2.2.0/24在端口2

图 8-15　VLAN 间路由示意图

首先，主机 1.1.1.10 通过比较本地子网掩码发现目的主机不是本地主机，不能直接访问目的主机。根据 IP 通信规则，主机 1.1.1.10 要查找本机路由表寻找对应网关，在实际网络中，主机通常只配置了默认网关，因此主机 1.1.1.10 找到了默认网关。

其次，主机 1.1.1.10 在本机的 ARP 缓冲表中查找默认网关的 MAC 地址，如果没有找到，就启动一个 ARP 广播去发现。得到默认网关的 MAC 地址后，主机将帧转发给默认网关，由路由器转发。

路由器先通过查找路由表将报文转发到相应的端口，然后通过查找目的主机的 MAC 地址将报文发送给目的主机。目的主机在收到报文后，回应报文。回应报文经历类似的过程被转发回主机 1.1.1.10。

VLAN 间的互通与其他网络配置相同，要根据网络实际设计情况同步地对网络各个部分进行配置。如果单独配置了路由器地址，没有在主机上配置网关，那么 VLAN 间的通信仍无法进行。目前可采用如下两种方式实现 VLAN 间路由——普通路由、单臂路由。

1．普通路由

按照传统建网原则，应该为每一个需要进行互通的 VLAN 单独建立一个到路由器的物理连接，每一个 VLAN 都要独占一个网络交换机端口和一个路由端口。路由器上的路由端口和物理端口是一一对应的关系。路由器进行 VLAN 间路由时，要把报文从一个路由端口转发到另一个路由端口，也就是从一个物理端口上转发到另一个物理端口，如图 8-16 所示。当需要增加 VLAN 时，这种方式很容易在网络交换机上实现，但在路由器上需要为此 VLAN 增加新的物理端口。

2．单臂路由

路由器以太网端口如果支持 802.1Q 封装，就可以实现单臂路由方式。利用单臂路由技术可以使多个 VLAN 业务流量共享相同的物理连接，通过在单臂路由的物理连接上传递 Tagged 帧，

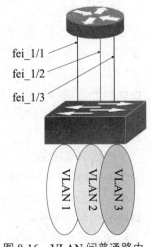

fei_1/1
fei_1/2
fei_1/3

VLAN 1
VLAN 2
VLAN 3

图 8-16　VLAN 间普通路由

可将各个 VLAN 的流量区分开。

　　在实现 VLAN 间互通时，网络中的多个 VLAN 只需要共享一条物理链路。在网络交换机上将连接到路由器的端口设置为 Trunk 端口，在路由器上为支持 802.1Q 封装的以太端口设置多个子端口，将路由器的以太网子端口的封装类型设置为 dot1Q，指定此子端口与哪个 VLAN 关联，此子端口就处于那个 VLAN 的广播域中。将子端口的 IP 地址设置为此 VLAN 成员的默认网关地址，如图 8-17 所示。

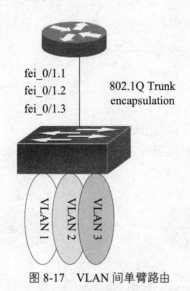

图 8-17　VLAN 间单臂路由

　　在这样的配置下，路由器上的路由端口和物理端口是多对一关系，路由器在进行 VLAN 间路由时，把报文从一个路由子端口转发到另一个路由子端口，从物理端口上看，是从一个物理端口转发回同一个物理端口，但是 VLAN Tag 在转发后被替换为目的网络的 Tag。通常情况下，VLAN 间路由的流量不足以达到链路的最高传输速度。使用单臂路由技术，可以提高链路带宽利用率，节省端口资源，并简化管理。

　　使用传统路由器实现 VLAN 间路由在性能上还存在不足。由于路由器使用通用 CPU，转发完全依靠软件实现，同时要支持各类通信端口，因此软件负担比较大。软件需要处理报文接收、校验、路由选择、选项处理、报文分片等工作，这导致网络整体性能不高，而路由器要实现高转发率就会带来高昂的成本。因此三层网络交换机诞生了，它利用三层交换技术进一步改善网络性能。

8.2　静态路由和动态路由

8.2.1　静态路由

　　静态路由是指由管理员手动配置和维护的路由。静态路由配置简单，并且无须像动态路由那样占用路由器的 CPU 资源来计算和分析路由，并进行更新。静态路由的缺点在于，当网络拓扑发生变化时，不会自动适应拓扑改变，需要管理员手动进行调整。静态路由一般适用于结构简单的网络。在复杂网络环境中，一般会使用动态路由选择协议来生成动态路由。

但是在复杂网络环境中，合理地配置一些静态路由也可以改善网络性能。

1. 静态路由配置

　　静态路由可以应用在串行网络或以太网中。在这两种网络中静态路由的配置有所不同。在串行网络中配置静态路由时，可以只指定下一跳地址或只指定出端口。典型路由器串行端口默认封装 PPP 协议，对于这种类型的端口，静态路由的下一跳地址就是与端口相连的对端端口的 IP 地址，所以在串行网络中配置静态路由时可以只配置出端口。以太网是广播型网络，和串行网络情况不同。以太网在配置静态路由时，必须指定下一跳地址。在以太网中同一网络可能连接了多台路由器，如果在配置静态路由时只指定了出端口，那么路由器无法将报文转发到正确的下一跳。

　　在华为路由器中 ip route-static 命令用来配置静态路由，如图 8-18 所示。其后需要配置 ip address 参数用于指定目的网络或主机地址，还需配置子网掩码用于指定子网掩码或前缀长度。如果以太网端口等广播端口为出端口，那么必须指定下一跳地址；如果以点对点链路的串口为出端口，那么可以通过配置参数 interface-type 和 interface-number 来选定出端口，此时可不必指定下一跳地址。

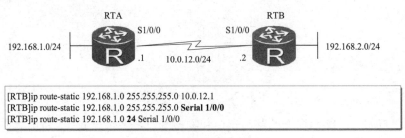

图 8-18　静态路由配置

2. 负载分担

　　当源网络和目的网络之间存在多条链路时，可以通过等价路由来实现流量负载分担。这些等价路由具有相同的目的 IP 地址和子网掩码、优先级和开销值。如图 8-19 所示，RTA 和 RTB 之间有两条链路相连，通过配置实现两条链路流量的负载分担。首先在 RTB 上配置两条静态路由，它们具有相同的目的 IP 地址和子网掩码、优先级、度量值，但下一跳地址指向 RTA 的两个不同端口。当 RTB 需要转发数据给 RTA 时，两条等价静态路由能够同时负担从 RTB 到 RTA 的流量。在 RTA 上也配置对应的两条等价静态路由。这样 RTB 和 RTA 间就建立起了两条能够互相负载分担的等价静态路由。

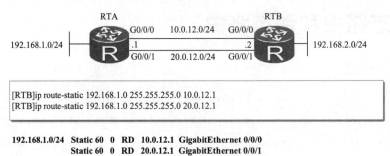

图 8-19　负载分担

3．浮动静态路由

在配置多条静态路由时，通过修改静态路由的优先级，使一条静态路由的优先级高于其他静态路由，即可实现浮动静态路由。如图 8-20 所示，RTB 上配置了两条静态路由。在正常情况下，这两条静态路由是等价的。在配置静态路由时加入 preference 100，使第二条静态路由的优先级低于第一条（默认优先级值为 60，优先级值越大优先级越低）。此时，路由器只会把优先级最高的静态路由加入路由表。当主用静态路由出现物理链路故障或端口故障时，该静态路由不能再提供到达目的地的路径，所以该路由表项在路由表中被删除。此时，浮动静态路由会被加入路由表，以保证报文能够从备份链路成功转发到目的地。在主用静态路由的物理链路恢复正常后，主用静态路由会重新被加入路由表，并且数据转发业务从浮动静态路由切换到主用静态路由，浮动静态路由在路由表中再次被隐藏。

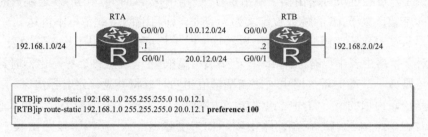

图 8-20　浮动静态路由

4．默认路由

当路由表中没有与报文目的地址匹配的路由表项时，设备可以选择默认路由作为报文转发路径。在路由表中，默认路由的目的网络地址为 0.0.0.0，子网掩码也为 0.0.0.0。如图 8-21 所示，RTA 使用默认路由转发到达未知目的网络地址的报文。目的网络地址在路由表中没能匹配的所有报文都将通过 GigabitEthernet 0/0/0 端口转发到下一跳地址 10.0.12.2。默认路由的默认优先级值是 60。在 IP 路由寻址过程中，默认路由会被最后匹配。

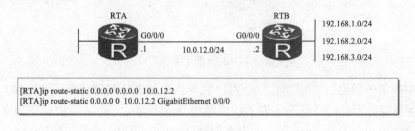

图 8-21　默认路由

8.2.2　RIP

RIP（Routing Information Protocol）是路由信息协议的英文简称，它是一种基于距离矢量算法的协议。RIP 的开发时间较早，在带宽、配置和管理方面要求较低，主要适用于规模较小的网络。

1．RIP 工作原理

路由器在启动时路由表中只会包含直连路由，在配置并运行 RIP 后，路由器会发送 Request 报文，用来请求邻居路由器的 RIP 路由。运行 RIP 的邻居路由器在收到该 Request 报文后，会根据自己的路由表生成 Response 报文进行回复。路由器在收到 Response 报文后，会将相应的路由添加到自己的路由表中。RIP 网稳定以后，每台路由器会周期性地向邻居路由器通告自己的整张路由表中的路由信息，默认周期为 30s。邻居路由器根据收到的路由信息刷新自己的路由表。

2．RIP 度量

RIP 使用跳数作为度量值来衡量到达目的网络的距离。RIP 定义，路由器到直接相连网络的跳数为 0，每经过一台路由器后跳数加 1。为限制收敛时间，RIP 规定跳数的取值范围为 0～15 的整数，大于 15 的跳数被定义为无穷大，即目的网络或主机不可达。

路由器从某一邻居路由器收到路由更新报文时，将遵循以下原则更新路由表。

（1）对于本路由表中已有的路由项，当该路由项的下一跳是该邻居路由器时，无论度量值是增大还是减小，都更新该路由项；当度量值相同时只将其老化定时器清零。

（2）当该路由项的下一跳不是该邻居路由器时，如果度量值将减小，就更新该路由项。

（3）对于本路由表中不存在的路由项，如果度量值小于 16，就在路由表中增加该路由项。

如图 8-22 所示，RTA 通过两个端口学习路由信息，每条路由信息都有相应的度量值，到达目的网络的最佳路由就是根据这些度量值得到的。

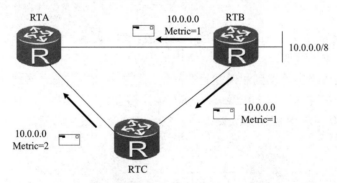

图 8-22　RIP 的度量值

路由表中的每一条路由表项都有一个对应的老化定时器，当路由表项在 180s 内没有任何更新时，老化定时器超时，该路由表项的度量值变为不可达。当某路由表项的度量值变为不可达后，该路由会在 Response 报文中发布四次（120s），然后从路由表中清除。

3．RIP 版本

RIP 包括 RIPv1 和 RIPv2 两个版本。RIPv1 为有类别路由协议，不支持 VLSM 和 CIDR。RIPv2 为无类别路由协议，支持 VLSM，支持路由聚合与 CIDR。RIPv1 发送报文的方式为广播方式。RIPv2 有两种报文发送方式：广播方式和组播方式，默认是组播方式。RIPv2 的组播地址为 224.0.0.9。组播发送报文的好处是在同一网络中，没有运行 RIP 的设备可以避免接收 RIP 的广播报文。另外，组播发送报文还可以使运行 RIPv1 的设备避免错误地接收和处理 RIPv2 中带有子网掩码的路由。RIPv1 不支持认证功能，RIPv2 支持明文认证和 MD5 密文认证。

1）RIPv1

RIP 通过 UDP 交换路由信息，UDP 端口号为 520。RIPv1 以广播形式发送路由信息，目的 IP 地址为广播地址 255.255.255.255。RIPv1 报文格式如图 8-23 所示，每个字段的值和含义如下。

图 8-23 RIPv1 报文格式

（1）命令（Command）：表示该报文是请求报文还是响应报文，取值为 1 或 2。1 表示该报文是请求报文，2 表示该报文是响应报文。

（2）版本（Version）：表示 RIP 的版本信息。对于 RIPv1 而言，该字段的值为 1。

（3）地址簇标识符（Address Family Identifier，AFI）：表示地址标识信息。对于 IP 协议，该字段的值为 2。

（4）路由条目的 IP 地址：表示向邻居节点更新的路由条目的目的 IP 地址。

（5）度量值（Metric）：标识该路由条目的度量值，取值范围为 1～16。

一条 RIP 路由更新消息中最多可包含 25 个路由条目，每个路由条目都携带了目的 IP 地址和度量值。RIP 报文长度限制为 504 字节。当路由表更新消息超过该限制时，需要发送多个 RIPv1 报文。

2）RIPv2

RIPv2 在 RIPv1 基础上进行了扩展，其报文格式与 RIPv1 类似，如图 8-24 所示，其中不同的字段含义如下。

（1）地址簇标识符：除了表示支持的协议类型，还可以用来描述认证信息。

（2）外部路由标记（Route Tag）：用于标记外部路由，可以告诉接收方

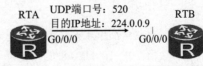

图 8-24 RIPv2 报文格式

路由器这条路由是通过 RIP 学习来的，还是通过其他路由协议学习来的。

（3）路由条目子网掩码（Subnet Mask）：指定路由条目的 IP 地址对应的子网掩码。由于 RIPv2 支持无类别 IP 地址，因此增加了此字段。

（4）路由条目的下一跳（Next Hop）：指定通往目的 IP 地址的下一跳 IP 地址。

RIPv2 的认证功能是一种过滤恶意路由信息的方法，该方法根据 key 值来检查从有效对端设备接收到的报文。这个 key 值是每个端口上都可以配置的一个显示密码串，相应的认证类型的值为 2。早期的 RIPv2 只支持简单明文认证，由于明文认证密码串可以很轻易地被截获，所以安全性低。随着人们对 RIP 安全性的需求越来越高，RIPv2 引入了加密认证功能，开始通过支持 MD5 认证来实现，后来通过支持 HMAC-SHA-1 认证进一步增强了安全性。

4．RIP 防环机制

如图 8-25 所示，RIP 网在正常运行时，RTA 会通过 RTB 学习到 10.0.0.0/8 网络的路由，度量值为 1。一旦路由器 RTB 的直连网络 10.0.0.0/8 产生故障，RTB 会立即检测到该故障，并认为该路由不可达。此时，RTA 还没有收到该路由不可达信息，因此会继续向 RTB 发送度量值为 2 的通往 10.0.0.0/8 的路由信息。RTB 学习此路由信息，认为可以通过 RTA 到达 10.0.0.0/8 网络。此后，RTB 发送的更新路由表又会导致 RTA 路由表更新，RTA 会新增一条度量值为 3 的 10.0.0.0/8 路由表项，从而形成路由环路。这个过程会持续下去，直到度量值为 16。路由信息在 RTA 和 RTB 之间反复传递形成了环路，使得 10.0.0.0/8 网络故障的信息不能快速被发现。为了解决路由环路问题，RIP 设计了以下机制。

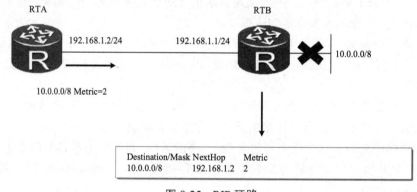

图 8-25　RIP 环路

（1）水平分割：路由器从某个端口学习到的路由，不会再从该端口发出去。也就是说，RTA 从 RTB 学习到的 10.0.0.0/8 的路由不会再从 RTA 的接收端口重新通告给 RTB，由此避免了路由环路的产生。

（2）毒性反转：使错误路由立即超时。在配置毒性反转之后，RIP 从某个端口学习到路由后，在发回给邻居路由器时会将该路由的跳数设置为 16。利用这种方式，可以清除对方路由表中的无用路由。RTB 向 RTA 通告了度量值为 1 的到 10.0.0.0/8 的路由，RTA 在通告给 RTB 时将该路由度量值设为 16。在 10.0.0.0/8 网络发生故障时，RTB 便不会认为可以通过 RTA 到达 10.0.0.0/8 网络，因此可以避免路由环路的产生。

（3）触发更新：在默认情况下，RIP 路由器每 30s 会发送一次路由表更新给邻居路由器。当本地路由信息发生变化时，触发更新允许路由器立即发送触发更新报文给邻居路由器，来通知路由信息更新，无须等待更新定时器超时，从而加速了网络收敛。

5. RIP 配置

命令 rip [process-id]用于使能 RIP。命令 process-id 用于指定 RIP 进程 ID，若未指定 process-id，则命令将使用 1 作为默认进程 ID。命令 version 2 用于使能 RIPv2 以支持扩展能力。network <network-address>命令用于在 RIP 中通告网络，network-address 必须是一个自然网段的地址，只有处于此网络中的端口，才能进行 RIP 报文的接收和发送。

8.2.3 OSPF 协议

开放式最短路径优先（Open Shortest Path First，OSPF）协议是 IETF 定义的一种基于链路状态的内部网关路由协议。

1. OSPF 协议工作原理

OSPF 协议是一种基于链路状态的路由协议，它从设计上保证了路由无环路。OSPF 协议支持区域划分，区域内部的路由器使用 SPF 算法保证了区域内部的路由无环路。OSPF 协议还利用区域间的连接规则保证区域间的路由无环路。OSPF 协议具有无环路、收敛快、扩展性好和支持认证等特点。

OSPF 协议支持触发更新，能够快速检测并通告 AS 内的拓扑变化。OSPF 协议可以解决网络扩容带来的问题。当网络中的路由器越来越多，路由信息流量急剧增长时，OSPF 协议可以将每个 AS 划分为多个区域，并限制每个区域的范围。OSPF 协议分区域的特点使得它特别适用于大中型网络。OSPF 协议可以提供认证功能。运行 OSPF 协议的路由器之间的报文可以配置成必须经过认证才能进行交换。

OSPF 协议要求每台运行 OSPF 协议的路由器都了解整个网络的链路状态信息，这样才能计算出到达目的地的最优路由。OSPF 的收敛过程由链路状态公告（Link State Advertisement，LSA）泛洪开始，LSA 中包含路由器已知的端口 IP 地址、子网掩码、开销和网络类型等信息。收到 LSA 的路由器都可以根据 LSA 提供的信息建立自己的链路状态数据库（Link State Database，LSDB），并在 LSDB 的基础上使用 SPF 算法进行运算，建立到达每个网络的最短路径树。最后，通过最短路径树得出到达目的网络的最优路由，并将其加入路由表。OSPF 协议工作原理如图 8-26 所示。

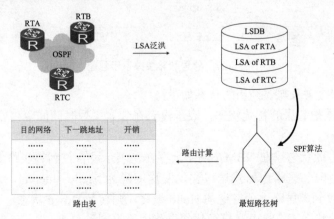

图 8-26　OSPF 协议工作原理

2. OSPF 报文

OSPF 协议直接运行在 IP 协议之上，使用 IP 协议号 89。OSPF 协议有五种报文类型，每种报文都使用相同的 OSPF 报文头。

（1）Hello 报文：最常用的一种报文，用于发现、维护邻居关系，并在广播型网络和非广播多路访问（None-Broadcast Multi-Access，NBMA）网络中选举指定路由器（Designated Router，DR）和备份指定路由器（Backup Designated Router，BDR）。

（2）DD 报文：两台路由器在进行 LSDB 同步时，用 DD 报文来描述自己的 LSDB。DD 报文的内容包括 LSDB 中每条 LSA 的头部。LSA 的头部可以唯一标识一条 LSA。

（3）LSR 报文：两台路由器在互相交换 DD 报文后，知道对端的路由器有哪些 LSA 是本地 LSDB 缺少的，这时需要发送 LSR 报文向对方请求缺少的 LSA。LSR 报文只包含需要的 LSA 的摘要信息。

（4）LSU 报文：用来向对端路由器发送需要的 LSA。

（5）LSACK 报文：用来对接收到的 LSU 报文进行确认。

3. OSPF 邻居状态

在 OSPF 网络中，路由器之间将建立邻居（Neighbor）和邻接（Adjacency）关系，如图 8-27 所示。邻居：OSPF 路由器在启动后，便会通过 OSPF 端口向外发送 Hello 报文用于发现邻居。收到 Hello 报文的 OSPF 路由器会检查报文中定义的一些参数，如果双方参数一致，就会彼此形成邻居关系，状态到达 2-Way，即可称为建立了邻居关系。邻接：形成邻居关系的双方不一定都能形成邻接关系，这要根据网络类型而定；只有当双方成功交换 DD 报文，并同步 LSDB 后，才形成真正意义上的邻接关系。

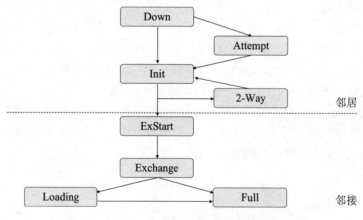

图 8-27 邻居和邻接关系示意图

建立邻居和邻接关系需要经历的状态如下。

（1）Down：这是邻居的初始状态，表示没有在邻居失效时间间隔内收到来自邻居路由器的 Hello 报文。

（2）Attempt：此状态只在 NBMA 网络上存在，表示没有收到邻居路由器的任何信息，但是已经周期性地向邻居路由器发送报文，发送间隔为 Hello Interval。若路由器在 Dead Interval 间隔内未收到邻居路由器发送的 Hello 报文，则转至 Down 状态。

（3）Init：在此状态下，路由器已经从邻居路由器收到了 Hello 报文，但是自己不在所收到的 Hello 报文的邻居列表中，尚未与邻居路由器建立双向通信关系。

（4）2-Way：在此状态下，双向通信已经建立，但是没有与邻居路由器建立邻接关系。这是建立邻接关系前的最高级状态。

（5）ExStart：这是形成邻接关系的第一个状态，路由器进入此状态以后，开始向邻居路由器发送 DD 报文。主从关系是在此状态下形成的，初始 DD 序列号也是在此状态下决定的。在此状态下发送的 DD 报文不包含链路状态描述。

（6）Exchange：此状态下的路由器相互发送包含链路状态信息摘要的 DD 报文，描述本地 LSDB 的内容。

（7）Loading：在此状态下，具有邻接关系的路由器之间相互发送 LSR 报文请求 LSA，相互发送 LSU 报文通告 LSA。

（8）Full：在此状态下，路由器的 LSDB 已经同步。

4．OSPF 协议支持的网络类型

OSPF 协议定义了四种网络类型，分别是点到点网络、广播型网络、NBMA 网络和点到多点（Point To Multi-Points，P2MP）网络，如图 8-28 所示。点到点网络是指只把两台路由器直接相连的网络。一个运行 PPP 的串行线路就是一个点到点网络的例子。广播型网络是指支持两台以上路由器，并且具有广播能力的网络。一个包含三台路由器的以太网就是一个广播型网络的例子。OSPF 协议可以在不支持广播的多路访问网络上运行，此类网络包括帧中继网络和 ATM 网络，这些网络的通信依赖于虚电路。OSPF 协议定义了两种支持多路访问的网络类型，即 NBMA 网络和点到多点网络。在 NBMA 网络上，OSPF 协议模拟在广播型网络上的操作，但是每台路由器的邻居路由器需要手动配置。NBMA 网络要求其中的路由器组成全连接。点到多点网络可被看作由一组点到点网络组成的。对于不能组成全连接的网络应当使用点到多点方式，如只使用永久虚电路的不完全连接的帧中继网络。

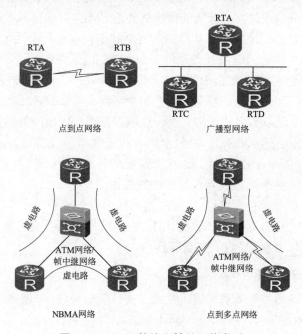

图 8-28　OSPF 协议支持的网络类型

5. DR 和 BDR

每一个至少含有两台路由器的广播型网络和 NBMA 网络都有一个 DR 和 BDR。DR 和 BDR 可以减少邻接关系的数量，从而减少链路状态信息及路由信息的交换次数，节省带宽，降低对路由器处理能力的压力。一个既不是 DR 也不是 BDR 的路由器，只与 DR 和 BDR 形成邻接关系并交换链路状态信息及路由信息，这样就大大减少了大型广播型网络和 NBMA 网络中的邻接关系数量。在没有 DR 的广播网络上，邻接关系的数量可以根据公式 $n(n-1)/2$ 算出，n 表示配置 OSPF 协议的路由器端口数量。

在邻居发现完成之后，路由器会根据网段类型进行 DR 选举。在广播型网络和 NBMA 网络上，路由器会根据参与选举的每个端口的优先级选举 DR。优先级取值范围为 0～255，值越高越优先。在默认情况下，端口优先级为 1。如果一个端口优先级为 0，那么该端口将不会参与 DR 或 BDR 选举。在优先级相同时，比较 Router ID，值越大越优先被选举为 DR。为了给 DR 做备份，每个广播型网络和 NBMA 网络上还要选举一个 BDR。BDR 也会与网络中的所有路由器建立邻接关系。Router ID 是一个 32bit 的值，唯一标识了 AS 内的路由器，管理员可以为每台运行 OSPF 协议的路由器手动配置一个 Router ID。如果未手动指定，设备就会按照以下规则自动选举 Router ID。

为了维护邻接关系的稳定性，若网络中已经存在 DR 和 BDR，则新添加进该网络的路由器不会成为 DR 和 BDR，无论该路由器的优先级是否最大。若当前 DR 发生故障，则当前 BDR 自动成为新的 DR，网络中重新选举 BDR；若当前 BDR 发生故障，则 DR 不变，重新选举 BDR。这种选举机制的目的是保持邻接关系的稳定，使拓扑结构的改变对邻接关系的影响尽量小。

6. OSPF 区域

OSPF 协议支持将一组网段组合在一起，称之为区域。划分 OSPF 区域可以缩小路由器的 LSDB 规模，减少网络流量。区域内的详细拓扑信息不向其他区域发送，区域间传递的是抽象路由信息，而不是详细地描述拓扑结构的链路状态信息。每个区域都有自己的 LSDB，不同区域的 LSDB 是不同的。路由器会为每一个连接到的区域维护一个单独的 LSDB。由于详细链路状态信息不会被发布到区域以外，因此大大缩小了 LSDB 规模。

Area 0 被称为骨干区域。为了避免区域间路由环路，非骨干区域间不允许直接相互发布路由信息。因此，每个区域都必须连接到骨干区域。运行在区域间的路由器叫作区域边界路由器（Area Border Router，ABR），它包含所有相连区域的 LSDB。自治系统边界路由器（Autonomous System Border Router，ASBR）是指和其他 AS 中的路由器交换路由信息的路由器，这种路由器会向整个区域通告区域外部的路由信息。

在规模较小的企事业单位网络中，可以把所有路由器划分到同一个区域中，同一个 OSPF 区域中的路由器中的 LSDB 是完全一致的。OSPF 区域号可以手动配置，为了便于将来的网络扩展，推荐将该区域号设置为 0，即骨干区域。

7. OSPF 协议的开销

OSPF 协议基于端口带宽计算开销，计算公式：端口开销=带宽参考值/带宽。带宽参考值可配置，默认为 100Mbit/s。例如，一个 64kbit/s 串口的开销为 1562，一个 E1 端口（2.048 Mbit/s）的开销为 48。

命令 bandwidth-reference 可以用来调整带宽参考值，从而可以改变端口开销，带宽参考值越大，开销越准确。在支持 10Gbit/s 速率的情况下，推荐将带宽参考值提高到 10000Mbit/s，来分别为 10 Gbit/s、1 Gbit/s、100Mbit/s 的链路提供 1、10、100 的开销。注意，在配置带宽参考值时，需要在整个 OSPF 网络中统一进行调整。另外，还可以通过 ospf cost 命令手动调整一个端口的开销值，开销值范围为 1～65535，默认值为 1。

8. OSPF 协议的配置

在配置 OSPF 协议时，需要首先使能 OSPF 进程。命令 ospf [process id]用来使能 OSPF 进程，在该命令中可以配置进程 ID。若没有配置进程 ID，则使用 1 作为默认进程 ID。命令 ospf [process id] [router-id <router-id>]既可以使能 OSPF 进程，还可以用于配置 Router ID。在该命令中，router-id 代表路由器的 ID。命令 network 用于指定运行 OSPF 协议的端口，在该命令中需要指定一个反掩码。反掩码中的 "0" 表示此位必须严格匹配，"1" 表示此位可以为任意值。命令 display ospf peer 可以用于查看与邻居路由器相关的属性，包括区域、邻居路由器的状态、邻接协商的主从状态，以及 DR 和 BDR 的情况。

8.3 本章小结

路由器是实现网络互联的关键设备。掌握路由器的关键是能够写出网络拓扑中的路由表，并根据路由表描述 IP 路由寻址的过程。静态路由技术和动态路由技术都是构建路由表的技术，需要根据应用场合，选择不同的路由表构建技术，以提升传输路由的可靠性。RIP 和 OSPF 协议是两种应用较为广泛的动态路由选择协议，大家只有从理解路由表的建立和维护过程入手，才能较为深入地了解两种动态路由选择协议的内容。

思考与练习题

8-1 简述路由器的功能和作用。

8-2 简述路由表的构成。

8-3 简述 IP 路由寻址过程。

8-4 简述静态路由的配置方法，简述负载分担、浮动静态路由和默认路由的配置方法。

8-5 简述 RIP 的实现原理，以及防止环形路由产生的方法。

8-6 简述 OSPF 协议的实现原理，以及 OSPF 网络中邻居关系变化经历的状态。

第 9 章

网络规划与设计

网络规划与设计是网络工程建设过程实现从用户需求到实施方案转变的重要阶段，它决定了网络系统的功能性能，决定了网络实施中的经济性和网络运维中的可靠性。网络设计是在网络规划的基础上进一步细化、技术化和规范化的过程。网络设计包含物理网络设计和逻辑网络设计。物理网络设计用于明确网络系统基础设施，确定网络运行硬件环境连接关系。逻辑网络设计用于明确网络系统的业务功能、性能，构建网络设备间可控的互联协议。网络规划与设计内容导图如图 9-1 所示。

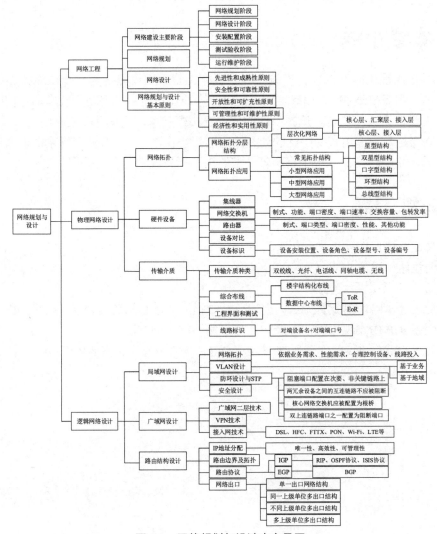

图 9-1　网络规划与设计内容导图

9.1　网络工程

9.1.1　网络建设主要阶段

网络系统从目标设想到投入使用一般需要经历五个阶段。

（1）网络规划阶段：在网络搭建前，通过交流、分析，逐步确认和细化用户网络需求，对网络工程建设目标进行可行性分析、论证，统筹网络建设，并形成可行性论证报告。

（2）网络设计阶段：依据建设目标形成网络系统设计与实施方案，包括物理网络设计、逻辑网络设计等。

（3）安装配置阶段：根据网络设计方案，进行线路铺设、设备安装、参数配置和系统割接，并形成网络工程竣工资料。

（4）测试验收阶段：依据测试大纲，通过测试、验收和试运行等方式，检验网络工程项目是否达到预期设计目标、能否交付使用，并形成网络工程验收报告。

（5）运行维护阶段：网络系统在投入运行后，按照约定继续为网络系统的运行与维护提供支持服务，并建立运行维护档案。

网络规划是为即将建设的网络系统提出一套完整的设想和方案。网络系统设计是在可行性分析和需求分析基础上，根据总体设想制定网络系统实现的技术方案。网络规划阶段与网络设计阶段是网络工程建设过程中的两个重要阶段，决定着网络系统是否能够满足建设目标，是否方便后期维护。

9.1.2　网络规划

网络规划的主要工作是调研分析项目的背景，确定用户的项目需求，确定项目的整体技术方向，具体工作内容如下。

（1）确定网络工程建设目标。建设目标必须是明确的、可量化且可实现的，不可以是一个笼统的、模糊的、大而化之的概念。

（2）调查掌握项目背景，了解网络工程建设配套和基础设施，为项目实施提供良好的外部条件。

（3）廓清网络工程建设边界，明确网络项目实施范围和资源调配的前提条件。

（4）编制网络工程预算。

（5）明确网络建设指导思想，为后续网络建设提供指导和依据。

网络规划工作包括调查沟通、分析论证和归纳总结等环节。网络规划人员需要先通过会谈、调查表格、询问等方式获得网络工程相关信息，与客户沟通明确项目目标、技术路线；然后分析、论证网络工程在经济、功能、性能、安全性等方面实现的可行性；最后以可行性分析报告的形式进行归纳总结。

9.1.3　网络设计

网络设计是网络建设项目的第二个阶段，是在网络规划阶段获得的信息的基础上，用技术手段予以规范化实现的。网络设计要始终围绕网络规划阶段确定的网络需求，选择合适的技术实现。网络设计方案要达成需求规定的全部功能，并使得网络系统在具备高性能的同时具备经济性、可靠性、扩展性、安全性、可管理性。

网络设计需要遵循模块化指导思想。在网络规划阶段要确定网络模块及各模块的具体要求，在网络设计阶段要对各模块进行详细设计。模块内部常常采用层次化结构。网络设计输出成果必须是规范的、具体的、明确的、可实现和可操作的。

网络设计的核心工作在于"选择"，主要内容如下。

（1）物理网络设计是指确定物理网络拓扑、硬件设备、互连链路等。物理网络设计内容往往与项目预算紧密相关，也与网络性能相关，是整个网络的物质基础。

（2）逻辑网络设计是指从协议和网络层次的角度对网络进行设计，包括二层网络设计和三层网络设计。二层网络设计按照地域范围又分为局域网设计和广域网设计。三层网络设计包括路由结构设计。此外，网络的出口设计和高可用设计也是逻辑设计涉及的内容。

9.1.4　网络规划与设计基本原则

（1）先进性和成熟性原则：网络规划要切合实际，既要考虑现有软件、硬件投资，又要充分考虑以后的投资。规划的网络系统应能实现更高目标，具有更强的功能和更好的性能，并能适应近期及中远期业务需求。网络系统设计要尽可能采用成熟组网技术。成熟技术一般应具有完整的标准、成熟的产品，且产品稳定，价格合理。

（2）安全性和可靠性原则：网络系统必须具有高可靠性，应尽量避免单点故障，防止非法环路及广播风暴，应采用先进的网络管理技术，实时采集并统计网络信息流量，监视网络运行状态，及时查找和排除故障；还应采用必要的安全措施，以防范来自外部的攻击和内部的破坏。

（3）开放性和可扩充性原则：网络系统应具有良好的开放性和可扩充性，以适应网络节点的增加、业务量的增长、网络距离的扩大及多媒体的应用。

（4）可管理性和可维护性原则：在网络设计中，必须建立一套全面的网络管理解决方案。网络设备应采用智能化、可管理的设备，同时采用先进的网络管理软件，对网络实行分布式管理。通过先进的管理策略，提高网络运行的可管理性和可靠性，简化网络维护工作。

（5）经济性和实用性原则：网络规划与设计应充分考虑资金投入，以较高的性价比构建网络系统。在满足系统性能并考虑可预见期间不失先进性的前提下，尽量使投资合理且实用性强。网络的建设不可能一次完成，应考虑其长远发展，进行统一规划和设计，并采用分步实施的建设策略。

9.2　物理网络设计

9.2.1　网络拓扑

1．网络拓扑分层结构

1）层次化网络

在大、中型网络中，通常采用模块化方式对网络功能结构进行分解。但是，在各模块内部仍存在结构扩展和弹性等问题，这些问题一般通过将网络层次化来解决。传统网络采用三层网络结构,即核心层、汇聚层、接入层,如图9-2所示。核心层提供数据高速通路,汇聚层进行流量汇聚和控制,接入层为终端提供多种接入方式。三层网络结构具有良好的可扩展性,得到广泛应用。大量的园区网络采用的是这种结构。

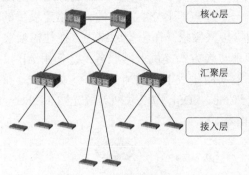

图9-2 三层网络结构

随着业务需求变化和网络技术发展,网络结构开始逐渐呈现扁平化趋势,出现了二层网络结构。二层网络结构只有核心层和接入层,如图9-3所示。抽离汇聚层后,对网络设备提出了新要求,如核心设备需要能够提供更高的端口密度,以接入大量接入设备。二层网络结构主要应用于城域网、广域网、数据中心网络等场合。

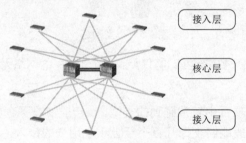

图9-3 二层网络结构

2)常见拓扑结构

一个大型网络常常是由多个拓扑片段搭接而成的。常见的网络拓扑结构如图9-4所示。星型结构便于设备接入,但存在单点故障问题;双星型结构常用于园区网内部二层设备相互连接,有一定的冗余性;口字型结构常用于设备广域网互联,有一定冗余性;环型结构常在某些特别协议或线路资源受限的情况下使用,有一定冗余度;总线型结构常在线路资源受限的情况下使用,线路利用率较低,没有冗余性。

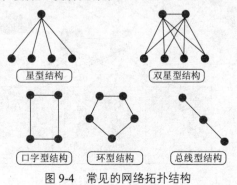

图9-4 常见的网络拓扑结构

2．网络拓扑应用

1）小型网络应用

小型网络应用于接入用户数量较少的场景，一般支持几个至几十个用户，如图 9-5 所示。小型网络覆盖范围仅限于一个地点，不分层次结构。网络建设目的常常是满足内部资源（如打印机、文件）共享或网络接入需求。在小型网络中，往往需要实现：①使用路由器或防火墙连接互联网，并采用地址转换方式提供上网服务；②使用 AP 设备无线接入本地网络。小型网络在设备选型方面一般采用集成上述功能的设备，如集成了交换、路由、WLAN、数字用户线（Digital Subscriber Line，xDSL）/以太网无源光网（Ethernet Passive Optical Network，EPON）接入等功能的路由器。

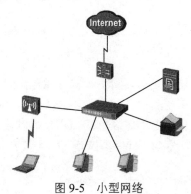

图 9-5　小型网络

小型网络的特点：①用户数量较少；②仅涉及单个地点；③网络无层次性；④网络需求简单。

2）中型网络应用

中型网络是日常工程项目中较常碰到的类型，在一般情况下企事业单位网络基本都可归入中型网络。中型网络一般能够支撑几百个至上千个用户的接入，如图 9-6 所示。中型网络引入了按功能进行分区的思想，也就是模块化的设计思路，但功能模块相对较少，在一般情况下，根据业务需要进行分区，并没有一定之规。与小型网络相比，中型网络因为支持更多用户，所以开始出现分层设计思路，以提高网络可扩展性。

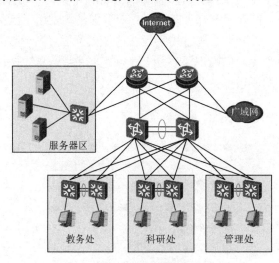

图 9-6　中型网络

中型网络特点：①规模中等；②使用场合最多；③功能分区；④初步分层。

3）大型网络应用

大型网络应用于大型企事业单位，如图 9-7 所示。在一般情况下，大型网络建设不是一次性完成的，常常会历经建设、扩容、改造、检修等阶段。

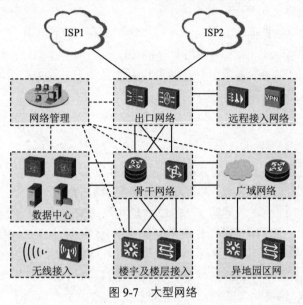

图 9-7 大型网络

大型网络具有以下特点。

（1）覆盖范围广：大型网络可以是一个覆盖多幢建筑物的大型园区网络，也可以是通过广域网连接一个城市内的多个园区，乃至延伸、覆盖几个省的全国性网络，其用户数量较为庞大，可以支持几千人、几万人，甚至更多人员的接入。大型网络具有很强的可扩展性，能够随用户数量的变化进行扩展。

（2）网络需求复杂：大型网络支持多种类型业务，包括实时业务、非实时业务、话音业务、视频业务等。

（3）功能模块全：为了满足各种不同业务需求，大型网络中的功能模块相对较全。

（4）网络层次丰富：网络结构扩展性是通过网络的合理层次布置来实现的。为了使网络支撑更多接入用户，需要对网络进行合理分层。

9.2.2 硬件设备

当前网络基础设备主要分为两类：一类是网络交换机，提供局域网用户的网络接入功能。网络交换机根据是否支持路由功能又分为二层网络交换机和三层网络交换机。另一类是路由器，提供异构网络间的连接及路由功能。除此之外，当前网络中常常还能看到其他类型的网络设备，如防火墙、入侵检测系统（Intrusion Detection System，IDS）、入侵防御系统（Intrusion Prevention System，IPS）等网络安全设备，AC、AP 等无线设备。在网络发展过程中，某些网络设备逐渐被淘汰了，如集线器、网桥、Token-Ring、ATM 交换机等。随着新的网络技术的发展，也产生出一些新兴网络设备，如数据中心交换机、SDN 交换机等。

1．集线器

集线器工作在物理层，对信号起简单的再生、放大、除噪声作用。通过集线器连接的工作站构成的网络在物理上是星型结构，但在逻辑上是总线型结构。所有工作站通过集线器相连共享同一个传输介质，因此所有设备都处于同一个冲突域，所有设备都处于同一个广播域，设备共享相同的带宽。

对于10Mbit/s的集线器而言，10Mbit/s是物理带宽，所有连接在这个集线器上的主机共享的有效带宽就是10Mbit/s。以太网使用CSMA/CD机制来防止集线器连接的网络发生信号冲突。当集线器连接的终端数量增多时，冲突也会随之增多，过多冲突将消耗有效带宽，导致网络性能下降，甚至造成网络瘫痪。

2．网络交换机

1）工作原理

二层网络交换机是数据链路层的设备，它能够读取数据包中的MAC地址信息并根据MAC地址进行信息交换。它隔离了冲突域，网络交换机的每个端口都是单独的冲突域。网络交换机内部的MAC地址表，标明了MAC地址和网络交换机端口的对应关系。网络交换机在从某个端口收到一个数据包时，先读取包头中的源MAC地址，并查询源MAC地址来自哪个端口；然后读取包头中的目的MAC地址，并在MAC地址表中查找相应端口，如果MAC地址表中有与目的MAC地址对应的端口，就把数据包直接复制到该端口；如果MAC地址表中没有与MAC地址对应的端口，就把数据包广播到所有端口上。当目的主机回应时，网络交换机又学习到目的MAC地址与端口的对应关系，在下次传送数据时就不再广播了。由于二层网络交换机一般具有很宽的交换总线带宽，所以可以同时为很多端口进行数据交换。如果二层网络交换机有 N 个端口，每个端口的带宽是 M，而它的网络交换机总线带宽一般需要超过 $N×M$，那么这个网络交换机就可以实现线速交换。二层网络交换机对广播包是不做限制的，广播包被复制到所有端口上。二层网络交换机一般都含有专门处理数据包转发的ASIC，因此转发速度可以做到非常快。

三层网络交换机又称路由交换机，是一个带有第三层路由功能的网络交换机，但它并不是把路由器设备的硬件及软件简单地叠加在局域网交换机上。在硬件方面，二层网络交换机的端口模块都是通过高速背板/总线（速率每秒可达几十吉比特）交换数据的；三层网络交换机中与路由器有关的第三层路由硬件模块也插接在高速背板/总线上，这种方式使得路由模块可以与需要路由的其他模块间进行高速的数据交换，从而突破了传统的外接路由器端口速率的限制。在软件方面，三层网络交换机也对传统的路由器软件进行了界定，其做法是对于数据包转发，如IP/IPX包转发等通用过程，均通过硬件实现，而其他三层路由软件，如路由信息更新、路由表维护、路由计算、路由确定等功能采用优化、高效的软件实现。

三层网络交换机的突出特点：①有机的硬件结合使得数据交换加速；②优化的路由软件使得路由过程效率提高；③除了必要的路由决定过程，大部分数据转发由第二层交换功能模块处理；④多个子网互联时只是与第三层交换模块建立逻辑连接，避免了额外增加路由端口。

2）体系结构

目前以太网采用的是以网络交换机为中心的结构，之前曾出现过总线型、集线器互连等方式。典型的网络交换机从体系结构来说可以分为两大类，一类是总线式网络交换机，另一类是矩阵式网络交换机，如图 9-8 所示。总线式网络交换机是网络交换机最初的交换方式。在这种方式中，所有端口均连接到网络交换机内部的共享背板总线上，各端口分时占用总线来传送数据，需要专门的仲裁机构来分配总线带宽。这种方式具有结构简单、成本低廉的优点，但是扩展性较差，主要用于低端网络交换机。矩阵式网络交换机采用矩阵结构，可以同时在多个端口之间交换数据，消除了网络交换机内部的通路瓶颈。当前的高端网络交换机采用的均是这种结构。除了这两类结构，还有共享内存网络交换机等结构。

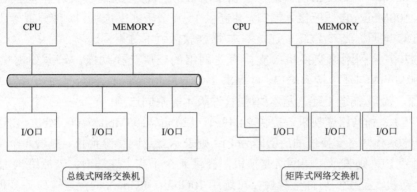

图 9-8   网络交换机体系结构

3）选型指标

局域网的二层技术经过竞争和淘汰之后，当前基本是以太网一统天下的局面。因此，网络交换机选型主要是指以太网交换机选型。一个厂家提供的网络交换机一般有多种型号，不同型号的网络交换机的定位不同，在网络设计中主要考虑以下因素。

（1）制式：当前网络交换机主要分为盒式和框式。盒式网络交换机一般是配置固定、端口数量固定的，较难扩展。框式网络交换机基于机框，其他配置（如电源、引擎、端口板等）可以根据需求独立配置。框式网络交换机的扩展性一般取决于槽位数量。盒式网络交换机为了提高扩展性，发展出了堆叠技术，可以将多台盒式网络交换机通过特制的板卡互连，结合成为一台容量更大的网络交换机。

（2）功能：实现数据交换的功能层不同是二层网络交换机和三层网络交换机最大的区别。此外，三层网络交换机一般还具有一些特别功能，如链路捆绑、堆叠、以太网供电（Power Over Ethernet，POE）、虚拟功能、IPv6 等。

（3）端口密度：网络交换机可以提供的端口数量。对于盒式网络交换机而言，各型号的网络交换机的端口数量基本是固定的，一般提供 24 个或 48 个接入端口，2～4 个上连端口。框式网络交换机的端口数量与配置的模块有关，一般指在配置最高密度的端口板时，每个机框能够支持的最大端口数量。

（4）端口速率：当前网络交换机提供的端口速率一般有 100Mbit/s、1Gbit/s、10Gbit/s 等类型。

（5）交换容量：交换容量的定义与网络交换机的制式有关，对于总线式网络交换机来说，交换容量指的是背板总线的带宽。对于矩阵式网络交换机来说，交换容量是指交换矩阵的端口总带宽。交换容量是一个理论计算值，代表了网络交换机可能达到的最大交换能力。当前网络交换机的设计保证了该参数一般不会成为整台网络交换机的瓶颈。

（6）包转发率：指一秒内网络交换机能够转发的数据包数量。网络交换机的包转发率一般是实测结果，代表网络交换机的实际转发性能。以太网帧的长度是可变的，但是网络交换机处理每个以太网帧所用的时间与以太网帧的长度无关。所以，在网络交换机端口带宽一定的情况下，以太网帧长度越短，网络交换机需要处理的帧越多，需要耗费的处理能力越多。

4）典型网络交换机

华为典型网络交换机如下。

华为 2700 系列网络交换机：支持百兆网络的二层交换功能。该系列分别提供 8/16/24/48 个 10Mbit/s/100Mbit/s 自适应接入端口，并提供 1～4 个千兆上连端口。部分型号还提供 POE 功能、AC/DC 电源、光口/铜缆上连、基本/增强软件版本等不同选项。

华为 3700 系列网络交换机：支持百兆网络的三层交换功能。该系列提供 24/48 个 10Mbit/s/100Mbit/s 自适应接入端口，并提供 2 个千兆上连端口。部分型号还提供 POE 功能、AC/DC 电源、光口/铜缆上连、基本/增强软件版本等不同选项。

华为 5700 系列网络交换机：提供 24/48 个 10Mbit/s/100Mbit/s/1000Mbit/s 自适应以太网接入端口。此系列网络交换机的后缀若为 LI，则表示二层网络交换机，提供 4 个千兆上连端口；若后缀为 EI，则表示三层网络交换机，提供 4 个千兆上连端口；若后缀为 HI，则表示三层网络交换机，提供扩展插卡模块，可选用 10Gbit/s/40Gbit/s 的上连端口等多种选项。

华为 6700 系列网络交换机：高性能万兆盒式网络交换机。该系列提供 24/48 个全线速万兆端口，同时支持丰富的业务特性、完善的安全控制策略、丰富的服务质量等特性，可用于数据中心网络、服务器接入及园区网核心。

华为 7700 系列网络交换机：支持 100Mbit/s/1Gbit/s/10Gbit/s/40Gbit/s 端口板，单台设备最多支持 480 个万兆端口，支持单端口速率 40Gbit/s、100Gbit/s 平滑升级，具备大于 0.99999 的高可靠性，主控、电源、风扇等关键部件采用冗余设计，所有模块均支持热插拔，采用交换网集群技术，内嵌集中式防火墙板卡，支持组播、IPv6、无线 AC、NetStream 流量分析等功能。

华为 9700 系列网络交换机：面向 100Gbit/s 平台设计，满足高密度千兆/万兆端口线速转发，单一机框最大支持 96 个 40GE 端口、576 个 10GE 端口，支持 100GE 以太网标准，支持主控和业务口集群交换机系统（Cluster Switch System，CSS）技术，关键器件（如主控、电源、风扇等）均采用冗余设计，支持组播、IPv6、无线 AC、NetStream 流量分析等功能。

华为 12700 系列网络交换机：基于华为首款以太网处理器（ENP）和自研通用路由平台（VRP）实现，采用 CLOS 结构，提供高达 200Tbit/s 的交换容量，支持高达 1M 的 MAC 地址表的表项和高达 3M 的 FIB 表项，满足核心大路由应用需求，可实现随板 AC 功能，可管理 4K AP，64K 用户，支持 CSS 2 交换网硬件集群，集群主控采用 1+N 备份，集群带宽为 1.92Tbit/s，跨框时延为 4μs。

3．路由器

1）工作原理

路由器属于第三层网络设备。路由器在从某个端口收到一个数据包后，先把数据链路层的包头去掉（拆包），读取目的 IP 地址；然后查找路由表，如果能确定下一跳地址，就再加上数据链路层的包头（打包），把该数据包转发出去；如果不能确定下一跳地址，就向源地址返回一个错误信息，并把这个数据包丢掉。

路由技术和交换技术看起来相似，但二者的区别在于交换技术发生在 OSI 参考模型的第二层（数据链路层），而路由技术发生在 OSI 参考模型的第三层。这一区别决定了路由技术和交换技术在传送数据的过程中需要使用不同的控制信息，所以二者的实现方式是不同的。

路由技术是由两项最基本的活动组成的，即决定最优路由和传输数据包。相较而言，数据包的传输更简单、直接，而最优路由的确定更复杂。各种不同信息基于路由算法被写入路由表，路由器根据数据包要到达的目的地从路由表中选择最优路由，把数据包发送到可以到达该目的地的下一台路由器。下一台路由器在接收到该数据包时，也会查看目的地址，并选择合适的路由继续传送给后面的路由器。依此类推，直到数据包到达最终目的地。

路由器间可以通过传送不同类型的信息维护各自的路由表。路由更新信息一般由部分或所有路由表信息组成。路由器通过分析其他路由器发出的路由更新信息，可以掌握整个网络的拓扑结构。链路状态广播是另一种在路由器间传递的信息，它可以把信息发送方的链路状态及时通知给其他路由器。

2）选型指标

路由器在选型中主要需要考虑以下指标。

（1）制式：当前的路由器制式主要分为盒式和框式两种，为了提高端口扩展能力，又发展出了具有分布式结构的集群路由器。

（2）端口类型：路由器的核心功能是实现在不同类型的链路上承载 IP 数据，因此路由器能够支持的链路类型成了重要参考依据。当前典型路由器能够支持以太网、基于 SDH 的数据包（Packet Over SONET/SDH，POS）、通道化 POS（Channeled POS，CPOS）、EPON、吉比特无源光网（Gigabit Passive Optical Network，GPON）、同/异步串口、E1 端口、CE1 端口、3G 端口、LTE 端口等。

（3）端口密度：高速端口和高端口密度是选择路由器的重要参考指标。高速端口中以太网端口居多，少部分路由器还配置有 POS 端口。

（4）性能：与网络交换机相似，路由器的性能也以交换容量和转发性能来标识。路由器作为网络的核心设备，需要支持高速数据转发，所以基本都采用无阻塞结构。

（5）其他功能：当前低端路由器有平台化趋势，集成了多种功能，如支持防火墙、VPN、上网行为管理、话音、SIP 等功能。但是，这些功能多是基于软件实现的，适用于小型网络，若想要大规模高性能实现上述功能，仍然需要使用专用设备。

3）典型路由器

华为典型路由器如下。

华为 AR G3 系列路由器是面向企事业单位及分支机构的新一代网络产品，基于 VRP 实现，集路由、交换、WLAN、3G、LTE、话音、安全等功能于一身，采用多核 CPU 和无阻塞交换结构，拥有较强的系统性能和可扩展能力，典型型号如下。

- 华为 AR1200 系列路由器能够提供 2 个 SIC 插槽。
- 华为 AR2200 系列路由器能够提供 4 个 SIC 插槽、2 个 WSIC 插槽、2 个 XSIC 插槽。
- 华为 AR3200 系列路由器能够提供冗余主控、4 个 SIC 插槽、2 个 WSIC 插槽、4 个 XSIC 插槽。

华为 AR G3 系列路由器还包括 AR120、AR150、AR160、AR200 等型号，可用于小型或 SOHO 型企业。

华为 NE 系列路由器采用了华为自主研发的网络处理器（Network Processor，NP）芯片，基于分布式硬件转发和无阻塞交换技术，具有良好的线速转发性能、电信级的可靠性、优异的扩展能力、完善的服务质量机制和丰富的业务处理能力。

- 华为 NE20E 系列路由器主要应用在 IP 骨干网汇聚、中小型企业网核心、园区网边缘、中小校园网接入等领域。
- 华为 NE40E 系列路由器主要应用在企事业单位广域网核心节点、大型企事业单位接入节点、园区互联、汇聚节点及其他各种大型互联网数据中心（Internet Data Center，IDC）的边缘位置。
- 华为 NE5000E 系列路由器是面向网络骨干节点、数据中心互连节点推出的超级核心路由器产品，可提供 1Tbit/s 的路由线卡，支持背靠背集群、混框集群等模式。

华为 NE 系列路由器还包括 NE08E、NE05E 中端业务路由器，其基于华为自主研发的 ENP 芯片和 SDN 结构实现，具有体积小、带宽大、支持宽温应用（如-40～65℃）、能够适应各种恶劣环境等特点。

4．设备对比

二层网络交换机主要用在小型局域网中，网络中的设备数量控制在二三十台以下，由于广播包的影响不大，因此二层网络交换机的快速交换、多接入端口、低廉价格等特点为小型网络用户提供了完善的解决方案。在小型网络中，若引入路由功能反而会增加管理难度和费用，所以没有必要使用路由器，当然也没有必要使用三层网络交换机。

三层网络交换机为 IP 网而设计，端口类型简单，拥有很强的二层数据包处理能力，适用于大型局域网。为了降低广播风暴带来的危害，必须把大型局域网按功能或地域等因素划分成一个个小局域网，也就是一个个小网段，这样必然导致不同网段间存在大量互访。对此，若单纯使用二层网络交换机，则没办法实现网间互访；若单纯使用路由器，则会因端口数量有限，路由速度较慢，而限制网络规模和访问速度。所以在这种环境下，采用由二层交换技术和路由技术有机结合而成的三层网络交换机最适合。

路由器端口类型多，支持的三层协议多，路由能力强，所以适用于大型网络间的互连。虽然部分三层网络交换机，甚至二层网络交换机有异质网络的互连端口，但大型网络的互连端口通常不多，互连设备的主要功能不在于在端口间进行快速交换，而是选择最优路由，进行负载分担、链路备份，以及与其他网络进行路由信息交换，这些功能恰好是路由器最适合完成的。所以在上述情况下，自然不可能使用二层网络交换机，但是否使用三层网络交换机，需要视具体情况而定。要考虑的因素主要有网络流量、响应速度要求、投资预算等。三层网络交换机的重要作用是加快大型局域网内部的数据交换，糅合进去的路由功能也是为这个目的服务的，所以它的路由功能弱于同档次的专业路由器。在网络流量很大的情况下，如果三层网络交换机既负责网内交换，又负责网间路由，它的负担必然会大大加重，从而影响响应速度。在网络流量很大，同时要求响应速度很高的情况下，由三层网络交换机负责网内交换，由路由器专门负责网间路由，可以充分发挥不同设备的优势，是一个很好的配置。当然，如果受投资预算限制，由三层网络交换机兼做网络互连设备，也是一个不错的选择。

5．设备标识

网络设备在上线后需要配置标识。设备标识包括逻辑设备名和设备的物理标签。逻辑设备名是在网络设备配置中设置的，管理人员在登录设备时，可以知道设备相关信息。设备的物理标签一般直接贴在设备上，用于标明设备的一系列信息。设备的标识方式并没有统一标准，一般本着实用原则进行定义，在一个单位内部尽量做到统一。

逻辑设备名一般包含以下信息：设备安装位置、设备角色、设备型号、设备编号。设备的物理标签没有统一标准，各单位按照各自要求进行标识即可，常包含的信息有设备型号、设备编号、责任人/联系方式。

设备的命名规则可以采用"设备定位+设备位置+设备型号+设备编号"的方式。例如，ACC-B1F3U2-2710-1，其中，ACC 表示接入网络交换机；B1F3U2 表示设备位于 1 号楼 3 楼 2 单元；2710 表示设备型号；1 表示设备编号。

9.2.3 传输介质

1. 传输介质种类

传输介质用于连接分布于各地的网络设备，不同类型的传输介质具有不同的网络带宽和覆盖范围，而且需要的资金投入有较大差别。应根据网络工程建设需要，合理地选择不同类型的传输介质。常见的传输介质种类如图 9-9 所示。

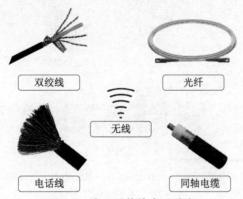

图 9-9　常见的传输介质种类

（1）双绞线：分为屏蔽双绞线（Shielded Twisted Pair，STP）与非屏蔽双绞线（Unshielded Twisted Pair，UTP）。根据线路的传输频率、带宽、串扰比等电气特性，双绞线又分为五类线（CAT5）、超五类线（CAT5e）、六类线（CAT6）。其中，五类线用于快速以太网连接，超五类线和六类线用于千兆以太网连接。双绞线的传输距离一般在 100m 以内。

（2）光纤：分为单模光纤和多模光纤。光纤一般用于千兆或万兆网络连接，也常用于局域网上连链路。单模光纤的传输距离可以达到 2～70km，多模光纤的传输距离一般在 500m 以内。在网络工程中，多模光纤的尾纤为橙色，单模光纤的尾纤为黄色。

（3）电话线：一般为两芯铜线。电话线并不能承载高速信号，但是因为历史原因，电话线的部署范围广、数量大，所以发展了很多用来实现电话线承载数据信号的技术，如同/异步串行技术、DSL 技术等。

（4）同轴电缆：多用于传送视频信号，为了承载数字信号，也发展了电缆调制解调器等承载技术。

（5）无线：目前从 WLAN 到 LTE 都得到了广泛应用。依据采用的频段和技术的不同，无线方式能够提供不同传输带宽，一般用于接入网络。

2．综合布线

1）楼宇结构化布线

楼宇结构化布线系统一般可以分为建筑群子系统、垂直子系统、水平子系统、工作区子系统。楼宇结构化布线如图 9-10 所示。

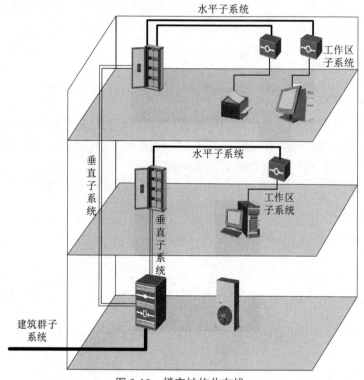

图 9-10　楼宇结构化布线

建筑群子系统的布线范围是各建筑中心机房之间，所需传输带宽大、传输距离远，一般使用单模光纤。垂直子系统的布线范围是楼层机房到中心机房，一般使用光纤，其原因一是解决中心机房与各楼层间的距离问题，二是垂直子系统作为干线系统要求提供较高的数据传输速率。在一般情况下，楼内布线常常采用多模光纤，以节省建设成本；考虑到备品备件及运维成本，统一使用单模光纤也可以。水平子系统的布线范围是信息面板到楼层机房，一般使用双绞线，因为水平子系统连接到客户终端，而各种终端设备的网络连接是以双绞线为主的。需要注意的是，双绞线间的距离一般不能超过 100m，在机房定位时需要进行简单估算。工作区子系统的布线范围是终端设备到信息面板，一般使用网络跳线，便于根据业务需求及时调整网络连接关系。

2）数据中心布线

当前 ToR 和 EoR 是比较流行的两种数据中心布线方式，如图 9-11 所示。在 ToR 布线方式中，接入网络交换机直接安装在每个机架上，减少了接入布线量。EoR 布线方式是在一排机架的尾部统一安装网络交换机。随着云计算的发展，数据中心的服务器密度迅速变大，ToR

布线方式逐渐流行。

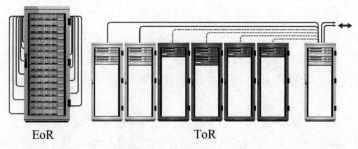

EoR   ToR

图 9-11   数据中心布线

3．工程界面和测试

1）工程界面

机房内布线工程的端接点一般是配线架，工作区内布线工程的端接点一般是信息面板。端接点使用网络跳线连接到设备网络端口上。不同类型传输介质的连接端口存在差异，同一类型传输介质在不同应用环境中的连接端口也存在差异，如图 9-12 所示。在网络设计中，需要根据应用需求、设备端口、传输介质类型为配线架和信息面板选择合适的端口模块，必要时还需要配置转换接头。

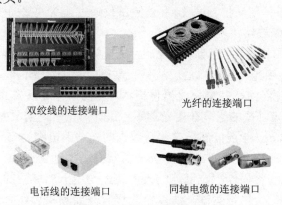

双绞线的连接端口   光纤的连接端口

电话线的连接端口   同轴电缆的连接端口

图 9-12   传输介质的连接端口

双绞线的连接端口一般采用的是 RJ45。光缆在接入机房后尾端接到光纤盘上。光纤的连接端口形式相对较多，常见的有四种：①LC 小方口，多用于设备端口，常用于光模块；②SC 大方口，多用于设备端口，常用于光模块；③FC 圆形螺口，常用于光纤配线架；④ST 圆形卡口，常用于光纤配线架。电话线的端口一般采用的是 RJ11，也常采用直连方式，线端直接接在端口模块上。同轴线缆的端口常采用 75Ω 的匹配端口，一般需要根据线径进行选择。电话线的连接端口一般采用 RJ11。同轴电缆的连接端口的型号较多，常见的有 RG6 电缆、RG8 电缆、LMR 系列电缆和 SYV 系列电缆。RG6 电缆使用频率范围为 0～1GHz，阻抗为 75Ω；RG8 电缆具有更好的屏蔽性能和传输性能，使用频率范围为 0～2GHz，阻抗为 50Ω；LMR 系列电缆适用于室内和室外应用的低噪声和高干扰环境；SYV 系列电缆适用于视频监控、安防、通信等领域，使用频率范围为 0～1GHz，阻抗为 75Ω。电话线和同轴电缆不能直接传送数字信号，都需要用调制解调器进行信号转换。最初调制解调器都是独立的，数字信号的输出以 RS232、V.35 为主；后来调制解调器集成了部分数据功能，常常用以太网形式输出数据；现在路由器也可以配置调制解调器模块。

2）测试

布线完毕验收时，需要进行测试，以保证线路正常。在施工中确认网络连接线路状态时，也需要进行测试。传输介质测试方式如图 9-13 所示。不同类型传输介质需要配套不同测试设备，根据传输介质的传输距离，也需要适时调整测试设备的参数，以确保测试的准确性。

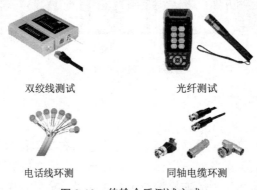

双绞线测试   光纤测试

电话线环测   同轴电缆环测

图 9-13 传输介质测试方式

双绞线测试一般采用网线测试仪。通过连接线路两端，网线测试仪可以查看线路的完好性。双绞线测试还可以采用高档测试仪。高档测试仪通过连接网线的一端可以测试网线长度，进而通过网线长度判断线路情况。

光纤测试可以采用红光笔、光功率计或光时域反射仪（Optical Time Domain Reflectometer，OTDR）。红光笔在连接光纤的一端后，从另一端可以看到红光。红光笔的功率较大，在测试时切勿在另一端连接设备，以防感光器件损坏。光功率计可以测试接收到的光功率。部分光功率计能够发送特定功率的光。在用光功率计进行测试时，需要先调整待测试的光波长，功率的单位一般为 dbm。一般能够正常传送数据的光功率范围为-5～-20dbm。OTDR 连接光纤一端，能够测量光纤的长度，进而判断光纤线路的通断情况。

电话线和同轴电缆常用作广域链路的接入线，与用于局域网的双绞线相比，距离比较长，而且常常不归同一个单位管理，所以在测试时需要互相协作。最常用的测试方式是打环（LOOP）测试，测试时在远端将两根线路短接即可。如果检测到线路短接，本端连接的调制解调器上的 LOOP 灯就会被点亮。有些调制解调器的面板上也会有打环按钮或菜单，可以选择向本端或向远端打环。打环测试只能对广域链路进行定性测试。在采用误码仪等设备时，可以在线路环回情况下，发送并同时接收流量，从而测试链路的误码率。线路管理的责任边界一般就在调制解调器上。可以根据调制解调器的提供方，确定调制解调器的责任方。

4．线路标识

在网络中，设备连接复杂，网线数量巨大，为了便于日常管理和排障，需要对网络线路和所连设备端口进行标识。设备端口的描述信息一般为线路的对端设备和端口信息，也可以根据需要添加更多信息。网络线路上一般采用标签方式描述线路走向。与设备端口不同，网络线路一般会有分段，需要通过网络配线架进行跳接。在进行线路标识时要注意区分。

线路的命名规则可以采用"对端设备名+对端端口号"的方式。例如，To-AGG-B1N1-G0/0/8，其中，AGG 表示对端设备为汇聚网络交换机；B1N1 表示设备位于 1 号楼 1 号机；G0/0/8 表示对端端口号。

9.3 逻辑网络设计

9.3.1 局域网设计

当前局域网基本都采用的是以太网技术,实现方式基本统一为网络交换机加五类线或光纤的方式。在进行网络设计时，传输速率是以太网最关注的参数。以太网常见速率有 100Mbit/s、1Gbit/s、10Gbit/s、40Gbit/s 等。传输介质也是重点关注因素，一般传输速率为 1Gbit/s 及其以下的网络较多采用双绞线，传输速率为 1Gbit/s 及其以上的网络较多采用光纤。当采用铜缆时，网络交换机端口速率一般是自适应的，也就是说互连的两台网络交换机自动协商出最优的连接速率。在采用光纤时，传输速率一般是固定的。铜缆端口的双工模式一般也是自适应的，可以在两端设备上手工指定为双工模式。光纤连接一般都是全双工模式。传统以太网的 MTU 是 1500B（不含帧头、帧尾）。当前各种隧道技术和封装技术发展迅猛，如 MPLS、FCoE、VXLAN 等技术，这对以太网能够承载的 MTU 提出了更高要求。在有相关需求的特殊场合，要注意网络交换机支持的 MTU。在确定了局域网的基本参数后，还需要根据用户需求，进一步选定局域网采用的拓扑结构，确定是否需要基于 VLAN 进一步细分逻辑网络，分析网络中是否存在打环风险、是否需要制定防环策略并进一步提升可通性，以及确定需要配置哪些安全协议，以抵消可能存在的安全风险。

1. 网络拓扑

局域网拓扑结构的选择不仅影响网络设备的配置数量、传输介质的铺设长度，还会严重影响网络的传输性能，因此需要因地制宜地选择网络拓扑。图 9-2 所示为局域网常见的三层拓扑结构，核心层与汇聚层之间采用了有冗余的双星型结构，汇聚层与接入层之间采用了无冗余的星型结构，接入层采用星型结构实现了网络延伸和端口扩展。部分单位网络由于接入终端数量较多，彼此间业务流量大，因此不建议大规模采用级联方式实现，应尽量拓展接入网络交换机的接入能力，以免大量业务流量必须通过汇聚层网络交换机进行转发。在实际网络设计中也可以依据业务需求和设备情况在经典网络拓扑的基础上进行变形。例如，要同时实现核心层和汇聚层设备的双冗余，可以在网络中采用全连接或口字型结构，这样既提升了网络的可靠性，又降低了设备的使用量。另外，如果汇聚层与接入层之间需要实现链路冗余，那么可以采用双链路或链路捆绑技术。设备端口和传输介质也要依据实际业务量的转发需求来配置。普通用户一般采用普通双绞线方式接入网络交换机的下连端口；网络交换机之间一般采用六类线或光纤方式通过上连端口实现连接。

2. VLAN 设计

VLAN 设计包括确定 VLAN 划分依据、明确 VLAN 划分方法、实施 VLAN 编号分配等。VLAN 设计既要考虑当前业务需要，又要考虑未来业务拓展。

常见的 VLAN 划分方式一般是基于业务或基于地域实现的。①基于业务：企事业单位的行政结构基本都是按照业务进行划分的，所以基于业务划分 VLAN 相当于基于企事业单位的行政结构划分 VLAN，这种方式最为常见。②基于地域：按照网络的延伸范围来划分 VLAN，如按照楼宇、楼层、房间来划分 VLAN。

VLAN 划分的方式多种多样，应用最普遍的是基于端口的划分。这种方法简单直接，便于实施及管理。也可以基于 MAC 地址、IP 地址、协议类型等划分 VLAN。需要根据应用场景灵活选择 VLAN 的划分方式。

VLAN 编号可配置的范围是 1~4094，每个端口均需要配置一个 PVID，默认值为 1，VLAN 1 一般作为保留 VLAN。在分配其余编号时，在技术上并没有特别规范，主要考虑管理和运维的便利性。在分配时最好结合实际情况，如果按照地域分配编号，那么园区内楼内的 VLAN 编号最好是连续的。在很多时候，常常会出现 4094 个编号不够用的情况。针对此种情况，接入侧的 QinQ 等 VLAN 扩展技术被发展出来。各个厂商还各自设计了一些特殊的 VLAN 技术，用来满足特殊需求，如 MUX VLAN、VLAN 聚合（VLAN Aggregation）等。

3. 防环设计与 STP

由于以太网采用的是默认泛洪广播数据的方式，而网络交换机无全网拓扑信息，依赖定时器工作，因此冗余设备与链路常会导致物理拓扑环路。STP 是有效解决二层网络环路的重要协议，主要包含三个版本：STP、RSTP 和 MSTP。这三个版本的基本算法是类似的，但是各版本间存在一定差异。华为网络交换机默认采用的协议是 MSTP。在默认情况下，每个网络交换机自成一个 MSTP 域，域名为该网络交换机的 MAC 地址，所有 VLAN 均映射到 Instance 0 上。当网络中混合了多个版本的 STP 时，各个版本的 STP 间向下兼容，以保证在混合组网时能够正常运行。

当网络中存在冗余链路时，STP 会通过将部分端口阻塞，来避免二层网络环路的产生。在配置 STP 时，应注意以下几方面：①确保将阻塞端口配置在次要、非关键链路上，而不要配置在主干链路上。②当网络中有冗余设备时，一般两个冗余设备间的互连链路不应被阻断。③主、备核心网络交换机通常应被配置为 STP 根桥及备份根桥。④双链路上连接入网络交换机的端口之一通常被 STP 选择为阻塞端口。

STP 具备一定防止二层网络环路产生的能力，但在实际组网中，二层网络出现环路的可能性远远大于三层网络，那么二层网络环路是怎么导致的呢？一是冗余设计，在对大型网络进行网络设计时，为了提高可靠性，一般会设计冗余链路和冗余设备，这些冗余设计的本质就是提供迂回路径。二是 STP 算法的局限性，STP 算法缺少对全网拓扑信息的了解，并不能从根本上避免环路。交换网络中的网络交换机并不知道全网的收敛状态，只是根据定时器估算全网的收敛情况，一旦定时器超时，就进行数据转发。三是实现缺陷，STP 的具体实现是基于具体设备的，产品和运行网络有可能出现各种不可预料的情况，导致环路产生。

为了降低产生二层网络环路的可能性，可采用优化 STP 设置。STP 默认的时间常数是建议拓扑条件下的优化设置，这些常数可以依据实际网络情况进行修改，虽然不建议修改。STP 在 RSTP 阶段发展出了各种保护技术，以提高 STP 的收敛速度、稳定性及防攻击能力。

为了进一步规避 STP 防环收敛问题，又出现了一些其他防环技术，如 Smart Link、SEP 等。这些技术解决了以太网双上行链路切换时收敛速度慢、算法不精确等问题。但是，这些技术存在很大局限性，如 Smart Link 主要解决单一设备主备双端口上连问题，SEP 主要解决环型拓扑问题。TRILL 属于当前比较优秀的二层多链路解决方案，它通过在局域网中引入类似于路由的寻址技术，解决了 STP 收敛速度慢、链路利用率低等问题。TRILL 技术主要应用于数据中心网络，但并不是所有的网络交换机都支持该技术。

4．安全设计

局域网中存在各种各样的网络攻击。针对不同安全威胁实施的安全设计能够有效提升网络的安全性。局域网中的二层攻击类型和二层保护机制对应关系如表 9-1 所示。

表 9-1　局域网中的二层攻击类型和二层保护机制对应关系

二层攻击类型	二层保护机制
DoS 攻击	网络交换机 CPU 保护
流量超载	流量遏制/风暴控制
MAC 地址表攻击	端口安全（Port Security）功能
DHCP 攻击	DHCP Snooping
ARP 攻击	限速/固化/隔离/动态 ARP 检测（Dynamic ARP Inspection，DAI）
伪造源攻击	单播反向路由查找（Unicast Reverse Path Forwarding，uRPF）/IP 源防攻击（IP Source Guard，IPSG）

（1）DoS 攻击：DoS 攻击的目标是网络交换机。在网络安全设计中，通过配置控制面限速（Control Plane Committed Access Rate，CPCAR）技术能够限制单位时间内上送 CPU 报文的数量，实现对网络交换机控制面的防护。

（2）流量超载：当网络中出现广播风暴或攻击时，网络交换机端口就会出现持续的超限流量。在网络安全设计中，通过在网络交换机上配置流量遏制，可以分别针对单播、组播、广播指定限制的流量比例。

（3）MAC 地址表攻击：网络交换机基于 MAC 地址表进行数据传送。MAC 地址表是网络交换机通过侦听网络中的数据流量获得的，因此攻击者常常通过伪造 MAC 地址攻击 MAC 地址表。在网络安全设计中，可以使用端口安全功能管理网络交换机端口 MAC 地址，通过限制单个端口可以学习到的 MAC 地址的数量，或者配置静态 MAC 地址，或者使用 Sticky MAC 地址，可以有效地防止 MAC 地址表攻击。

（4）DHCP 攻击：当前大量客户机使用 DHCP 分配 IP 地址，DHCP 也常常处于被攻击状态。在网络安全设计中，可以在网络交换机上开启 DHCP Snooping 功能，来防止大部分 DHCP 攻击。

（5）ARP 攻击：在局域网中，ARP 扮演着重要角色，但是由于缺少认证机制，ARP 常常被用作攻击手段。ARP 攻击可以采用多种方法进行遏制。针对 ARP 泛洪攻击，可以在网络交换机端口上设置 ARP 流量限速，也可以手工配置静态 ARP。ARP 基于广播工作，因此细分 VLAN 隔离广播域也可以降低 ARP 攻击的影响；有些特殊 VLAN 设计，如 MUX VLAN、VLAN Aggregation 也可以用来隔离用户。此外，先开启 DHCP Snooping 功能将 MAC 地址、IP 地址动态地与网络交换机端口进行绑定，然后开启 DAI，能够对通过端口的 ARP 响应包进行校验。

（6）伪造源攻击：由于 IP 协议缺乏源地址校验，因此网络中可能会存在大量伪造源地址攻击。在三层网络中可以使用 uRPF 进行遏制，在二层网络中可以通过配置 IPSG 对源地址进行校验。

9.3.2 广域网设计

广域网地理跨度大，覆盖范围广。对一个企事业单位来说，在很大的地理范围内自行铺设线路从经济上看是不合算的，所以最常见的解决方案是租用运营商的链路，企事业单位按月支付租用费用。广域网的管理涉及企事业单位和运营商两个实体，在管理上涉及界面问题和协商问题，同时在大跨度广域网中，大量的室外线路跨越多个管理环节，故障率相对较高，修复时间相对较长。

1．广域网二层技术

广域网二层技术类型众多、性能各异，如图 9-14 所示，主要用于确保广域网中点对点网络或点对多点网络的可靠传输。如表 9-2 所示，不同类型的广域网二层技术适用于不同的传输链路和网络结构。采用何种类型广域网二层技术需要综合考虑广域网中的传输业务需求、安全保密需求及可利用的资金。

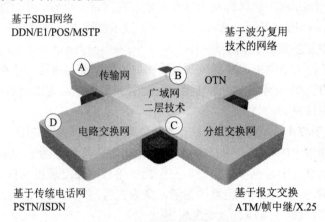

图 9-14　广域网二层技术类型

表 9-2　广域网的主要链路类型

链路类型	结构特点	二层协议
DDN/E1/POS/MSTP	点到点链路	HDLC 协议/PPP
PSTN/ISDN	点到点链路	PPP
OTN	点到点链路	Ethernet
分组交换网	点到多点链路	ATM/帧中继/X.25

（1）同步数字体系（Synchronous Digital Hierarchy，SDH）网络技术：企事业单位租用运营商的 SDH 网络时隙来传输业务数据是最经典且常用的广域网技术。SDH 网络采用分时复用技术，按照时隙的带宽可以分为多种类型，如 DDN（一般以 64kbit/s 为分配单位）、E1 链路［以 2Mbit/s（64kbit/s×32）为分配单位］、POS 链路（以 155Mbit/s 为基本单位，还可以提供 622Mbit/s、2.4Gbit/s、10Gbit/s 等传输链路）。其中，E1 链路和 POS 链路还提供信道化支持，如一端为 155Mbit/s 的 POS 链路，另一端可以按照信道分成 63 个 E1 链路。MSTP 技术能够在传统 SDH 网络上提供以太网、ATM 等网络端口。

（2）光传送网（Optical Transport Network，OTN）技术：OTN 是基于波分复用技术的网络，提供大颗粒带宽的调度与传送，是替代当前 SDH 网络的下一代骨干传输网。OTN 技术能提供 GE/10GE 级别的链路带宽，当前在各级网络干线上均有广泛应用。OTN 作为新兴的大颗粒传输技术，在承载数据业务时，一般可直接提供以太网端口供用户接入使用。

（3）分组交换技术：ATM、帧中继、X.25 等分组交换网基于交换虚电路/永久虚电路转发数据，可以在多个用户之间共享物理链路，网络自身具有一定的路由能力。不过当前因为效率、费用、质量控制等原因，应用范围逐渐变小。

（4）电路交换技术：电路交换网利用传统的电话通信网传送数据。单路电话的带宽是64kbit/s，改进后的 ISDN 拥有 144kbit/s 的带宽。电路交换网因计时收费、低带宽的特点，最初常常被用作备份链路。随着网络带宽需求的提升，电路交换技术已经基本不再使用。

（5）其他广域网二层技术：部分运营商在一定范围内提供暗光纤（是指已经铺设但是没有投入使用的光缆）出租业务。但是，暗光纤租用价格高，而且在缺少中继信号放大器的情况下传输距离有限，应用并不广泛。HDLC 协议是面向比特的数据链路层协议，适用于同步串行链路。HDLC 网络缺少认证、多协议支持等功能，但是协议较为简练，承载效率高。当前数据通信网中使用的 HDLC 协议一般是经过改进的。PPP 是当前广域网络最常用的数据链路层协议，在同步串行链路和异步串行链路上均可以工作。PPP 具有强大且丰富的扩展功能，如认证、链路捆绑、地址协商、数据压缩等。

2. VPN 技术

传统广域网均是基于带宽专用思路的，其在时分复用的系统中划出一定时隙，或者在波分复用的系统中划出一定波长，用于承载广域网业务。这部分被划分出来的带宽是专用的，如果用户暂时没有数据需要传输，这部分带宽就处于空闲状态。因为带宽专用，所以传统广域网线路的租用价格高，但是具有服务质量可控性好、安全可靠等特点。传统广域网中的分组交换网引入了部分统计复用概念，一般设计了很好的服务质量机制，能够有效地保证用户带宽。

VPN 技术是传统广域网的替代方案，在许多服务质量和安全性要求不高的广域网业务中被广泛使用。VPN 技术是利用 Internet 建立虚拟私有网络的技术。采用 VPN 的客户只需要支付当地互联网的接入费用，就可以与世界上任何一个地点联网，极大地节省了网络成本。但是，VPN 在传输应用数据时所需的带宽是缺少保证的，这是由于 VPN 的服务质量和可靠性也是基于互联网特性实现的。即便 VPN 可以采取一定技术手段进行弥补，但其服务质量的控制能力和安全性相较独立的广域网信道还是较差。

3. 接入网技术

严格来说，接入网并不属于广域网，它仅仅是从用户终端到骨干网段间的网络，一般被形象地称为"最后一公里"。接入网一般为数据通信网业务的接入提供服务。

运营商为了利用原有投资并尽量节约成本，在原有线路上发展出了各种技术，如电信运营商在电话线路上使用异步拨号技术，提供 64kbit/s 以下的带宽，后来又发展出了 ISDN、DSL 等技术，分别提供 128kbit/s 以下的带宽和 10Mbit/s 以下的带宽。广电运营商在同轴电缆上发展出了 HFC 技术，提供以百兆计的带宽，但是带宽需要在一条同轴电缆的不同用户间共享。FTTX 利用以太网接入用户，以太网本身并非接入网技术，但是以太网具有廉价、高速的特点，能很好地适应接入用户密集的情况，可以提供 10Mbit/s、100Mbit/s 乃至 1Gbit/s 的接入带宽。PON 为用户提供大带宽数据接入，未来应用将更广泛。随着移动互联网的发展，无线接入越来越成为一种重要的接入方式，主要采用 Wi-Fi 或 LTE 制式，能够提供 1～100Mbit/s 的接入带宽。

9.3.3 路由结构设计

1．IP 地址分配

IP 地址分配是三层网络设计最基本的工作。

除了某些特殊应用，IP 地址要求在全网范围内具有唯一性。这是 IP 协议提供寻址功能的基本条件。最初 IP 单播地址被分为 A、B、C 三类，子网掩码分别固定为/8、/16、/24，这导致地址严重浪费。与此对应的路由协议被称为有类路由协议，如 RIP。为了充分利用 IP 地址，产生了 VLSM 技术。用户可以根据应用需要设计 IP 地址的子网掩码长度，控制网络范围。当前网络设备上最常用的子网掩码长度为/32 和/30，其中，/32 常用来标识一台设备，称为主机路由；/30 用在点对点链路的两端。在局域网中，一般需要根据用户数量设计合适的子网掩码长度。

在进行 IP 地址分配时，在达成业务需求的前提下，要综合考虑路由效率。对于路由设备来说，路由条目越少，工作效率越高。所以在进行 IP 地址分配时，要考虑地址是否可以被汇聚。要实现 IP 地址汇聚，就必须在网络分区中分配连续的 IP 地址。为了保证在后续扩容时 IP 地址不凌乱，还要在每个网络分区保留一定的 IP 地址扩展空间。在分区分配地址时，还需要使 IP 地址具有一定的物理意义，以便日常维护管理。

对于网络设备上的 IP 地址，除了部分拨号 VPN，其他设备的端口地址一般都是手工静态配置的。手工静态配置地址具有安全可靠、不易被攻击的特点，但是配置工作量大。对于客户机来说，大量的手工工作容易出错，也容易造成地址冲突。DHCP 是当前常用的客户机地址配置方式，DHCP 服务可以启用在专门的服务器上或路由端口上。如果使用专门的服务器，需要在各个网段的网关处配置 DHCP 中继。使用 DHCP 可能会导致网络攻击，但是此类攻击有相应的安全机制。例如，DHCP Snooping 可以屏蔽接入网络中的非法 DHCP 服务器，同时 DHCP Snooping 得到的绑定表可以用于 DAI，防止 ARP 攻击；配置 IPSG 可以防止伪造源攻击等。

2．路由边界及拓扑

路由器和交换机各有各的优势。三层网络需要采用路由器或三层网络交换机，而二层网络只需要采用二层网络交换机。网络交换机的处理能力和交换容量均大大高于路由器。但是，二层网络的工作是基于广播的，每个设备均会发送一定数量的广播数据包。当二层网络太大时，广播流量就会叠加。当二层网络出现链路冗余时，一般使用 STP。与路由协议相比，STP 收敛速度慢，稳定性差。如果发生环路，广播风暴将使整个二层网络处于不可使用状态。一般三层网络的路由协议采用的是 OSPF 协议，网络路由收敛迅速且无环路隐患，稳定性优于二层网络。当然网络交换机也提供了链路捆绑、双机集群及一些其他优化防环机制，这使得二层网络在提高可靠性的同时，尽量避免了环路。三层网络需要配置 IP 地址和路由协议，如果网关过于接近用户，就会导致地址段细分，从而加大管理维护工作量。

当前，大多广域网采用的是路由结构。因为广域网链路价格较高，所以应该尽量遏制广播数据。对于企事业单位网络，需要综合考虑成本、带宽、可靠性、安全性和可运维性，根据不同的场景需求设定二、三层网络的分界面。常规的做法是，将网关设置在汇聚层，而接入层常常不设冗余或仅设一个双上连冗余，避免或简化 STP 使用。某些场合也有把网关设置在接入层的，其目的是最大限度地提供冗余、加快收敛。当网关设置在汇聚层时，接入网络交换机将工作在交换模式，汇聚层上的设备将工作在路由模式。当网关设置在接入层时，网络中的所有设备都将工作在路由模式。

在某些特殊网络中，因为数据量巨大或接入用户量巨大，发展了一些特殊技术。例如，为了降低设备成本和管理复杂度，二层网络规模设计得比较大，为了提高安全性，采用 QinQ 技术实现用户间的隔离。又如，当前数据中心网络的趋势是采用大二层设计，将网关上移至核心设备。

3．路由协议

IPv4 网络中常用的路由协议为 RIP、OSPF 协议、ISIS 协议、BGP。路由协议特点如表 9-3 所示。RIP 是路由协议的鼻祖，设计简单，容易实现，但是在网络发展中碰到了很多难以解决的问题，如不支持无类别域间路由、收敛速度慢等，所以推出了 RIPv2。RIPv2 引入了诸多特性，提高了路由的收敛性能。但是，因为算法限制，RIP 仍无法与 OSPF 协议相提并论，在当前网络中应用较少。OSPF 协议是 IETF 设计的专用于 IP 网络的路由协议；ISIS 协议是由 ISO 规范的，出现得比 OSPF 协议略早。这两个协议的框架和算法非常相似，但是在细节上有很多不同，因此它们在扩展性、收敛速度等方面存在一些细微差异，同时因为一些历史因素，ISIS 协议在运营商的骨干网络中用得较多；其余场合一般都采用 OSPF 协议。BGP 属于外部路由协议，支持域间路由。BGP 一般用于多个企事业单位或运营商间的网络互联，在中小型企业网络中很少使用。但是，在大型企事业单位中，如果网络规模超越了单个机构的管理能力或超越了单个 IGP 的支撑能力，就会将内部网络分成多个 AS，然后由 BGP 进行互联。当企事业单位部署了 MPLS/BGP VPN 时，BGP 会作为该结构的必备组件出现。除了动态选择路由协议，还可以配置静态路由协议，静态路由简单、方便，常常用在没有冗余链路的网络末端或网络出口。

表 9-3　路由协议特点

分类	协议	算法	特点
IGP	RIP	距离矢量算法	协议简单，依据跳数计算代价，包括 RIPv1、RIPv2
	OSPF 协议	链路状态算法	支持网络分层，能够依据带宽计算代价，路由收敛迅速，无环结构
	ISIS 协议	链路状态算法	
EGP	BGP	—	支持域间路由，承载能力强，操控能力强，无环结构

对于支持网络分层的 OSPF 协议来说，SPF 算法保证了网络中不会出现环路之类的严重问题，但如果设计不当，还是会出现区域分裂、次优路由等问题。图 9-15 左图是常见的路由设计场景。在 AREA0 中，路由器间可互为备份的环形路径中的一段链路被划分在 AREA1 中。网络在正常运行时，没有太大问题，只是使得 AREA0 的连接略显薄弱。一旦 AREA0 中的主用链路发生问题，由于备份链路与主用链路分处不同区域，因此 AREA0 路由会中断。图 9-15 右图所示的设计场景隐藏着次优路由问题。当两个接入层路由器互访时，并不会通过汇聚路由器之间的互连链路，而会选择双上连的接入路由器作为中间跳。这使得核心层路由器丧失了路由汇聚功能，加重了接入路由器和 Access 链路的负担，从而影响网络整体性能。总的来说，OSPF 协议是一个较稳定、可靠的路由协议，在设计时应充分考虑，避免出

现类似问题。

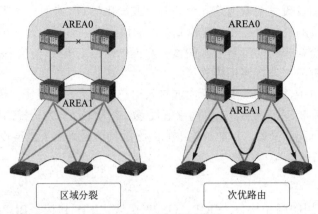

图 9-15　OSPF 区域设计

4．网络出口

外联上级网络是当前企事业单位网络的基本需求。实现网络互联需要解决以下问题。①链路的选用：理论上来说，网络互联可以使用广域网中的任何一种链路。但是，在网络设计中，需要综合考虑带宽、成本、质量、距离等因素。目前企事业单位的网络出口常常采用光纤承载，PON 和光以太网是常见的链路形式；也有部分小型单位采用 DSL 等家庭接入技术。②IP 地址的配置：当前 IPv4 的公网地址紧张，一般企事业单位内部网络采用的是私网网段。因此，内部网络用户要访问互联网必须进行地址转换，也就是采用 NAT。③网络设备的配置：当采用不同链路时，需要先链路适配，如 DSL 需要配置 DSL 调制解调器，PON 链路需要配置 ONU。因为网络出口设备还需要进行 IP 地址转换，因此网络出口设备常常选用路由器或防火墙。其中，由于 NAT 要求设备具有强处理能力，因此对于大规模、大流量的 NAT 来说，防火墙比路由器更适用。而且 NAT 一般部署在网络边界上，防火墙能够同时提供边界防护，所以在企事业单位网络边界上防火墙用得较多。

在解决上述三个问题后，设计合适的网络出口方式也是提升网络业务承载能力和网络可靠性，确保投资经济且有效的重要措施。根据上级接入单位、接入应用和可靠性等方面的需求，网络出口主要包括以下几种方式。

1）单一出口网络结构

单一出口网络虽然可靠性不高，但是成本低，结构简单，在非关键业务的企事业单位网络出口中得到广泛应用，其结构如图 9-16 所示。在连接运营商网络时，运营商一般会给出两类公网地址，一类是连接地址，一般是/30 掩码长度的地址，用于配置连接链路；另一类是地址池，用于在内部设备连接互联网时实现地址转换。一般来说，地址池中的地址数量比较少，不够用来为内部每一台 PC 分配一个公网地址。小型企业如果采用 PPPoe 接入互联网，就会获得一个动态分配公网 IP 地址。只有一路出口的单位内部网络一般使用静态配置的默认路由指向互联网。对于运营商来说，因为存在信任边界问题，所以一般也采用静态路由进行回指。企事业单位网络的互联网流量一般可分为两类：一类是内部用户访问外部服务器的流量；另一类是外部用户访问内部服务器的流量。这两类流量最大的区别是服务器必须有固定的公网地址，以保证客户机能够随时找到服务入口。在网络工程中，经常使用静态 NAT

将内部网络服务器地址映射为公网地址，内部网络用户一般使用动态 NAT 最大限度地复用公网地址。

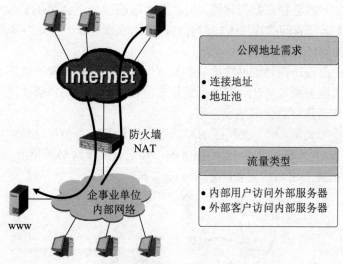

图 9-16　单一出口网络结构

2）同一上级单位多出口结构

　　部分企事业单位为了提高冗余性，在连接到同一个运营商时会选用两路出口，如图 9-17 所示。此时，运营商在提供链路时，一般会同时提供两个连接地址，但是地址池仍是一个。所以当内外数据流通时，经 NAT 得到的地址与单一出口网络一致，不同的是由于存在两条出口链路，因此进出的网络流量需要进行选路。因为信任边界问题，运营商一般不会与企事业单位网络间运行动态路由选择协议。对于访问企事业单位网络的数据流，运营商会直接按照路由协议传送到相应端口，基本不会进行特别控制。企事业单位网络可以采用静态路由对数据进行分流。因为两路出口均连接到同一个运营商，不管数据流走的是哪条链路，一般认为因路径差别导致的性能差距不大。分流的目的主要是充分利用出口带宽。也有企事业单位采用主备方式利用两条出口链路的，在此种方式下，可以采用浮动静态路由来实现。

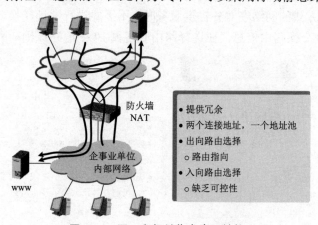

图 9-17　同一上级单位多出口结构

3）不同上级单位多出口结构

当前大中型企事业单位网络中常见的双出口解决方案是两个运营商各占一条链路，如

图 9-18 所示。在这种情况下，每个运营商都会提供一条连接链路，同时各自提供一组连接地址和一个地址池。

两个运营商间一般会存在数据通路，但是这个通路一般不会存在于本地，而会存在于核心层面，而且两个运营商间的连接不如运营商内部的连接强壮。因此当流量在运营商间贯穿时，服务质量会出现较大的劣化。

当内部网络中出现访问外部网络的数据流量时，要先指向正确的链路，防止因流量走向错误的方向而导致服务质量劣化。因为企事业单位与运营商之间一般使用静态路由，所以这部分实现需要收集运营商的公网地址空间。

还需要考虑返回流量，因为采用了 NAT，返回流量其实是由地址池的选择决定的。如果出向流量选择的 NAT 地址池是由 ISP1 提供的，那么返回流量必然使用 ISP1 的链路。因此 NAT 地址池与数据流的出端口需要绑定。

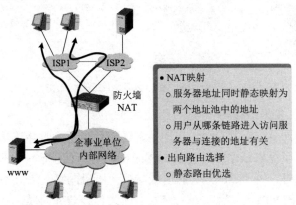

图 9-18　不同上级单位多出口结构

4）多上级单位多出口结构

企事业单位网络可以作为一个与运营商对等的实体接入互联网，如图 9-19 所示。这种方式的接入需要从全球的网络信息中心申请公网 IP 地址和公网 AS 号。这种连接方式常常用于有大规模服务器向互联网提供服务的场合，如 ICP、数据中心等。

采用此种接入方式的网络在对外提供服务时，不需要进行地址转换。企事业单位网络与各个 ISP 使用 BGP 交换路由信息，在选择路由时遵循 BGP 选路原则。

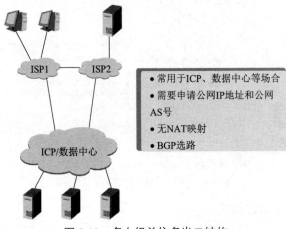

图 9-19　多上级单位多出口结构

9.4　本章小结

在开展数据通信网网络规划时，需要综合考虑用户需求、技术发展和资金投入，确定先进且可行的建设目标。在开展数据通信网网络设计时，需要依据技术规范，细化应用需求，形成能够指导系统建设的技术方案，主要工作包括设计网络拓扑结构、明确硬件设备和传输介质，在此基础上，开展 IP 地址规划，配置网络协议，并施加网络技术。网络规划与设计的目标是构建一个安全、可靠、经济且易于维护管理的数据通信网。

思考与练习题

9-1　简述网络建设的主要阶段。

9-2　简述网络规划、网络设计的工作内容和基本原则。

9-3　比较不同网络结构的特点，结合典型网络拓扑设计，举例说明某单位网络结构。

9-4　比较二层网络交换机、三层网络交换机和路由器的功能，说明它们在网络中的位置。

9-5　比较光纤、双绞线、同轴线、电话线和无线方式的传输性能，说明它们的应用场景。

9-6　简要说明局域网设计中的重点内容和注意事项。

9-7　简要说明广域网设计中的重点内容和注意事项。

9-8　自行设计身边网络，或者观察这些网络中是否运用了本章提及的设计方法。

第 **10** 章

网络应用与管理

　　网络应用是计算机通信网提供服务的重要形式。操作系统是承载网络应用的基础，同时可提供网络管理命令。读者在了解各类网络应用的服务原理及配置方法的基础上，要重点掌握网络应用的通信过程。网络管理协议为构建网络管理系统提供了规范。网络管理中的重点工作是开展网络故障的诊断与处理。读者从网络分层模型的角度去诊断和处理网络故障，能够提升网络故障的处理效率，并最大限度地避免网络故障的发生。网络应用与管理部分内容导图如图 10-1 所示。

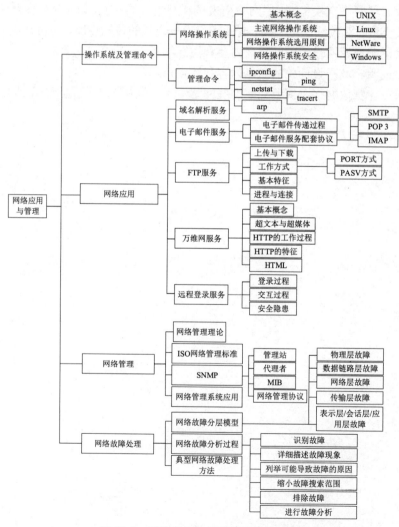

图 10-1　网络应用与管理部分内容导图

10.1　操作系统及管理命令

10.1.1　网络操作系统

1．基本概念

操作系统（Operating System，OS）是计算机系统中负责提供应用程序的运行环境及用户操作环境的系统软件，也是计算机系统的核心与基石。它的职责包括对硬件的直接监管、对各种计算资源的管理，以及提供作业管理之类的面向应用程序的服务等。操作系统分为单机操作系统和网络操作系统（Network Operating System，NOS）。

网络操作系统是使网络上各计算机能方便且有效地共享网络资源，并为网络用户提供各种所需服务的软件和有关规程的集合。网络操作系统是整个网络的核心，是各种管理程序的集合，也是网络环境下用户与网络资源之间的端口。网络操作系统的基本任务是屏蔽本地资源和网络资源的差异性，为用户提供各种网络应用服务，完成网络资源管理，以及对网络系统进行安全性管理和维护。网络操作系统的基本功能包括提供文件服务、打印服务、数据库服务、信息服务、分布式网络服务、网络管理服务和 Internet/Intranet 服务等。

网络操作系统按照工作模式可分为集中式、客户端/服务器式和对等式三种类型。集中式网络操作系统是在分时操作系统的基础上演变而成的，操作系统仅用于主机，终端本身不需要安装，如 UNIX。客户端/服务器式网络操作系统是现代网络应用的潮流，分为服务器软件和客户终端软件两部分，无论位于客户端的主机还是位于服务器端的主机都需要配置操作系统，如 NetWare、Windows NT 等。对等式网络操作系统与客户端/服务器式网络操作系统类似，网络中的每台机器都能充当客户端和服务器的角色。对等式网络操作系统多应用在简单网络连接和分布式计算场合。

2．主流网络操作系统

1）UNIX

UNIX 是美国麻省理工学院开发的一种以分时操作系统为基础发展起来的网络操作系统。UNIX 是目前功能最强、安全性和稳定性最高的网络操作系统。UNIX 是一个多用户、多任务的实时操作系统，通常与硬件服务器产品捆绑销售。UNIX 被广泛应用于大型高端网络。在 Internet 中，较大型的服务器大多使用了 UNIX。UNIX 由于不易被普通用户掌握，而且价格昂贵，因此目前主要用于工程应用和科学计算等领域。

2）Linux

Linux 最初是由芬兰赫尔辛基大学的 Linux 与 Benedict Torvalds 等同学通过 Internet 组织的开发小组共同编写的，后来又有众多的软件高手加盟并参与了开发。Linux 是一个类似于 UNIX 的操作系统，涵盖了 UNIX 的所有特点，还融合了其他操作系统的优点，如真正地支持 32 位和 64 位多任务、多用户虚拟存储、快速 TCP/IP、数据库共享等。Linux 的源代码是公开的，任何用户都可以根据需要对 Linux 内核进行修改。因此，Linux 得以长足发展和迅速普及。目前，Linux 已成为具有 UNIX 特征的、新一代网络操作系统。

3）NetWare

NetWare 是 Novell 公司推出的网络操作系统，在早期的计算机网络中使用得比较普遍。

NetWare 可以让工作站用户像使用自身资源一样访问服务器资源，除了在访问速度上受到网络传输的影响，没有任何不同。

4）Windows

Windows 是由微软开发的，它不仅在个人操作系统中占有绝对优势，而且在网络操作系统中也具有非常强劲的力量。Windows 在局域网配置中最为常见，但是因为它对服务器硬件要求较高，且稳定性能不好，所以一般只用在中低档服务器中。Windows 类型有 Windows NT Server 4.0、Windows 2000 Server、Windows Server 2003、Windows Server 2008 等。Windows 的网络结构有工作组结构、域结构、工作组与域混合结构等。其中，工作组结构为分布式管理模式，适用于小型网络；域结构为集中式管理模式，适用于中大型网络。

3．网络操作系统选用原则

选用网络操作系统应综合考虑标准化、可靠性、安全性、网络应用服务支持情况、易用性等方面。网络操作系统应有利于系统升级和应用迁移，最大限度、最长时间地确保用户使用，保证异构网络的兼容性，充分实现资源共享和服务互容。网络操作系统作为提供关键任务服务的软件系统，应具有健壮性、可靠性、容错性等。用户应选择健壮的并能提供各种级别的安全管理的网络操作系统；应选择易管理、易操作的网络操作系统，以提高管理效率，简化管理复杂性；应选择能提供全面的网络应用服务，以保证提供完整的网络应用。

4．网络操作系统安全

网络操作系统的安全直接决定网络的安全。在计算机网络安全领域，漏洞是指系统硬件、软件或策略上的缺陷。网络操作系统的脆弱性是漏洞存在的主要原因。漏洞是难以预知的，随着技术的进步，新的漏洞会不断被发现。漏洞是网络操作系统安全的主要威胁，及时为操作系统打补丁是实现系统安全的重要措施。如果不了解网络操作系统的安全性能，不采取相应措施，漏洞就会被入侵者利用。

计算机系统的安全等级划分是衡量系统安全程度的主要标准。目前大多常见的网络操作系统的安全等级是 C2 级。虽然大多网络操作系统是 C2 级的，但是由于系统结构不同，各网络操作系统的安全性能是不同的。安全等级更高的操作系统的安全性更高，相应的代价也高。

防护网络操作系统的安全措施主要有：①在网络操作系统安装完成后，必须根据实际应用要求，认真进行系统安全配置。这是因为安装网络操作系统时采用的默认配置大多是安全性最低的。②打开系统更新功能，或者经常访问操作系统相关网站或其他安全站点，下载并安装最新的漏洞补丁，是保障网络服务器操作系统安全的重要措施。③安装、使用防病毒软件、杀木马软件。④安装并配置防火墙。⑤安装并配置 IDS。

10.1.2　管理命令

操作系统依靠管理命令实现网络功能和应用进程管理。以 Windows 为例，常用的管理命令有如下几种。

1．ipconfig

ipconfig 是网络管理中经常用的命令，使用该命令可以查看网络连接情况（如本机的 IP 地址、子网掩码）、配置 DNS、DHCP 等。

不带任何参数选项的 ipconfig 命令用于显示当前 TCP/IP 配置的值，即显示每个已经配置 TCP/IP 的端口的 IP 地址、子网掩码和默认网关值。

当使用 all 选项时，执行 ipconfig 命令能为 DNS 和 WINS 服务器显示已配置且要使用的全部附加信息，以及内置于本地网卡中的 MAC 地址。如果 IP 地址是从 DHCP 服务器租用的，那么执行 ipconfig 命令将显示 DHCP 服务器的 IP 地址和租用地址的预计失效日期。

2．ping

ping 是用来检查网络是否通畅或网络连接速度的命令，命令界面如图 10-2 所示。ping 命令检测原理：网络中的设备都有 IP 地址，使用 ping 命令给目的 IP 地址发送一个数据包，对方就会返回一个同样大小的数据包，根据返回的数据包，可以确定目的主机是否存在，并且可以初步判断目的主机的操作系统等。

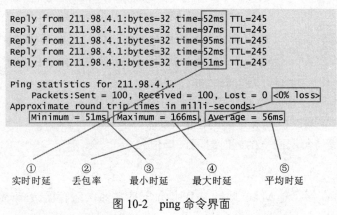

图 10-2　ping 命令界面

在 DOS 窗口中键入"ping [配置参数] target_name"，便可执行 ping 命令，其中 target_name 用于指定要校验连接的远程计算机，配置参数如下。

-t：连续对目的 IP 地址执行 ping 命令，直到用户通过 "Ctrl+C" 组合键中断命令为止。

-a：将目的 IP 地址解析为主机名。

-l size：指定 ping 命令中的数据长度为 size，而不是默认值。

-n count：执行 count 次 ping 命令。

-f：发送的数据包中设置 "不分段" 标志，该数据包将不被路由上的网关分段。

-i ttl：将 TTL 字段设置为 ttl 指定的数值。

-v tos：将 "服务类型" 字段设置为 tos 指定的数值。

-r count：在 "记录路由" 字段中记录发出报文和返回报文的路由。

-s count：对跃点的时间戳计数。

-j host-list：与主机列表 host-list 一起使用的松散源路由。

-k host-list：与主机列表 host-list 一起使用的严格源路由。

-w timeout：以 ms 为单位指定等待回复的超时间隔。

ping 命令返回结果如图 10-2 所示，根据返回结果可以对网络基本情况进行初步判断，包括网络时延、丢包率。如果数据包发送量和接收量相同，就说明网络路由畅通，根据实时时延、最大时延、最小时延和平均时延能够判断网络性能。如果返回结果为 request time out，就说明源节点到目标节点之间的网络连接有断点，数据无法送达，需要重点检查传输路由，并确认传输路由上的设备是否开机。如果返回结果为 destination unreachable，就说明数据包从源节点到目标节点的传输路由不可达，需要重点检查路由设备。

3. netstat

netstat 是监控 TCP/IP 网非常有用的工具。它可以显示路由表、实际网络连接及每一个网络端口设备的状态信息。netstat 可以显示与 ICMP、TCP、UDP、IP 协议相关的统计数据，以及检验本机各端口的网络连接情况。

netstat -s：能够按照各个协议分别显示其统计数据。

netstat -e：用于显示关于以太网的统计数据，包括传送数据包的总字节数、错误数、删除数。

netstat -r：可以显示关于路由表的信息，除了显示有效路由，还显示当前的有效连接。

netstat -a：显示所有有效连接信息列表，包括已建立的连接和监听连接请求的连接。

4. tracert

tracert 是路由跟踪命令，用于确定 IP 数据包访问目的地址的传输路由。在 DOS 窗口中键入"tracert [配置参数] target_name"，便可执行 tracert 命令，其中配置参数如下。

-d：指定不将 IP 地址解析到主机名称。

-h maximum_hops：指定搜索到目的主机的最大跃点数。

-j host-list：指定与主机列表一起的松散源路由。

-w timeout：等待每次回复的超时时间，单位为 ms。

5. arp

网络主机中存在保存着 MAC 地址与 IP 地址对应关系的缓存区。arp 命令用于管理该缓存区。

arp -a [inet_addr]：用于显示当前 ARP 项。inet_addr 为指定 IP 地址，采用加点的十进制方式表示。若指定了 inet_addr，则只显示指定 IP 地址对应主机的 MAC 地址。

arp -d inet_addr：用于删除 IP 地址为 inet_addr 的 ARP 项。

arp -s inet_addr eth_addr：用于在 ARP 缓存区中手动添加项，将 IP 地址 inet_addr 和 MAC 地址 ether_addr 关联。ether_addr 采用连字符分隔的 6 个十六进制字节表示。

arp -N if_addr：显示 if_addr 指定的网络端口的 ARP 项。

10.2 网络应用

对外提供网络应用是开展网络通信的根本目标。网络应用一般部署于服务器，以系统服务方式对外提供。服务器系统以服务方式提供网络应用，能够提高网络应用的自动化和可靠性程度。

10.2.1 域名解析服务

人们为了在互联网环境下唯一标识网络主机，引入了 IP 地址。但是，IP 地址无论用二进制数表示还是用十进制数表示，终究是一种数字形式，不仅难以记忆，而且难以理解。为此，Internet 又专门设计了一种字符型的主机命名机制——域名，俗称网址。

域名仅代表一种易于理解的形式，并不能作为通信双方在通信时的身份标识，这一标识只能由 IP 地址来担当。为此，Internet 专门定义了从域名到 IP 地址的翻译标准，并引入了域名服务器和 DNS 概念。实现从域名到 IP 地址翻译的过程称为域名解析。实现域名解析的进程称为域名解析服务。域名服务器是提供域名解析服务的设备。DNS 是由许多域名服务器组织而成的 Internet 的实现域名到 IP 地址翻译的域名服务器群。可以把 DNS 想象成一个巨大的通讯录，当你要访问域名 www.hxedu.com.cn 时，要先通过 DNS 查出它的 IP 地址。

　　DNS 层次结构采用的是树型结构，如图 10-3 所示。DNS 的根节点是根域名，由 Internet 根服务器管理。根节点下包含 com、edu、gov、int、mil、net、org 等顶级域名。有些节点的顶级域名上还有国别域名，如中国为 cn。不带国别域名的域名一般是在美国注册的。顶级域名下是次级域名，次级域名下是主机域名，次级域名也可以多级嵌套，最后指派到主机域名，如 www.hxedu.com.cn 或 host_a.hxedu.com.cn。

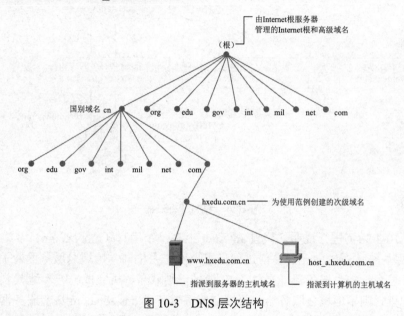

图 10-3　DNS 层次结构

　　DNS 和通讯录一样是可以整理和设置的，选择合适的 DNS 能够提高访问网络的速度。DNS 功能一般是建立在 DNS 服务器上的。Internet 上有很多公开的 DNS 服务器。Windows 中配置 DNS 服务器的操作是先双击"网络"图标，然后单击"网络和共享中心"选项卡，再单击"更改适配器设置"选项，右击需要更改的网络，在弹出的快捷菜单中选择"属性"命令，在弹出的对话框中找到并选择 IPv4 协议后单击"属性"选项，在弹出的对话框中选择"使用下面的 DNS 服务器地址"单选按钮，将得到的 DNS 地址输入后单击"确定"按钮即可。

　　DNS 分为客户端和 DNS 服务器两部分。客户端扮演发问角色，向 DNS 服务器询问域名对应的 IP 地址。网络上的主机一般都有一个缓存区，该缓存区保存着 IP 地址和域名之间的对应关系。当在缓存区中没有找到所需域名对应的 IP 地址时，就需要向配置的 DNS 服务器发起域名解析申请。DNS 服务器会根据不同的授权区，记录属于该网域的域名资料，其中包括域名与 IP 地址的对应关系。DNS 服务器中有一个快取缓存区，该缓存区存有域名信息。快取缓存区的存在能够加快客户端查询域名的速度。

　　域名解析过程存在两种方式，如图 10-4 所示。第一种方式称为递归域名解析，按照

图 10-4 中的实线标识操作：由计算机终端发起域名查询请求至本地域名服务器，本地域名服务器查询不到，继续向上级的根域名服务器查询；根域名服务器查询不到，向被查域名所在的本地域名服务器查询；该域名服务器查询不到，继续向下级域名服务器查询，直至查询到域名对应的 IP 地址；按照原路将其返回，域名与 IP 地址的对应关系是在哪一级查询到的，就从哪一级返回。第二种方式称为迭代域名解析，按照图 10-4 中的虚线标识操作：由计算机终端发起域名查询请求至本地域名服务器，本地域名服务器查询不到，继续向上级的根域名服务器查询；根域名服务器查询不到，指引本地域名服务器向被查域名所在的本地域名服务器查询；该域名服务器查询不到，继续指引本地域名服务器向下级域名服务器查询，直至查询到域名对应的 IP 地址；按照原路将其返回。

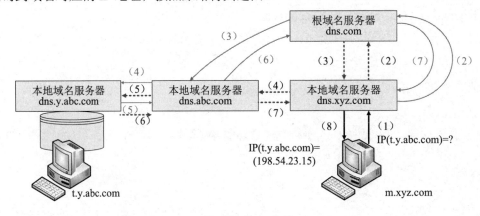

图 10-4　域名解析过程

仍以图 10-4 为例进行说明，假设 Internet 上有一个用户（m.xyz.com）希望访问 abc 公司的 Web 网站——t.y.abc.com。访问过程是用户所在主机向本地域名服务器请求 t.y.abc.com 的 IP 地址，若本地域名服务器能提供该 IP 地址，则域名解析完成。若本地域名服务器不能提供该 IP 地址，则本地域名服务器向根域名服务器请求 dns.abc.com 域名服务器的 IP 地址。得到 dns.abc.com 域名服务器的 IP 地址后，本地域名服务器继续向 dns.abc.com 域名服务器请求 dns.y.abc.com 域名服务器的 IP 地址。最终本地域名服务器向 dns.y.abc.com 域名服务器请求 t.y.abc.com 的 IP 地址。本地域名服务器获得该 IP 地址后，将其返回至用户（m.xyz.com）。用户使用 t.y.abc.com 对应的 IP 地址访问对应服务器。这是迭代域名解析的实现流程，也是较常用的一种方法。大家可以基于递归域名解析的思路，思考一下实现流程。

10.2.2　电子邮件服务

电子邮件服务是指通过网络传送信件、单据、资料等电子信息的通信方法，它是根据传统的邮政服务模型建立的，在发送电子邮件时，邮件由发件人服务器根据收件人的地址判断收件人的邮件服务器，并发出。收件人收取邮件时，只要访问自己的邮件服务器就能收取该邮件。电子邮件服务是最常见、应用最广泛的一种互联网服务。通过电子邮件服务，可以与 Internet 上的任何人交换信息，如同传统邮件服务一样，电子邮件服务也是异步的，也就是说人们可在方便的时候发送或阅读邮件，无须预先与别人协同。与传统邮件服务相比，电子邮件服务具有传输速度快、内容和形式多样、使用方便、费用低、安全性好等特点。

电子邮件系统一般由用户代理、邮件服务器、电子邮件协议组成，如图 10-5 所示。邮件服务器是电子邮件系统的核心，每个收件人在邮件服务器上都有一个邮箱。用户代理是用户访问邮件服务器的接口程序，可以是网页，也可以是应用程序。电子邮件协议规定了邮件收发的通信要求，以及用户使用、管理邮箱的端口。

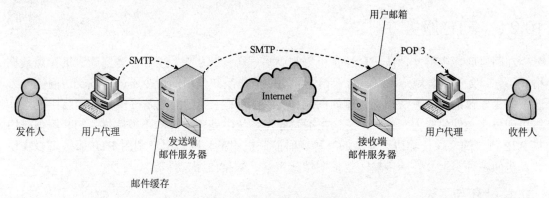

图 10-5　电子邮件系统组成

1. 电子邮件传递过程

（1）发件人创建一封邮件。邮件通过用户代理被送到发送端邮件服务器中，传送过程使用的协议是 SMTP。

（2）发送端邮件服务器检查收件人地址，判断是否为本地邮件服务器的用户，如果收件人地址是本地邮件服务器的用户的地址，发送端邮件服务器就将邮件存入本机。如果收件人地址并非本地邮件服务器的用户的地址，发送端邮件服务器就先检查该邮件的收件人地址，并向 DNS 服务器查询接收端邮件服务器对应的 IP 地址；然后将邮件发送至接收端邮件服务器，使用的协议仍然是 SMTP。这时，邮件已经从本地邮件服务器发送到了接收端邮件服务器。

（3）获得邮件的邮件服务器先比对收到的邮件的收件人地址，如果收件人地址是本服务器地址，就将邮件保存在邮箱中，否则继续转发邮件直到目标邮件服务器。

（4）收件人通过用户代理连接到接收端邮件服务器的 POP 3 端口（端口号为 110）或 IMAP 端口（端口号为 143）上，通过账号密码获得使用授权。

（5）邮件服务器将收件人用户账号下的邮件取出并发送给收件人用户代理。

2. 电子邮件服务配套协议

（1）SMTP：是电子邮件系统中的一个重要协议，负责将邮件从一个"邮局"传送给另一个"邮局"。SMTP 不规定邮件接收程序如何存储邮件，也不规定邮件发送程序多长时间发送一次邮件，只规定邮件发送程序和邮件接收程序之间的请求和应答。SMTP 规定邮件传输采用客户端/服务器模式，邮件接收程序作为 SMTP 服务器端程序在 25 端口守候 TCP 连接成功，邮件发送程序作为 SMTP 客户端程序在发送前需要向 SMTP 服务器发送一系列连接请求。一旦连接成功，发送方和接收方就可以响应命令、传递邮件内容。

（2）POP 3：邮件在到来后，先存储在邮件服务器中。如果用户希望查看和管理这些邮件，那么可以通过 POP 3 将这些邮件下载到用户所在的主机。POP 3 规定邮件传输采用的是客户端/服务器模式，POP 3 客户端程序（邮件接收程序）运行在接收邮件的用户计算机上，POP 3 服务器程序（邮件发送程序）运行在邮件服务器上。

（3）IMAP：现在较新的是版本 4，即 IMAP 4，它采用的是客户端/服务器模式。IMAP 是一个联机协议。当用户计算机上的 IMAP 客户端程序（邮件发送程序）打开 IMAP 服务器的邮箱时，用户就可以看到邮件首部。在用户打开某个邮件时，该邮件才被传到用户计算机上。

10.2.3 FTP 服务

在网络环境中将文件从一台计算机复制到另一台计算机时，经常会遇到计算机存储数据格式不同、文件命名规定不同、对于相同的功能操作系统使用的命令不同，以及访问控制方法不同等导致的文件无法正确传输的问题。FTP 服务的主要功能就是提供异构网络中任意计算机间传送文件的能力，减少或消除在不同操作系统中处理文件的不兼容性。FTP 服务是由 TCP/IP 协议的文件传输协议支持的一种实时的联机服务。网络用户利用 FTP 服务可以实现计算机间多种类型文件的传输，包括图像、声音、数据压缩文件等。

1．上传与下载

与大多数 Internet 服务一样，FTP 服务也是一个客户端/服务器系统。用户通过支持 FTP 服务的客户端程序连接远程主机上的 FTP 服务器程序。用户通过客户端程序向服务器端程序发出命令，服务器端程序执行用户发出的命令，并将执行结果返回客户端。例如，用户发出一条要求服务器向用户传送某个文件的副本的命令，服务器会响应这条命令，将指定文件送至用户的计算机上。客户端程序代表用户接收这个文件，将其存放在用户目录中。在使用 FTP 服务的过程中，用户经常遇到两个概念——下载（Download）和上传（Upload）。下载文件就是从远程主机复制文件到自己的计算机上；上传文件就是将文件从自己的计算机中复制到远程主机上。用 Internet 语言来说，用户可通过客户端程序向（从）远程主机上传（下载）文件。

2．工作方式

FTP 服务包括两种工作方式：PORT 方式和 PASV 方式，即主动方式和被动方式。

PORT 方式的连接过程：客户端向服务器的 FTP 端口（默认端口号是 21）发送连接请求，服务器接受连接请求，建立一条命令链路。当需要传送数据时，客户端在命令链路上用 PORT 命令告诉服务器："我打开了××××端口，你过来连接我"。于是服务器从 20 端口向客户端的××××端口发送连接请求，建立一条数据链路来传送数据。

PASV 方式的连接过程：客户端向服务器的 FTP 端口（默认端口号是 21）发送连接请求，服务器接受连接请求，建立一条命令链路。当需要传送数据时，服务器在命令链路上用 PASV 命令告诉客户端："我打开了××××端口，你过来连接我"。于是客户端向服务器的××××端口发送连接请求，建立一条数据链路来传送数据。

3．基本特征

FTP 服务的基本特征如下。

（1）基于客户端/服务器工作模式。

（2）支持交互式访问，即文件既可以从主机 A 传送到主机 B，也可以从主机 B 传送到主机 A。

（3）允许客户指明文件的类型与格式。

（4）允许文件具有存取权限。

（5）属于文件复制。

（6）使用 TCP 提供可靠服务。

4．进程与连接

FTP 服务基于客户端/服务器模式实现，所以一个 FTP 服务器进程可以同时为多个客户进程提供服务。FTP 服务进程主要由两大部分组成：主进程和从属进程。一个主进程负责接受新的请求，若干个从属进程负责处理单个请求。主进程与从属进程的处理是并发进行的，工作流程如下。

（1）主进程打开端口（如 21 端口），使客户进程能够连接上。

（2）等待客户进程发出连接请求。

（3）启动从属进程，处理客户进程发来的请求。从属进程处理完客户进程发来的请求后就终止，但从属进程在运行期间根据需要还可能创建其他子进程。

（4）回到等待状态，继续接受其他客户进程发来的请求。

（5）从属进程完成"控制连接"和"数据连接"。实际完成文件传送功能的是"数据连接"。

10.2.4　万维网服务

万维网（World Wide Web，WWW）服务是一种建立在超文本基础上的浏览、查询信息的方式，它以交互方式查询并访问存放在远程计算机中的信息，为多种互联网浏览与检索访问提供一个单独且一致的访问机制。WWW 服务是目前应用范围最广的一种基本互联网应用，它将文本、超媒体、图形和声音结合在一起，为用户提供通信与获取信息资源的便利条件。通过 WWW 服务，只要用鼠标进行本地操作，就可以连接世界上的任何地方。由于 WWW 服务使用的是超文本链接，所以可以很方便地从一个信息页转换到另一个信息页。它不仅可以查看文字，还可以欣赏图片、音乐、动画。目前流行的 WWW 服务程序有微软的 IE 浏览器、谷歌的 Chrome 浏览器。

1．基本概念

WWW 是一个大规模的、联机式的信息储藏地，又称 Web。它是一个分布式的超媒体系统，是超文本系统的扩充。WWW 服务通过 URL 来标识其中的各个文档；通过 HTTP 来进行可靠传送；通过 HTML 来实现从一个页面链接到另一个页面，并使页面显示出来。HTTP 是 WWW 服务使用的应用层协议，用于实现 WWW 客户端与 WWW 服务器之间的通信。HTML 是 WWW 服务的信息组织形式，用于定义 WWW 服务器中存储的信息格式。

2．超文本与超媒体

一个超文本由多个信息链表示，通过这些信息链可以链接到世界上任何一个超文本系统上。超文本的内容是基于文字的。超媒体是基于多媒体（图形、图像、声音、动画、活动视频图像）的信息链集合。

3．HTTP 的工作过程

WWW 服务采用的是客户端/服务器结构，它使用 HTTP 负责信息传输。HTTP 是以 TCP/IP 协议为基础的应用层协议，工作过程如下。

（1）WWW 浏览器使用 HTTP 命令向一个特定的服务器发出 WWW 页面请求。

（2）如果该服务器在特定端口（通常是 TCP 端口，端口号为 80）接收到 WWW 页面请求，就发送一个应答，并在客户进程和服务器进程间建立连接。

（3）WWW 服务器查找客户端所需文档。如果文档存在，WWW 服务器就会将所请求的文档传送给 WWW 浏览器；如果文档不存在，WWW 服务器就会发送一个相应的错误提示文档给客户端。

（4）WWW 浏览器接收到文档，并将它显示出来。

举例如下：

- 访问 www.w3.org 上的文件——/Protocols/HTTP-NG/Activity.html。
- WWW 浏览器分析超链指向的页面的 URL。
- WWW 浏览器向 DNS 请求解析 www.w3.org 的 IP 地址。
- DNS 解析出服务器的 IP 地址为 18.23.0.23。
- WWW 浏览器与服务器建立 TCP 连接，使用 80 端口。
- WWW 浏览器发出取文件命令 GET /Protocols/HTTP-NG/Activity.html。
- www.w3.org 服务器给出响应，将文件 Activity.html 发送给 WWW 浏览器。
- TCP 连接释放。
- WWW 浏览器显示文件 Activity.html 中的所有内容。

4．HTTP 的特征

（1）HTTP 是面向事务的应用层协议，它是 WWW 能够可靠地交换文件的基础。

（2）HTTP 采用的是客户端/服务器方式。

（3）HTTP 是无状态的，也就是说，HTTP 中的每个事务都是独立进行的。当一个事务开始时，就在 WWW 客户端与 WWW 之间产生一个 TCP 连接；当该事务结束时，就释放这个 TCP 连接。

5．HTML

HTML 来源于 SGML，通过"标签"进行排版。HTML 文档包含首部和主体，主体包含段落、表格、列表。HTML 文档的特点是超链接。没有链接就没有 WWW。HTML 文档的格式举例如下。

- 链接到其他网点上的页面：

<a herf="https://www.hxedu.com.cn">华信教育资源网</a>

- 链接到一个本地文件：

<a herf="./content/hello.jpg">您好！</a>

- 链接到本文件中的某个地方：

<a herf="internet.html#WWW">WWW</a>

10.2.5　远程登录服务

远程登录服务为用户提供了在本地主机上控制远程主机工作的能力。Telnet 是网络远程登录服务的标准协议和主要方式，最初由 ARPANET 开发，基本功能是允许用户登录远程主机系统。用户使用 Telnet 协议可以在 Telnet 程序中键入命令，这些命令会在服务器上运行，同时远程服务器的输出通过 TCP 连接会返回用户的显示器。由于这种服务是透明的，因此用户感觉好像键盘和显示器直接连在远程主机上。Telnet 协议能够适应许多计算机和操作系统的差异。

1. 登录过程

在使用 Telnet 协议进行远程登录时需要满足的条件有：本地主机必须装有包含 Telnet 协议的客户端程序，必须知道远程主机的 IP 地址或域名，必须知道登录标识与口令。

使用 Telnet 协议进行远程登录分为以下四个过程。

（1）本地主机与远程主机建立连接：该过程实际上是建立一个 TCP 连接，用户必须知道远程主机的 IP 地址或域名。

（2）将本地主机上输入的用户名、口令及以后输入的任何命令或字符以网络虚拟终端（Network Virtual Terminal，NVT）格式传送到远程主机。该过程实际上是从本地主机向远程主机发送一个 IP 数据包。

（3）将远程主机输出的 NVT 格式的数据转化为本地接受的格式送回本地主机，包括输入命令回显和命令执行结果。

（4）本地主机对远程主机进行撤销连接操作。

2. 交互过程

当我们使用 Telnet 协议登录远程计算机时，事实上启动了两个程序：一个是 Telnet 客户端程序，运行在本地主机上；另一个是 Telnet 服务器程序，运行在要登录的远程计算机上。

本地主机上的 Telnet 客户端程序主要完成以下功能。

（1）建立与远程服务器的 TCP 连接。

（2）从键盘上接收本地输入的字符串。

（3）将输入的字符串变成标准格式并传送给远程服务器。

（4）从远程服务器接收输出的信息。

（5）将该信息显示在本地主机的显示器上。

远程主机上的服务程序平时不声不响地守候在远程主机上，在接到本地主机发来的请求时，将完成以下功能。

（1）通知本地主机远程主机已经准备好了。

（2）等候本地主机输入命令。

（3）对本地主机的命令做出反应（如显示目录内容、执行某个程序等）。

（4）把命令执行结果送回本地主机并显示。

（5）重新等候本地主机发来的请求。

在 Internet 中，很多服务采用的是客户端/服务器模式。对使用者而言，通常只要了解客户端程序就可以了。

3．安全隐患

虽然 Telnet 协议较简单、实用、方便，但是在格外注重安全的现代网络技术中，Telnet 协议并不被重用。Telnet 协议是一个明文传送协议，它将用户的所有信息，包括用户名和密码，在互联网上用明文传送，存在一定安全隐患，因此许多服务器会选择禁用 Telnet 协议。如果要使用 Telnet 协议实现远程登录，那么在使用前应在远端服务器上检查并开启 Telnet 功能。

由于 Telnet 协议本质上是将用户资源完全开放，因此存在较大安全隐患，人们普遍采取慎用 Telnet 协议的态度，大多采用的是 WWW 服务器方式，即将"我有什么，你就看得见什么"改成"我提供什么，你就看得见什么"。

10.3 网络管理

10.3.1 网络管理理论

网络管理系统的主要功能是维护网络正常高效率地运行。网络管理系统能及时检测网络出现的故障并进行处理，能通过监测分析运行状况来评估网络性能。通过对网络管理系统进行配置，可以更有效地利用网络资源，保证网络系统高效、稳定、可靠、安全运行。

网络管理系统包括管理系统和被管系统。管理系统由支持网络管理协议的管理进程实现。被管系统包含管理代理和物理资源。物理资源是被管对象，管理代理实现了网络管理协议和物理资源管理指令的适配转换。管理系统通过网络管理协议与被管系统交互设备状态和下达管理命令。网络管理协议定义了管理系统与被管系统间的接口方式、管理指令和资源描述方式，提供了一种一致性的访问被管系统并获得一系列标准值的方式。管理信息库（Management Information Base，MIB）定义了被管对象的管理内容和组织形式。

目前，网络管理系统的实现方案和结构主要有三种：①集中式体系结构——最常用的一种网络管理模式，由一个单独的管理者负责整个网络的管理工作。这种方式体现了集中式系统的优缺点，尽管在大多数情况下它是首选的网络管理模式，但当网络规模扩大或结构复杂性增大时，管理难度会增大，系统的扩展性较差。②分布式体系结构——遵循每个域设置一个管理者原则，适合于多域的大型网络。管理者通过与同级系统进行通信来获取另一个域的管理信息。该结构的主要优点是扩展性好。③分层式体系结构——应用了在每个域中配置管理者的模式。每个域中的管理者只负责本域的管理，而所有管理者的管理系统位于更高层次，是一种多级分层组合，这种结构能很容易地扩展。

网络管理系统包含五大功能域：①配置管理——监视网络和系统配置信息，以便跟踪和管理对不同的软/硬件单元进行网络操作的结果。②故障管理——自动地检测、记录网络故障并通知用户，使网络有效地运行。③性能管理——衡量和呈现网络性能的各方面，使用户在一个可接受的水平维护网络性能。④记账管理——衡量网络的利用率，使一个或一组网络用户可以更有规则地利用网络资源。⑤安全管理——按照安全策略来控制对网络资源的访问，以保证网络不被侵害，并保证重要信息不被未授权的用户访问。

网络管理模型是对网络管理系统的一种抽象表达，便于对网络管理系统开展分析和研究。通用网络管理模型如图 10-6 所示，包括管理进程、网络管理协议、管理代理、物理资源和 MIB。管理进程是网络管理系统的核心进程,一般配置在管理服务器上,支持网络管理协议。管理代理一般配置在被管对象或与被管对象靠近的代理服务器上,负责实现基于网络管理协议的管理命令与基于被管对象的设备命令之间的转换。网络管理协议定义的是管理进程和管理代理间的通信语言和通信方式。MIB 定义的是管理进程对于被管对象中的设备信息的组织方式。

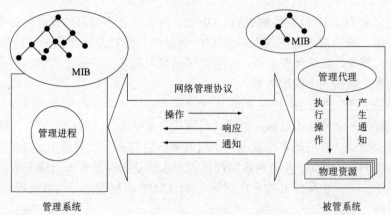

图 10-6   通用网络管理模型

常用的网络管理协议有两种:一种是基于 OSI 参考模型的公共管理信息协议(Common Management Information Protocol,CMIP),另一种是基于 TCP/IP 模型的 SNMP。

10.3.2   ISO 网络管理标准

ISO 制定了三个网络管理系统标准:ISO/IEC 7498-4——定义了开放系统互联管理的体系结构;ISO/IEC 9596——定义了 CMIP;ISO/IEC 9595——定义了公用管理信息服务(Common Management Information Service,CMIS)。

OSI 管理体系结构是一个通用的网络管理模型,它可以与各种开放系统之间的管理通信和操作对应,既能够进行分布式管理,也能够进行集中式管理。网络管理模型的核心是一对相互通信的管理实体,一个是系统中的管理进程,担当管理者;另一个担当代理者。代理者负责提供对被管对象的访问。前者被称为管理系统,后者被称为被管系统。

OSI 管理体系结构提出将公共信息模型作为标准管理信息模型。公共信息模型采用面向对象技术对被管理资源进行描述。被管对象是被管理资源及其属性的抽象描述,它独立于各个厂商的设备等具体被管理资源,具有统一的、一致的和规范的定义。被管对象对外提供一个管理接口,通过这个接口,可以对被管对象执行操作,或者将被管对象内部发生的随机事件用通报的形式向外发出。被管对象将行为、属性、操作、通报封装在对象边界。管理者(或代理者)只能看到封装在对象边界上的被管对象的特性,无法看到对象边界以内的特性。

OSI 通信协议分两部分定义,一部分是对上层用户提供的服务,另一部分是对等实体间的信息传输协议。在管理通信协议中,CMIS 是向上提供的服务,CMIP 是 CMIS 实体之间的信息传输协议。CMIS 的元素和 PDU 间存在一种简单的关系,即用 PDU 传送服务请求、请求地点和它们的响应。CMIP 的所有功能都要映射到应用层的其他协议上实现。管理联系的建立、释放和撤销,通过联系控制协议实现。操作和事件报告通过远程操作协议实现。系统管理可以由不同协议体系支持。它们的主要差别在于网络层及其下层属于不同协议簇。CMIP 支持的服务是 7 种 CMIS。与其他通信协议一样，CMIP 定义了一套规则，CMIP 实体间按照这种规则交换各种 PDU。

10.3.3 SNMP

SNMP 建立在 TCP/IP 模型传输层的 UDP 上，提供的是不可靠的无连接服务，用来保证信息的快速传递，减少对带宽的消耗。SNMP 体系结构最初是一个集中式模型。SNMPv2c 开始采用分布式模型，在这种模型中，顶层管理站可以有多个，被称为管理服务器。在管理服务器和代理者之间加入中间服务器。

SNMP 网络管理模型如图 10-7 所示，关键元素有管理站、代理者、MIB、网络管理协议。管理站一般是一个分立的设备，也可以利用共享系统实现。管理站被作为网络管理员与网络管理系统的接口。它的基本构成：①一组具有分析数据、发现故障等功能的管理程序；②一个用于监控网络的接口；③将网络管理员的要求转变为对被管理网络元素的实际值进行监控的功能模块；④一个从所有被管理网络实体的 MIB 中抽取信息的数据库。

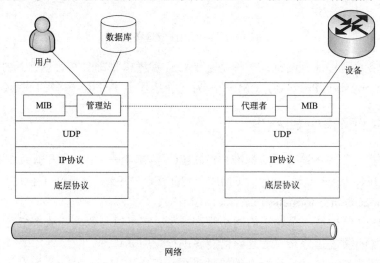

图 10-7　SNMP 网络管理模型

SNMP 在无连接的 UDP 的支持下传递管理信息。SNMP 只提供获取（Get）、设置（Set）、陷阱（Trap）等简单通信功能，以变量为单位进行操作。管理者主要采用轮询方式对代理者的管理信息进行访问。这些特点使 SNMP 在资源、技术、成本等方面的开销大大小于 CMIP，在实用性方面具有明显优势。管理站和代理者之间通过网络管理协议进行通信。SNMP 主要包括的能力：①Get——管理站读取代理者处的对象的值，SNMPv1 的配套命令为 GetRequest、GetNextRequest、GetResponse；②Set——管理站设置代理者处的对象的值，SNMPv1 的配套命令为 SetRequest；③Trap——代理者向管理站通报重要事件，SNMPv1 的相关命令为 Trap。SNMP 用 community 来定义一个代理者和一组管理站间的认证、访问控制和代管关系，提供初步安全能力，但 SNMP 在信息安全性方面存在问题，尽管 SNMPv3 已经对此进行了改进，但并没有彻底解决该问题。另外，采用无连接的协议不能保证管理信息通信的高可靠性。

在 SNMP 中无论是管理站还是代理者，都维护一个树型结构的本地 MIB，如图 10-8 所示。MIB 只存储简单的数据类型——标量和标量表。SNMP 中的被管对象只是一个数据元素，并不具备封装和继承等特征。MIB 树型结构给出的对象标识符在一些情况下只是对象类型的标识符，不能唯一地标识对象的实例。对象标识符是一个反映该对象在 MIB 树型结构中的位置的整数序列。基于 MIB 树型结构，跟踪从根开始到某个特定对象的路径，便可以得到该对象的对象标识符。例如，使用标识符 1.3.6.1.2.1.1 便可获取 system 中的值。

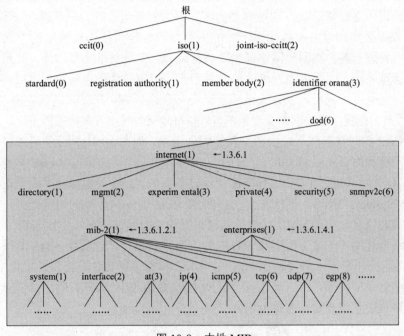

图 10-8　本地 MIB

管理站和代理者间以传送 SNMP 消息的形式交换信息。SNMP 消息数据包如图 10-9 所示。数据包含两种类型：①Get/Set 消息，包含公共 SNMP 首部、Get/Set 首部和变量绑定，其中公共 SNMP 首部包含 SNMP 版本号、共同体名和 PDU 类型。②Trap 消息，包含 PDU 类型、Trap 首部和变量绑定。

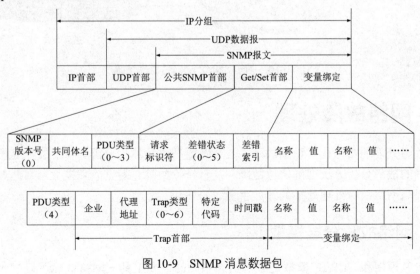

图 10-9　SNMP 消息数据包

10.3.4 网络管理系统应用

无论是在网络构建过程中还是在网络建成后，都需要对网络设备进行配置，同时在网络运行过程中，对网络资源的监测和控制是不可少的，这些工作都可以归为网络管理。网络管理有多种方式，可以通过多个维度进行分类。在对新设备进行初始配置时，基于 Console/AUX 接口进行设备配置的方式可归类为字符界面的带外管理。在设备运行中，基于 Telnet/SSH 等方式远程登录设备进行管理的方式可归类为字符界面的带内管理。采用基于 SNMP 进行网络运行状态数据采集和设备参数配置下发的网络管理软件系统进行管理的方式可归类为图形界面的带内管理。各种类型的网络都需要进行管理，但是对于小型网络，并不一定要配置独立的网络管理系统。因为小型网络中的设备数量少，用户数量也较少，所以网络管理的工作量并不大，完全可以采用人工方式单独登录每一台设备的字符界面进行管理。当网络规模达到一定程度时，配置独立的网络管理系统可以很好地减少网络管理的工作量。

基于 SNMP 的网络管理系统由多个网络组件组成，如图 10-10 所示。网络设备上包含一个网络管理代理程序（Agent）和一个 MIB。MIB 按照层次式树型结构存储被管理设备端的设备状态信息，并对其进行维护。运行在被管理设备上的 Agent 负责与网络管理设备（Network Management System，NMS）进行通信，响应 NMS 的请求，并执行相应操作，主要操作包括收集设备状态信息、实现 NMS 对设备的远程操作、向网络管理端发出告警消息等。NMS 是运行在网络管理端工作站上的网络管理软件。网络管理员通过操作 NMS 向被管理设备发出请求，从而监控和配置网络设备。SNMP 在 NMS 和被管理设备间提供标准化的通信接口。为了提高网络管理便利性，在一般情况下，NMS 会集成 WWW 服务器，以便管理人员随时随地登录网络管理系统查看和管理网络。

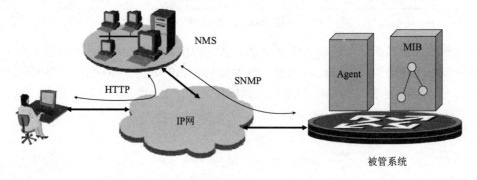

图 10-10　基于 SNMP 的网络管理系统

10.4　网络故障处理

网络故障处理的难点在于识别故障、精准确定产生故障的原因。网络故障处理的关键在于采用正确的故障分析方法准确定位故障，及时排除故障，避免故障扩大。掌握典型故障处理方法是提高网络故障处理效率的有效手段。

10.4.1　网络故障分层模型

OSI 参考模型和 TCP/IP 模型是分析网络系统的重要工具。网络故障可以按照分层模型进行归类。不同层次的网络故障与处理建议如表 10-1 所示。

表 10-1 不同层次的网络故障与处理建议

TCP/IP 模型	OSI 参考模型	网络故障组件	故障诊断工具	测试重点
应用层	应用层	应用程序、操作系统	浏览器、各类网络软件、网络性能测试软件、nslookup 命令	网络性能、计算机系统
	会话层			
	表示层			
传输层	传输层	各类网络服务器	网络协议分析软件、网络协议分析硬件、网络流量监控工具	服务器端口设置、网络攻击与病毒
网络层	网络层	路由器、计算机网络配置	路由及协议配置命令，重启计算机网络连接，用 ping、route、tracert、pathping、netstat 等命令进行网络配置与管理	计算机的 IP 配置、路由器配置
网络接入层	数据链路层	网络交换机、网卡	设备指示灯、网络测试仪、网络交换机配置命令、arp 命令等	网卡及网络交换机硬件、网络交换机配置、网络环路、广播风暴等
	物理层	双绞线、光缆、无线传输、电源等	电缆测试仪、光纤测试仪、电源指示灯等	双绞线、光缆接口及传输特性

1．物理层故障

物理层故障的主要现象是网络连接出错，不能访问服务器、网上邻居，无法接入互联网等。物理层产生故障的主要原因包括设备物理连接方式不恰当，连接线缆不匹配，通信设备的配置及操作不正确，网卡、跳线、信息插座等硬件设备发生故障或配置错误。导致物理层故障的组件有双绞线、光缆、无线传输、电源等。常用的物理层故障诊断工具有电缆测试仪、光纤测试仪、电源指示灯等；测试重点是双绞线、光缆接口及传输特性。常用的查找和排除物理层故障方法是查看硬件设备的指示灯是否显示正常，检查接线等是否存在问题，或者用其他软/硬件对网络的连接进行检测。确定网络交换机、路由器端口物理连接是否完好的最佳方法是使用 display 命令查看相应端口状态，分析显示器上的输出信息，查看协议建立状态等。

2．数据链路层故障

数据链路层故障的主要现象是网络中出现环路、无法进行网络连接等。数据链路层产生故障的主要原因包括不正常的帧类型（不相符的封装）、重复的 MAC 地址、数据链路层设备的不当行为等。导致数据链路层故障的组件有网络交换机、网卡。常用的数据链路层故障诊断工具有设备指示灯、网络测试仪、网络交换机配置命令、arp 命令等；测试重点是网卡及网络交换机硬件、网络交换机配置、网络环路、广播风暴等。常用的查找和排除数据链路层故障方法包括查看网络交换机的配置，检查共享同一数据链路层的连接端口的封装情况，确认端口的封装和与其通信的其他设备端口相同。通过查看网络交换机的配置检查其封装，或者使用 display 命令查看相应端口的封装情况，检查网卡和网络交换机配置。

3．网络层故障

网络层故障的主要现象是网络无法正确连接、网络连接不稳定、某些地址可以访问而某些地址无法访问等。网络层产生故障的主要原因在于路由，如路由表丢失部分路由、无法自主引入外部路由、路由不稳定等。导致网络层故障的组件包括路由器、计算机网络配置。常用的网络层故障诊断工具有路由及协议配置命令，重启计算机网络连接，使用 ping、route、tracert、pathping、netstat 等命令进行网络配置与管理；测试重点是计算机的 IP 配置、路由器配置。常用的网络层故障的排除方法是沿着从源节点到目的节点的路径，查看路由器路由表，同时检查路由器端口的 IP 地址，如果路由没有在路由表中出现，应该通过检查来确定是否已经配置适当的静态路由、默认路由或动态路由，手工配置丢失的路由，或者排除动态路由选择过程中产生的故障，包括 RIP 或 IGRP 出现的故障。

4．传输层故障

传输层故障的主要现象有数据错误、IP 校验和错误、TCP 校验和错误等。传输层产生故障的主要原因有循环冗余校验错误、过大数据包错误、过小数据包错误、对齐数据包错误，以及 TCP、IP、UDP、ARP 等协议错误。导致传输层故障的组件是各类网络服务器。常用的传输层故障诊断工具有网络协议分析软件、网络协议分析硬件、网络流量监控工具；测试重点是服务器端口设置、网络攻击与病毒。

5．表示层/会话层/应用层故障

表示层/会话层/应用层故障通常被合并为应用层故障，统一进行处理。应用层故障的主要现象有无法解析域名、无法连接 FTP、无法收发电子邮件、无法使用其他应用服务等。应用层故障产生的主要原因有应用层协议配置错误、DNS 服务故障等。常见的导致应用层故障的组件包括应用程序、操作系统。应用层故障诊断工具有浏览器、各类网络软件、网络性能测试软件、nslookup 命令；测试重点是网络性能、计算机系统。常用的应用层故障处理方法包括查看本机 DNS 缓存信息，清空本机 DNS 缓存信息，进行 DNS 服务器测试（包括正向域名测试与反向域名测试），进行 WWW 测试、FTP 测试、电子邮件测试、P2P 测试等方式。

10.4.2　网络故障分析过程

产生网络故障后，应当先估计网络故障边界，避免网络故障进一步扩大，并以最快速度恢复保障的网络业务，然后针对故障系统或网络进行诊断、分析和处理。

（1）识别故障。

在识别故障时，应询问以下问题：是否出现过类似故障？在故障发生前，网络和计算机系统的运行情况如何，是否做了一些改变？这些改变之前执行过吗？之前执行这些改变后，网络运行情况如何？

（2）详细描述故障现象。

尽量多地收集网络故障的详细信息，对故障现象进行详细描述和对比，注意发现网络故障的细节，把所有问题记下来，不要匆忙下结论。

（3）列举可能导致故障的原因。

尽可能多地列举可能导致故障的原因，根据出错可能性将这些原因按优先级排序，不要忽略任何一种可能原因与任何细节。

（4）缩小故障搜索范围。

先查看网络硬件面板指示灯，检查服务器、网络交换机、路由器等网络设备的日志，使用软硬件工具逐一测试可能导致故障的原因，在确定一个故障后要继续测试，记录所有测试手段与结果。

（5）排除故障。

通过上述测试找到一个或几个故障，检查所有与找到的故障相关的软/硬件配置是否正确，排除导致故障的原因，并认真检验故障是否已经排除完毕，确定是否仍然存在故障隐患。

（6）进行故障分析。

分析故障产生原因，思考避免类似故障发生的方法，拟定相应技术对策，采取必要完善措施，制定严格的规章制度，记录所有问题，保存所有记录。

10.4.3　典型网络故障处理方法

不同层次和类型的网络故障有相应的典型处理方法。在网络运维中，采用典型故障处理方法能够事半功倍地解决问题。

1．链路故障处理方法

链路故障是传输链路及端口产生的故障，在网络故障总量中占 80%。因此，在故障诊断中应先排除该类故障，主要排错步骤如下。

（1）确认链路故障：在网络交换机处更换到目标设备的传输链路后，若能够 ping 通目标设备 IP 地址，则可基本排除故障；若 ping 不通，则继续执行如下步骤。

（2）基本检查：检查网络交换机指示灯，不亮或长亮不灭都表明该端口及其所在链路存在故障。

（3）初步测试：接入网络交换机并 ping 网络交换机 IP 地址，若 ping 通，则检查终端和网络交换机的连接链路及网络交换机的端口状态。若无法 ping 通，则说明 TCP/IP 协议有问题，排除协议故障。

（4）排除网卡故障：登录终端操作系统，通过"控制面板"窗口查看网卡状态。

（5）排除网络协议故障：使用 ipconfig/all 命令，查看终端网络配置情况。

（6）故障定位：继续测试其他连至同一网络交换机的计算机，查看是否存在相似故障。

2．协议故障处理方法

协议故障是通信协议配置错误导致的故障，通常发生在计算机新入网或新增业务功能时，正确安装网络应用需要的协议并进行规范化配置能够减少此类故障的发生，主要排错步骤如下。

（1）检查计算机是否安装有 TCP/IP 协议和 NetBIOS 用户扩展接口协议，若没有安装，则安装并重启计算机。

（2）检查 TCP/IP 协议配置参数是否正确。

（3）使用 ping 命令测试与其他计算机和服务器的连接状况。

（4）设置"控制面板"窗口中的"网络和 Internet"选项。

（5）修改网络属性的标识，重新为计算机命名。

3．配置故障处理方法

配置故障是网络应用配置错误导致的故障，通常发生在网络应用重新配置、重新调整期间，正确定位故障是出现在服务器端还是出现在客户端是解决此类故障的先决条件，主要排错步骤如下。

（1）检查发生故障的计算机的相关配置，如果发现错误，就修改后再测试。

（2）测试同一网络内的其他计算机是否也有类似故障。若有类似故障，则说明故障出在服务器或网络设备上。

（3）即使没有类似故障，也不能排除服务器和网络设备存在配置故障的可能性，应针对为该用户提供的服务认真进行检查。

4．服务器故障处理方法

服务器故障分为操作系统故障、网络服务故障、服务器硬件故障三大类。

对于操作系统故障可以进行以下操作：

- 采取措施防范病毒攻击。
- 保证系统分区始终拥有足够剩余空间，避免空间太小。
- 定期清理临时文件和垃圾文件，避免垃圾文件过多。
- 通过扩大虚拟内存等措施预防蓝屏。

对于网络服务故障可以进行以下操作：

- 重新启动服务。
- 重新启动计算机。
- 重新安装服务或应用程序。

服务器硬件最常在两种情况下出现故障：一种是在扩容后，另一种是在安装硬件驱动程序时。若在扩容后发生硬件故障，则可以进行以下操作：

- 检查扩容部件。
- 拔出扩展卡。
- 检查板卡连接。

若在安装硬件驱动程序后发生硬件故障，则可以进行以下操作：

- 采用安全模式。
- 恢复系统。
- 升级驱动程序。

5．网络拓扑故障处理方法

网络拓扑故障最常见的两种情况是更改拓扑结构导致的网络故障，以及拓扑结构优化导致的网络故障。对于更改拓扑结构导致的网络故障应该进行以下操作：

- 备份更改前的拓扑结构图。
- 考虑网络的升级空间的大小。
- 检查网络拓扑，使拓扑结构更合理。

对于拓扑结构优化造成的网络故障应该进行以下操作：

- 备份优化前的拓扑结构图。
- 在发生故障后及时调整拓扑结构。

10.5 本章小结

提供可靠、安全的网络应用服务是计算机通信的目标，各类网络应用遵循应用层协议实现各自功能。操作系统是实现上层应用服务的基础，安全、稳定的操作系统是保障上层应用服务的关键。网络分层模型是开展网络研究的重要工具，使用网络分层模型分析、诊断和处理网络故障，不仅有利于提高网络故障的处理效率，还有利于挖掘网络故障的隐患。在对网络故障进行处理时，应遵循"自下而上、由简单到复杂"的原则。

思考与练习题

10-1 简要介绍一款网络操作系统，并说明其功能，以及为保障其安全可靠运行应进行哪些设置。

10-2 简要介绍一个或两个网络管理命令的功能及使用场景。

10-3 简述域名解析服务、电子邮件服务、文件传输服务、WWW 服务和远程登录服务的通信过程。

10-4 通过对各类应用服务数据进行抓包分析，可以得到怎样的分析结论？

10-5 比较 CMIP 和 SNMP 的异同。

10-6 按照网络故障的分层模型，分析你遇到的网络故障。

10-7 简述一次网络故障处理的流程。

第 **11** 章

网络安全与防护

实现网络安全与防护的关键在于找准网络安全威胁，构建安全体系，配置网络安全与防护设备和协议。网络安全与防护设备是构建数据通信网的重要设备，其部署方式、数量一般根据网络安全威胁分析和安全等级保护标准确定。防火墙和入侵检测设备是两类重要的网络安全与防护设备，读者要重点理解两类设备的工作原理和部署方式。VPN 技术是实现安全传输的关键技术。网络安全与防护内容导图如图 11-1 所示。

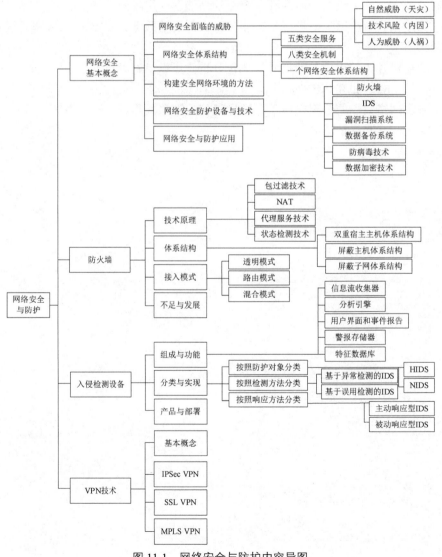

图 11-1　网络安全与防护内容导图

11.1　网络安全概述

网络安全是指保护计算机及其网络系统资源和信息资源不受自然和人为有害因素的威胁和危害。从本质上讲，网络安全就是网络上的信息安全，是指网络系统的硬件、软件和系统中的数据受到保护，不被偶然的或恶意的攻击破坏、更改、泄露；系统连续、可靠、正常地运行；网络服务不中断。从广义上讲，凡是与网络上信息的保密性、完整性、可用性、真实性和可控性相关的技术和理论都是网络安全的研究领域。

11.1.1　网络安全面临的威胁

网络安全面临的威胁来自很多方面，这些威胁宏观地分为如下三类。

1．自然威胁（天灾）

自然威胁可能来自各种自然灾害（地震、雷击、水灾、火灾、雪灾等）、恶劣的场地环境、静电感应、电磁辐射、电磁干扰、网络设备自然老化等。这些事件有时会直接威胁信息安全，或者影响信息的存储媒介。

2．技术风险（内因）

技术风险既有网络系统局限性带来的安全风险，也有网络系统开放性带来的安全风险，还有网络安全与防护产品的功能局限性带来的安全风险。网络技术的发展提升了网络性能，产生了新的网络应用，同时带来了网络安全与防护的新问题。在实际应用中，网络系统的建设与维护需要综合考虑网络可用性、安全性、经济性等诸多因素。

网络操作系统自身存在的安全漏洞、应用软件存在的安全缺陷，以及数据库管理系统因需要数据共享而引起的安全风险，均加剧了网络系统安全的脆弱性。同时，由于 Internet 具有全球性、开放性、无缝连通性、共享性、异构性和动态发展性，因此网络暴露在更广阔、更开放的环境中，这进一步增大了网络系统的安全风险。新的病毒不断产生，反病毒软件虽然在不断更新病毒库，但仍不能防范所有新型病毒。防火墙能够隔离内部网络和外部网络，但不能防范内部网络攻击，以及基于数据的安全攻击。IDS 虽然能弥补防火墙的不足，提高网络整体安全性，但仍不能完全确保网络安全。

3．人为威胁（人祸）

人为威胁是指信息受到的人为攻击，如各种计算机病毒、其他恶意程序（如木马、蠕虫）等。网络安全的人为威胁主要来自黑客和恶意程序的非法侵入。入侵者通过寻找网络系统弱点，达到破坏网络系统、欺骗和窃取数据等目的。

11.1.2　网络安全体系结构

ISO 颁布了 ISO 7498-2 标准，即 OSI 安全体系结构，在 OSI 参考模型的基础上确立了网络安全体系结构，其内容可以概括为"五、八、一"，即五类安全服务（认证服务、访问控制服务、数据保密性服务、数据完整性服务、抗抵赖服务）、八类安全机制（加密机制、访问控制机制、数据完整性机制、数字签名机制、交互认证机制、公证机制、流量填充机制、路由控制机制）和一个网络安全体系结构。

安全服务又称安全需求，主要包括以下内容。

（1）认证服务：又称鉴别服务，用于保证通信的真实性。在单向通信情况下，认证服务的功能是使接收者相信消息确实是由它自己声称的信源发出的。在双向通信情况下，如计算机终端和主机的连接，首先，在连接开始时，认证服务使通信双方都相信对方是真实的；其次，认证业务保证通信双方的通信连接不被第三方介入，以防第三方假冒其中一方进行非授权的传输或接收。

（2）访问控制服务：其目的是防止对网络资源的非授权访问。访问通常是进行读取、写入、修改、创建、删除等操作。非授权访问就是未经授权地使用、修改、销毁资源，以及颁发指令等。访问控制的实现方式是认证，即检查欲访问某一资源的用户是否具有访问权限。

（3）数据保密性服务：用于保护数据，以防数据受到攻击。保护方式可根据保护范围的大小分为若干级，其中最高级保护可在一定时间范围内保护两个用户之间传输的所有数据，低级保护包括对单个消息的保护或对一个消息中某个特定域的保护。数据保密服务还包括对业务流的保密，防止入侵者通过对业务流进行分析来获得通信的信源、信宿、次数、消息长度及其他信息。

（4）数据完整性服务：是应用于消息流的完整性服务，其目的在于保证接收的消息未被复制、插入、篡改、重排、重放，即保证接收的消息和发出的消息完全一样。这种服务还能对已毁坏的数据进行恢复。应用于单个消息或一个消息的数据完整性服务仅用来防止对消息的篡改。

（5）抗抵赖服务：用于防止通信双方中的某一方对传输消息的否认，即当一个消息发出后，接收者能够证明这一消息的确是由通信的另一方发出的；类似地，当一个消息被接收后，发出者能够证明这一消息的确已经被通信的另一方接收了。

安全机制是实现网络安全与防护的方法，主要包括以下内容。

（1）加密机制：提供信息保密的核心方法，分为对称密钥加密和非对称密钥加密。

（2）访问控制机制：通过对访问者的有关信息进行检查来限制或禁止访问者使用资源。

（3）数据完整性机制：通过哈希函数对文件进行处理，产生一个标记，接收者在收到该文件后，也用相同的哈希函数处理文件，通过查看产生的两个标记是否相同，就可以知道数据是否完整。

（4）数字签名机制：发送方 A 用自己的私钥加密，接收方 B 用对方发送的公钥进行解密，如果能够正确解密，就说明发送方一定为 A；否则，说明数据不是 A 发送的。

（5）交互认证机制：通过互相交换信息来确定彼此身份，常用的技术有口令、密码、指纹、声纹等。

（6）公证机制：通过公证机构中转双方的交换信息，并提取必要证据，日后一旦发生纠纷，可据此做出仲裁。

（7）流量填充机制：提供针对流量分析的保护。流量填充机制能够保持流量基本恒定，以使观测者不能获取任何信息，方法是先随机生成数据对其进行加密，再通过网络发送。

（8）路由控制机制：可以指定通过网络发送数据的路径，可以选择可信的网络节点，从而保护数据不会暴露在攻击之下。

11.1.3　构建安全网络环境的方法

为了抵御安全风险，构建安全的网络环境，需要开展的工作是先建立单位自身的网络安全策略，然后确定信息系统安全等级；再根据现有网络环境可能存在的安全隐患进行网络安全风险评估；接着确定单位需要保护的重点信息；最后选择合适的网络安全与防护设备。

（1）建立网络安全策略。

制定科学合理的安全策略及安全方案来确保网络系统的可用性、可控性、保密性、完整性、可审查性，对关键数据的防护要遵循"进不来（可用性）、出不去（可控性）、读不懂（保密性）、改不了（完整性）、走不脱（可审查性）"的五不原则。

（2）划分信息安全等级。

根据我国的《信息安全等级保护管理办法》，对信息系统分等级实行安全与防护，对等级保护工作的实施进行监督、管理。

（3）进行网络安全风险评估。

网络安全风险是指因网络系统的脆弱性，以及人为或自然威胁而发生的安全事件造成的影响。网络安全风险评估是指依据有关信息安全技术和管理标准，对网络系统的可用性、可控性、保密性、完整性、可审查性等安全属性进行科学评价的过程。

（4）确定网络内的保护重点。

着重保护服务器、存储设备的安全；边界防护是重点；还要注重终端计算机防护。

（5）选择合适的网络安全与防护设备。

根据安全与防护需求，选择防火墙、入侵检测设备、漏洞扫描系统等网络安全与防护设备及系统，配置网络安全与防护应用。

11.1.4　网络安全防护设备与技术

（1）防火墙：是防止未经允许和未被授权的通信出入被保护的内部网络，并且允许某个机构对流入和流出内部网络的信息流加强安全策略。防火墙常用的技术包括包过滤、网络地址转换、代理服务器和状态检测等。

（2）IDS：入侵检测是指对入侵行为的检测，IDS 通过分析网络行为、安全日志、审计数据、从其他网络上获得的信息，以及获得的计算机系统中若干关键点的信息，检查网络或系统中是否存在违反安全策略的行为和被攻击的迹象。

（3）漏洞扫描系统：漏洞扫描能够有效地预先评估和分析系统中的安全问题，可分为操作系统漏洞扫描、网络漏洞扫描和数据库漏洞扫描，能够通过网络远程监测目的网络和主机系统漏洞的程序，通过对网络系统和设备进行安全漏洞检测和分析，发现可能被入侵者非法利用的漏洞。

（4）数据备份系统：重要数据的备份与恢复已经成为网络安全的一项重要工作，可以确保在出现问题时及时恢复重要数据。数据备份工作需要注意的是避免不必要的备份、选择适当的备份时间和存储介质。

（5）防病毒技术：对于计算机病毒首先采取的措施是预防，如果病毒突破了"防线"，就需要检测并清除病毒。基于此产生了四种病毒防治技术：病毒预防技术、病毒检测技术、病毒消除技术、病毒免疫技术。

（6）数据加密技术：是对信息重新进行编码，从而隐藏信息内容，使非法用户无法获取信息真实内容的一种技术手段。数据加密技术主要应用于数据传输、数据存储、数据完整性鉴别、密钥管理等方面。

11.1.5　网络安全与防护应用

网络安全是一个立体的防范系统，包括物理安全、安全管理等方面。安全技术是实现网络安全的一方面，它通过系统设备自身的安全配置或安全防护设备达到防止网络攻击、维持网络服务的目的。

对于企事业单位网络来说，内部网络通常是可控的，外部网络是不可控的。所以，最基本的安全措施是在内部网络和外部网络边界上设置安全隔离和安全检查。来自内部网络的安全威胁包括内部人员的违规和数据滥用导致的信息泄露等，所以内部网络安全是当前网络安全与防护的重要方面。内部网络安全内容如下。

（1）内部网络设备安全：网络设备要先保障自身安全，保证不被攻击，持续正常工作。内部网络可以利用路由器和网络交换机自身的安全特性，对网络流量进行一定的安全操作。

（2）安全接入内部网络：对需要接入内部网络的设备进行认证，不允许未经授权的设备接入网络使用企事业单位内部网络资源。

（3）终端设备安全：在终端设备上设置安全策略、部署安全软件等，以对终端设备进行安全防护。

基础网络设备，如路由器和网络交换机，本身就能够提供一定的安全特性。这些安全特性在工作网络中的实现不需要借助特别的硬件设备，只需要在当前设备上进行适当配置即可。路由器大量的运算是基于软件的，所以安装合适的软件后，路由器能够提供很多安全特性。例如，对 ARP 表项进行安全控制，可以限制 ARP 的刷新速度等；针对源 IP 地址进行校验，可以防止伪造源地址攻击。又如，ACL 是网络设备的基本安全功能，能够根据数据包的五元组（源 IP 地址、源端口、目的 IP 地址、目的端口、传输协议）进行过滤，也能够用来对路由协议进行特定控制。部分防火墙还实现了更多安全特性，如基于连接状态进行数据过滤；提供 IPSec 接入等功能。网络交换机工作在二层网络中，针对二层网络攻击，网络交换机发展了很多安全特性，如端口安全技术（可以防止 MAC 地址泛洪攻击）、DHCP Snooping（可以防止基于 DHCP 的攻击，利用 DHCP Snooping 的结果可以防止 ARP 攻击、伪造源地址攻击等）、风暴控制（网络流量异常时的控制手段）。网络设备运行在网络中，自身也有可能遭受恶意攻击，因此网络设备自身也需要提供一定的安全特性，以保障自己正常运行。例如，在远程登录网络设备时，需要进行身份认证，为了提高登录的安全性，推荐使用 SSH/HTTPS 等加密协议进行登录。网络设备控制面的防护尤其重要，当前设备一般会提供对本机控制面的流量限速和过滤，防止本机因受攻击而表现异常。另外，网络设备运行着包括路由协议在内的各种协议，为了防止有人利用正常协议攻击网络，需要在协议中启用邻居认证，面向非合法网络设备的端口需要关闭协议。

企事业单位都需要与外部网络相连，包括互联网、合作伙伴等。企事业单位对内部网络一般具有完全控制权，但是外部网络一般不受企事业单位控制，所以外部网络是不安全的，需要进行一定的隔离。各个管理实体间还涉及地址管理等问题，需要进行地址转换。在一般情况下，网络边界上的最外层是防火墙，用于对来自外部网络的数据流量进行最基本的过滤，并阻挡外部网络发起的大部分攻击流量。用防火墙划分不同的安全区域，各安全区域接入不同安全等级的设备。例如，将服务器置于单独的安全区域。除防火墙外，另一种常用设备是IDS/IPS。防火墙可以对基于数据流量的低层特性（如协议和端口号等信息）的攻击行为进行拦截，但对基于应用的深层攻击行为无能为力。IDS/IPS 基于流量行为和攻击数据库对网络流量进行检测，能防御防火墙不能防御的深层入侵威胁，提高网络边界的安全性。IDS 一般旁挂在网络通路中，只对检测到的攻击流量进行报警和记录；IPS 串行部署在网络中，可直接阻断网络中的攻击流量。网络出口还可以部署专用安全设备，如反病毒墙、远程客户基于 VPN 接入等。

与普通网络接入不同，终端在接入企事业单位内部网络之前，需要先接受身份认证，认证通过后强制进行合规性检查（包括安全状态检查、系统配置检查），服务器依据检查结果做出仲裁，只有符合安全策略的终端才会被授权访问相应的网络资源，不符合安全策略的终端只能访问修复资源，在完成必要的修复后才能接入网络。代理者对所有接入网络的终端持续进行行为监控，及时对违规行为做出响应，并进行记录。内部网络接入安全的解决方案包括五个要素：身份认证、准入控制、安全认证、业务授权、业务审计。

11.2　防火墙

防火墙是一种高级访问控制设备，是置于不同网络安全域间的一系列部件的组合，是不同网络安全域间通信流的唯一通道，能根据安全策略（如允许、拒绝、监视、记录）控制进出网络的访问行为，如图 11-2 所示。在逻辑上，防火墙是一个隔离器，是一个限制器，也是一个分析器，它有效地监控了内部网络和 Internet 之间的访问行为，保证了内部网络的安全。防火墙按组成可分为软件防火墙、硬件防火墙；按实现平台可分为 Windows 防火墙、Linux 防火墙；按被保护对象可分为主机防火墙、网络防火墙；按自身网络性能可分为百兆防火墙、千兆防火墙。

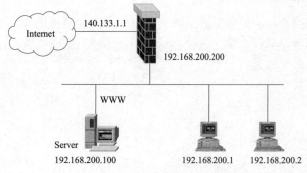

图 11-2　防火墙

11.2.1　技术原理

防火墙主要工作在网络层、传输层和应用层，其核心技术包括包过滤技术、NAT、代理服务技术和状态检测技术。

1．包过滤技术

包过滤技术根据流经防火墙的数据包的头部信息决定是否允许该数据包通过。包过滤技术一般要检查网络层的 IP 头和传输层的头，主要包括源 IP 地址、目的 IP 地址，传输层协议类型（如 TCP、UDP、ICMP），TCP 或 UDP 的源端口号、目的端口号，ICMP 消息类型，TCP 报头中的 ACK 位等。创建包过滤规则前要明确的问题有：①打算提供何种网络服务，以及在什么方向提供这些服务？②需要限制任何内部网络中的主机与 Internet 连接的能力吗？③Internet 上是否有可信任的主机，对应主机能够以某种形式访问内部网络吗？

2．NAT

NAT 是一种将私有（保留）地址转化为合法 IP 地址的转换技术。NAT 通过将一组 IP 地址映射到另一组 IP 地址，达到保密私有地址的目的。NAT 对终端用户是透明的，在转换过程中，群体网络地址及其对应 TCP/UDP 端口被翻译成单个网络地址及其对应的 TCP/UDP 端口。NAT 的实现方式包括静态转换、动态转换、端口多路复用。静态转换是指将内部网络的私有 IP 地址转换为公有 IP 地址。IP 地址对是一一对应的，也是相对固定的。动态转换是指在内部网络的私有 IP 地址转换为公有 IP 地址时，获得的公有 IP 地址是随机的，所有被授权访问 Internet 的私有 IP 地址均可被转换为任何指定的合法公有 IP 地址。端口多路复用是指改变外出数据包的源端口并进行端口转换。在采用端口多路复用方式时，内部网络中的所有主机可共享一个合法公有 IP 地址来实现对 Internet 的访问，最大限度地节约了 IP 地址资源，同时隐藏了内部网络中的所有主机，从而避免了攻击。

3．代理服务技术

代理服务是指运行在防火墙主机上的专门的应用程序或服务器程序，它将所有跨越防火墙的网络通信链路分为两段，不允许外部网络和内部网络直接通信。内部网络和外部网络中的计算机系统间的"链接"由两个代理服务器上的"链接"来实现。代理服务可分为应用级代理与电路级代理。应用级代理需要已知代理服务是向哪种应用服务提供代理的，它需要理解并解释应用协议中的命令。电路级代理在客户端和服务器间无须解释应用协议即可建立回路。

4．状态检测技术

对于新建立的应用会话，状态检测型防火墙先根据预先设置的安全规则进行检测，允许符合安全规则的会话数据通过，并记录该会话的相关信息，生成状态表；该会话后续的数据包只要符合状态表，就可以通过。

11.2.2 体系结构

1．双重宿主主机体系结构

外部网络与内部网络之间不能直接通信，二者相互通信必须经过双重宿主主机的过滤和控制。双重宿主主机体系结构如图 11-3 所示。双重宿主主机至少有两个网络接口，分别连接内部网络和外部网络。双重宿主主机可以充当内部网络和外部网络间的路由器，能够接收来自一个网络的 IP 数据包，并在对 IP 数据包进行过滤处理后，将它发往另一个网络。

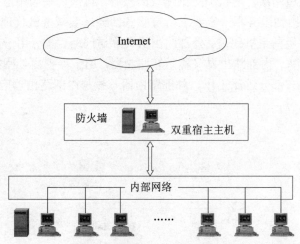

图 11-3　双重宿主主机体系结构

2．屏蔽主机体系结构

屏蔽主机体系结构由防火墙和内部网络中的堡垒主机承担安全责任，如图 11-4 所示。堡垒主机是一种配置了安全防范措施的网络计算机，它为网络间的通信提供了一个阻塞点，用于检查与控制。屏蔽主机体系结构的典型配置是"包过滤路由器＋堡垒主机"。包过滤路由器配置在内部网络和外部网络之间，用于保证外部系统对内部网络的操作必须经过堡垒主机。堡垒主机配置在内部网络上，是外部网络主机连接内部网络主机的桥梁，它需要拥有高安全级别。

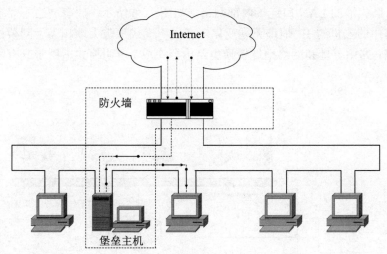

图 11-4　屏蔽主机体系结构

3．屏蔽子网体系结构

屏蔽子网体系结构由外部路由器、内部路由器和堡垒主机组成，它把网络划分为外部网络、周边网络和内部网络，如图 11-5 所示。外部网络安全级别最低；周边网络又称停火区、隔离区，安全级别次之；内部网络安全级别最高。需要向外部网络提供服务的服务器群一般部署在周边网络中。

堡垒主机位于周边网络，是整个防御体系的核心，可认为是应用层网关，可以运行各种代理服务程序。对于出站服务不一定要求所有服务都经过堡垒主机代理，但对于入站服务应要求所有服务都经过堡垒主机代理。外部路由器又称访问路由器，用于保护周边网络和内部网络不受外部网络侵害。内部路由器又称阻塞路由器，用于保护内部网络不受外部网络和周边网络侵害，它执行大部分过滤工作。外部路由器一般与内部路由器应用相同的规则。

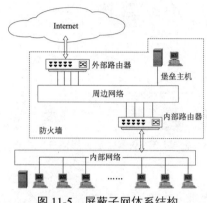

图 11-5 屏蔽子网体系结构

11.2.3 接入模式

1. 透明模式

当防火墙采用透明模式接入网络时，各网络接口无须配置 IP 地址，防火墙的 WAN 口连接外部网络，防火墙的 LAN 口连接内部网络，如图 11-6 所示。原有网络不需要调整任何配置，内部网络中的主机的 IP 地址无须变化。在透明模式下防火墙相当于网桥，依靠路由器连接外部网络，路由寻址和网络地址转换由路由器完成。透明模式适用于既有网络的安全升级改造。

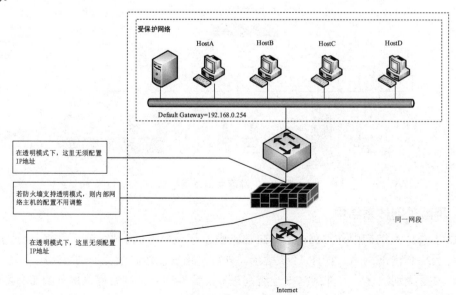

图 11-6 透明模式

2．路由模式

当防火墙采用路由模式接入网络时，内部网络和外部网络接口需要配置 IP 地址，防火墙的 WAN 口连接外部网络，防火墙的 LAN 口连接内部网络，如图 11-7 所示。内部网络和外部网络一般配置为不同网段，防火墙的 LAN 口 IP 地址配置在内部网络网段，防火墙的 WAN 口 IP 地址配置在外部网络网段。防火墙需要提供路由和 NAT 功能。防火墙可以通过路由器接入外部网络，也可以直接连接外部网络。

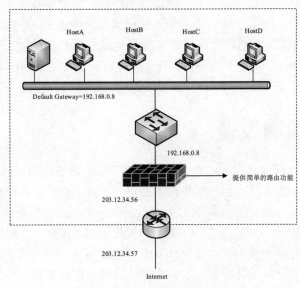

图 11-7　路由模式

3．混合模式

当防火墙采用混合模式接入网络时，网络被分为三个区域，内部网络区域、外部网络区域和周边网络区域，如图 11-8 所示。防火墙的 WAN 口连接外部网络，防火墙的 LAN1 口连接周边网络，防火墙的 LAN2 口连接内部网络。其中，外部网络的安全级别最低，周边网络的安全级别居中，内部网络的安全级别最高。在内部网络区域与周边网络区域之间，防火墙工作在透明模式，LAN1 口和 LAN2 口均配置在内部网络网段。在外部网络区域与内部网络和周边网络区域之间，防火墙工作在路由模式，WAN 口配置在外部网络网段。在混合模式下，防火墙一般工作在屏蔽子网体系结构。

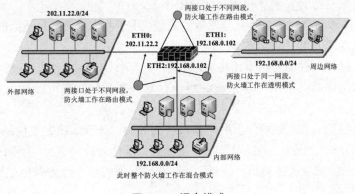

图 11-8　混合模式

11.2.4 不足与发展

防火墙属于典型的安全与防护设备，主要通过包过滤技术和代理服务技术实现网络安全与防护。防火墙主要用于逻辑上防止由外至内的网络攻击，但由于自身的限制，会给用户带来虚假的安全感。防火墙的防护过程对用户不完全透明，可能会带来传输延迟、瓶颈及单点失效等问题。防火墙在网络安全与防护方面，存在的主要不足是不能防范来自内部网络的攻击、不能防范不通过防火墙的连接、不能防范利用标准协议缺陷发起的攻击、不能有效地防范数据驱动式的攻击、不能阻止被病毒感染的程序或文件的传递、不能防范策略配置不当或错误配置引起的安全威胁、不能防范防火墙自身安全漏洞带来的安全威胁。随着技术的发展，防火墙逐步将入侵检测、病毒防护、网闸、安全审计、安全认证、路由转换等功能纳入其中。现有防火墙已不再是经典模式，常被称为一体化安全网关或网络安全隔离设备。

11.3 入侵检测设备

入侵是指未经许可在信息系统中进行操作及对信息系统进行的访问。入侵检测是对即将发生的入侵、正在进行的入侵或已经发生的入侵进行识别的过程。入侵检测通过在计算机网络或计算机系统中的若干关键点收集信息并对收集到的信息进行分析，来判断网络或系统中是否有违反安全策略的行为和被攻击的迹象。入侵检测是"预警、保护、检测、反应、恢复、反击"网络攻防体系中的重要一环，是网络安全对抗过程中由守转攻的关键。IDS 是指具备入侵检测功能的软件、硬件及其组合，是一种能够通过分析系统安全数据来检测入侵活动的系统。如果说在网络安全与防护系统中，防火墙相当于门禁，那么 IDS 就相当于监控中心。

11.3.1 组成与功能

IDS 模型如图 11-9 所示，其中信息流收集器、分析引擎、用户界面、警报存储器和特征数据库是 IDS 的组成部件；关键文件、网络信息流和日志文件是 IDS 的主要检测对象。IDS 能够定期根据检测情况生成事件报告。

（1）信息流收集器：即信息获取子系统，用于收集来自网络或主机的事件信息，为检测分析提供原始数据。

（2）分析引擎：即分析子系统，是 IDS 的核心组成部分，用于对获取的信息进行分析，从而判断是否有入侵行为发生并检测具体攻击手段。

（3）用户界面和事件报告：即响应控制子系统，用于和人交互，在适当的时候发出警报，为用户提供与 IDS 交互和操作 IDS 的途径。

（4）警报存储器：存储分析引擎生成的各类入侵事件、警报信息。

（5）特征数据库：即数据库子系统，用于存储一系列已知的可疑行为或恶意行为的模式和定义。

IDS 的功能包括：①监测并分析用户和系统的活动，核查系统配置和漏洞，评估系统关键资源和数据文件的完整性。②识别已知攻击行为，统计分析异常行为，对操作系统进行日志管理，并识别违反安全策略的用户活动。③针对已发现的攻击行为做出适当反应，如告警、中止进程等。

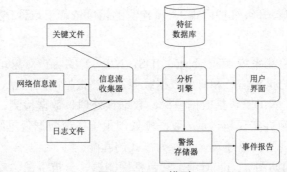

图 11-9 IDS 模型

IDS 的关键指标包括：①误报率，是指 IDS 在检测时把系统的正常行为判定为入侵行为的错误现象的概率。②漏报率，是指 IDS 在检测时把某些入侵行为判定为正常行为的错误现象的概率。成功的 IDS 应具有实时性、可扩展性、适应性、安全性、有效性等。在配置了各类网络安全与防护设备的网络中，防火墙能够限制非法的外部访问，IDS 能够实时监测内部系统和人员的非法行为，漏洞扫描器能够通过定时扫描内部系统及时发现系统漏洞。

11.3.2 分类与实现

IDS 可以按照防护对象、检测方法和响应方法进行分类。

1．按照防护对象分类

1）HIDS

基于主机的入侵检测系统（Host-based IDS，HIDS）的防护对象是主机操作系统，主要检测系统调用、端口调用、系统日志、安全审计和应用日志等情况，利用文件系统应用编程接口、注册表应用编程接口、钩子函数实现文件与注册表防护，利用校验码实现文件完整性分析，能够保护 IIS 服务器。

HIDS 的组成结构如图 11-10 所示，它包括入侵检测器、配置系统库、应急措施组件和攻击模式库。主机系统的运行状态以审计记录形式上传至入侵检测器，入侵检测器根据配置系统库的配置情况检测每一条审计记录，当发现主机运行状态与攻击模式匹配时，由入侵检测器向应急措施组件发出报警，应急措施组件根据攻击内容向主机系统发出响应，如向主机系统发出警告或直接将主机断网。

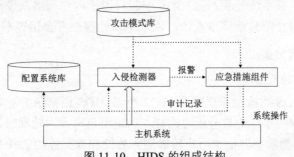

图 11-10 HIDS 的组成结构

HIDS 的优点是适合加密和交换环境、一般采用软件方式实现、不需要额外的硬件、可监视特定的系统行为、能确定入侵攻击是否成功；缺点是受主机系统差异限制、隐蔽性差、需要占用主机运行资源、升级维护困难、入侵检测的精度依赖于审计记录的准确性和完整性。

2）NIDS

基于网络的入侵检测系统（Net-based IDS，NIDS）的防护对象是内部网络，主要检测网络中传输的数据包的报头信息和有效数据载荷，能够根据网络流量、网络数据包和协议来分析、检测入侵行为。NIDS 包括数据嗅探、数据预处理、数据检测、报警响应等技术。数据嗅探基于 WinPcap 组件实现包过滤。数据预处理用于实现数据包重组和协议解码。数据检测用于实现入侵检测规则的描述及入侵行为模式的匹配。

NIDS 的组成结构如图 11-11 所示，它包括探测器、分析引擎、安全配置构造器和网络安全数据库。探测器采集网络实时数据，并提交至分析引擎。分析引擎依据网络安全数据库对网络实时数据进行分析判断，形成分析结果，并将分析结果发送给安全配置构造器。安全配置构造器依据分析结果对探测器重新进行配置。NIDS 要实时抓取网络流量才能实现入侵检测。因此，在传统以太网中部署 NIDS 时，需要通过集线器将网络数据接入入侵检测设备；在交换以太网中部署 NIDS 时，需要把检测网络接口镜像到入侵检测设备所接接口。

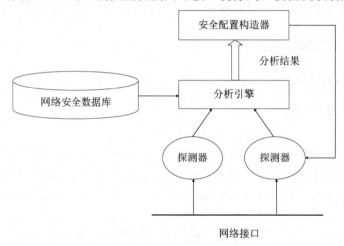

图 11-11　NIDS 的组成结构

NIDS 具有成本低、隐蔽性好、不影响被保护主机的性能、易维护等特点，同时能够实现实时检测与实时应答，攻击者转移证据难，能够检测到未成功的攻击企图。NIDS 只与标准网络协议相关，与主机系统无关。但 NIDS 一般只用于内部网络入侵检测，存在不能探测不同网段数据包、难以检测复杂网络攻击，以及难以处理加密会话等不足。

2. 按照检测方法分类

1）基于异常检测的 IDS

基于异常检测的 IDS 的检测原理如图 11-12 所示。IDS 根据防护对象的正常行为设置用户轮廓，对数据源获取的事件进行分析、比较，当超出正常行为轮廓时，判定为入侵。基于异常检测的 IDS 的检测效率取决于用户轮廓的完备性和数据监控的频率。基于异常检测的 IDS 能够有效检测出未知的入侵行为。随着入侵检测模型的精确，基于异常检测的 IDS 需要完成的分析、比较逐渐增多，从而消耗的系统资源增多。基于异常检测的 IDS 以用户轮廓为基准判断入侵行为，可能将超出用户轮廓的正常行为判定为入侵。因此基于异常检测的 IDS

具有漏报率低、误报率高的特点。

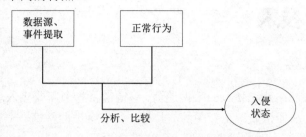

图 11-12　基于异常检测的 IDS 的检测原理

2）基于误用检测的 IDS

基于误用检测的 IDS 的检测原理如图 11-13 所示。IDS 将数据源获取的用户或系统行为与入侵特征知识库中的入侵行为特征信息进行分析、比较，当捕捉的事件符合入侵行为特征时，将其判定为入侵。基于误用检测的 IDS 中的入侵特征知识库需要根据入侵攻击手段的变化不断更新。由于入侵特征知识库有限，因此基于误用检测的 IDS 无法适应各种防护环境，部分特征变化的入侵行为或未知的入侵行为无法及时被检测出来。因此，基于误用检测的 IDS 具有误报率低、漏报率高的特点。

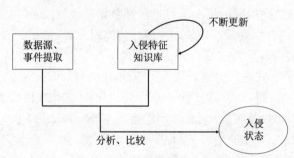

图 11-13　基于误用检测的 IDS 的检测原理

3．按照响应方法分类

IDS 按照检测到入侵行为的响应方法分为主动响应型 IDS 或被动响应型 IDS。主动响应型 IDS 一般与防火墙、木马查杀软件、防病毒软件联动配置或统一部署，能够根据入侵行为及预置的响应策略，实施快速断网、木马或病毒查杀，以及设备关机、重启等操作，以最大可能地降低入侵行为的影响。被动响应型 IDS 在发现入侵行为后，一般不会直接进行主动操作，只是快速记录入侵行为，并向用户发出警告，通知用户采取处理手段。

11.3.3　产品与部署

IDS 被誉为继防火墙之后的"第二道安全防线"，产品形态一般包括探测引擎和控制中心。探测引擎散布于各个检测节点，用于抓取各类网络或主机事件，对其进行初步分析，并将得到的分析数据上报给控制中心。控制中心可以采取单级或多级结构部署，用于接收探测引擎上报的事件，开展综合分析，确定入侵行为，并根据预置策略响应事件。控制中心还需要完成日志分析、策略下发、事件库升级、探测引擎配置等管理任务。

11.4 VPN 技术

11.4.1 基本概念

通过共享的公共网络建立私有的数据通道,该通道将各个需要接入虚拟网的网络或终端通过通道连接起来,从而构成一个专用的、具有一定安全性的网络——VPN。当前企事业单位使用的 VPN 一般是基于互联网的。

VPN 主要通过隧道技术来实现,由于 VPN 中的企事业单位数据要穿越公网,为了保证安全性,它采用了大量安全技术,包括加解密技术、数据认证技术、身份认证技术等。隧道技术是指采用封装及解封装的方法,在公网上为数据建立一条类似于隧道的独立传输通道的技术。隧道是由隧道协议形成的,隧道协议分为二层隧道协议、三层隧道协议。L2TP 是典型的二层隧道协议,GRE 是典型的三层隧道协议。加解密技术是指将数据转变成不可识别的加密数据再进行传输,在数据到达目的地后再进行解密恢复。VPN 技术借助加解密技术来保证数据在网络中传输时不被非法获取。数据认证技术主要用于保证数据在网络传输过程中不被非法篡改。数据认证技术主要采用的是哈希算法。哈希算法由于具有不可逆特性及理论结果唯一性,因此在摘要相同的情况下可以保证数据没被篡改过。身份认证技术主要保证接入 VPN 的操作人员的合法性及有效性,主要采用"用户名+密码"方式进行认证,对安全性要求较高的场合还可以使用数字证书等认证方式。

VPN 可以按照多种方式进行分类。按照工作层次,可以将 VPN 划分为二层 VPN、三层 VPN 等。按照实现技术,可以将 VPN 划分为 IPSec VPN、SSL VPN、MPLS VPN 等。按照应用场景或连接需求,可以将 VPN 划分为远程接入 VPN(Access VPN)和站点到站点 VPN(Site-to-Site VPN)。Access VPN 是常见的 VPN 应用场景。如果企事业单位的内部人员有移动或远程办公需要,或者商家要提供 B2C 的安全访问服务,就可以考虑使用 Access VPN。Access VPN 中的接入用户不需要使用固定的 IP 地址,可以通过模拟线路拨号、ISDN、xDSL、移动 IP 接入和电缆接入等技术远程接入,使用户可以随时随地以其所需方式访问企事业单位资源。Access VPN 适用于公司内部经常有流动人员远程办公的情况。Access VPN 的接入端设备一般是 PC 或其他终端设备。公司接入服务器一般采用的是专门的网络设备,可以是路由器、防火墙,也可以是专门的 VPN 接入设备。Access VPN 的接入服务器的 IP 地址一般是固定的,接入客户端的 IP 地址一般是不固定的。Site-to-Site VPN 是另一种常见的 VPN 应用场景。此类 VPN 用来连接两个网络,这两个网络可以是一个公司的总部和分部,也可以是两个公司间的网络。两个固定网络互联的传统解决方式是租用运营商的专线,Site-to-Site VPN 是专线的替代方案。Site-to-Site VPN 的两端一般都采用专门的网络设备,两端的网络设备中至少有一端采用固定 IP 地址。对于这两种 VPN 应用场景,有各种技术实现与他们相对应,其中很多技术可以同时适用于两种应用场景,但相对来说,每种技术均有其自身的特点,不同技术对不同应用场景的适用情况有一定差异。

11.4.2 IPSec VPN

IPSec VPN 是应用最广的 VPN 技术之一。它是 IETF 制定的一种开放标准的框架结构,包含一系列 IP 安全协议，提供的功能包括数据加密、数据完整性检查、数据真实性验证、防止重复攻击等。IPSec VPN 有多种工作模式，常见的工作模式有传输模式和隧道模式，适用于多种应用场景。另外，IPSec VPN 技术还能与其他隧道集成以完成相应功能。在部署 IPSec VPN 时，可以应用于 Site-to-Site VPN 和 Access VPN。IPSec VPN 在应用于 Site-to-Site VPN 时，一般在特定的网络设备之间启用，两侧的网络通过隧道连通。这种方式需要网络设备支持 IPSec VPN。当前大多路由器、防火墙可以支持 IPSec VPN。当前流行的桌面操作系统一般不附带 IPSec VPN 客户端，如果将 IPSec VPN 应用于 Access VPN，就需要在客户端上安装独立的 IPSec VPN 客户端软件。对于有大量接入用户的企事业单位来说，这会增大维护工作量。因此 IPSec VPN 更多地用于 Site-to-Site VPN。

11.4.3　SSL VPN

SSL 协议是一个安全协议，介于 TCP/IP 协议栈的传输层和应用层之间，为基于 TCP 的应用层协议提供安全连接。因为工作在高层，所以 SSL VPN 不受 NAT 限制，能够穿越防火墙，用户在任何地方都能通过 SSL VPN 虚拟网关访问内部网络资源。SSL VPN 接入用户使用标准的浏览器（如 IE、Chrome 等）就可以访问企事业单位的内部应用。因此，移动办公人员无须安装特定的 VPN 客户端，只需要一台标准配置的计算机就能实现安全的远程访问。SSL VPN 当前仅用于 Access VPN。

11.4.4　MPLS VPN

MPLS VPN 基于 MPLS 实现 VPN 功能。可以提供二层 VPN 和三层 VPN。MPLS VPN 在实现三层 VPN 时，MPLS 与 BGP 结合，使用 BGP 在运营商骨干网络中发布 VPN 路由，使用 MPLS 在运营商骨干网络中转发 VPN 报文。MPLS VPN 在实现二层 VPN 时，先通过 LDP 或 BGP 在运营商的边缘设备间传递二层控制信息，建立 LSP 隧道；然后通过 MPLS 在运营商骨干网络中转发 VPN 报文。MPLS VPN 的实现是在运营商网络中完成的，对于客户网络来说，实现机制是透明的，客户不了解数据在运营商网络中的传递过程。从客户的感知上，MPLS VPN，特别是二层 VPN，类似于运营商专线。与 IPSec VPN 和 SSL VPN 不同，MPLS VPN 本身不提供加密和认证功能，仅仅是利用 MPLS 提供的 LSP 隧道在运营商网络中传递数据，实现数据层面的隔离。

11.5　本章小结

网络安全与防护是数据通信网日常维护管理的重点和难点，防火墙、入侵检测设备、VPN 技术等是实现网络安全的基础。网络攻击和计算机病毒是常见的网络安全威胁。除了配置安全设备、启动安全服务、引用安全技术，实现网络安全与防护还需要网络使用者、维护者、管理者树立安全防护意识，这也是实现网络安全与防护的核心。

思考与练习题

11-1 简述常见的网络攻击方式。

11-2 比较防火墙和入侵检测设备在实现网络安全与防护方面的异同。

11-3 简述常见的网络安全与防护技术。

11-4 简述三种 VPN 实现技术的应用范围。

11-5 如何构建一个安全的网站？需要配置哪些安全设备和技术？需要编制怎样的安全管理规定？

第 12 章

网络技术发展

网络技术势必会向支持多网络接入、多业务融合的方向发展；势必会向支持网络功能灵活配置、综合管理的方向发展；势必会向网络结构可重构、更安全、更健壮、更可靠的方向发展；势必会与人工智能结合，向着智慧网络发展。本章选择 IP 多媒体子系统、SDN 与网络功能虚拟化（Network Functions Virtualization，NFV）、弹性通信网技术和智能网络技术等内容介绍网络技术发展动态。这些技术有些已经推动了网络及其应用的发展，有些正在成为研究热点。网络技术发展内容导图如图 12-1 所示。

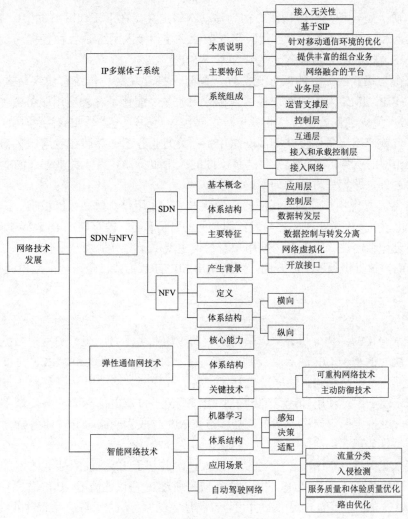

图 12-1　网络技术发展内容导图

12.1 IP 多媒体子系统

基于 IP 技术的互联网能够为我们提供大量价格低廉、方便易用的业务，如视频聊天、电子邮件等。IP 技术在被应用于话音、电报等通信领域后，人们在感受到了其灵活、方便、便宜的优越性的同时，深感一系列问题亟须解决。因为互联网是一个资源共享但缺乏有效管理的网络，存在如何保证话音等业务通信质量，如何有效实施身份鉴别、计费等问题。为了将传统话音业务需求与互联网技术相结合，在为用户提供端到端的大量多媒体新业务的同时确保服务质量、安全性及身份认证等，一种新的网络和业务体系——IP 多媒体子系统（IP Multimedia Subsystem，IMS）被提出。IMS 是基于 IP 协议实现的大融合方案的网络结构，不仅可以实现 VoIP 业务，还可以更有效地对网络资源、用户资源及应用资源进行管理，提高网络的智能性，使用户可以跨越各种网络、使用多种终端，从而感受融合通信。

12.1.1 本质说明

IMS 本质上是一种网络结构，最初为移动网络定义，在下一代网络框架中 IMS 应同时支持固定接入和移动接入。在下一代网络框架中终端和接入网络是各种各样的，但核心网络只有一个 IMS，核心特点是接入无关性和基于 SIP。

为了获得与接入网无关的接入无关性，同时保持互联网与传统有线终端之间的互通，IMS 采用了 SIP。IMS 为了向用户提供多种应用业务，配置了各种应用服务器（Application Server，AS），形成了业务平台。业务平台主要包含两类，一类是归属网络中的业务平台，该类业务平台或应用服务器设在归属网络中，有关的业务逻辑存储在应用服务器中，以便被触发，产生相应的业务，不同业务要选择不同的应用服务器。另一类是外部的业务平台，位于归属网络之外，即第三方或访问网络。

在 IMS 中，每个用户必须有相应的身份标志，IMS 用户身份必须能被唯一识别。首先是私人用户身份，主要用于实现用户与运营商之间的身份认证，被存储在 IMS 终端的智能卡中，该身份具备全球唯一性。其次是公共用户身份，主要用于与其他用户通信，如在打电话时使用的电话号码，该身份是可以公开的，可以采用 SIP URL 形式，也可以采用电话号码形式。

12.1.2 主要特征

IMS 是水平化的结构分层方式，采用统一的应用业务平台、统一的用户数据库、统一的认证方式、统一的基于 SIP 的会话控制功能、统一的基于 IP 协议和 MPLS 协议的核心传送网络，大大简化了网络结构，将固定电话、电视、互联网、移动电话等多种业务融入一个用户终端实现，便于用户使用和运营商维护管理，避免了传统电信网中业务终端多、接入网络种类多、运营维护复杂等问题。基于这些优点，IMS 已成为网络融合、业务融合的热点应用技术，主要特征如下。

（1）接入无关性：IMS 是一个独立于接入技术的基于 IP 协议的标准体系，它与现存的话音和数据通信网可以互通。IMS 的用户与系统是通过 IP 协议连通的。IMS 体系使得各种类型的终端都可以建立起对等的 IP 通信，并可以获得所需的服务质量。除会话管理外，IMS 还涉及实现服务必需的功能，如注册、安全、计费、承载控制、漫游等。

（2）基于 SIP：为了实现接入的独立性，IMS 采用 SIP 作为会话控制协议。这是因为 SIP 本身是一个端到端的应用协议，与接入方式无关。此外，由于 SIP 是由 IETF 提出的在 Internet 上使用的协议，因此使用 SIP 可以增强 IMS 与 Internet 的互操作性。SIP 是 IMS 中唯一的会话控制协议，但 IMS 中并不只使用了 SIP，还使用了其他协议，但其他协议并不用于对呼叫进行控制。

（3）针对移动通信环境的优化：IMS 针对移动通信环境进行了充分的考虑，包括基于移动身份的用户认证和授权、用户网络接口上的 SIP 消息压缩的确切规则、允许无线丢失与恢复检测的安全和策略控制机制。除此之外，很多对于运营商而言颇为重要的问题在 IMS 的开发过程中也得到了解决。

（4）提供丰富的组合业务：IMS 在个人业务实现方面采用了比传统网络更面向用户的方法。IMS 为用户带来的一个直接好处就是实现了端到端的 IP 多媒体通信。传统的多媒体业务采用的是人到内容或人到服务器的通信方式，而 IMS 采用的是人到人的多媒体通信方式。IMS 具有在多媒体会话和呼叫过程中增加、修改、删除会话和业务的能力，还有对不同业务进行区分和计费的能力。因此对用户而言，IMS 以高度个性化和可管理的方式支持个人与个人及个人与信息内容之间的多媒体通信，包括话音、文本、图片、视频或这些媒体的组合。

（5）网络融合的平台：IMS 的出现使得网络融合成为可能。除了与接入方式无关的特性，IMS 还具有商用网络必须拥有的能力，包括计费能力、服务质量控制、安全策略等。IMS 在被提出时就对这些方面进行了充分的考虑。IMS 作为统一的平台，能够融合各种网络，为各种类型的终端用户提供丰富多彩的服务，不必再像以前那样使用传统的"烟囱"模式来部署新业务，从而减少了重复投资，简化了网络结构，降低了网络的运营成本。

12.1.3　系统组成

IMS 系统由六部分组成，如图 12-2 所示。

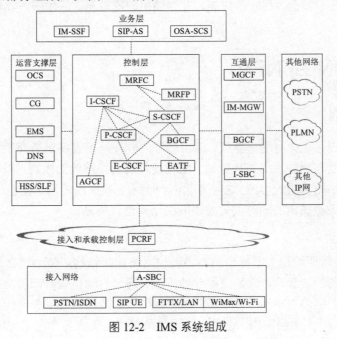

图 12-2　IMS 系统组成

（1）业务层：与控制层完全分离，主要由各种不同应用服务器组成，除了可以在 IMS 内实现各种基本业务和补充业务（SIP-AS 方式），还可以将传统的窄带智能网业务接入 IMS（IM-SSF 方式），并为第三方业务的开发提供标准的开放的应用编程接口，从而使第三方应用提供商可以在不了解具体网络协议的情况下，开发出丰富多彩的个性化业务。

（2）运营支撑层：由在线计费系统（Online Charging System，OCS）、计费网关（Charging Gateway，CG）、网元管理系统（Element Manager System，EMS）、DNS 及归属用户服务器（Home Subscriber Server，HSS；Subscription Locator Function，SLF）组成，为 IMS 的正常运行提供支撑，具有 IMS 用户管理、网间互通、业务触发、在线计费、离线计费、统一的网管、DNS 查询、用户签约数据存放等功能。

（3）控制层：用于完成 IMS 呼叫会话过程中的信令控制，包括用户注册、鉴权、会话控制、路由选择、业务触发、承载面服务质量、媒体资源控制及网络互通等。

（4）互通层：包含媒体网关控制功能（Media Gateway Control Function，MGCF）、IP 多媒体网关（IP Multimedia Media Gateway，IM-MGW）、出口网关控制功能（Breakout Gateway Control Function，BGCF）和会话边界控制器（Interconnect -Session Border Controller，I-SBC），用于完成 IMS 与其他网络的互通，如公用电话交换网（Public Switched Telephone Network，PSTN）、公共陆地移动网（Public Land Mobile Network，PLMN）、其他 IP 网等。

（5）接入和承载控制层：主要由路由设备及策略和计费规则功能实体（Policy and Charging Rules Function，PCRF）组成，用于实现 IP 承载、接入控制、服务质量控制、流量控制、计费控制等功能。

（6）接入网络：提供 IP 接入承载，可由访问边界网关（Access-Session Border Controller，A-SBC）接入多种多样的用户终端，如 PSTN/ISDN、SIP UE、FTTX/LAN、WiMax/Wi-Fi 等。

用户终端通过终端与网关层启动和终止 SIP 信令，以建立多媒体会话，媒体网关用于把 IP 媒体流变换成 PSTN 的时分复用信息，实现 IP 与 PSTN 间的互通。用户服务器用于实现多媒体会话的建立、修改、终止等控制，并存储用户的数据。应用服务器用于实现各类业务应用。

12.2　SDN 与 NFV

12.2.1　SDN

传统的网络设备（如网络交换机、路由器）的固件是由设备制造商锁定和控制的，用户希望实现网络控制与物理网络拓扑分离，摆脱硬件对网络结构的限制，以便可以像升级、安装软件一样对网络结构进行修改。这种方式由于无须替换底层的网络交换机、路由器等硬件，因此可以在节省大量成本的同时大大缩短网络结构迭代周期。

1. 基本概念

SDN 是由美国斯坦福大学提出的一种新型网络创新结构，核心理念是，希望应用软件可以参与对网络的控制管理，满足上层业务需求，通过自动化业务部署简化网络运维。传统网络设备紧耦合的网络结构被拆分成应用层、控制层、数据转发层分离的三层结构。控制功能被转移到服务器上，上层应用、底层数据转发设施被抽象成多个逻辑实体。从本质上来说，

SDN 的提出是为了应对当前网络中面临的扩展困难、灵活性不足等发展瓶颈问题，其主要任务是简化网络配置、管理，促进网络向动态灵活的方向演化，并非提升网络性能，SDN 在对网络进行高度抽象、虚拟化后，甚至会导致部分性能下降。

2．体系结构

SDN 是一种软件集中控制、网络开放的三层体系结构，从上至下分别为应用层、控制层、数据转发层，如图 12-3 所示。

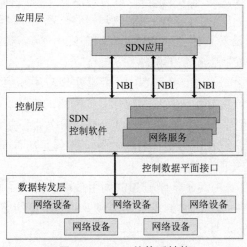

图 12-3　SDN 的体系结构

（1）应用层：实现对网络业务的呈现和网络模型的抽象。

（2）控制层：包括具有逻辑中心化和可编程的控制器，可掌握全局网络信息，便于用户管理配置网络、部署新协议等。

（3）数据转发层：由网络交换机等网络设备组成，各个网络设备间通过不同规则形成的 SDN 数据通路连接，可实现分组交换功能。

控制层与数据转发层之间通过 SDN 的控制数据平面接口（Control-Data-Plane Interface，CDPI）进行通信。CDPI 又被称为南向接口，具有统一的通信标准，主要负责将控制器中的转发规则下发至转发设备，主流的 CDPI 采用的是 OpenFlow 协议。OpenFlow 协议最基本的特点是基于流的概念匹配转发规则，每一个网络交换机都维护一个流表（Flow Table），并依据流表中的转发规则进行转发，而流表的建立、维护和下发都是由控制器完成的。

控制层与应用层之间通过 SDN 的北向接口（Northbound Interface，NBI）进行通信。NBI 不具有统一的通信标准，它允许用户根据自身需求定制开发各种网络管理应用。应用层与控制层间的 NBI 是网络开放的核心。控制层的产生实现了控制面与转发面的分离，是集中控制的基础。针对 NBI，应用程序通过 NBI 编程来调用需要的各种网络资源，实现对网络的快速配置和部署。

3．主要特征

SDN 最主要的特征是数据控制与转发分离，同时具有网络虚拟化、开放接口等特征。

（1）数据控制与转发分离：传统网络设备的控制层与转发层不是分离的，设备间通过控制协议交互转发信息。SDN 将网络设备的控制面集中到控制层，网络设备上只保留数据转发表项，软件通过灵活控制功能满足用户的多元化需求，硬件则专注于转发。SDN 将基础硬件与业务分离，硬件仅负责数据转发和存储，因此可以采用相对廉价的通用设备构建网络基础设施。SDN 将控制与转发分离后，有利于网络集中控制，使得控制层获得网络资源的全局信息，并根据业务需求对资源进行全局调配和优化，如实施流量工程、负载均衡等。集中控制使得整个网络在逻辑上可以视作一台设备进行运行和维护，无须对物理设备进行现场配置，从而提高了网络控制的便捷性。

（2）网络虚拟化：SDN 通过 CDPI 的统一和开放屏蔽了底层物理转发设备的差异，实现了底层网络对上层应用的透明化。逻辑网络和物理网络分离后，逻辑网络可以根据业务需要进行配置、迁移，不再受设备具体物理位置的限制。SDN 控制器实现了对基础网络设施的抽象；应用程序看到的是控制器提供的网络服务。

（3）开放接口：SDN 开放的 CDPI 和 NBI，能够实现应用和网络的无缝集成，这使得应用能告知网络如何运行才能更好地满足应用需求，如网络的带宽、时延需求，计费对路由的影响等。另外，SDN 支持用户基于开放接口自行开发网络业务并调用资源，这有利于缩短新业务的上线周期。如果希望在网络中部署新业务，那么可以通过针对 SDN 软件的修改实现网络快速编程，使业务快速上线。

SDN 带来的最大价值是提高了全网资源的利用效率，提升了网络虚拟化能力，加速了网络创新，满足了用户按需调整网络的需求，实现了网络服务的虚拟化。

12.2.2 NFV

1. 产生背景

纵观通信网发展历程，通信网在经历了模拟通信、数字通信、端到端 IP 化后，正逐步迈向基于虚拟化、软件化等信息通信技术（Information and Communication Technology，ICT）的通信 4.0 时代，如图 12-4 所示。电信网络过去十年的变革核心是 IP 化，其特征是通信技术（Communication Technology，CT）的设备形态及网络实质，IP 化承载的外在通信方式。电信网络下一步变革的核心是 IT 化，采用 IT 化的内在实现形式及设备形态，保留通信技术的网络内涵和品质。

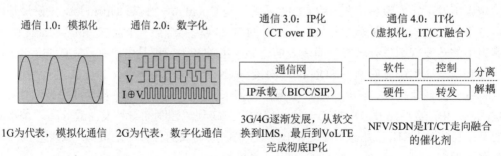

图 12-4　移动通信网发展历程

NFV 技术是为了解决现有专用通信设备的不足而产生的。通信行业为了追求设备的高可靠性、高性能，往往采用软件和硬件结合的专用设备来构建网络。专用路由器、防火墙等设备的结构均是专用硬件加专用软件。一旦部署了这些设备，后续的网络升级改造就会受制于设备制造商。只要打破软/硬件垂直一体化的封闭结构，用通用工业化标准的硬件和专用软件来重构网络设备，就可以极大地减少资金投入。为此，NFV 技术应运而生。

2．定义

NFV 是将传统的通信业务部署到云平台上，从而实现软/硬件解耦。将传统的"烟囱"式网络结构，逐步向软件和硬件解耦，实现网络的解耦、开放与简化。其中，"开放"是指软/硬件的解耦、功能的软件化，原有封闭产业的开放及 IT 和通信技术互相渗透，通信协议接口变成应用编程接口调用的软件接口，软件互操作成为主要内容。NFV 将传统通信网络设备功能软件化，通过特定的虚拟化技术，基于 IT 通用的计算、存储、网络硬件设备，实现电信网络功能。NFV 将实现传统电信产业与 IT 产业的深度融合。

3．体系结构

NFV 采用的是"两横三纵"体系结构，如图 12-5 所示。

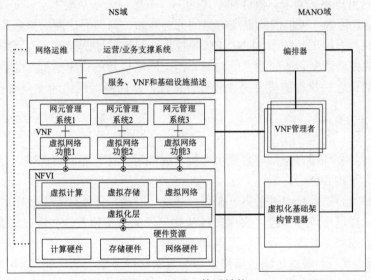

图 12-5　NFV 体系结构

横向包括业务网络（Network Service，NS）域及管理和编排域（Management and Orchestration，MANO）。MANO 作为 NFV 相较于传统网络的新增功能，负责对整个网络服务过程进行管理和编排，将网络服务从业务层到资源层自上而下分解。在标准 NFV 体系结构中，MANO 通过 NFV 编排器（NFV Orchestration，NFVO）、虚拟化网络功能管理器（VNF Manager，VNFM）、虚拟基础设施管理器（Virtual Infrastructure Manager，VIM）这 3 个实体进行交互。NFVO 负责网络业务的部署，如 VoLTE 服务、RCS 等，以及跨厂家、跨数据中心的全局资源管理。VNFM 负责管理网元生命周期，基本能力包括网元虚拟机的增加、删除、查找、修改。VIM 负责硬件管理、虚拟设备（Virtual Machine，VM）部署、VM 协调和调度等。NS 域纵向由 NFV 基础化设施（NFV Infrastructure，NFVI）层、虚拟化网络功能（Virtual Network Function，VNF）层和网络运维层组成。其中，NFVI 层类似于一个用于托管和连接虚拟功能的云数据中心，负责底层物理资源的虚拟化，包括虚拟机管理软件和硬件。目前常用的 NFVI 层虚拟化技术包括 KVM、XEN、Hyper-V 等，基于 KVM 的 OpenStack 结构已逐渐成为电信运营商 NFV 业务部署的首选方案。VNF 层在 NFVI 层的基础上进一步将物理网元映射为虚拟网元，是运行在虚拟化平台上的网元软件，用于实现业务网络的虚拟化，最小部署单元是一个或多个 VM。在 NFV 实际部署中，通常将 SDN 控制器运行于 NFVI 层的虚拟机（群）上扮演 VNF 的角色。SDN 控制器一方面，可以通过对 NFVI 层虚拟资源的网络虚拟化来处理 NS 域的网络业务，并依据需求动态调整资源配置，如根据业务需求增加新的 VNF 单元；另一方面，负责调度参与该网络业务的其他 VNF 单元的运行和管理，从而对流经 VNF 的流量进行按需处理，包括流量分类、过滤、转发及限流等。网络运维层主要在运营支撑系统和业务支撑系统的基础上进行虚拟化调整。

12.3　弹性通信网技术

通信网采用的是以数据交换为核心的体系结构，以"尽力而为"的服务模型承载业务，支撑复杂多变的用户业务需求。但这种不灵活的体系结构无法从根本上满足泛在、互联、融合、异构、可信、可管、可扩展的更高等级的业务需求。弹性通信网的概念和技术就是在这样的背景下出现和发展的。基于 SDN/NFV 等技术，弹性通信网能够实现网络环境的透彻感知、网络拓扑的主动适变、核心功能的动态重组、网络资源的自主适配，能够基于以往的运行经验，对当前或之后执行的任务的性能进行优化，从而确保网络的安全性和完整性。

12.3.1　核心能力

弹性通信网具备环境可感知、容量可伸缩、属性可变化、能力可调整、万物可互联等基本特征，具有如下核心能力。

（1）自感知能力：系统通过采集、探测、测量、监测、预处理等手段实时地获取网络环境、用户环境、现场环境等信息，实现多域认知信息的海量摄入、传递、融合及挖掘利用，有效反映网络存在的内外部客观环境及其动态变化。

（2）自配置能力：系统通过服务级协定和配置策略描述期望的性能、可用性和安全等级，在网络运行中自主选择和配置相关资源（如路由器、链路带宽、接入方式等各种组件或资源），并对这些资源进行动态重构和重组，具有动态加载网络功能，可满足服务级协定的需求。

（3）自优化能力：当发生目标改变、网络损毁或修复、业务负载波动等情况时，系统能够根据总体业务目标需求，以各种方式动态地调整自身，并使用各种参数来优化性能，以高效的方式分配资源。

（4）自我保护能力：网络通过连续检查和升级内部组件来实现自我保护，一旦检测到系统入侵行为，就立即自主采取措施进行遏制，从而将其影响最小化，以免受到病毒或非法攻击的破坏。

（5）自修复能力：系统在觉察到运行中发生错误、薄弱环节和各种攻击时，可以自主确定问题发生的具体位置，并围绕这些问题进行必要处理，如重新分配资源、快速切换备份组件、重构网络拓扑等。

12.3.2　体系结构

弹性通信网将分散于天、空、地各层的人、机、物有机连通并汇聚在一起，通过认知无线传输、虚拟路由交换、网络功能重组、自主网络管理、智能网络服务等技术手段，实现网络环境透彻感知、网络拓扑主动适变、核心功能动态重组、网络资源自主适配，以适应 IT 发展的变化需求。

弹性通信网面向人、机、物各类用户，在位置上可划分为骨干网、接入网和用户网三部分。其中，骨干网包括天基骨干网、空基骨干网和地基骨干网，可实现卫星、空中平台和地面节点间的弹性组网和高速互联。各类高轨、中轨和低轨卫星接入网与天基骨干网互联，共同组成天基信息网络。空基接入网与空基骨干网互联。地面固定接入网和机动接入网通过有线或无线传输手段实现与地基骨干网的互联，共同组成地面网络。分散于天、空、地的各类用户、应用系统和平台、传感器等节点通过各类接入网与骨干网的连通，实现节点间的互联互通。

弹性通信网概念视图如图 12-6 所示。

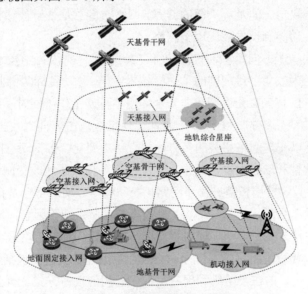

图 12-6　弹性通信网概念视图

12.3.3　关键技术

弹性通信网有很多关键技术，具体如下。

1. 可重构网络技术

可重构网络技术是指通过重新配置硬件或软件，实现网络结构和功能的重构更新。可重构网络技术通过将网络服务从基础设施中分离出来，可以使网络服务的创新变得更灵活。可重构网络技术支持实时掌握网络环境变化，能根据网络资源动态变化情况快速做出网络资源调整决策，并根据决策和方案对弹性通信网基础设施进行重构，完成弹性通信网的快速调整部署和资源调配，从而满足复杂、时变环境下不间断保障资源的需求。

弹性通信网基础设施是实现按需调度、动态管控弹性通信网资源的基础，也是实现网络重构的关键设施。弹性通信网基础设施具有功能重构、性能重构、协议重构、拓扑重构的能力。功能重构是指弹性通信网可以根据用户需求对内部资源重新进行组合、编程，从而实现多种多样的网络功能。性能重构是指网络设备的系统容量、转发能力、接口数量、计算能力、存储能力等各种性能特性可以自由地划分、切割、重组，具有极强的可伸缩性。协议重构是指弹性通信网预置了多种网络协议，可以根据需要进行编程，可以适应不同协议对报文格式、处理流程的要求，实现网络关键属性的受控跳变。拓扑重构是指可以通过虚拟资源的创建、删除、移动，链路的启用、禁用和切换，链路属性的调整等改变网络的互联关系，重构网络拓扑。

可重构网络技术能够在故障情况下通过重新组织和编排自身资源快速恢复网络运行，提高了网络的抗毁能力。当现有网络不能满足新业务需求时，也可以对自身资源进行重新编程和调整，以适应新业务环境，从而延长网络的生命周期，降低网络总体运营成本。

2．主动防御技术

网络防御与网络攻击之间是不平衡的博弈。网络防御总是处于被动状态。为了摆脱被动防御的不利局面，主动防御技术被应用于网络。

主动防御研究的一个方向是移动目标防御。2011 年，美国科学技术委员会的一份报告将移动目标防御确定为改变游戏规则的革命性技术之一。移动目标防御并不是试图建立一种完美系统来对抗攻击，其旨在让系统在非安全环境中可靠工作，同时不断增加攻击者成本。简单地说就是通过改变系统的一个或多个属性，使系统攻击表面对攻击者来说是不可预测的。移动目标防御可以在与网络相关的多方面执行动态变化，包括动态网络、动态平台、动态运行环境、动态软件和动态数据。其中，动态网络是指不断地改变网络属性，包括地址、名称、端口、回传协议、使用覆盖路由、网络拓扑结构等。动态平台是指通过不断改变计算机平台属性，包括操作系统、处理机结构、虚拟机、存储系统等因素，使应用程序在物理机之间迁移，或者以并行方式在多个环境中执行同一应用，从而破坏攻击者实施攻击对平台特征的依赖。动态运行环境是指对应用程序的操作环境进行随机化，包括地址空间的随机性、指令集合的随机性，其目的在于防御利用应用程序漏洞的攻击方式。动态软件是指在保证功能不受影响的条件下，使应用程序内部状态动态变化，包括等价替换程序的指令序列、重新排列内部数据结构布局，以及改变程序其他静态属性等。动态数据是指在确保语义不变的情况下，通过改变数据表示的格式、语法、编码等属性，阻止未授权的使用或访问。

主动防御研究的另一个方向是网络欺骗防御技术。20 世纪 80 年代末，斯托尔首次讨论了如何利用欺骗技术跟踪入侵者，并在此基础上形成了"蜜罐"概念。为了吸引潜在的攻击者，蜜罐把自己伪装成可能被利用的服务主机，防御者通过收集和记录攻击者破坏蜜罐的方法来提高系统安全性。当前网络系统的确定性、静态性、同构性等特征使攻击者可以通过探测等手段获得目标系统的信息，对目标系统的脆弱性进行反复分析和渗透测试，从而找到对应的攻击策略。欺骗技术则是利用骗局或假动作来阻挠或推翻攻击者的认知过程，扰乱攻击者的攻击企图，延迟或阻断攻击者的行动，并通过使用虚假响应、有意的混淆及假动作、误导等伪造信息达到欺骗的目的。例如，网络攻击者通过探测和扫描网络指纹获得网络拓扑结构和可用资产信息。通过干扰侦察阶段即可混淆侦察结果，如将恶意流量重定向到模拟网络中真实终端行为的网络上，创建黏性连接来减缓或组织自动扫描和迷惑对手。针对网络渗透攻击，可以采用设置虚假资产，以增大目标空间，进而分散攻击者对真实目标的注意力，如DTK 工具通过生成多个虚假服务和网络 IP 地址来欺骗攻击者。显然，移动目标防御技术和欺骗防御技术可以帮助网络防御在与网络攻击的对抗博弈中占得主动。

12.4　智能网络技术

智能网络技术是指将人工智能算法应用于通信网的运行、维护、管理等领域的相关技术的统称。机器学习作为人工智能算法的重要组成，在实现网络智慧化改造方面发挥了重要作用。

12.4.1　机器学习

机器学习是一种基于让计算机模仿人类思考，而研发出来的计算机理论。机器学习诞生于 19 世纪 60 年代，涉及多个学科，包含概率论、统计学等。机器学习被广泛应用于模式识别、故障诊断、无人系统控制等。

机器学习算法可分为如下几类。

（1）监督学习是利用一组已明确类别的样本调整分类器的参数，使分类器达到要求的性能的过程。分类是监督学习算法最基本的应用。常见的监督学习算法包括卷积神经网络、深度信念网络（Deep Belief Network，DBN）等。

（2）无监督学习是一种利用类别未知的训练样本解决模式识别中各种问题的机器学习方式。聚类和降维是无监督学习的基本任务。聚类的目标是以簇的形式在未标记的输入数据中寻找数据的隐藏模式，主要包括 K-Means 等算法。降维是指用较少的维度标识数据。常见的无监督学习算法包括堆叠自动编码器等。

（3）强化学习是一种试图学习动态操作环境中最优动作的机器学习技术，是一种智能体通过观察来自操作环境的状态和奖励，并采取优化行动，最终收敛到最佳行动的技术。典型强化学习算法有 Q-Learning 等。近年来，强化学习和深层神经网络相结合产生了深度强化学习（Deep Q-Learning，DQN）方法。深度强化学习方法适用于无可用手工特征、无法完全观测状态控件或低维的环境。

12.4.2　体系结构

智能网络的建设目标是借助人工智能和 SDN 等技术，以网络传输效能、节点运行效能、业务承载效能、服务提供效能等为约束，在结构优化、资源配置、功能管理与业务承载等方面进行智能控制并自我优化，使网络具备面向泛在用网场景的智慧化"自动驾驶"能力。智能网络体系结构如图 12-7 所示。

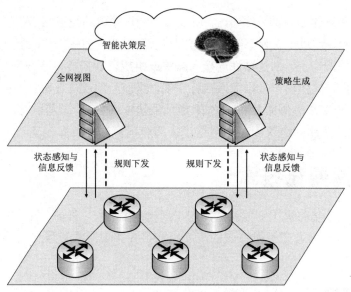

图 12-7 智能网络体系结构

"感知—决策—适配"一体的网络智慧化传输与管理包括：①感知，通过泛在互联、可定义感知等技术，动态、实时感知网络业务与网络资源分布，并基于高层感知语义的统一描述模型生成全网视图。②决策，针对网络状态复杂、流量行为多变、业务模型不确定等特点，生成复杂不确定业务与资源的拟合决策，实时决定网络中的资源管理策略、运维控制规则等。③适配，针对在网络复杂不确定情况下网络结构对业务需求的适应性问题，运用 SDN、NFV、可重构网络等新兴技术，进行路由调度、功能重构、资源配置、服务承载等自适应调节，增强网络的业务适应性和可扩展性，支持跨域资源的动态协同分配和深度融合利用，使网络具有柔性组织能力和持续演进能力。

12.4.3 应用场景

1. 流量分类

机器学习可以应用于流量分类。传统流量分类是基于深度数据包检测模块实现的，通过对数据包载荷进行准确检测，来识别和控制业务流。基于机器学习的流量分类机制不需要对数据包的载荷进行检测，只需要提取流粒度特征，如前 N 个数据包的大小、源 IP 地址、目的 IP 地址、协议与流到达间隔等。基于机器学习的流量分类机制的计算复杂度更小，并且可以对加密流量进行分类。

2. 入侵检测

机器学习可应用于 IDS。IDS 分为特征检测与异常检测。传统的特征检测基于先前收集的入侵流量的特征来识别当前网络中的流量是否存在入侵行为。异常检测根据创建的系统概要、网络和用户程序活动的基线来识别当前网络是否存在入侵行为。许多监督学习技术和无监督学习技术已被应用于 IDS，如采用无监督的聚类方法来检测入侵和异常，采用自组织特征映射（Self-Organizing Map，SOM）方法自动组织各种输入并相互推导，基于推导结果确定输入是否符合推导模式，进而检测异常输入。

3．服务质量和体验质量优化

机器学习可应用于服务质量和体验质量（Quality of Experience，QoE）优化。网络的动态特性使得网络无法通过预定义自适应算法来满足未来应用对网络资源的需求，难以保证服务质量和体验质量。因此，根据当前网络状态采用机器学习来调整网络参数，可以稳定和优化用户体验。例如，基于无监督学习来控制视频准入和资源管理；基于强化学习来提高网络的带宽可用性，从而提高网络吞吐量。

4．路由优化

机器学习可应用于路由优化。流量控制和路由优化对保证服务质量至关重要，特别是在实时多媒体网络中，不当的路由选路会导致阻塞、丢包，而之后的重传又会加剧阻塞。为了弥补现有路由协议的不足，基于机器学习的方法对路由选路过程进行优化。例如，基于神经网络构建分类协作路由，基于强化学习构建自适应路由。

12.4.4　自动驾驶网络

2019 年 5 月，电信管理论坛联合英国电信、法国 Orange、澳大利亚 Telstra、中国移动通信集团有限公司、华为技术有限公司和爱立信公司等，发布了业界第一部《自动驾驶网络白皮书》。白皮书指出，当前人工智能正在从感知智能向认知智能演进，未来 10 年，神经网络、知识图谱和领域迁移等技术将使得电信网络 AS 的出现成为可能。将人工智能与网络技术相结合，可以大幅提升运维效率，不仅可以代替人工解决电信领域大量重复性的、复杂性的计算工作，还可以基于海量数据提升电信网络预防和预测能力。数据更懂用户，基于数据驱动差异化的产品服务将使能高度自动化和智能化的电信网络运营。

12.5　本章小结

丰富多彩的业务通信需求驱动网络技术持续向前发展。模块化、标准化和可软件定义的网络结构使得网络服务能力可以随心定制，满足多样化需求。可重构、具有主动防御能力的网络技术进一步增强了网络的抗毁性，提升了网络适应新业务、新环境的能力。人工智能加持网络，增强了网络的智能性，网络能够选择最优路由传输数据，动态适应业务环境分类数据传输；能够自动识别网络攻击；能够最大化利用网络资源提供最优的服务质量和体验质量服务；还能够实现网络运维的"自动驾驶"。随着技术的发展，网络将为人类提供更丰富、更优质的通信服务。

思考与练习题

12-1 简述 IMS 是如何实现网络融合和业务融合的。

12-2 简述 SDN 和 NFV 两种技术的联系和区别。

12-3 对于现有网络，需要赋予其什么能力，才能使其演进为弹性通信网？

12-4 简述一两个机器学习算法应用于通信网的案例。

参考文献

[1] 张中荃. 交换技术与设备应用[M]. 北京：人民邮电出版社，2010.

[2] 冯昊，黄治虎. 交换机/路由器的配置与管理[M]. 2 版. 北京：清华大学出版社，2009.

[3] 中兴通讯 NC 教育管理中心. 现代程控交换技术原理与应用：原理/设备/仿真实践[M]. 北京：人民邮电出版社，2009.

[4] 石磊，赵慧然. 网络安全与管理[M]. 2 版. 北京：清华大学出版社，2015.

[5] 韩卫占. 现代通信网管理技术与实践[M]. 北京：人民邮电出版社，2011.

[6] 胡宇翔，王鹏，陈鸿昶，等. 智慧网络协同组织机理[M]. 北京：人民邮电出版社，2018.

[7] 王俊芳，韩卫占，高京伟，等. 弹性通信网技术[M]. 北京：电子工业出版社，2020.

[8] 孙玉. 电信网络总体概念讨论[M]. 北京：人民邮电出版社，2017.

[9] 刘少亭，卢建军，李国民. 现代信息网概论[M]. 北京：人民邮电出版社，2005.

[10] 中国计算机协会. CCF 2017—2018 中国计算机科学技术发展报告[M]. 北京：机械工业出版社，2018.

[11] 杨心强，陈国友. 数据通信与计算机网络[M]. 5 版. 北京：电子工业出版社，2018.

[12] 刑彦辰. 数据通信与计算机网络[M]. 3 版. 北京：人民邮电出版社，2020.

[13] 华为技术有限公司. 数据通信与网络技术[M]. 北京：人民邮电出版社，2021.

[14] 工业和信息化部教育与考试中心. 信息通信网络运行管理员（技师、高级技师）指导教程[M]. 北京：电子工业出版社，2020.

[15] 工业和信息化部教育与考试中心. 信息通信网络运行管理员（中、高级工）指导教程[M]. 北京：电子工业出版社，2020.

[16] 库罗斯，罗斯. 计算机网络：自顶向下方法（原书第 8 版）[M]. 陈鸣，译. 北京：机械工业出版社，2022.

[17] 赵启升，毕野，张占强，等. 网络管理技术与实践教程[M]. 北京：清华大学出版社，2011.

[18] 罗昶，黎连业，潘朝阳，等. 计算机网络故障诊断与排除[M]. 2 版. 北京：清华大学出版社，2011.

[19] 赵新胜，陈美娟. 路由与交换技术[M]. 北京：人民邮电出版社，2018.

[20] 李光宇，陈巍. 网络管理与维护[M]. 北京：北京理工大学出版社，2012.

[21] 田增国，刘晶晶，张召贤. 组网技术与网络管理[M]. 2 版. 北京：清华大学出版社，2009.

[22] 刘云，孟嗣仪. 通信网安全[M]. 北京：科学出版社，2011.

[23] 田果，刘丹宁，余建威. 网络基础[M]. 北京：人民邮电出版社，2017.

[24] 王达. 深入理解计算机网络[M]. 北京：中国水利水电出版社，2017.

[25] 丁晟春，李华峰，蔡骅，等. 计算机网络与应用[M]. 北京：高等教育出版社，2019.

[26] 佛罗赞，费根. 数据通信与网络（原书第 4 版）[M]. 吴时霖，吴永辉，吴之艳，等译. 北京：机械工业出版社，2008.

反侵权盗版声明

　　电子工业出版社依法对本作品享有专有出版权。任何未经权利人书面许可，复制、销售或通过信息网络传播本作品的行为；歪曲、篡改、剽窃本作品的行为，均违反《中华人民共和国著作权法》，其行为人应承担相应的民事责任和行政责任，构成犯罪的，将被依法追究刑事责任。

　　为了维护市场秩序，保护权利人的合法权益，我社将依法查处和打击侵权盗版的单位和个人。欢迎社会各界人士积极举报侵权盗版行为，本社将奖励举报有功人员，并保证举报人的信息不被泄露。

举报电话：（010）88254396；（010）88258888

传　　真：（010）88254397

E-mail：　dbqq@phei.com.cn

通信地址：北京市万寿路 173 信箱

　　　　　电子工业出版社总编办公室

邮　　编：100036